기구학 개론

기초에서 응용까지

Mechanism of Machinery

공학박사 **장승호** 지음

저자소개

장승호 경희대학교 공과대학 기계공학과 교수

- (미국) MIT(Massachusetts Institute of Technology) 교환교수
- (한국) KAIST(과학기술원) 기계공학부
- 현대건설 해외 플랜트 사업본부
- 기술고시 출제위원 역임
- 한양대학교 공과대학 기계공학과 학사
- 한양대학교 대학원 정밀기계공학과 석사
- (일본) 東京大學 공학계연구과 박사
- (일본) 東京大學 공학부 기계공학과 Post-Doc.

수상

- 1987년 국비 문부성(일본) 장학생 선정
- 1996년 한국 섬유공학회 논문상 수상

연구분야

- 기구학, CAD/CAE, 기계진동학, 설계공학, 메카트로닉스, 지능기계

저서

- 기구학개론(문운당)
- 기구시스템해석(경희대학교 출판국)
- 알기 쉬운 시스템(도서출판 인터비젼)
- 진동학(경희대학교 출판국)
- 감성공학의 세계(도서출판 인터비젼)
- 진동학의 이해(문운당)
- Auto CAD 연습 및 응용(경희대학교 출판국)
- 공학도를 위한 기계진동학(문운당)
- 그래픽 및 공학설계(문운당)
- 공학설계를 위한 센서의 이해와 메카트로닉스 시스템(문운당)
- 기구학(문운당)
- 알기 쉬운 로봇시스템 입문(홍릉과학출판사)
- 알기쉬운 기계진동학-이론해석과 실전응용(공감북스)
- 공학도를 위한 오토캐드 2018 실전연습 및 3차원모델링(공감북스)
- CAD에 의한 기계시스템설계 및 그래픽스(한티미디어)

외 다수의 국내논문 및 SCI급 국제논문

Mechanism of Machinery

기구학 개론

기초에서 응용까지

공학박사 **장승호** 지음

도서출판 홍릉

기구학 개론 기초에서 응용까지

인　쇄 : 2020년 12월 10일 초판 1쇄
발　행 : 2020년 12월 15일 초판 1쇄

저　자 : 장승호
발행인 : 송 준
발행처 : 도서출판 홍릉
주　소 : 01093 서울시 강북구 인수봉로 50길 10
등　록 : 1976년 10월 21일 제5-66호

전　화 : 02-999-2274~5, 903-7037
팩　스 : 02-905-6729
e-mail : hongpub@hongpub.co.kr
http://www.hongpub.co.kr
ISBN : 979-11-5600-830-9(93550)

정　가 : 25,000원

PREFACE

기구학은 최근에 각광 받고 있는 로봇, 자동차, 항공기, 선박, 메커트로닉스 제품을 비롯한 각종 기계장치의 설계 및 운전에 있어서 기본이 되는 매우 중요한 학문 분야이다. 이들 기계장치는 움직이는 부분에 반드시 기어, 벨트, 링크장치 등의 동력전달 장치가 사용되고 있다. 일반적으로 기계의 사용 용도와 위치는 시대에 따라 변해도 이들에게 동력을 전달하는 기구 메커니즘으로서의 내부장치의 역할은 변하지 않는다. 따라서 기계기술자로서 기계의 기본이 되는 각종 기구 메커니즘에 관한 지식은 필수적이라고 할 수 있다.

이 책은 기구 메커니즘의 기초와 응용을 위하여 기구학의 기본적인 사항에 중점을 두고 비교적 그림을 많이 넣어 이해하기 쉽게 하도록 노력하였으며, 기계제도와 관련한 지식이 없어도 대략적인 각종 기구들의 형상을 쉽게 이해할 수 있도록 보편적인 그림과 도면을 수록하였다. 책의 전반부에는 기구학의 기초이론인 기구학의 정의, 운동전달선, 확실전동, 미끄럼접촉, 구름접촉, 4절 링크장치, 평행운동기구, 배력기구, 슬라이더 크랭크기구, 스코치 요크기구, 급속귀환기구, 직선운동기구, 유니버설 조인트, 간헐운동기구, 순간중심, 마찰전동장치 등을 다루었다. 또한, 후반부에는 캠의 종류, 변위선도, 압력각, 캠의 윤곽선 설계, 역동캠, 원호원판캠, 원형캠, 확동캠, 기어물림의 기본법칙, 인벌류트 기어, 래크와 피니언, 내접기어, 헬리컬 기어, 나사 기어, 베벨 기어, 하이포이드 기어, 웜 기어, 기어 트레인, 유성기어 등을 다루고 있다. 그리고 부록에는 기구 메커니즘 관련 연구사례, 아날로그 계산기, 관성모멘트, 각종 심벌, SI 단위의 환산법, 스프링계수의 계산법, 그리스 문자, 관련용어 등을 수록하였다. 이 책에 수록한 내용을 통하여 각종 메커트로닉스 제품, 로봇, 자동차, 항공기, 선박, 발전소를 비롯한 다양한 기계장치의 설계/운전을 수행하고자 하는 기계공학도들이 기구 메커니즘에 대하여 더욱 충실히 이해할 수 있으리라 생각한다.

2020년 10월

아름다운 호숫가에 자리 잡은 경희대학교 국제캠퍼스에서 저자

CONTENTS

CHAPTER 2

운동의 전달

CHAPTER 3

4절 링크장치 및 배력기구

CONTENTS

CHAPTER 6

순간중심 및 서클 다이어그램법

CONTENTS

CHAPTER 7

캠

CHAPTER 8

마찰전동장치

CHAPTER 9

기어

CONTENTS

부록

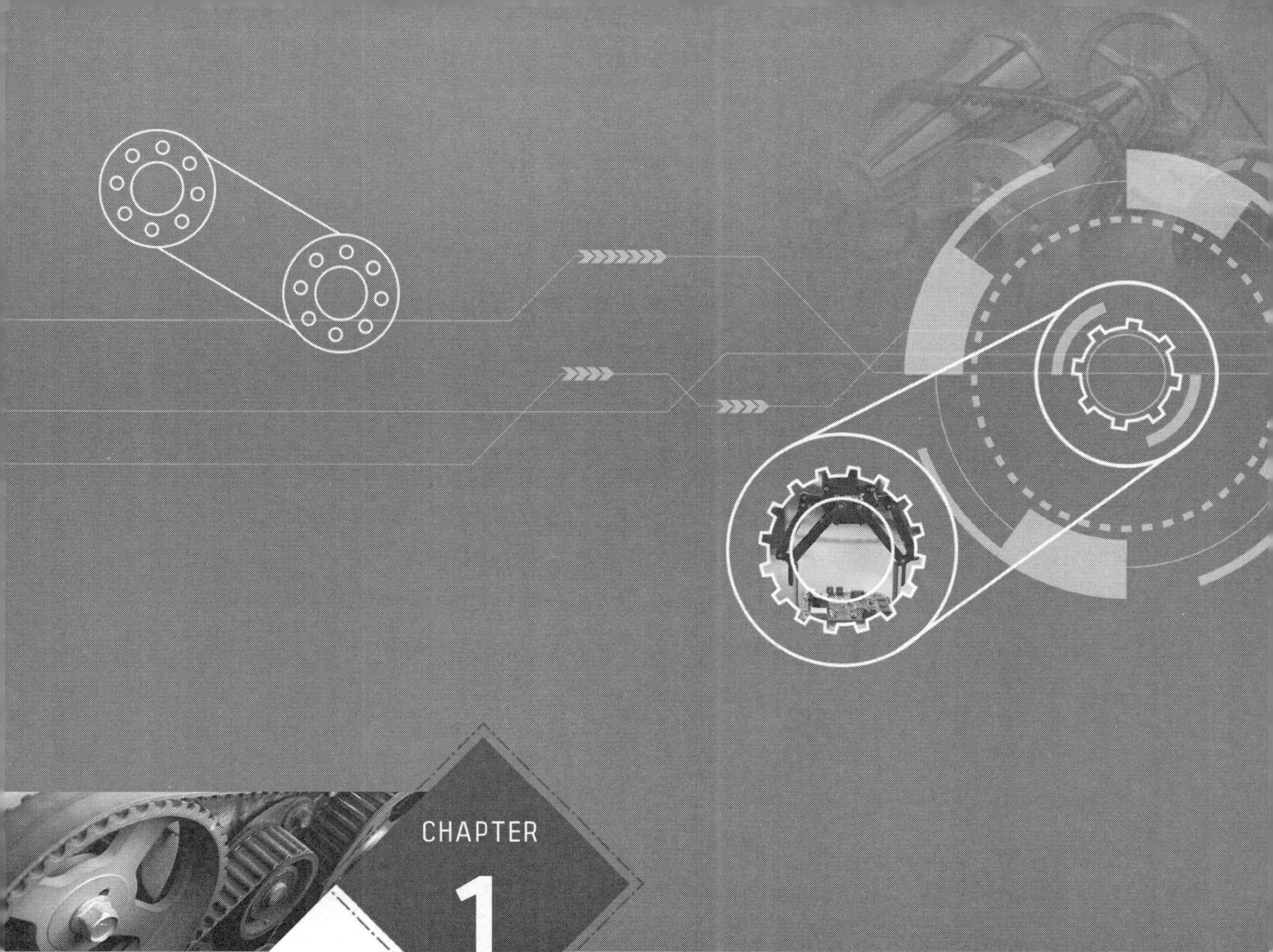

CHAPTER 1

기구학의 정의 및 우리 주변의 다양한 기구장치

1.1 기구학적 도시법 kinematic diagram

기구학은 로봇, 자동차, 항공기, 선박을 비롯한 각종 기계장치의 설계 및 운전에 있어서 기본이 되는 학문 분야이다. 이들 기계장치는 움직이는 부분에 반드시 기어, 캠, 벨트, 링크장치 등의 동력전달 장치가 사용되고 있으며, 이와 같은 동력전달 메커니즘(어떤 사물일 어떻게 작동하는지 원리)을 정확히 이해하기 위해서는 기구학에 대한 깊은 이해가 필수적이다. 기계공학에서 중점적으로 다루는 역학(力學, mechanics)에는 재료역학, 동역학, 열역학, 유체역학 등이 있으며, 그림 1-1에 역학의 일반적인 분류방법에 대하여 나타내었다. 이 그림에서와 같이 역학은 정역학(statics)과 동역학(dynamics)으로 나뉘어지며, 동역학은 또다시 운동역학(kinetics, 물체에 작용하는 힘의 크기와 물체 및 질점의 운동경로의 관계를 연구함)과 운동학(kinematics, 기계의 메커니즘(mechanism)을 연구하며, 운동경로의 기하학적 성격을 주로 다루는 것으로서 기구학 이라고도함)으로 나뉘어진다. 즉, 기구학은 그림 1-1의 분류방법에서 운동학에 해당하며, 機(기계 기), 構(짜 맞출 구), 學(배울 학)으로 이루어진 단어로서 문자 그대로 해석한다면 "기계(機械)의 구성(構成) 방법에 관한 학문"이라고 할 수 있다. 즉, 기구학은 운동경로의 기하학적 성격에 의하여 나타나는 기계의 각 요소간의 상대운동을 연구하는 학문분야라고 정의할 수 있다.

그림 1-2에서 1-5 사이에 나타낸 항공기, 자동차, 석유굴착기, 고속열차, 자전거, 내연기관 등은 기계내부에서 정확히 어떤 메커니즘에 의하여 기계가 작동되는지 기계의 외형만 가지고는 알 수가 없다. 기구학에서는 이와 같은 임의의 기계의 운동양상을 고찰할 때, 기계를 구성하는 각 부품의 운동에 영향을 미치는 핵심부품들의 결합상태만을 그리는 것이 편리한 경우가 많다. 이와 같이 기계기구를 단순화하여 그린 그림을 기구학적 도시법(kinematic diagram)이라고 한다. 그림 1-6에 내연기관에 사용되는 피스톤(piston), 연결봉(connecting rod) 그리고 크랭크축(crank shaft)으로 구성된 슬라이더 크랭크 메커니즘(slider crank mechanism)을 기구학적 도시법으로 표시하였다. 기구학적 도시법에서는 일반적으로 링크(link)로서 기계를 표시한다. 링크란 다른 물체(요소)와 상대운동을 하는 물체를 말한다. 링크의 예로서 그림 1-7에 2원링크(binary link), 그림 1-9에 3원링크(ternary link) 그리고 그림 1-8에 핀 조인트를 나타내었다.

링크에는 강성링크(剛性, rigid link)와 가변링크(可變, flexible link)가 있다. 강성링크(rigid link)란 요소의 변형량을 무시할 수 있는 링크를 말하며, 가변링크(flexible link)란 고무벨트나 고무 체인과같이 요소의 변형량을 무시할 수 없는 링크를 말한. 벨트 풀리 메커니즘(belt pulley mechanism)도 그림 1－10에서와같이 재료의 변형량을 무시하면 링크장치로 표시할 수 있다.

그림 1－11에 벨트 전동장치의 실제 모습을 나타내었으며, 그림 1－12에서 그림 1－16사이에 절단면이 납작한 현상을 갖는 평벨트 전동장치, 절단면이 V형인 V형 벨트 전동장치, 미끄럼 현상을 완전히 제거할 수 있는 체인 전동장치, 벨트 및 체인을 이용한 연속가변 변속기, 체인 전동장치와 같이 미끄럼 현상이 전혀 없는 타이밍 벨트 전동장치를 나타내었다. 또한, 기구학적 도시법에서는 각 링크(부재)의 길이가 매우 중요한 의미를 가지며, 임의의 순간에 있어서 링크들 간의 상대적인 위치를 위상(位相, phase)이라고 한다.

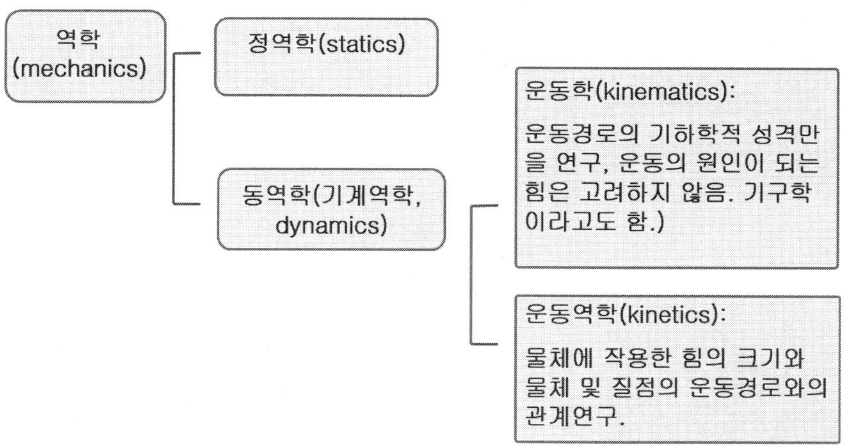

그림 1-1 기구학의 정의

그림 1-2 항공기 및 자동차

그림 1-3 석유굴착기 및 고속열차

그림 1-4 자전거

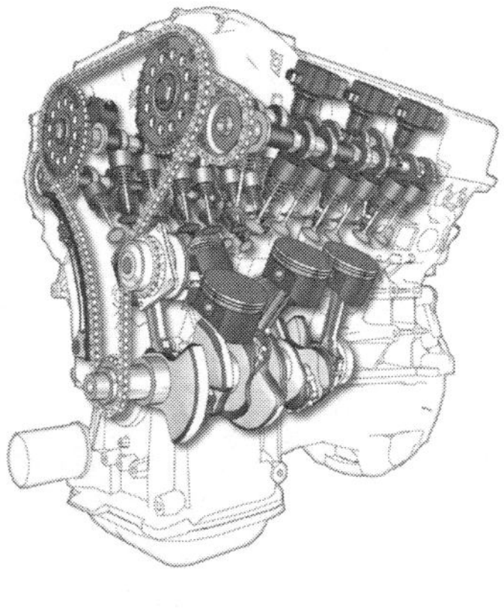

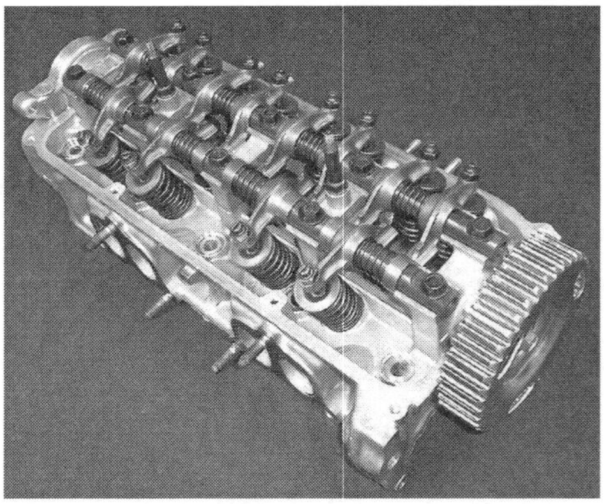

그림 1-5 내연기관

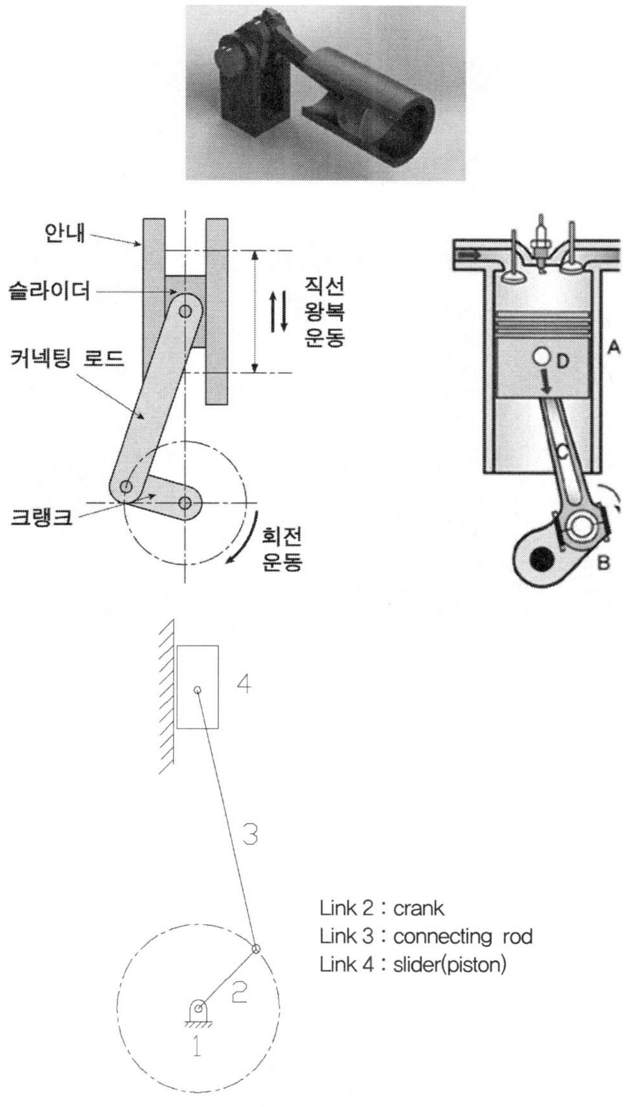

그림 1-6 슬라이더 크랭크 메커니즘(slider crank mechanism)에 대한 기구학적 도시법(kinematic diagram)

그림 1-7 링크의 예(2원링크, binary link)

그림 1-8 핀 조인트의 예

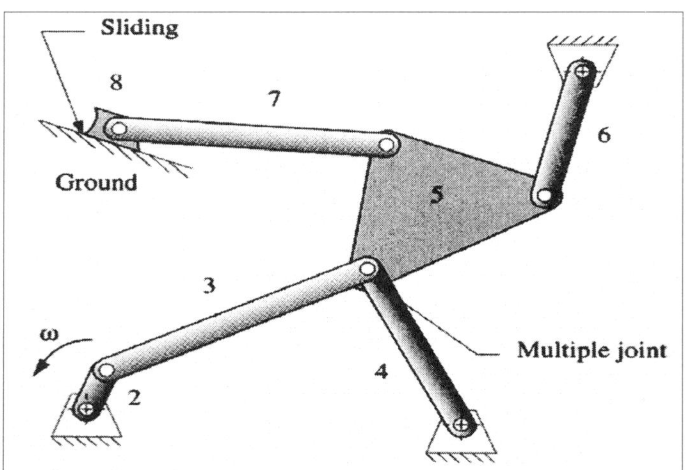

그림 1-9 링크의 예(3원링크, ternary link)

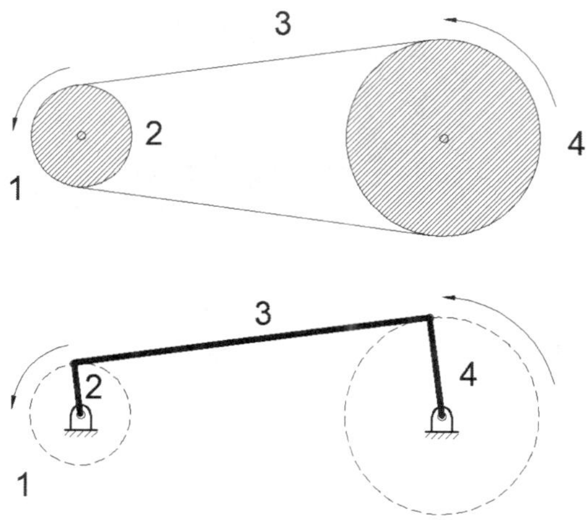

그림 1-10 벨트 풀리 메커니즘(belt pulley mechanism)에 대한 기구학적 도시법(kinematic diagram)

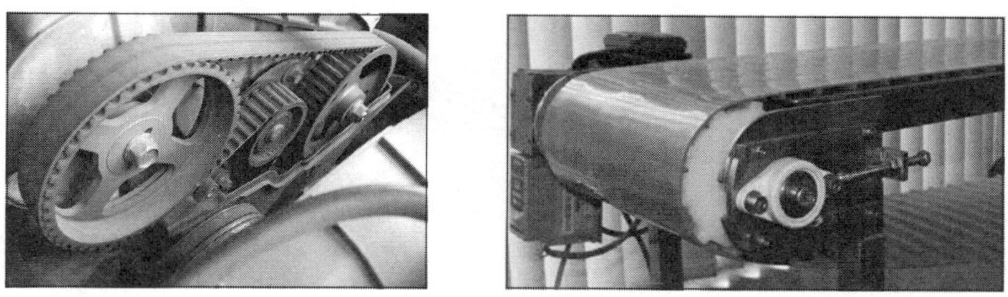

그림 1-11 벨트 전동장치의 실제 모습

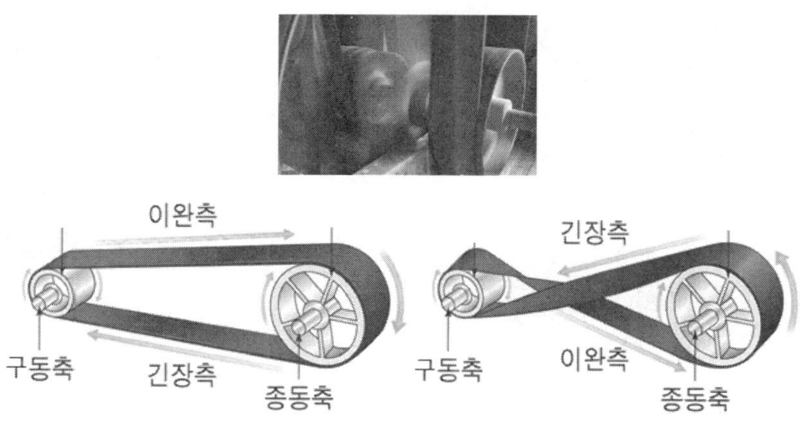

그림 1-12 평벨트 전동장치; 두 축 사이의 거리가 멀거나 마찰차/기어 전동과 같이 직접 동력을 전달할 수 없을 대 사용한다. 평벨트의 절단면은 납작한 모양이다.

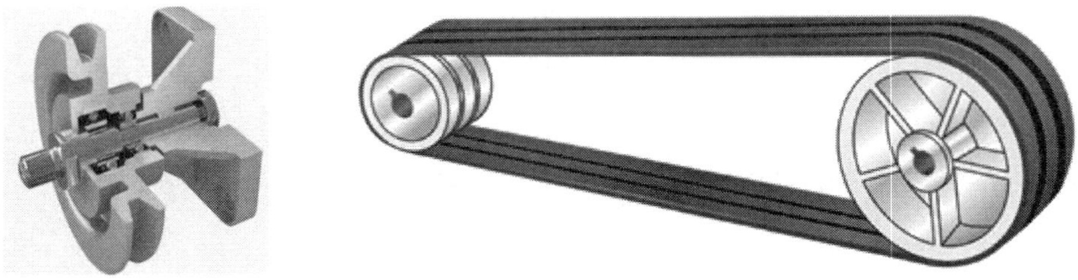

그림 1-13 V형 벨트 전동장치; 큰 각속도비로 운전이 가능하며, 마찰력이 크고, 미끄럼이 적어 조용하며, 벨트가 벗겨질 염려가 적다. V형벨트의 절단면은 V형이다.

그림 1-14 체인 전동장치; 미끄럼을 완전히 제거할 수 있는 특칭이 있다.

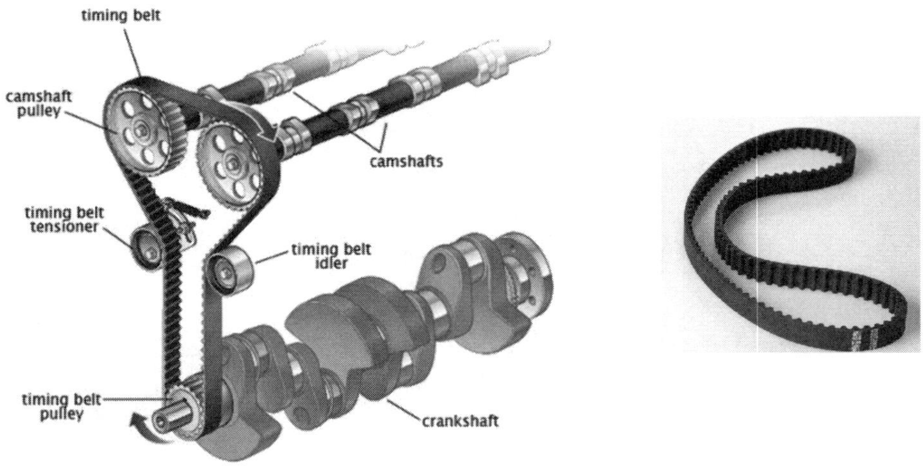

그림 1-15 타이밍 벨트 전동장치; 체인 전동장치와 같이 미끄럼을 완전히 제거할 수 있는 특칭이 있다.

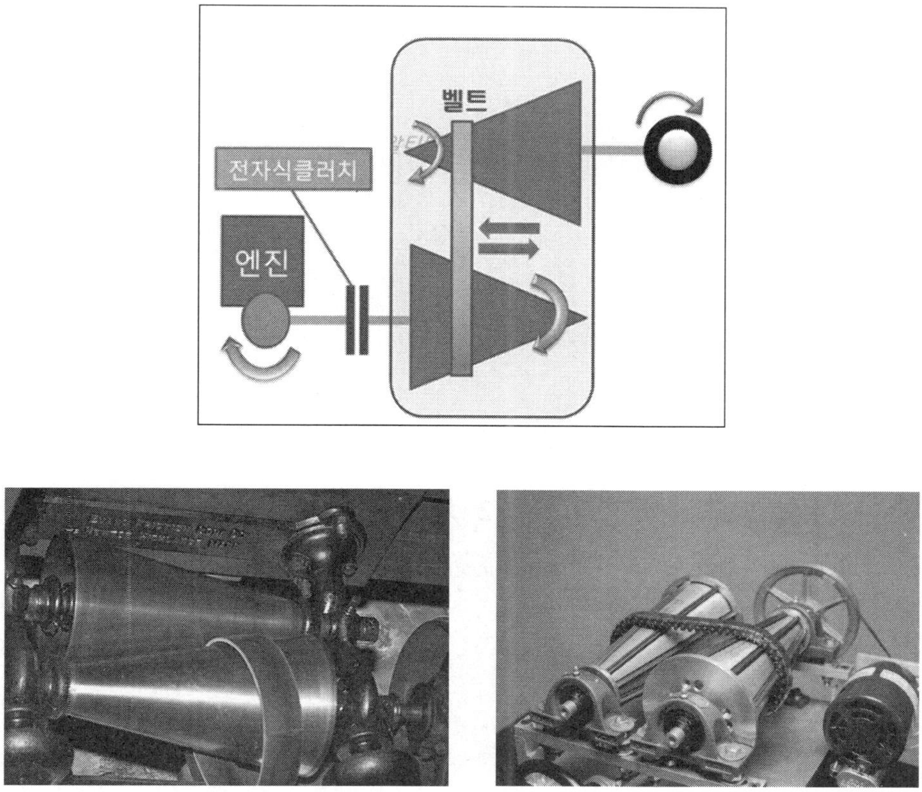

그림 1-16 벨트 및 체인을 이용한 연속 가변 변속기

그림 1－17에 5개의 링크로 구성된 링크장치를 표시하였다. 이 그림에서 링크 1이 임의의 위치에 고정되어 있다고 가정했을 때, 링크 2와 5의 위치에 대하여 링크 3 및 4의 위치를 정확히 예측할 수 없다. 즉, 링크 3 및 4는 3′ 및 4′에 위치할 수도 있다. 이처럼 임의의 순간에 어느 한 링크가 움직였을 때 다른 모든 링크의 운동을 정확히 예측할 수 없는 기구를 비구속연쇄(unconstrained kinematic chain)라고 하며, 기구학에서는 이를 다루지 않는다. 또한, 3개의 링크로서 연결된 물체를 그림 1－18에 표시하였다. 각 링크를 이렇게 연결하면, 링크 상호간의 상대운동이 없으므로 기구학적 연쇄가 이루어지지 않는다. 이런 조합을 일반적으로 트러스(truss)라고하며, 구조물을 경량화할 때 많이 사용된다. 이에 비하여 그림 1－6에 나타낸 슬라이더 크랭크 메커니즘 과 같이 어느 한 링크가 움직였을 때, 다른 모든 링크의 운동을 정확히 예측할 수 있는 기구를 구속연쇄(constrained kinematic chain)라고 한다. 기구학에서는 이와 같은 구속연쇄만을 연구한다. 각종 트러스 구조물을 그림 1－19에서 그림 1－22사이에 나타내었다.

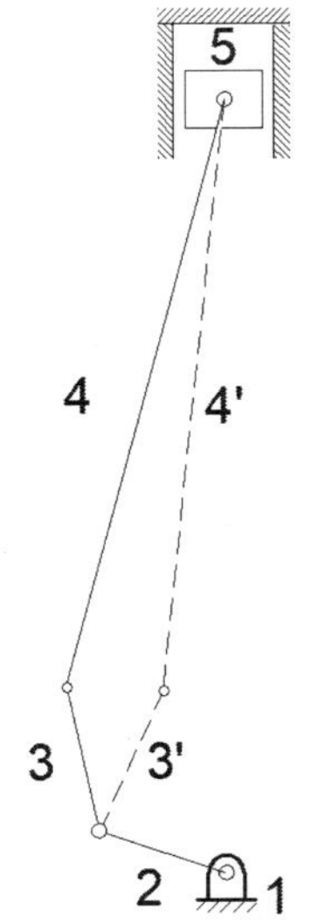

그림 1-17 비구속연쇄(unconstrained kinematic chain)

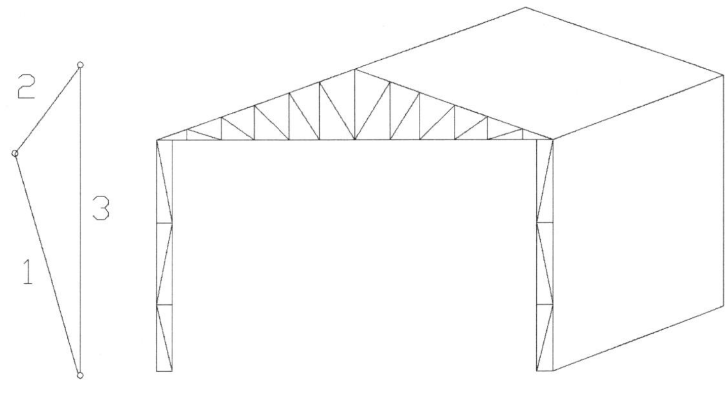

그림 1-18 비구속연쇄(unconstrained kinematic chain)

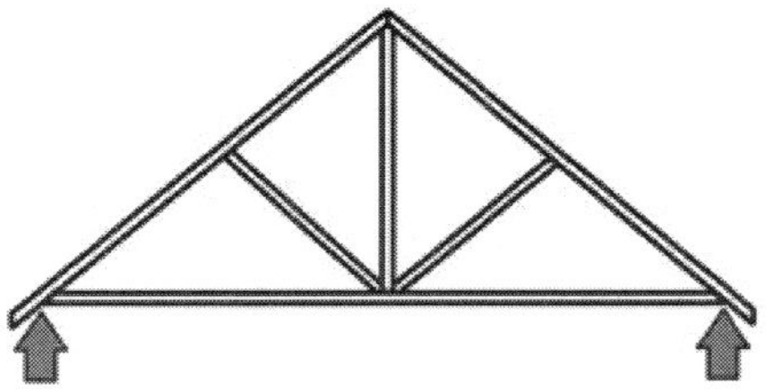

그림 1-19 트러스의 기본구조

그림 1-20 대표적인 트러스 구조물인 에펠탑과 자유의 여신상

그림 1-21 트러스구조를 응용한 건축구조물

그림 1-22 트러스구조를 응용한 사장교

1.2 기구교체 및 우리 주변의 다양한 링크장치

그림 1−23(a)에 슬라이더 크랭크기구(slider crank mechanism)를 표시하였다. 이는 전술한 바와 같이 가솔린기관이나 디젤기관 등 내연기관에 사용된다. 그림 1−23(a)에서 만약 링크 1 대신에 링크 2를 고정하면 그림 1−23(b)와 같은 기구를 얻는다. 이 기구는 그림 1−27 및 그림 1−28에 나타낸 레디얼 항공기용 기관에 응용된다.

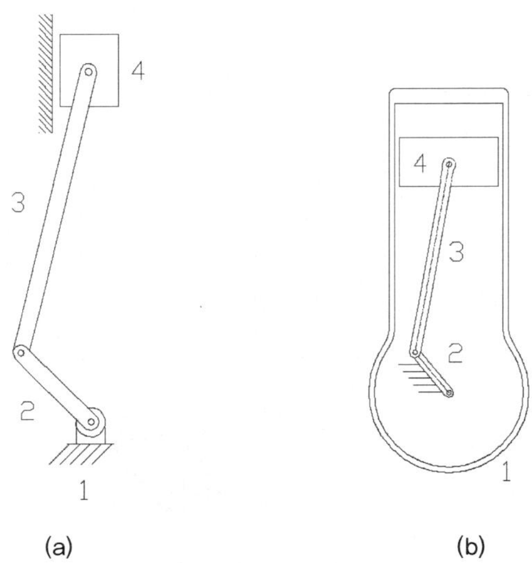

그림 1−23 기구교체

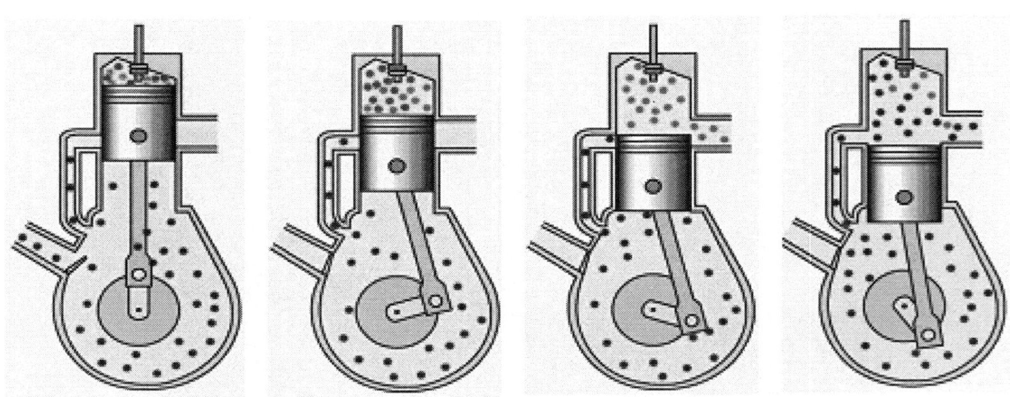

그림 1−24 내연기관에 적용된 슬라이더 크랭크 메커니즘

그림 1-25 4기통(氣筒)엔진에 사용되는 슬라이더 크랭크 메커니즘의 실제 모습(최고급 승용차인 롤스로이스 등은 12기통으로 되어 있으며, 강력한 파워를 가지고 있으면서도 정숙한 운전이 가능함)

그림 1-26 실린더를 V형으로 배열한 V형엔지의 실제 모습

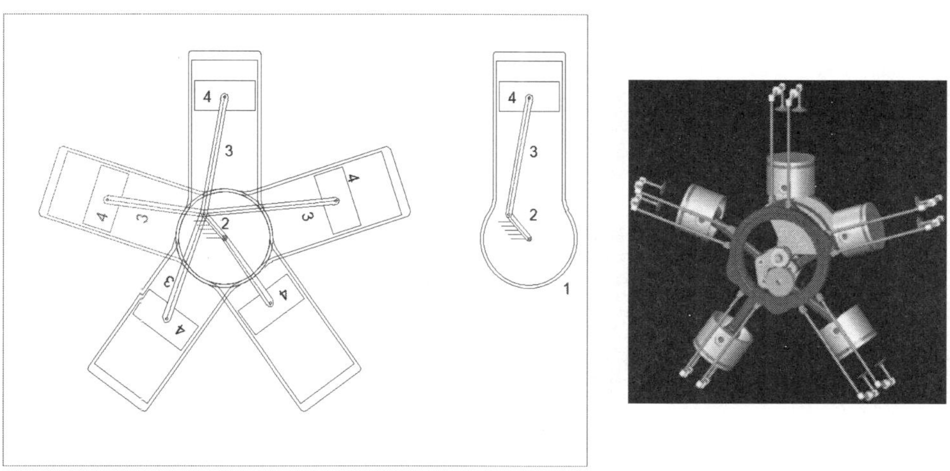

그림 1-27 레디얼엔진(radial engine)의 내부구조(kinematic diagram)

그림 1-28 레디얼엔진의 본체 및 프로펠러를 장착한 모습

그림 1−23(a)에서 만약 링크 1 대신에 링크 3을 고정하면 그림 1−29(a)와 같이 된다. 이 기구는 그림 1−30 및 그림 1−31에 나타낸 증기기관 등에 응용된다. 그리고 링크 4를 고정하면 그림 1−29(b)와 같이 된다. 이 기구는 그림 1−32 및 그림 1−33에 나타낸 석유굴착장치(oilrig), 펌프 등에 응용된다. 이처럼 고정 링크의 위치를 교체하면 새로운 기구를 얻을 수 있으며, 이를 기구교체라고 한다.

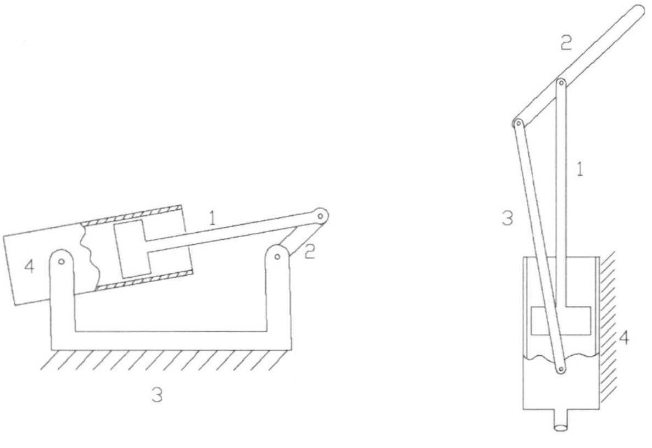

(a) (b)

그림 1-29 기구교체

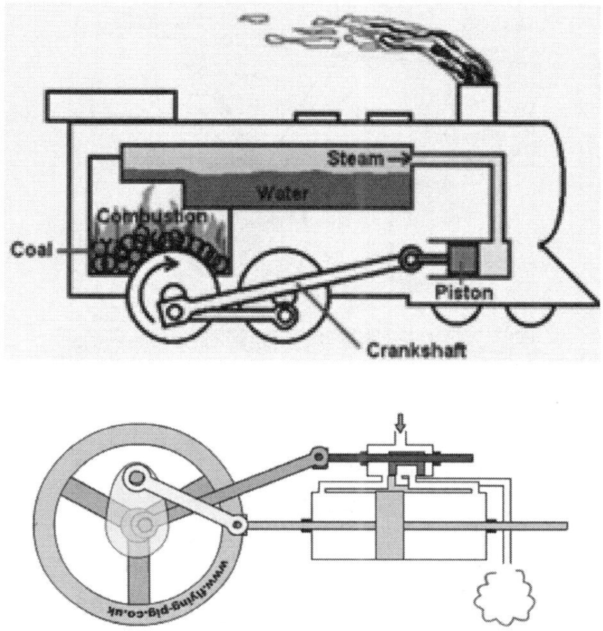

그림 1-30 기구교체를 이용하여 얻어진 증기기관의 내부구조

그림 1-31 증기기관차의 실제 모습

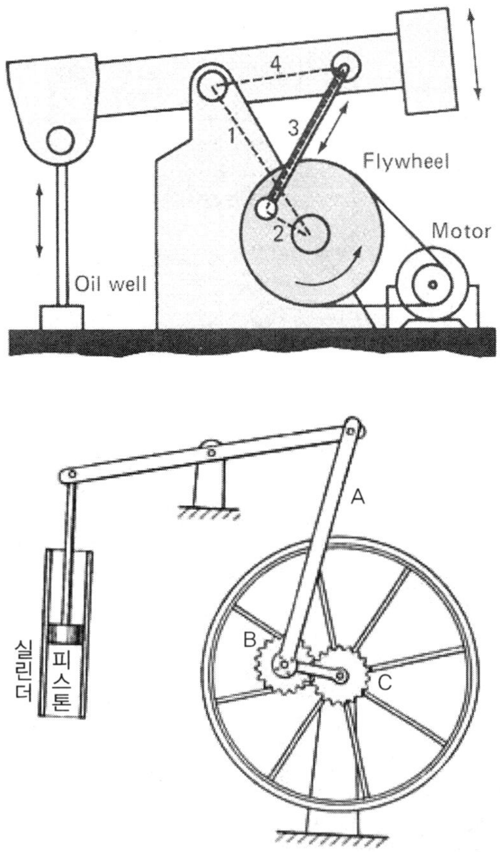

그림 1-32 석유굴착장치(oilrig)의 내부구조

그림 1-33 석유굴착장치의 실제 모습

1.2.1 링크장치로 구성된 우리 주변의 다양한 기계의 내부구조

1.2.1.1 원예용 전동가위(cutting tool)

그림 1-34에 나타낸 원예용 전동가위는 2개의 링크에 의하여 구성되어 있다. 그림 1-35에 원예용 전동가위의 실제 모습을 나타내었다.

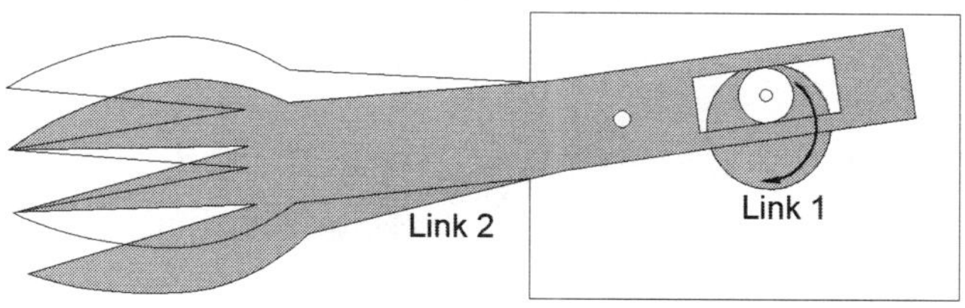

그림 1-34 원예용 전동가위의 내부구조

그림 1-35 원예용 전동가위의 모습

1.2.1.2 화물 트럭(truck)

그림 1-36에 나타낸 트럭의 적하 기구는 2개의 링크에 의하여 구성되어 있다. 그리고 그림 1-37에 나타낸 것과 같은 유압실린더를 선형운동을 하게 하기 위한 Linear Actuator로 사용하고 있다. 또한, 그림 1-39에 나타낸 것과 같이 쓰레기 적하기계 시스템은 3개의 링크에 의하여 구성되어 있다. 그림 1-38 및 그림 1-40에 실제의 화물트럭의 모습과 쓰레기 적하기계 시스템의 모습을 나타내었다.

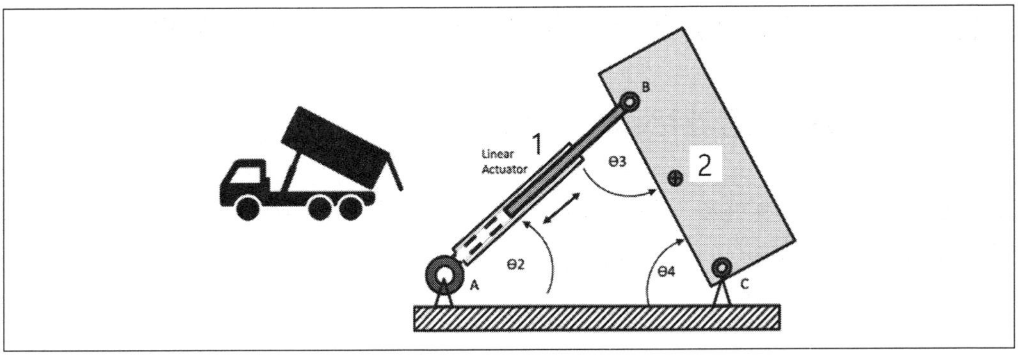

그림 1-36 트럭의 적하 기구의 내부구조

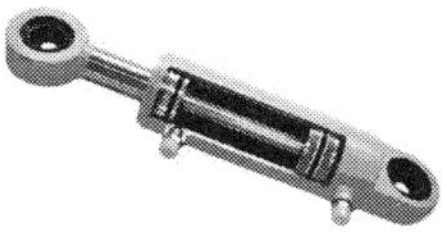

그림 1-37 Linear Actuator인 유압실린더의 내부구조

그림 1-38 화물트럭의 모습

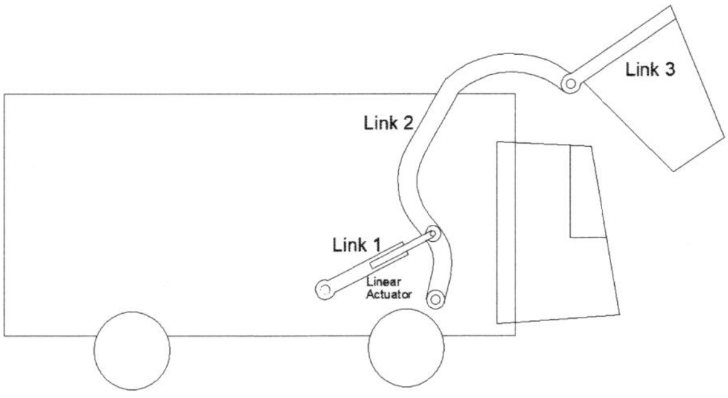

그림 1-39 쓰레기 적하기계 시스템의 내부구조

그림 1-40 쓰레기 적하기계 시스템의 모습

그림 1-41 쓰레기처리시스템의 내부구조

1.2.1.3 흔들의자(rocking chair)

그림 1−42에 나타낸 것과 같이 4절 링크장치를 이용한 흔들의자(rocking chair)는 4개의 링크에 의하여 구성되어 있다. 그림 1−43에 4절 링크장치를 이용한 흔들의자의 실제모습을 나타내었다.

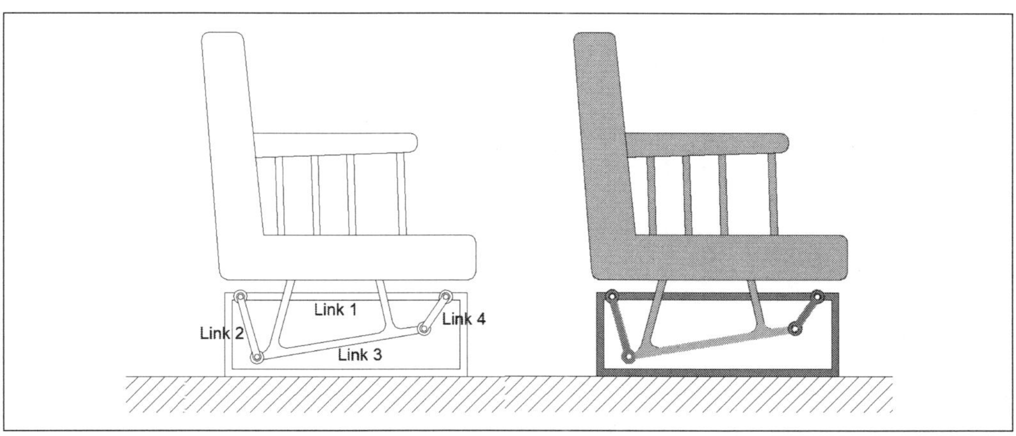

그림 1-42 4절 링크장치를 이용한 흔들의자(rocking chair)의 내부구조

그림 1-43 흔들의자의 모습

1.2.1.4 오버헤드 램프(overhead lamp)

그림 1-44에 나타낸 오버헤드 램프는 5개의 링크에 의하여 구성되어 있다. 여기에서는 선형 운동을 하게 하기 위한 Linear Actuator를 링크 3에 설치하였다. 그림 1-45에 다양한 오버헤드 램프의 실제 모습을 나타내었다.

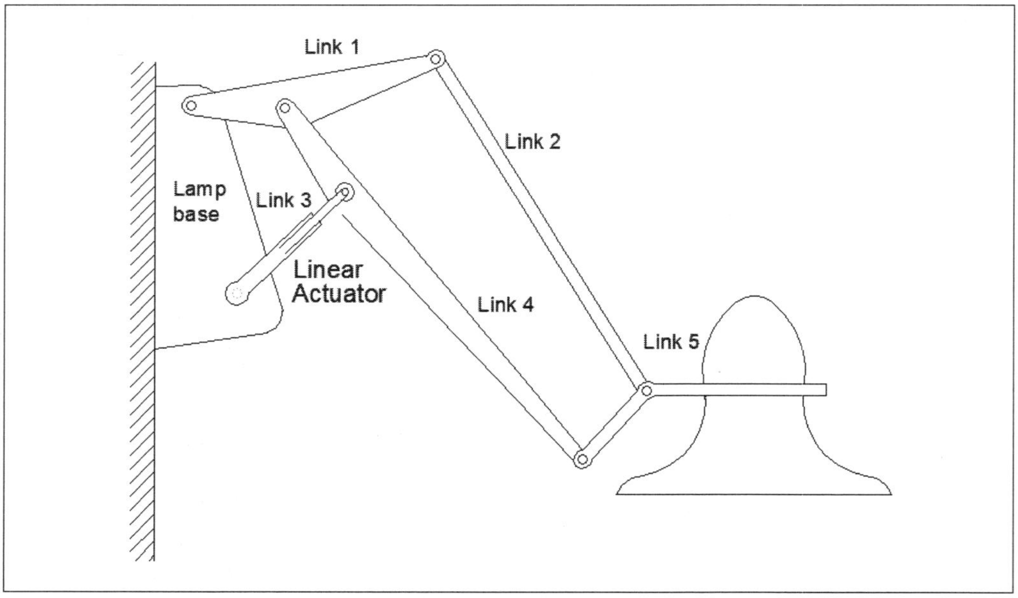

그림 1-44 오버헤드 램프의 구조

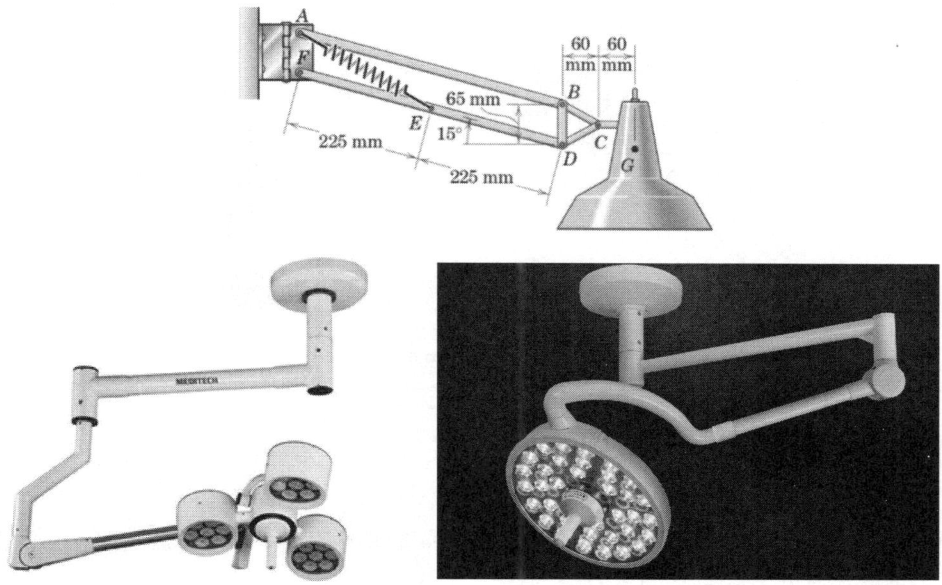

그림 1-45 오버헤드 램프의 모습

1.2.1.5 코르크 스크루(cork screw)

그림 1–46에 나타낸 코르크 스크루 기구(코르크 병마개를 따는 기구)는 5개의 링크에 의하여 구성되어 있다. 그림 1–47에 와인병용 코르크 스크루 기구의 실제모습을 나타내었다.

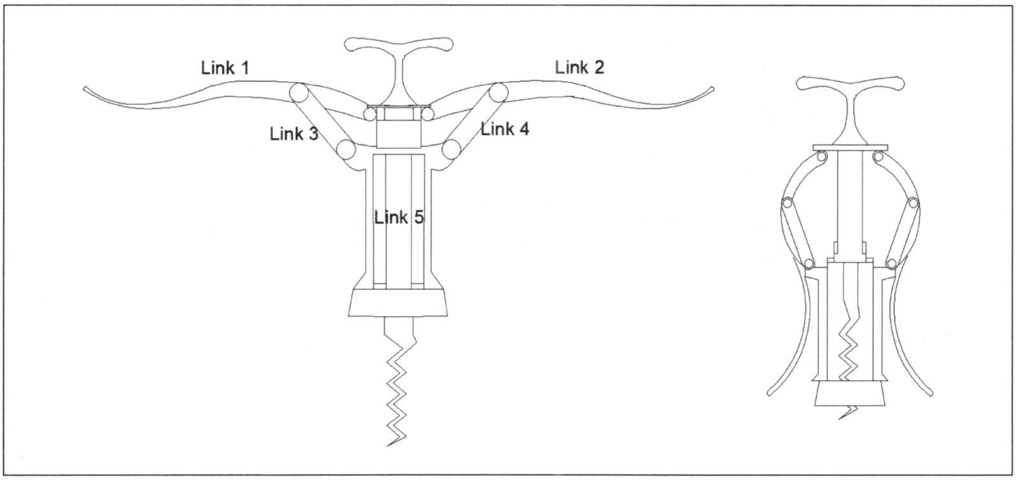

그림 1-46 코르크 스크루 기구의 구조

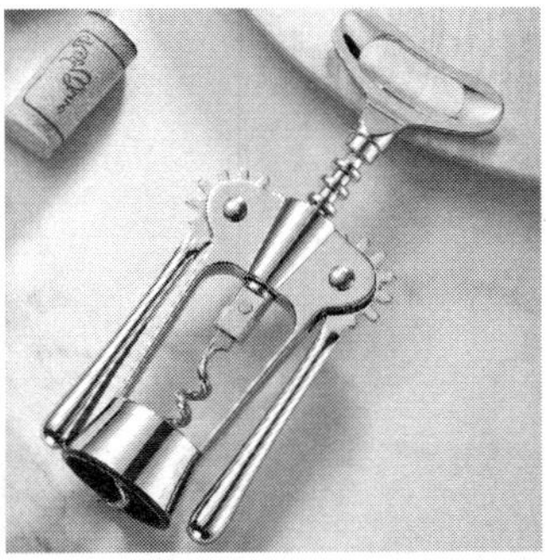

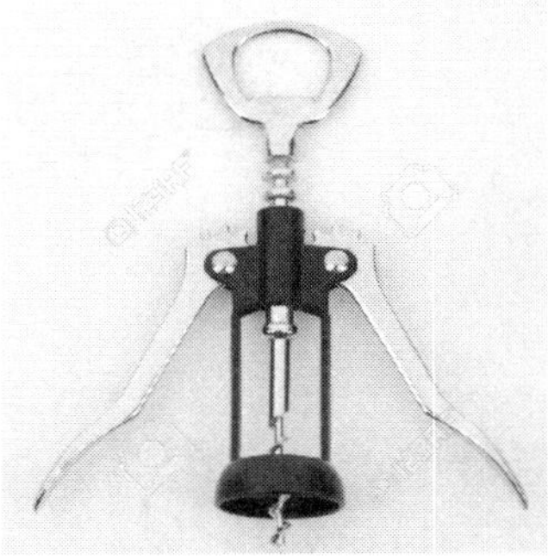

그림 1-47 코르크 스크루 기구의 모습

1.2.1.6 열쇠(key)와 자물쇠(lock)

그림 1−48에 나타낸 자물쇠 기구는 6개의 링크에 의하여 구성되어 있다. 그림 1−48의 왼쪽 그림(잠김상태)에서와 같이 자물쇠 안에는 서로 다른 길이의 5개의 핀(5개의 링크)이 들쑥날쑥하게 배치되어 있다. 그림 1−48의 오른쪽 그림과 같이 열쇠인 링크 6에 지그재그 형태로 형성한 톱니에 이들 5개의 핀이 정확히 닿아 위로 올라가면, 반경 방향으로 길이가 같아져 원통(안통)이 회전할 수 있게 되면서 자물쇠(바깥통)가 열린다. 그림 1−49에 자물쇠 기구의 실제모습을 나타내었다.

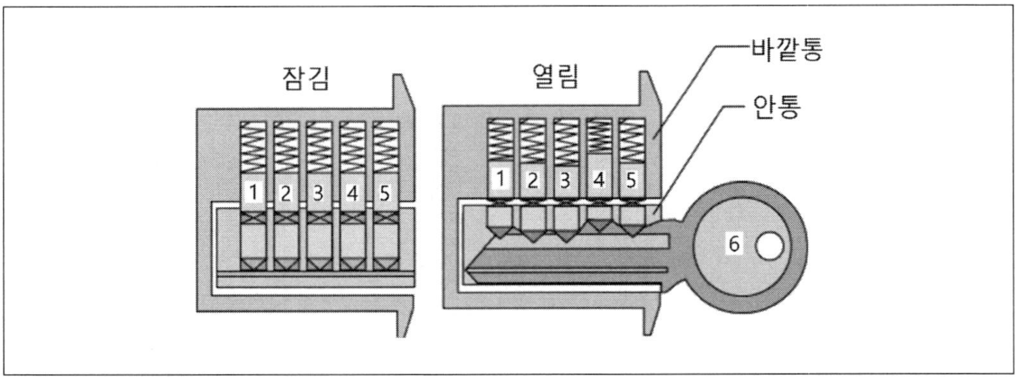

그림 1-48 열쇠와 자물쇠기구의 내부구조

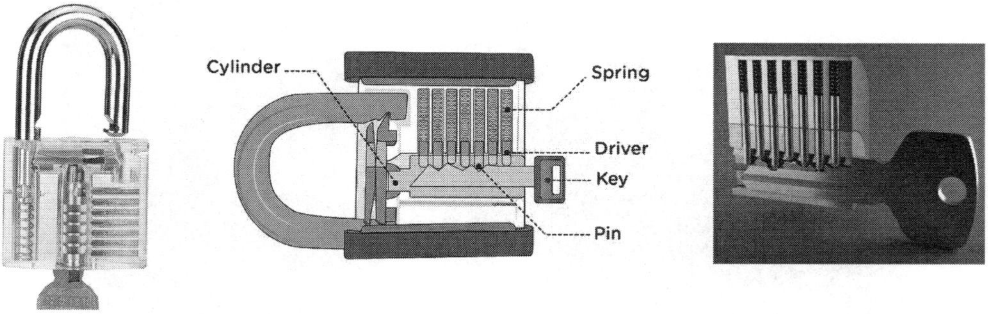

그림 1-49 열쇠와 자물쇠의 모습

1.2.1.7 거버너(governor)

그림 1−50에 나타낸 것과 같이 거버너(자동속도조절장치)는 일반적으로 6개의 링크에 의하여 구성되어 있다. 거버너란 자동으로 스핀들(spindle)의 회전속도를 일정하게 조절하기 위한 장치로서, 링크 1(회전축)이 고속으로 회전을 하게 되면 원심력에 의하여 쇠공(ball)이 위로 올라가게 되고, 이 힘에 의하여 링크 6도 따라 올라가면서 링크 6에 연결된 스로틀 벨브(throttle valve)를 열거나 닫게 되어 스핀들이 일정한 속도로 회전하게 된다. 그림 1−51에 증기기관에 적용된 거버너의 실제 모습을 나타내었다.

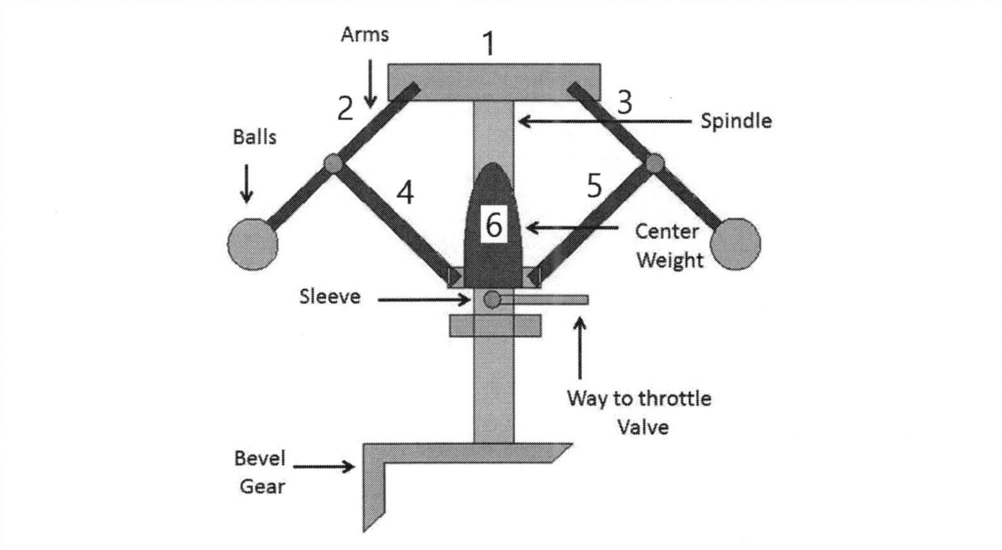

그림 1-50 거버너(자동속도조절장치)의 내부구조

그림 1-51 거버너를 증기기관의 속도제어용으로 장착한 모습

1.2.1.8 접이식 지붕(foldable roof)

그림 1－52에 나타낸 접이식 지붕은 8개의 링크에 의하여 구성되어 있다. 이 기구에서는 선형 운동을 하게 하기 위한 Linear Actuator를 링크 7에 설치하였으며, 링크 7에 동력을 가하면 이 운동이 링크 6, 링크 4 등으로 차례로 전달되어 최종적으로 Top panel인 링크 8이 열리거나 닫히게 된다. 그림 1－53에 접이식 지붕을 장착한 오픈카도, 이와 유사한 메커니즘에 의하여 작동되며, 오픈카의 실제 모습을 나타내었다.

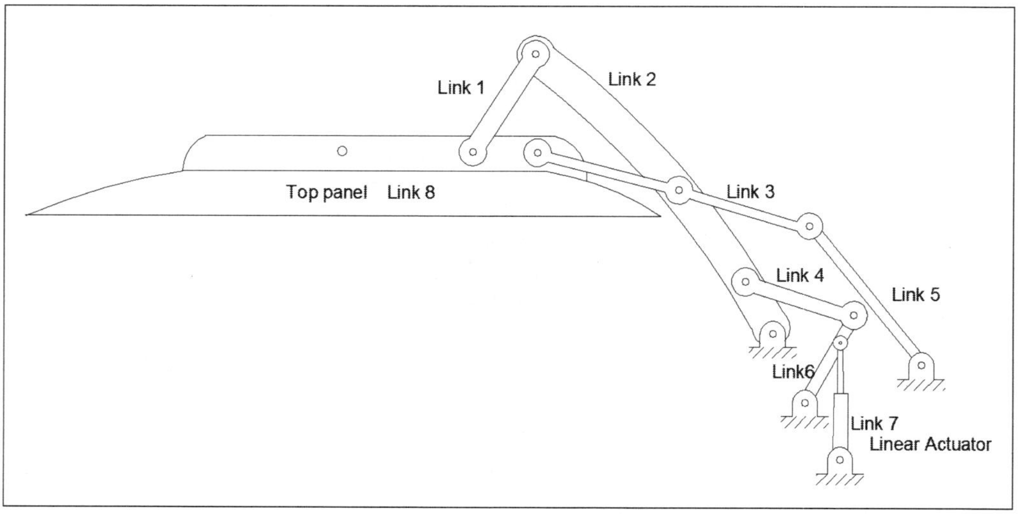

그림 1-52 접이식 지붕의 내부구조

그림 1-53 접이식 지붕을 장착한 오픈카

1.2.1.9 로봇 핑거(finger) 및 암(arm)

그림 1−54에 나타낸 로봇 핑거는 7개의 링크에 의하여 구성되어 있으며, 그림 1−55에 나타낸 로봇 핑거는 이의 움직임을 더욱 부드럽게 하기 위하여 10개의 링크에 의하여 구성하였다. 즉, 링크의 수를 늘리면 보다 유연한 동작을 하는 로봇 핑거를 구현할 수 있다.

그림 1−57과 그림 1−58에 직선왕복운동을 하는 로봇 암과 회전운동을 하는 로봇 암의 내부구조를 나타내었다. 그리고 그림 1−58에 각종 로봇 핑거와 로봇 암의 실제모습을 나타내었다.

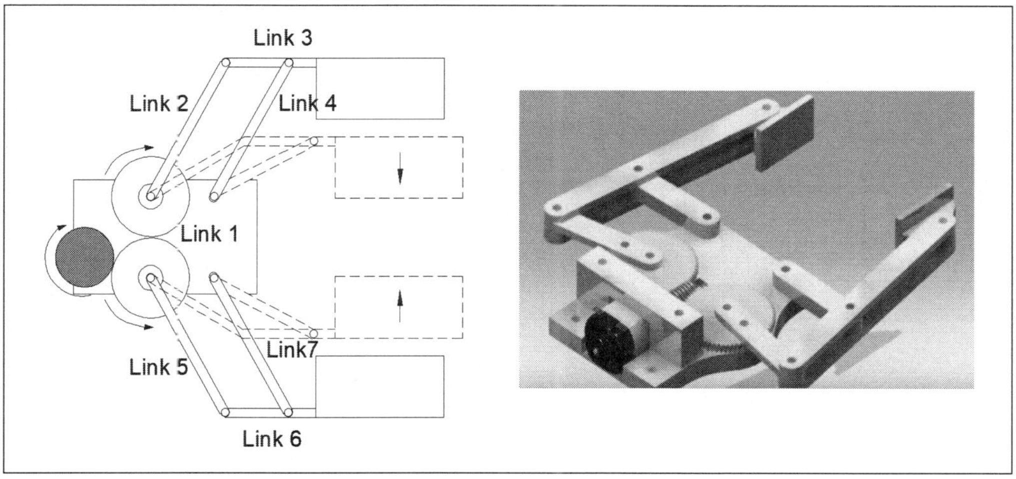

그림 1-54 7개의 링크를 갖는 로봇 핑거

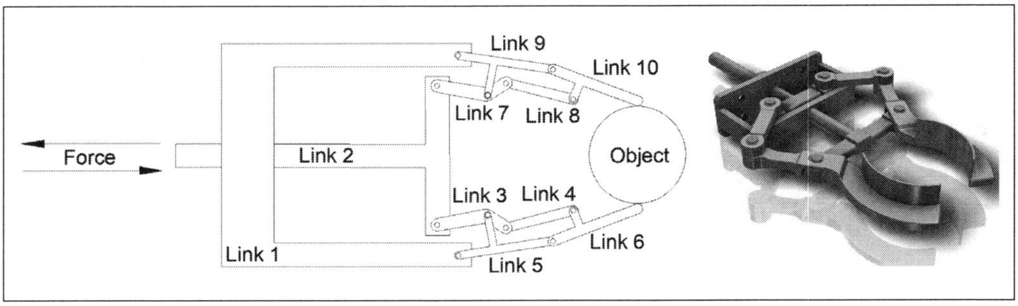

그림 1-55 로봇 핑거

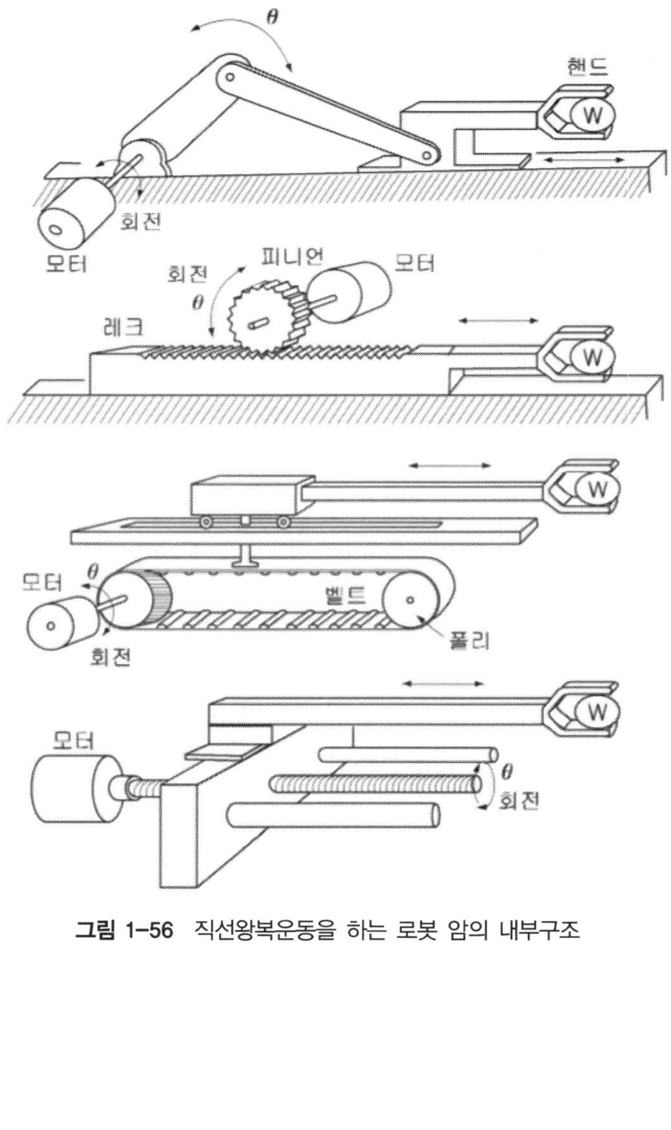

그림 1-56 직선왕복운동을 하는 로봇 암의 내부구조

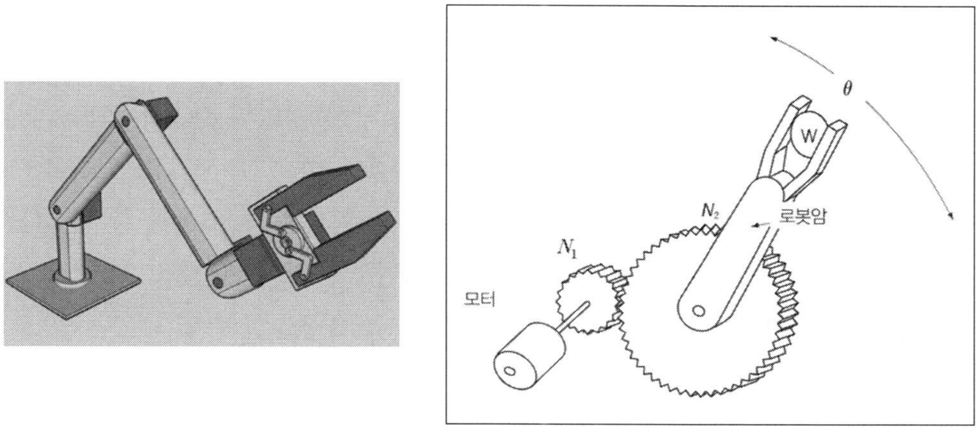

그림 1-57 회전운동을 하는 로봇 암의 내부구조

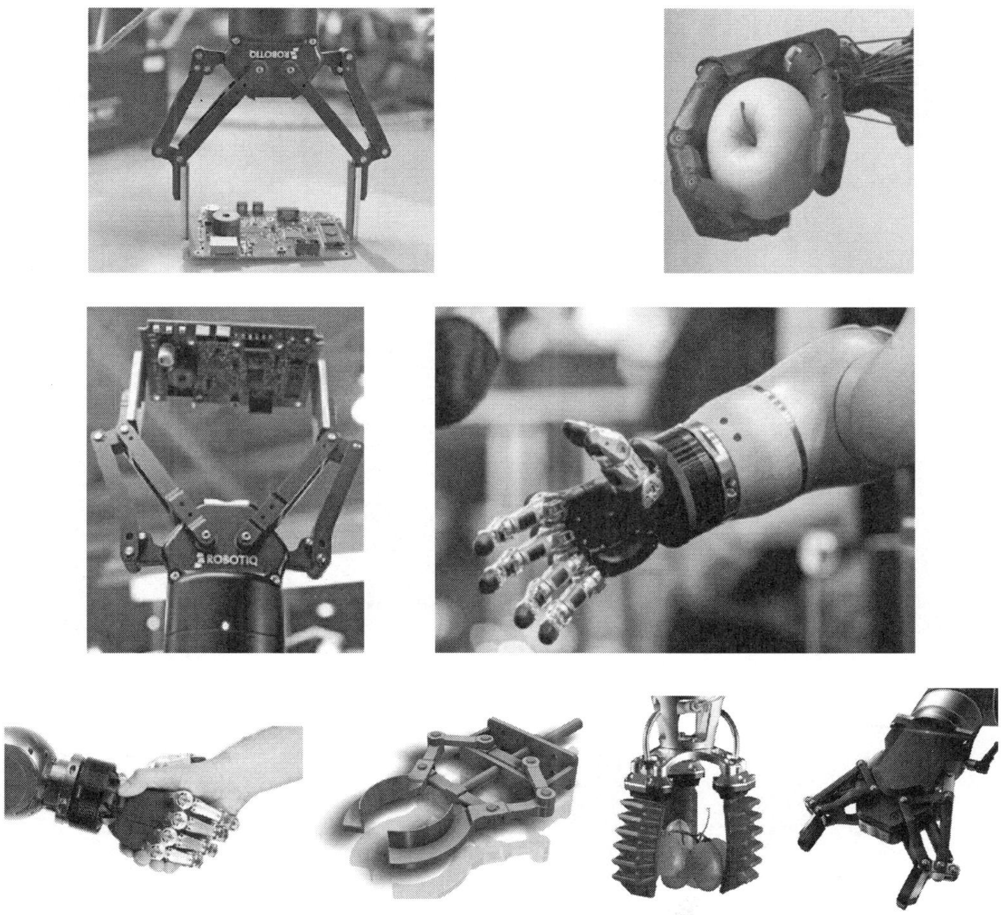

그림 1-58 각종 로봇 핑거

1.2.2 대우(pairing)

접촉하는 두 물체는 대우(pairing)를 이루며, 대우에는 저차대우(lower pairing)와 고차대우(higher pairing)가 있다. 저차대우란 그림 1−59(a)와 같이 2개의 면이 접촉할 때를 말하며, 저차대우의 예로는 피스톤과 실린더벽, 그리고 저널 베어링과 축(shaft) 등을 들 수 있다. 고차대우란 그림 1−59(b)와 같이, 2개의 요소가 점접촉이나 선접촉을 할 때를 말한다. 고차대우의 예로는 볼 베어링과 축(shaft), 롤러 베어링과 축(shaft) 등을 들 수 있다. 일반적으로 고차대우는 저차대우에 비하여 마멸이 많으므로 기계설계 시 피하는 것이 좋다. 그림 1−60에 면접촉을 하는 저차대우의 예를 정리하였으며, 그림 1−61 및 그림 1−62에 저차대우를 이용한 기계부품의 예로서 디스크 브레이크/미끄럼 베어링(저널베어링) 및 고차대우를 이용한 기계부품의 예인 볼 베어링/롤러 베어링을 나타내었다.

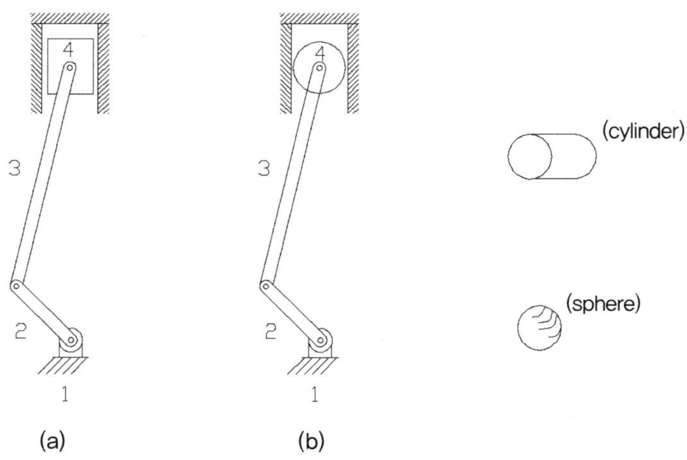

그림 1-59 저차대우(lower pairing)와 고차대우(higher pairing)

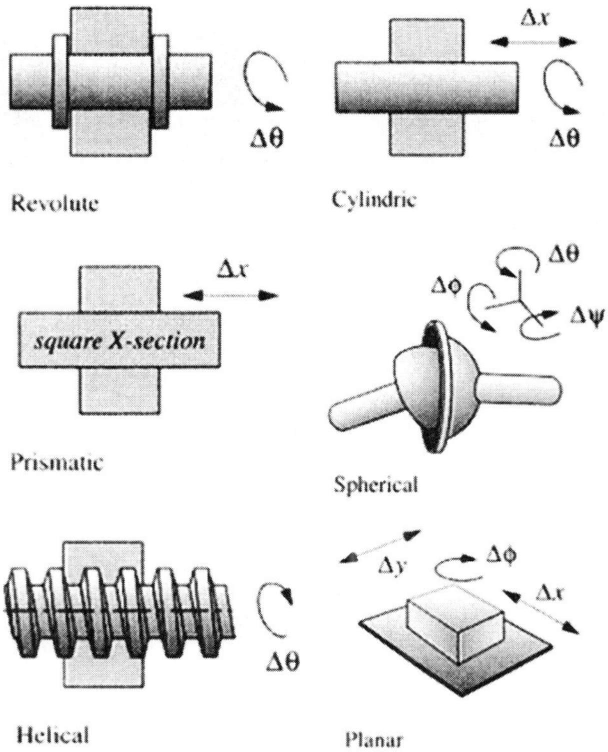

그림 1-60 면접촉을 하는 저차대우의 예

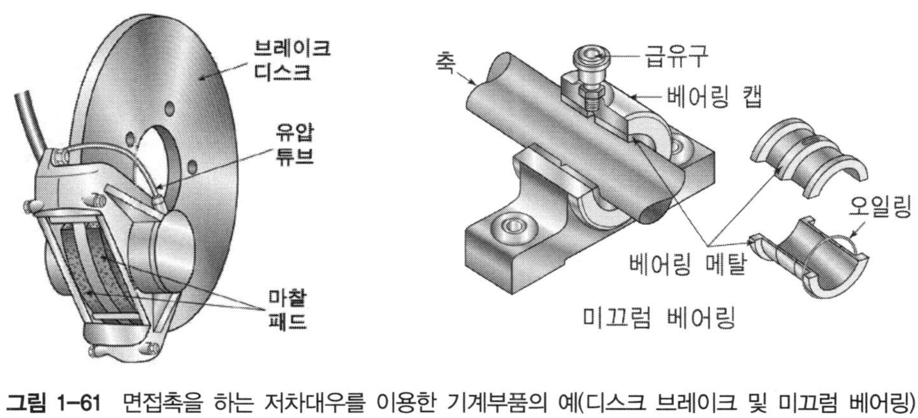

그림 1-61 면접촉을 하는 저차대우를 이용한 기계부품의 예(디스크 브레이크 및 미끄럼 베어링)

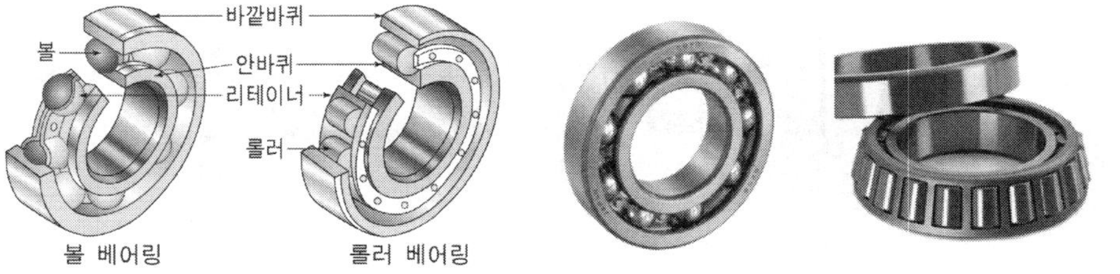

그림 1-62 점접촉을 하는 고차대우를 이용한 기계부품의 예(볼 베어링과 롤러 베어링)

1.3 평면운동 plane motion

평면운동(plane motion)이란 그림 1－63에 나타낸 것과 같이 어떤 물체나 점이 평면상에서 운동을 하는 것을 말한다. 평면운동에는 병진운동, 회전운동 그리고 병진운동과 회전운동의 조합이 있다.

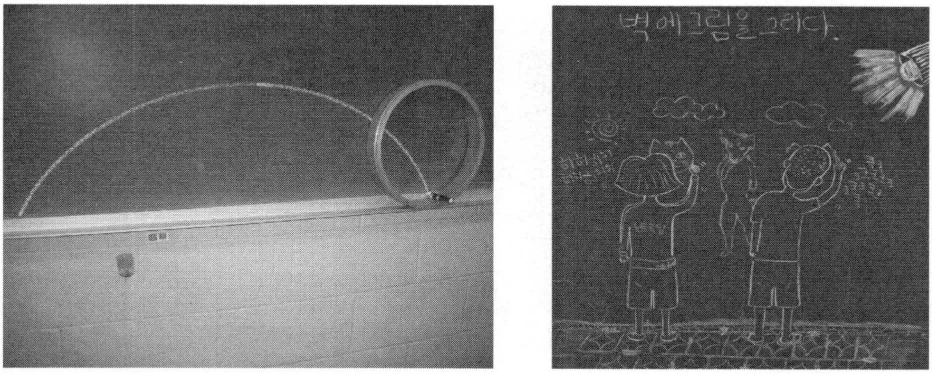

(a) 칠판

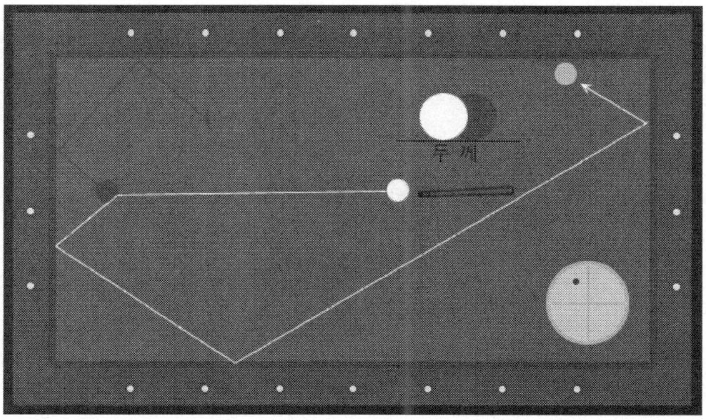

(b) 당구대

그림 1-63 대표적인 평면운동(plane motion)으로서 칠판상에서의 분필의 움직임 및 당구공의 당구대 상에서의 움직임

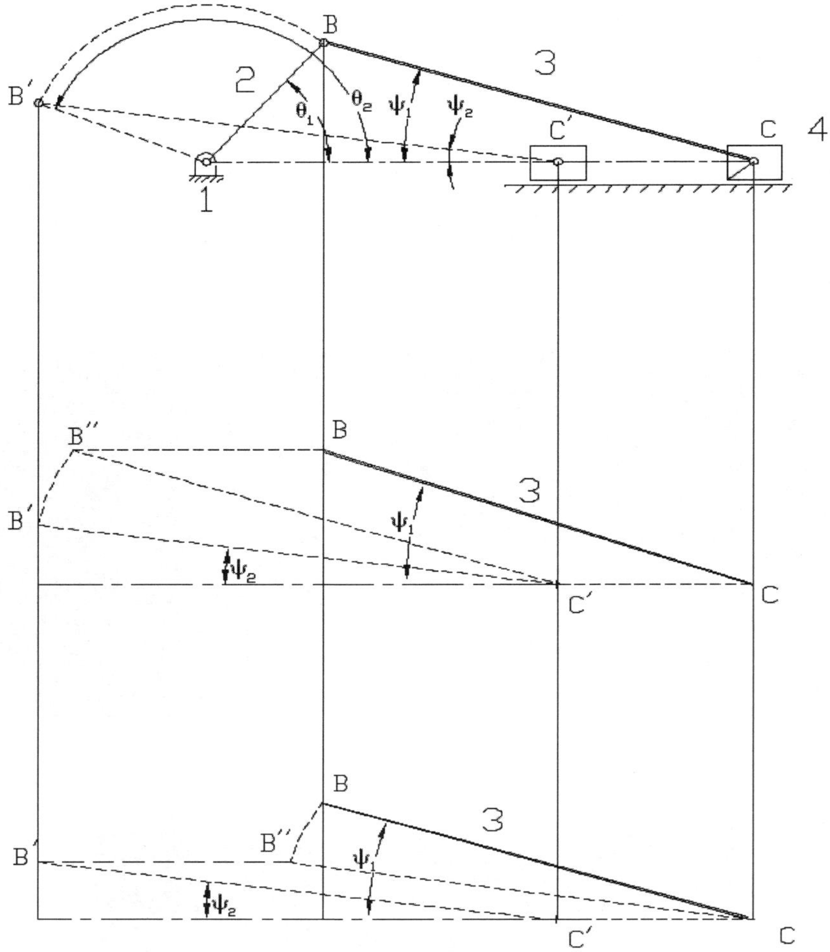

그림 1-64 슬라이더 크랭크 메커니즘의 평면운동

(a) 병진운동(translational motion)

병진운동(translational motion)이란 물체 내의 모든 직선이 평행하게 움직이는 것을 말한다. 병진운동에는 직선병진운동(rectilinear translation)과 곡선병진운동(curvilinear translation)이 있다. 직선병진운동(rectilinear translation)이란 물체 내의 모든 점들이 직선을 따라 움직이는 운동을 말한다. 예를 들어 그림 1-64의 피스톤(링크 4)은 직선병진운동을 나타낸다. 물체 내의 점들이 곡선을 따라 움직이는 병진운동을 곡선병진운동(curvilinear translation)이라고 한다. 그림 1-64에 표시한 슬라이더 크랭크기구에서 연결링크 3은 곡선병진운동을 한다.

(b) 회전운동(rotational motion)

그림 1-64에 표시한 크랭크와 같이 임의의 축을 중심으로 원운동을 하는 것을 회전운동(rotational motion)이라고 한다. 회전운동(rotational motion)에서는 물체 내의 임의의 점은 어떤 점을 중심으로 일정한 거리를 유지하면서 원운동을 한다. 이때 이점을 회전축이라 하며, 물체 내의 점들은 이 축을 중심으로 회전을 한다.

(c) 병진운동과 회전운동의 조합

그림 1-64에 표시한 슬라이더 크랭크기구(slider crank mechanism)의 연결봉의 운동은 임의의 점(C′)을 중심으로 하는 회전운동과 병진운동의 조합으로 이루어져 있다. 일반적으로 대부분의 기계요소들은 병진운동과 회전운동을 동시에 하게 된다.

1.4 나선운동 helical motion

나선운동(helical motion)이란 나사(screw)나 너트(nut)의 운동과 같이 회전축으로부터 일정한 거리에 있는 한 점이 회전하면서 동시에 축에 평행하게 움직이는 것을 말한다.

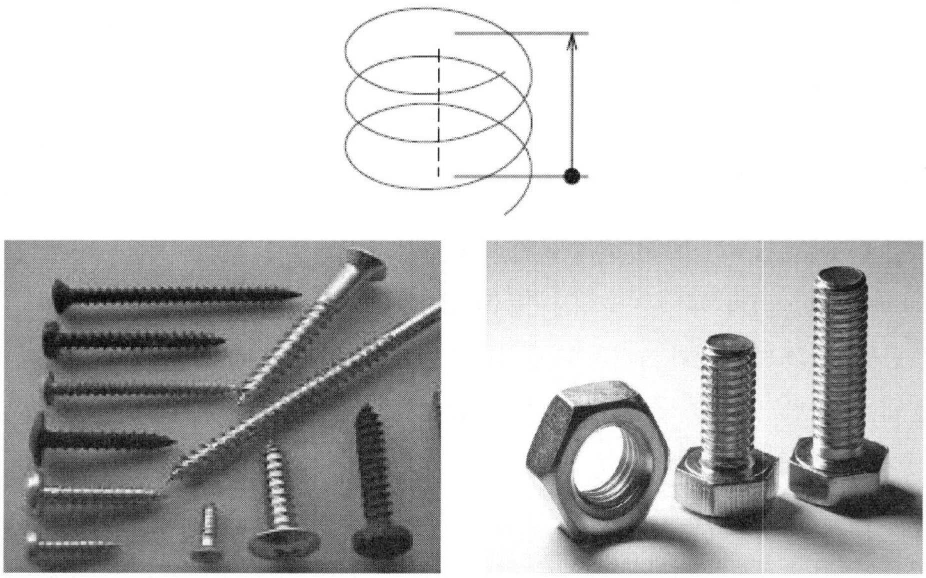

그림 1-65 나선운동(helical motion)을 이용한 나사(screw)의 예

1.5 구면운동 spherical motion

구면운동이란 볼 소켓 조인트(ball−and−socket joint)와 같이 어떤 물체가 공간상의 임의의 점으로부터 일정한 거리를 유지하면서 3차원 공간상에서 움직이는 것을 말한다.

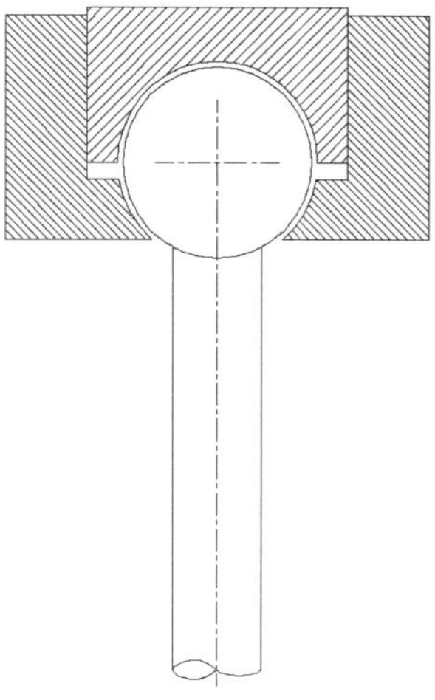

그림 1-66 구면운동(spherical motion)

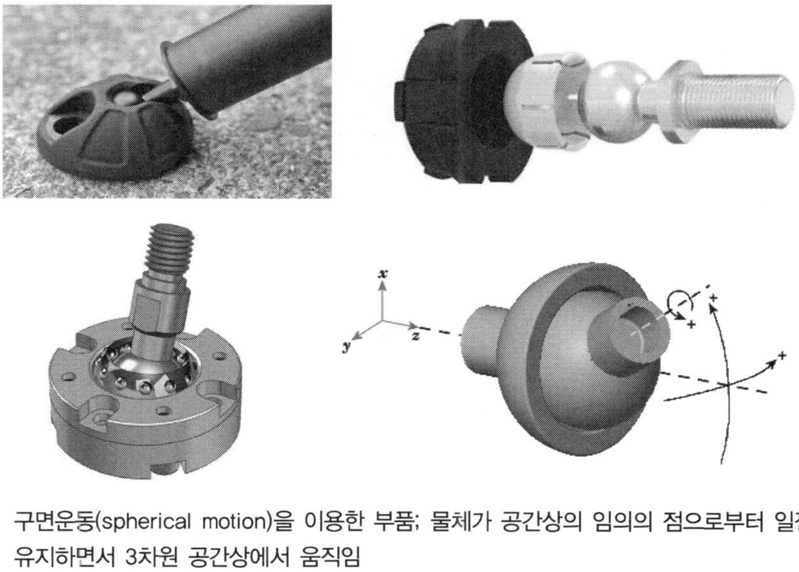

그림 1-67 구면운동(spherical motion)을 이용한 부품; 물체가 공간상의 임의의 점으로부터 일정한 거리를 유지하면서 3차원 공간상에서 움직임

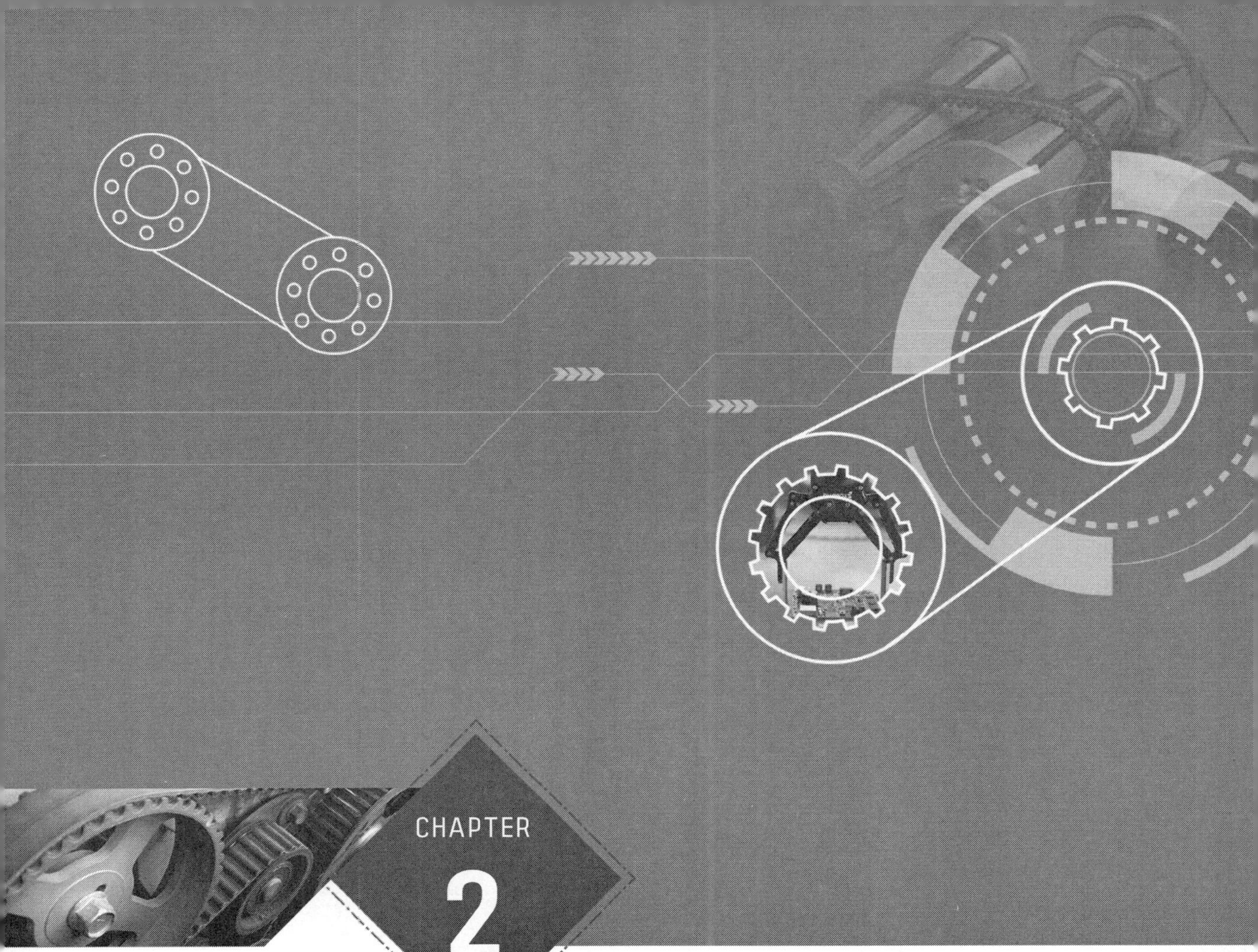

CHAPTER 2

운동의 전달

- **2.1** 운동전달선(line of transmission)
- **2.2** 각속도비(angular velocity ratio)
- **2.3** 미끄럼접촉(sliding contact)
- **2.4** 구름접촉(rolling contact)
- **2.5** 확실전동(positive drive)

2.1 운동전달선 line of transmission

기구에서 한 링크로부터 다른 링크로 운동을 전달하는 방법에는 몇 가지의 기본적인 형태가 있다. 그림 2-1과 같은 기구에 대하여 생각해보기로 하자. 만약 링크 2에 모터를 부착하여 회전시키게 되면, 링크 4도 달아서 회전하게 된다. 이때 링크 2를 구동절(driver)이라고 하며, 링크 4를 종동절(follower)이라고 한다. 링크 3은 링크 2의 운동을 링크 4에 전달하는 매체가 되며 이를 커플러(coupler)라고 부른다. 가솔린 엔진의 연결봉(connecting rod)은 이런 형태의 예이다.

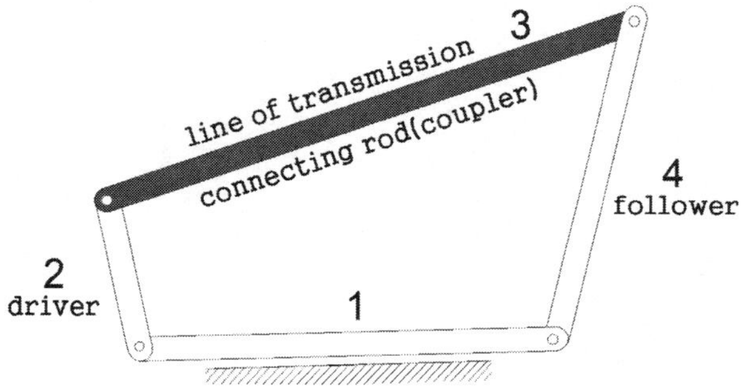

그림 2-1 구동절(driver)과 종동절(follower)

그림 2-2과 같은 링크장치를 직접접촉기구라고 한다. 이는 구동축과 종동축이 연결봉 또는 커플러가 없이 직접 접촉하기 때문에 이와 같이 부른다. 기어장치(치차장치)에서 서로 물리고 있는 한 쌍의 기어는 직접접촉기구의 한 예이다. 직접접촉기구에서는 일반적으로 구동절을 캠(cam)이라도 한다.

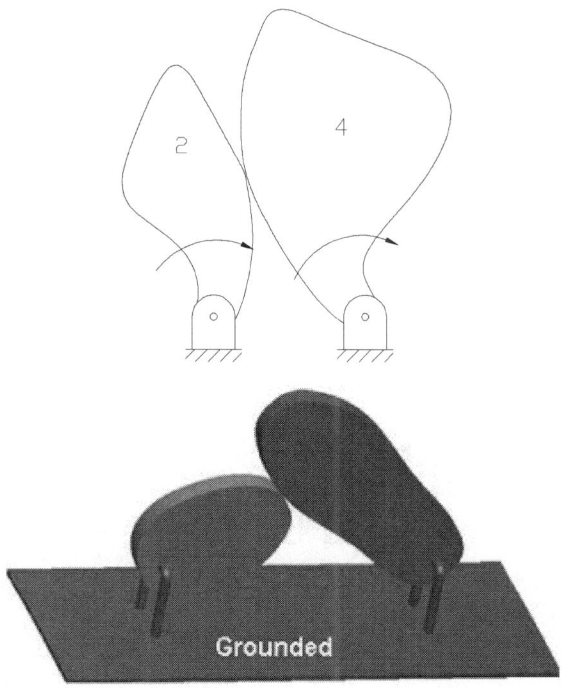

그림 2-2 직접접촉기구

운동은 구동절에서 종동절로 운동전달선(line of transmission)에 따라서 전달된다. 그림 2-3에 표시한 접적촉기구에서는 구동링크가 공통법선(common normal line)방향으로 운동하는 경우에만 운동을 전달할 수 있으므로, 공통법선이 운동전달선이 된다.

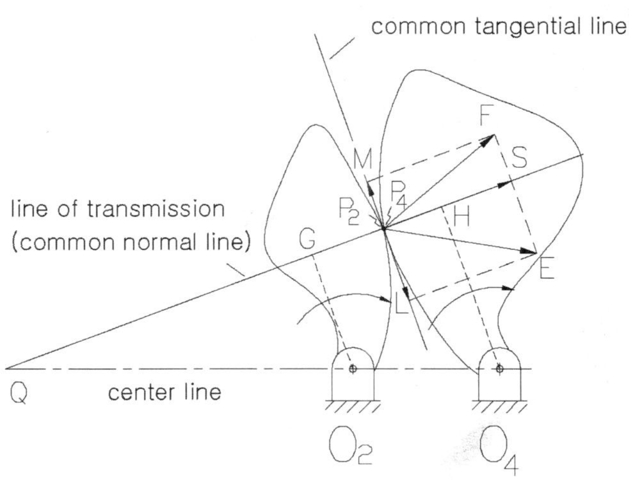

그림 2-3 운동전달선(line of transmission)

2.2 각속도비 angular velocity ratio

다음으로 링크 2 및 링크 4의 각속도비에 대하여 알아보기로 하자. 그림 2−4로부터 링크 2 및 4의 각속도는 각각 다음과 같이 된다.

$$\omega_2 = \frac{V}{R} = \frac{\overline{P_2E}}{\overline{O_2P_2}}, \qquad \omega_4 = \frac{\overline{P_4F}}{\overline{O_4P_4}} \tag{2.1}$$

$$\frac{\omega_2}{\omega_4} = \frac{\overline{P_2E}}{\overline{O_2P_2}} \frac{\overline{O_4P_4}}{\overline{P_4F}} \tag{2.2}$$

$$\frac{\overline{P_2E}}{\overline{O_2P_2}} = \frac{\overline{P_2S}}{\overline{O_2G}} \tag{2.3}$$

$$\frac{\overline{P_4F}}{\overline{O_4P_4}} = \frac{\overline{P_4S}}{\overline{O_4H}} \tag{2.4}$$

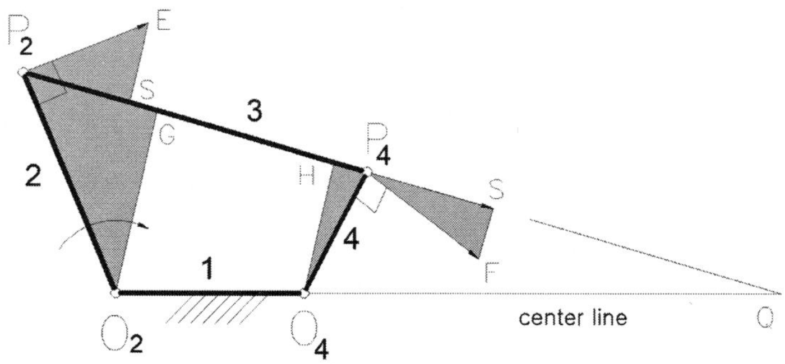

그림 2-4 각속도비

$$\frac{\overline{P_2E}}{\overline{O_2P_2}} \frac{\overline{O_4P_4}}{\overline{P_4F}} = \frac{\overline{P_2S}}{\overline{O_2G}} \frac{\overline{O_4H}}{\overline{P_4S}} = \frac{\overline{O_4H}}{\overline{O_2G}} \tag{2.5}$$

$$\frac{\omega_2}{\omega_4} = \frac{\overline{O_4H}}{\overline{O_2G}} \tag{2.6}$$

$$\frac{\overline{O_4H}}{\overline{O_2G}} = \frac{\overline{O_4Q}}{\overline{O_2Q}} \tag{2.7}$$

따라서 각속도비는 다음과 같이 된다.

$$\frac{\omega_2}{\omega_4} = \frac{\overline{O_4Q}}{\overline{O_2Q}} \tag{2.8}$$

또한 그림 2-5.a에 대한 각속도비는 다음과 같이 된다.

$$\frac{\omega_2}{\omega_4} = \frac{R_4}{R_2} \tag{2.9}$$

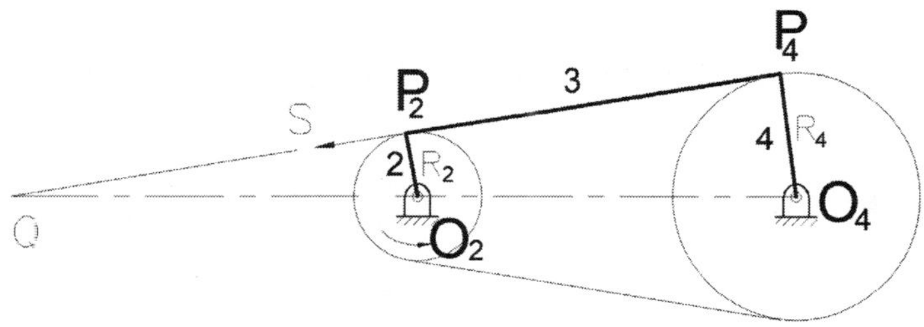

그림 2-5.a 각속도비

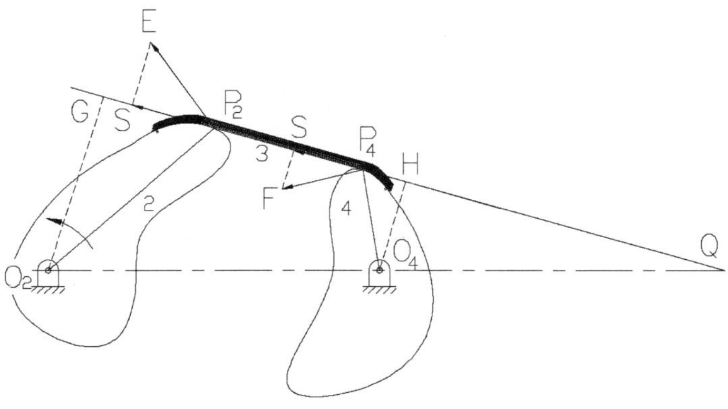

그림 2-5.b 각속도비

2.3 미끄럼접촉 sliding contact

직접접촉기구에서는 두 링크의 접촉점이 중심선(center line) 밖에 존재할 때에는 미끄럼이 존재한다. 그림 2−7에서 그림 2−9사이에 미끄럼접촉을 응용한 기계부품의 예로서 띠 브레이크, 디스크 브레이크, 드럼 브레이크의 작동원리에 대하여 나타내었다. 그림 2−6에서 점 P_2와 P_4는 링크 2와 4에서의 접촉점이다. 링크 2와 4 사이에는 법선을 따라 상대운동이 없으므로 $\overline{P_2E}$와 $\overline{P_4F}$의 법선성분은 같아야 하며 이를 벡터 $\overline{P_2S}$로 표시하였다. $\overline{P_2E}$와 $\overline{P_4F}$의 접선성분은 각각 $\overline{P_2L}$ 및 $\overline{P_4M}$이다.

이들 접선성분들은 크기와 방향이 서로 다르므로 링크 2와 4는 이 방향으로 상대운동을 하게 된다. 따라서 속도의 접선방향 성분의 차가 미끄럼속도 V_s가 된다. 링크 2가 4에 대해서 미끄러지는 속도는 접선을 따라 M에서 L쪽의 방향이며, 그 크기는 선분 $\overline{ML}$이 된다.

$$V_s = \overline{P_2L} - \overline{P_4M} = \overline{P_2L} + (-\overline{P_4M}) \tag{2.10}$$

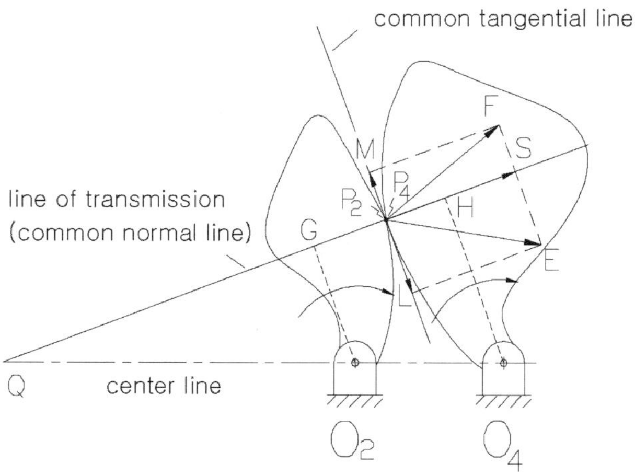

그림 2−6 미끄럼접촉(sliding contact)

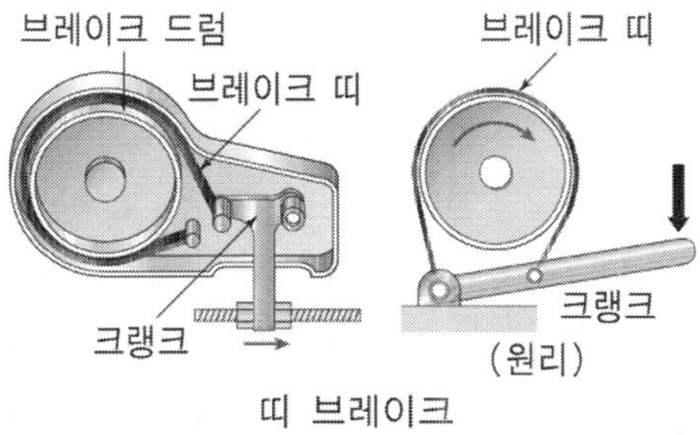

그림 2-7 미끄럼접촉을 응용한 기계부품의 예(띠 브레이크)

그림 2-8 미끄럼접촉을 응용한 기계부품의 예(디스크 브레이크)

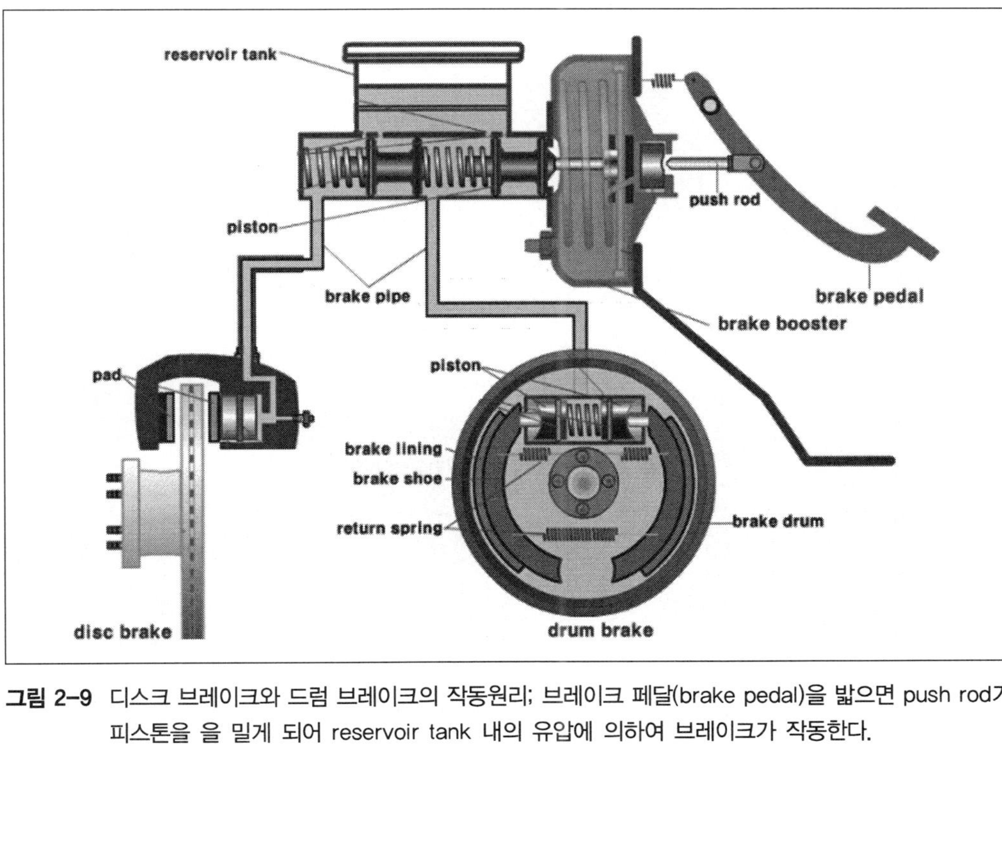

그림 2-9 디스크 브레이크와 드럼 브레이크의 작동원리; 브레이크 페달(brake pedal)을 밟으면 push rod가 피스톤을 을 밀게 되어 reservoir tank 내의 유압에 의하여 브레이크가 작동한다.

2.4 구름접촉 rolling contact

직접접촉기구에서 두 링크 사이에 미끄럼이 없으면, 구름접촉(rolling contact)이라고 한다. 그림 2−11에서 그림 2−13사이에 구름접촉의 예로서 모터를 이용하여 자전거의 속력을 높이기 위한 기구와 자전거용 발전기 등을 나타내었다. 두 링크가 구름접촉을 하기 위해서는 접촉점에서 두 링크의 속도가 같아야 하고, 또한 접촉점이 중심선 위에 있어야 한다. 그림 2−10에서 속도 $\overline{P_2E}$와 $\overline{P_4F}$의 접선성분은 크기와 방향이 같다. $\overline{P_2E}$와 $\overline{P_4F}$의 법선성분이 같다는 조건이 성립하기 위해서는 $\overline{P_2E}$와 $\overline{P_4F}$는 크기와 방향이 같아야 한다.

속도 $\overline{P_2E}$와 $\overline{P_4F}$는 $\overline{O_2P_2}$와 $\overline{O_4P_4}$의 반지름이 동일 직선 위에 있을 때, 즉 중심선 $\overline{O_2O_4}$ 위에 있을 때 같은 방향을 갖게 된다. 접촉점이 중심선 위에 있다는 것은 구름접촉이 존재하기 위한 필요조건은 되지만 충분조건은 아니다. 이는 접선방향속도가 다르면 접촉점이 중심선 위에 있어도 미끄럼이 존재하기 때문이다. 그림 2−14의 링크 2와 4는 속도 $\overline{P_2E}$와 $\overline{P_4F}$가 같지 않으므로 미끄럼접촉을 하는 것이 된다.

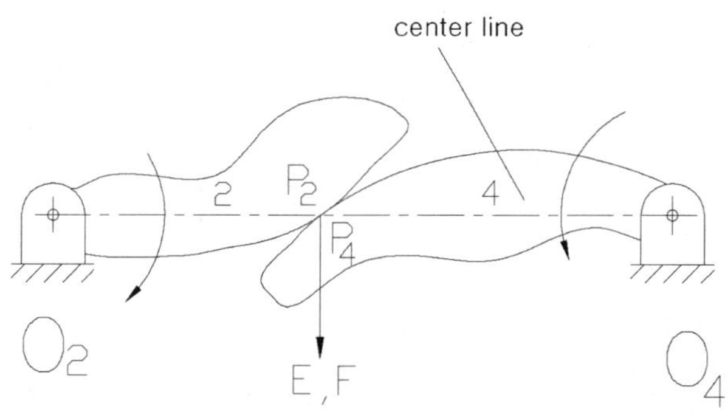

그림 2-10 구름접촉(rolling contact)

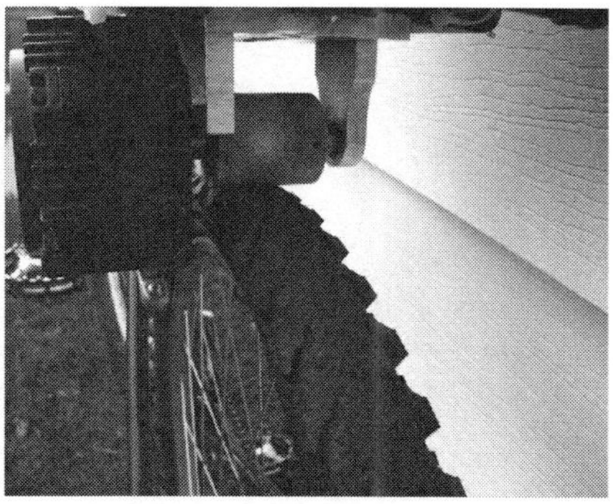

그림 2-11 구름접촉의 예(모터를 이용하여 자전거의 속력을 높이기 위한 기구)

그림 2-12 구름접촉의 예(자전거용 발전기)

그림 2-13 구름접촉의 예(평지에서도 롤러코스터를 타는 듯한 착각을 불러일으켜 주는 놀이기구)

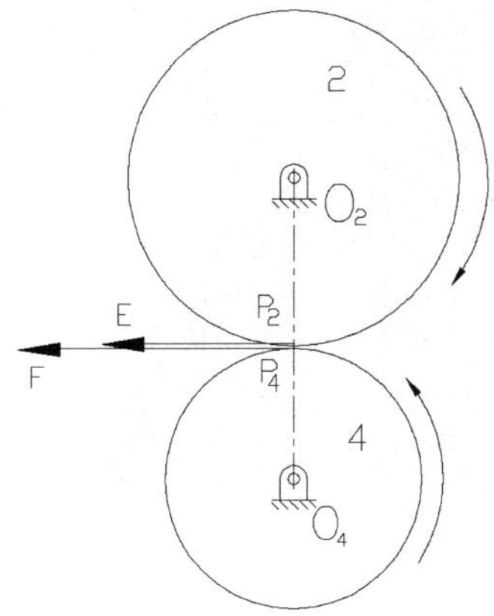

그림 2-14 미끄럼접촉(sliding contact)

2.5 확실전동 positive drive

확실전동(positive drive)이란 직접접촉기구에서 구동절의 운동이 종동절로 강제로 전달되는 것을 의미한다. 그림 2−15과 같은 기구를 기구학에서는 캠(cam)기구라고 한다. 링크 2가 반시계방향으로 회전한다고 가정하면, 링크 2가 링크 4에 가하는 힘은 접촉점 P를 지나는 공통법선 방향으로 전달된다. 이 기구에서는 구동절의 운동이 종동절로 확실하게 전달되며, 이와 같은 전동을 확실전동이라고 한다. 이는 링크 4가 피벗 O_4에 대해서 토크 암(torque arm) $\overline{O_4H}$를 갖고 있기 때문이다.

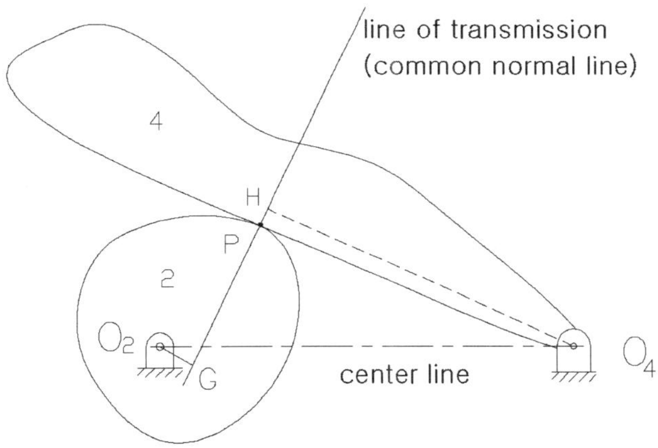

그림 2−15 확실전동(positive drive)

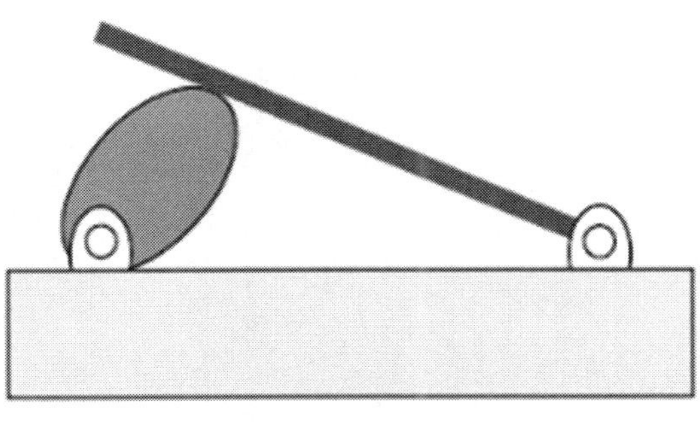

그림 2−16 확실전동의 예

다음으로 그림 2-17과 같은 경우에 대하여 생각해보기로 하자. 링크 2와 4의 위치는 운동전달선(공통법선)이 링크 2의 회전중심 O_2를 지나게 되어 있다. 이때 링크 2가 구동절이고 어떤 방향으로나 약간 회전한다면, 링크 4를 강제로 운동시키지 못하고 단지 종동절로부터 떨어져 나가는 운동을 하게 되며, 이와 같은 경우는 확실전동이라고 하지 않는다. 이는 토크암을 갖지 않기 때문이다(운동전달선이 회전중심을 통과함). 기구의 이러한 위상을 사점(dead center)이라고 한다. 그림 2-18에 슬라이더 크랭크기구의 상사점과 하사점을 표시하였다.

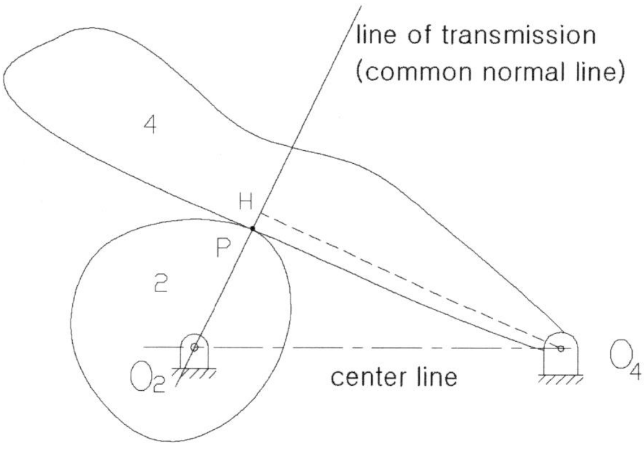

그림 2-17 사점(dead center)

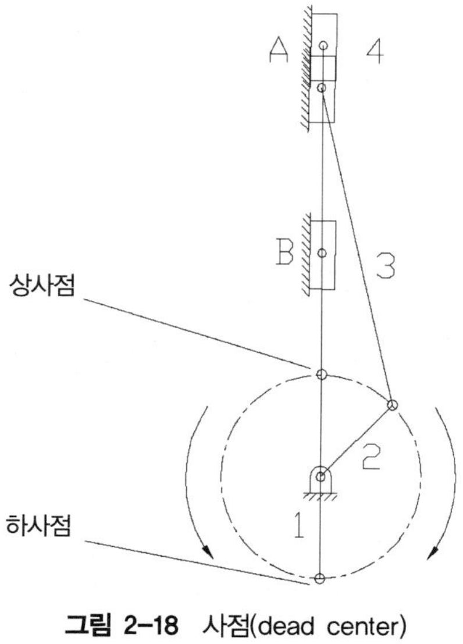

그림 2-18 사점(dead center)

다음으로 그림 2－19와 같은 기구에 대하여 생각해보기로 하자. 링크 2와 4는 원판이며, 둘 중 어느 것이나 구동절이 될 수 있다. 이 기구에서 공통법선은 중심선을 지난다. 이 기구에서는 종동절은 멈춘 상태로 구동절만 회전할 수도 있으므로 확실전동을 하지 못하게 된다. 그러나 링크 2와 4 사이에 충분한 마찰이 존재하면, 두 링크 중에 하나가 회전하여 다른 하나를 확실하게 회전시킬 수 있게 되며, 이를 마찰전동(friction drive)이라고 한다.

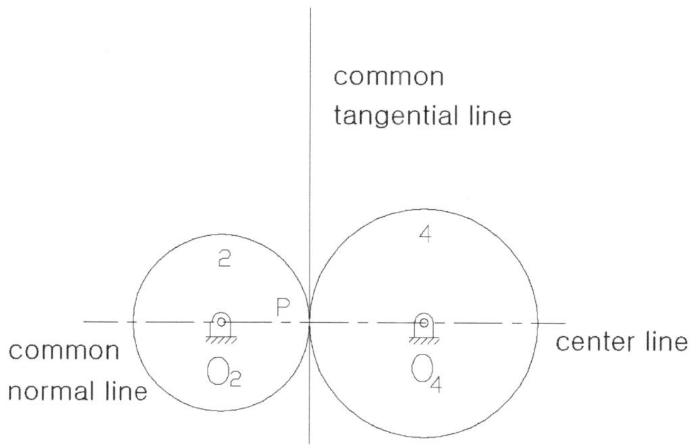

그림 2–19 마찰전동(friction drive)

그림 2–20 마찰전동(friction drive)의 예(자전거용 발전기)

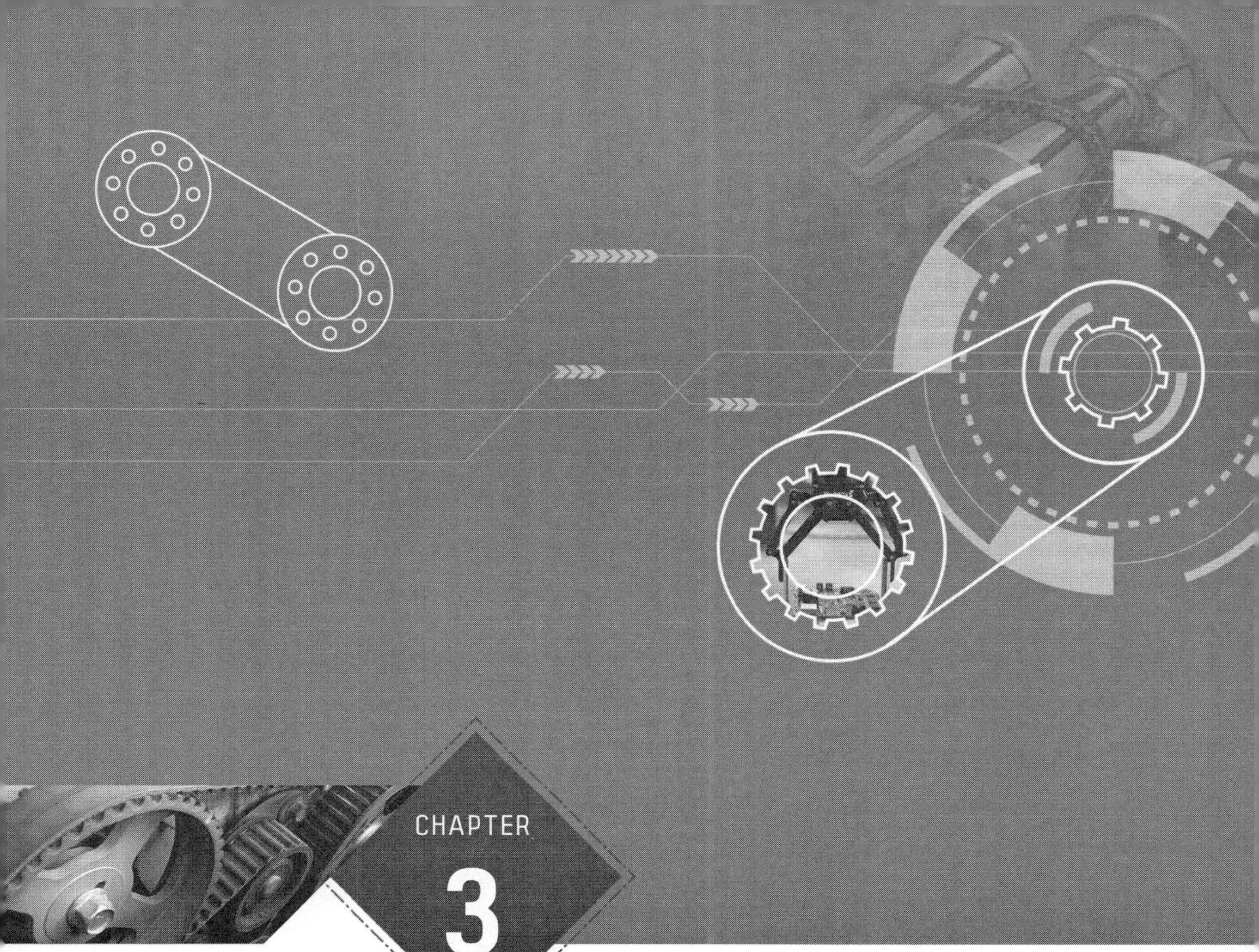

CHAPTER 3

4절 링크장치 및 배력기구

3.1 4절 링크장치 four-bar linkage

전술한 바와 같이 그림 3-1과 같은 5절(다섯 개의 링크)로 이루어진 링크장치는 기구학에서는 다루지 않는다. 기구학에서 다루는 가장 일반적인 기구 중의 하나인 4절 링크장치(four-bar linkage)를 그림 3-2에 표시하였다. 그리고 그림 3-3에서 그림 3-6사이에 4절 링크장치의 예로서, 모터를 이용하여 자전거의 속력을 높이기 위한 기구, 포크레인, 플라이어, 체중감량을 위한 운동기구, 자전거 및 자전거용 발전기, 오토바이, 놀이기구 등을 나타내었다.

그림 3-2에서 링크 1은 프레임(고정시킴), 링크 2와 4는 크랭크(회전운동을 함) 그리고 링크 3은 연결봉(coupler, 운동을 전달함)이라고 한다. 4절 링크장치에는 평행크랭크 4절 링크장치(parallel crank four-bar linkage), 비평행 등크랭크 링크장치(non-parallel equal crank linkage), 크랭크 및 로커(crank and rocker) 등이 있다.

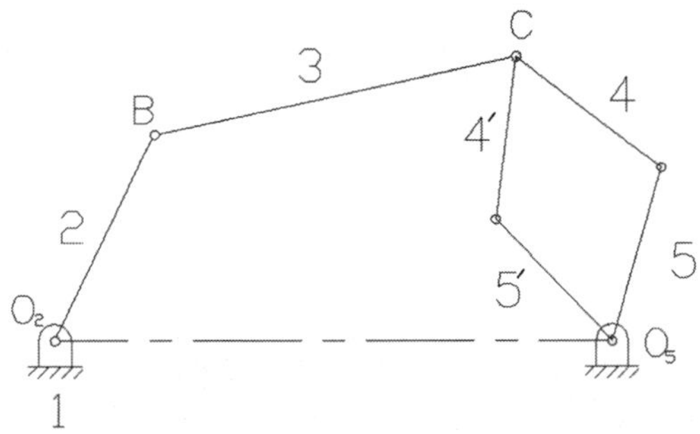

그림 3-1 비구속연쇄(unconstrained kinematic chain)

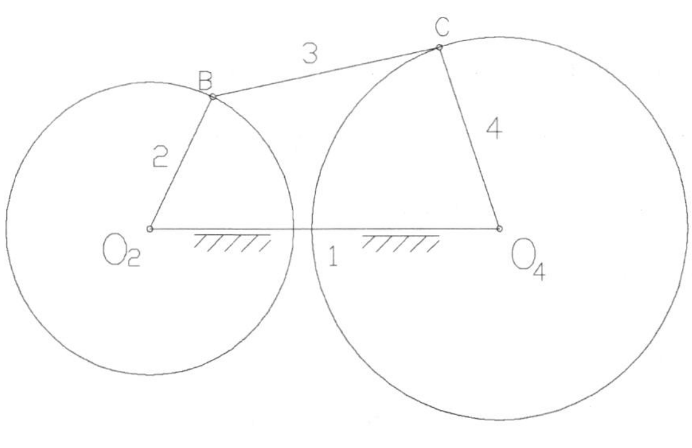

그림 3-2 4절 링크장치(four-bar linkage)

그림 3-3 4절 링크장치(four-bar linkage)를 응용한 예(포크레인)

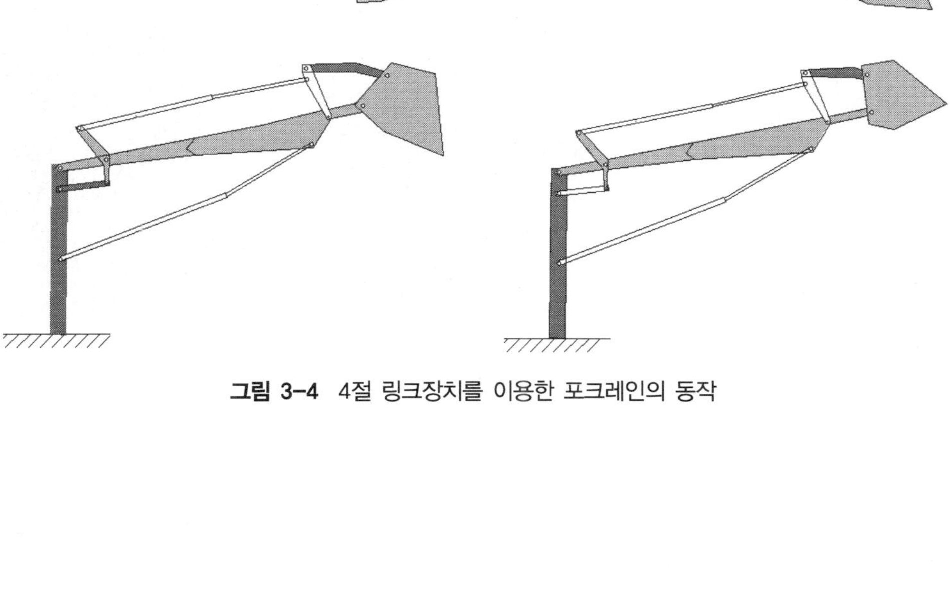

그림 3-4 4절 링크장치를 이용한 포크레인의 동작

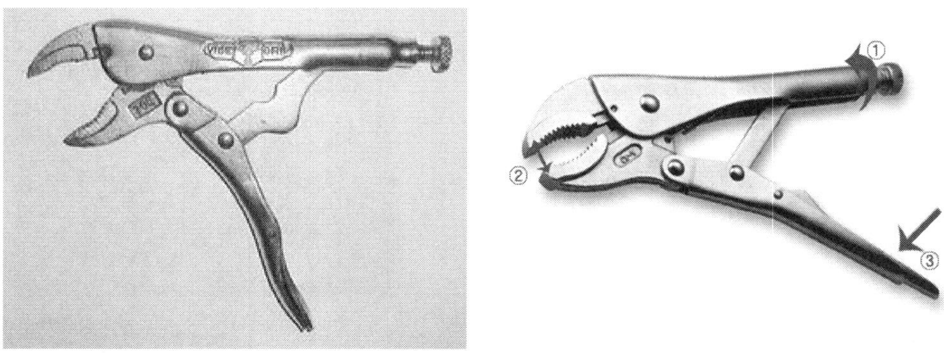

그림 3-5 4절 링크장치를 응용한 예(플라이어)

그림 3-6 4절 링크장치를 응용한 예(체중감량을 위한 운동기구)

그림 3-7 4절 링크장치를 응용한 예(자전거)

그림 3-8 4절 링크장치를 응용한 예(오토바이)

그림 3-9 4절 링크장치를 이용한 놀이기구의 예

3.2 평행크랭크 4절 링크장치 parallel crank four-bar linkage

링크 2와 링크 4의 길이가 같고, 연결봉 3의 길이와 중심선 $\overline{O_2O_4}$의 길이와 같은 기구를 평행크랭크 4절 링크장치라고 한다. 그림 3-11에 평행크랭크 4절 링크장치를 증기기관차에 응용한 예를 나타내었다. 2장에서 언급한 바와 같이 그림 3-10에서 크랭크 4가 크랭크 3과 동일 직선 상에 있게 되는 경우를 사점(dead point) 또는 사심(dead center)이라고 한다. 사점에서는 기구가 회전방향과 반대방향으로 회전을 시작할 수도 있게 되므로 일반적으로 관성(프라이 휠 등)을 이용하여 역전을 방지하고 있다.

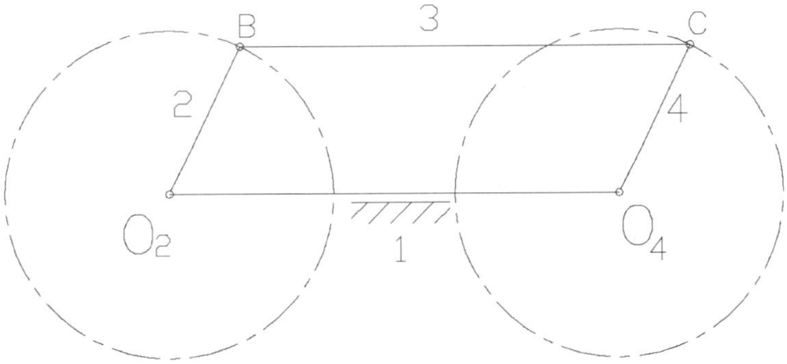

그림 3-10 평행크랭크 4절 링크장치(parallel crank four-bar linkage)

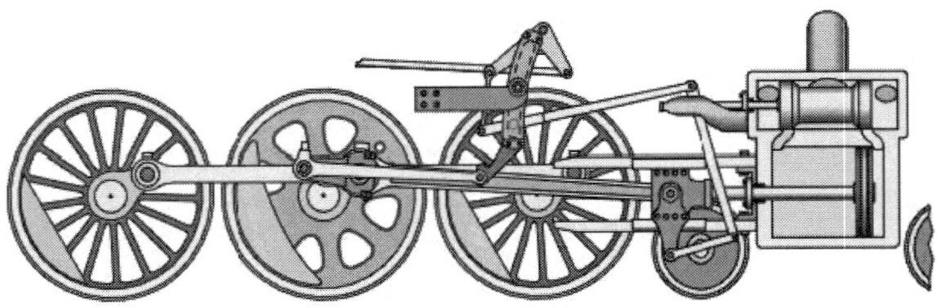

그림 3-11 평행크랭크 4절 링크장치의 예(증기기관차)

3.3 비평행 등크랭크 링크장치 non-parallel equal crank linkage

그림 3−12는 그림 3−10과 같이 링크 2와 링크 4의 길이가 같고, 링크 3과 중심선 $\overline{O_2O_4}$의 길이가 같다. 그러나 링크 3은 중심선 $\overline{O_2O_4}$과 서로 평행하지 않다. 따라서 링크 2와 링크 4는 서로 반대방향으로 회전한다. 이 기구에서는 크랭크2가 등각속도로 회전할 때 크랭크 4는 가변각속도로 회전한다.

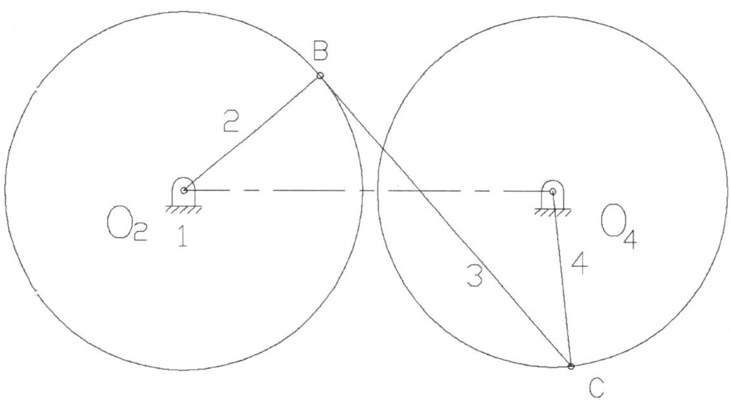

그림 3−12 비평행 등크랭크 링크장치(non−parallel equal crank linkage)

3.4 평행운동기구 parallel motion mechanism

그림 3−13은 평행운동을 하는 링크장치이며, 팬터그래프(pantograph) 제도기라고도 한다. 그림 3−14에서 그림 3−16사이에 팬터그래프 제도기, 전철의 전류를 공급하는 지지대에의 응용, 팬터그래프를 이용한 Master Slave 기구의 예 등을 나타내었다.

그림 3−13에서 점 F에 달린 펜은 점 D의 추적바늘(stylus)의 운동을 축소된 크기로 그리며, 점 D에 달린 펜은 F점 의 추적바늘의 운동을 확대된 크기로 그린다. 팬터그래프는 도면이나 지도를 축소하거나 확대할 때 사용되며, 절삭공구를 안내하는 기구로서도 응용되다. 그림 3−13에서 $\triangle AEF$와 $\triangle DCF$는 항상 닮은꼴이므로 다음과 같은 관계식이 성립한다.

$$\frac{\overline{AF}}{\overline{FD}} = \frac{\overline{AE}}{\overline{CD}} = \text{일정} \tag{3.1}$$

$$\frac{\text{점 } D\text{의 궤적}}{\text{점 } F\text{의 궤적}} = \frac{\overline{AD}}{\overline{AF}} = \text{일정} \tag{3.2}$$

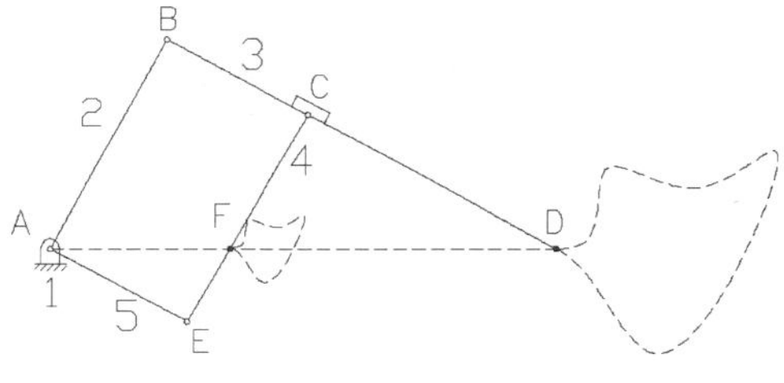

그림 3-13 팬터그래프(pantograph)

그림 3-14 팬터그래프

그림 3-15 팬터그래프의 예(전철의 전류를 공급하는 지지대)

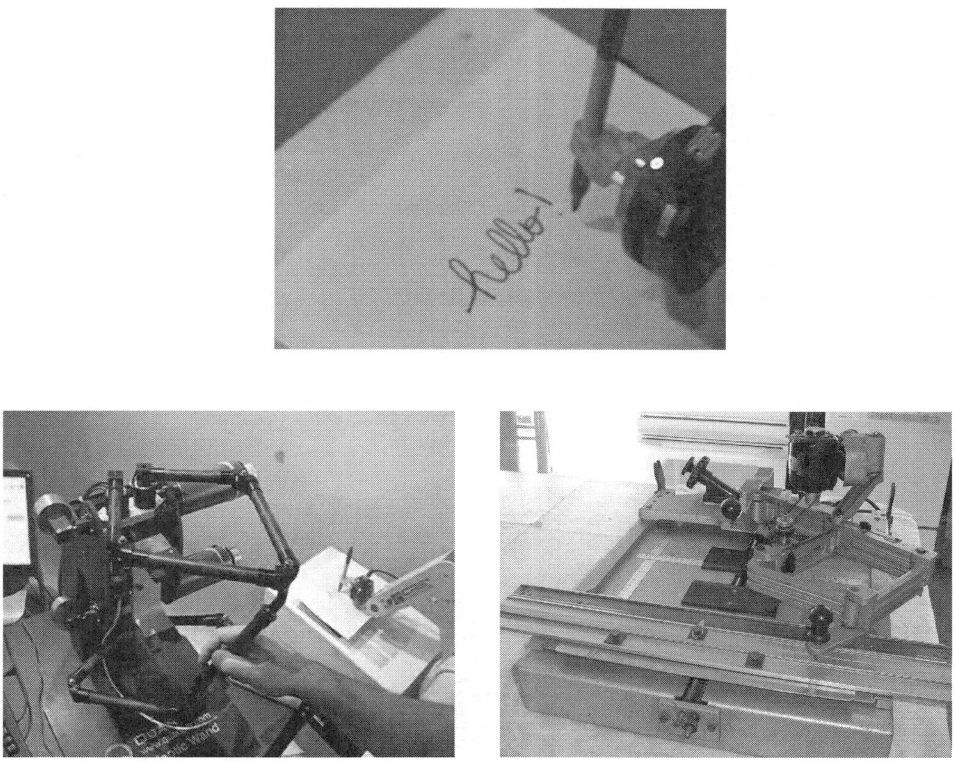

그림 3-16 팬터그래프를 이용한 Master Slave 기구의 예

3.5 배력기구 toggle mechanism

그림 3−17에 배력기구를 표시하였다. 배력장치는 작은 힘을 큰 힘으로 증폭하고자 할 때 사용된다. 그림 3−18에서 그림 3−29사이에 암석분쇄기(rock crusher), 항공기용 착륙장치(landing gear), 펀치 프레스(punch press), 커터(cutter) 등, 배력장치를 응용한 각종 기구를 나타내었다.

그림 3−17에서 링크 4와 링크 5의 길이는 서로 같으므로 다음과 같은 식이 성립한다.

$$F = \frac{P}{\tan\alpha} \tag{3.3}$$

따라서 힘 P의 값이 주어졌을 때 링크 4와 링크 5가 일직선의 위치로 접근함에 따라 힘 F는 급격히 증가하게 된다.

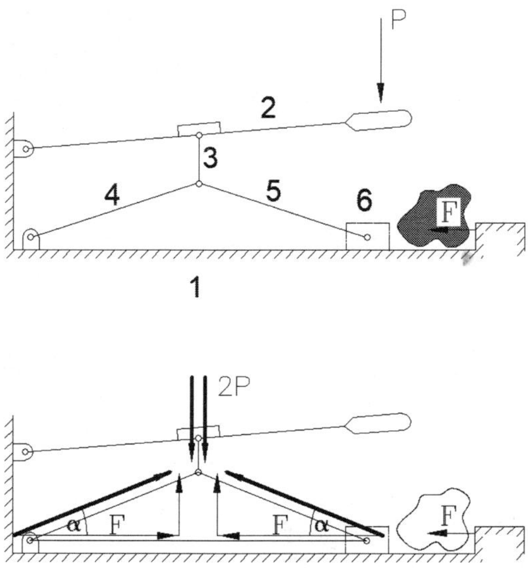

그림 3−17 배력장치(toggle mechanism)

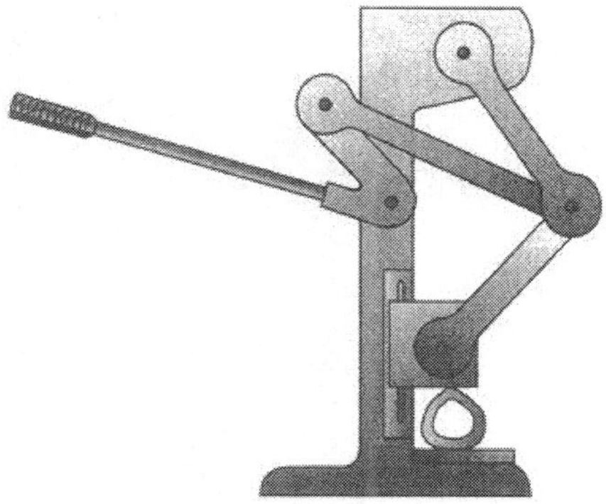

그림 3-18 배력기구를 이용한 기계식 프레스; 작은 힘으로 큰 힘으로 물체를 누를 수 있다. 손잡이를 내리면 배력기구의 원리에 의해 힘이 배가되어 물체를 누르게 됨.

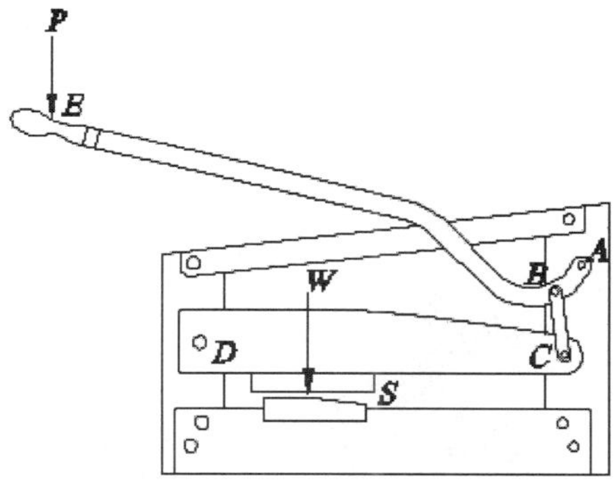

그림 3-19 배력기구를 이용한 절단기

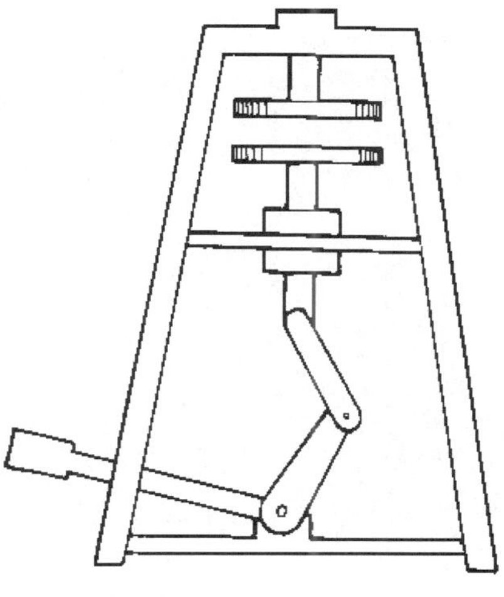

그림 3-20 배력기구를 이용한 예(발판에 압력을 가하면 안의 아래쪽 판이 위판에 힘을 가하게 되는 장치. 용도는 반죽을 납작하게 만들 때 사용함)

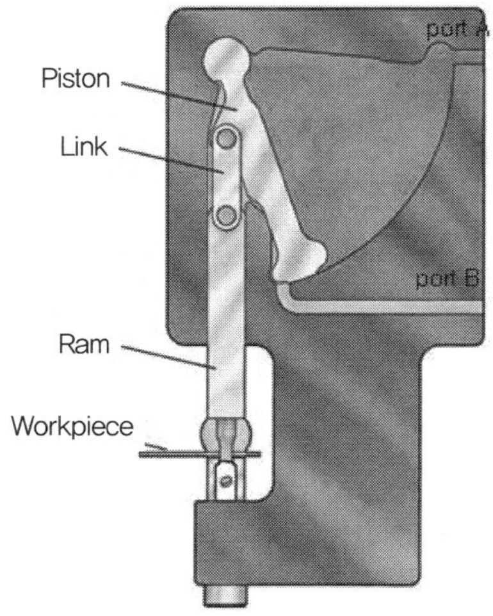

그림 3-21 공압장치를 이용한 배력기구의 예

그림 3-22 배력기구(toggle mechanism)를 이용한 landing gear의 예

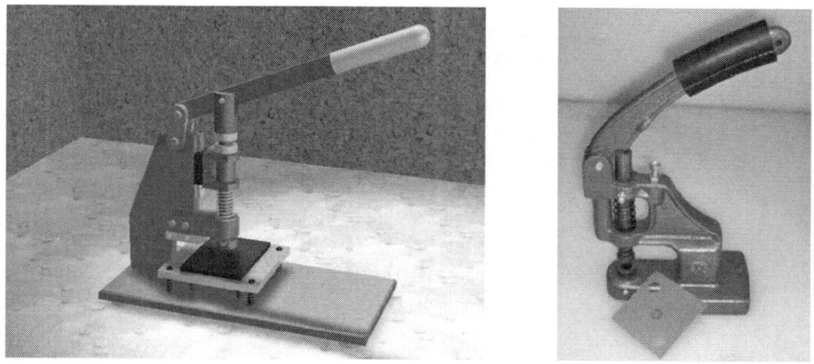

그림 3-23 배력기구(toggle mechanism)를 이용한 예

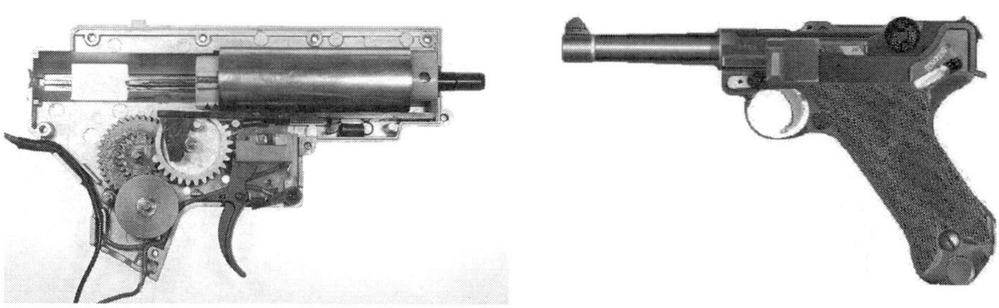

그림 3-24 배력기구를 응용한 권총의 잠금 및 잠금 해제장치

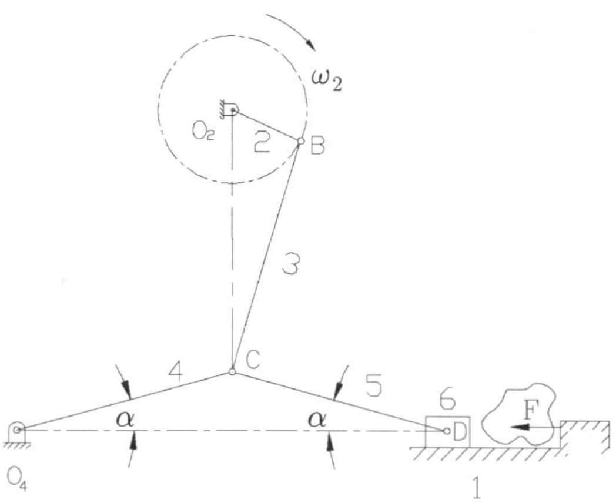

그림 3-25 암석분쇄기(rock crusher)

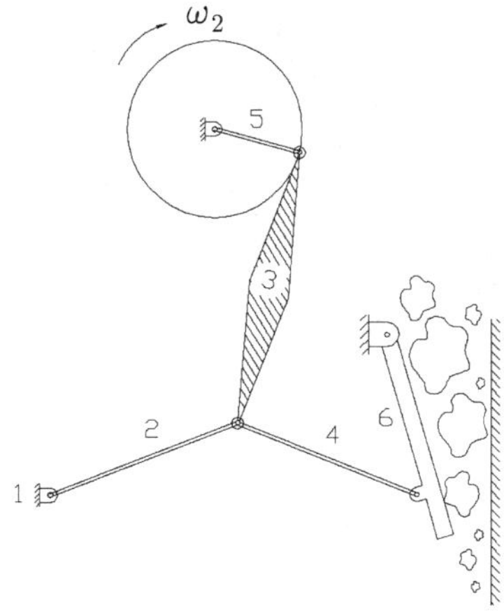

그림 3-26 암석분쇄기

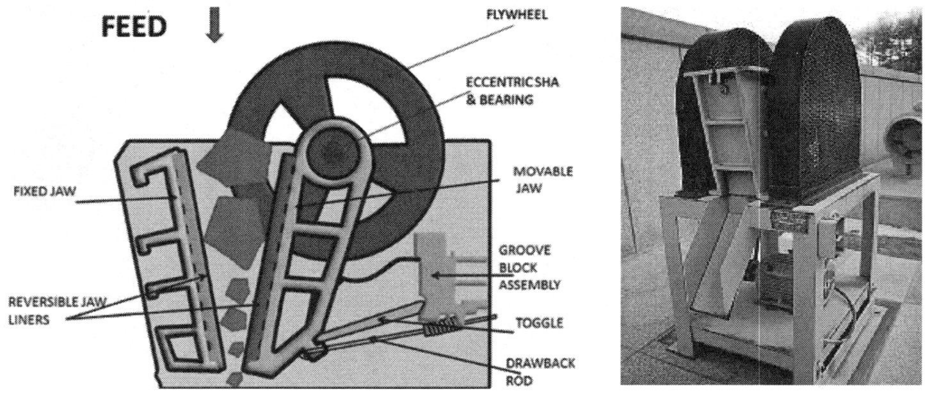

그림 3-27 암석분쇄기의 예

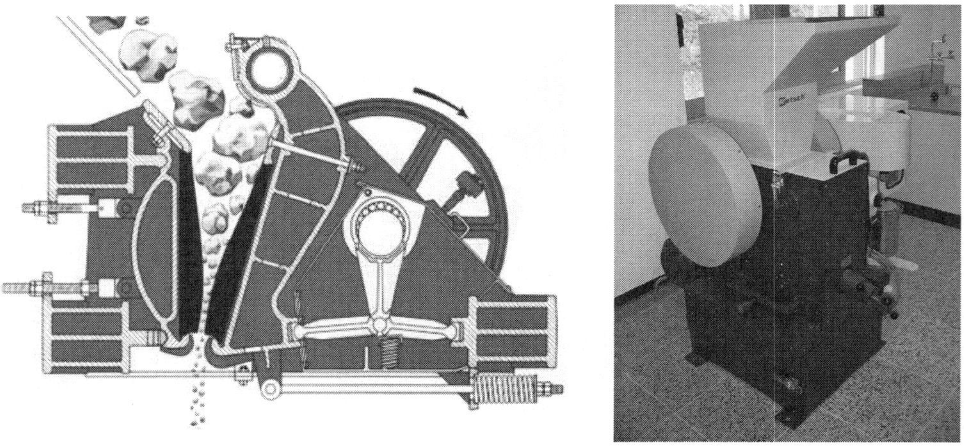

그림 3-28 암석분쇄기의 예

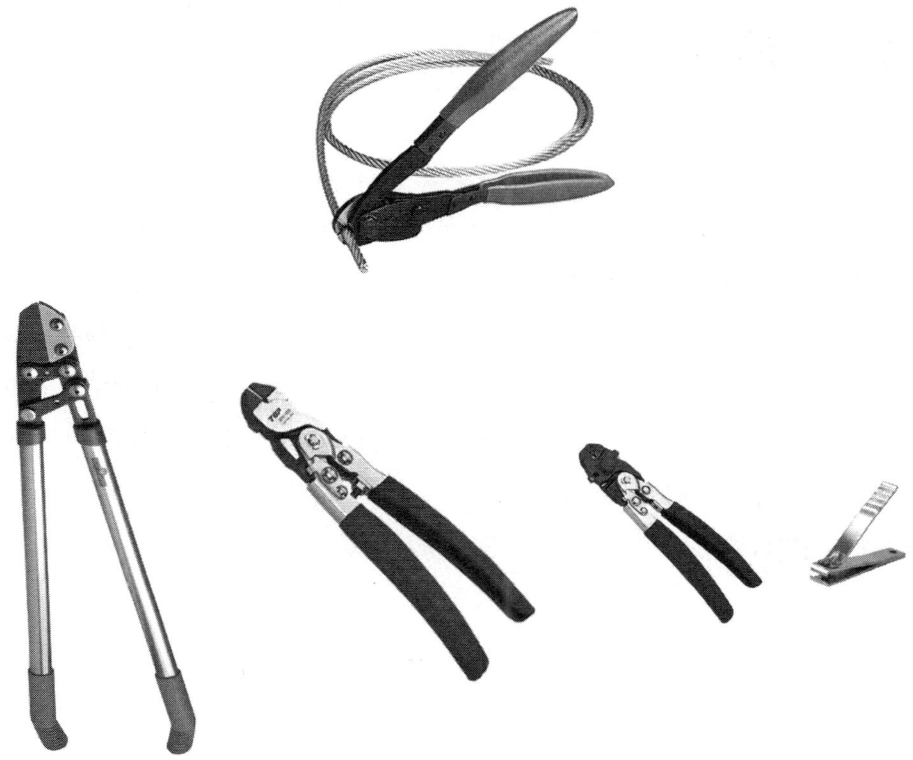

그림 3-29 커터; 작은 조작력으로 큰 힘을 얻는 데 쓰이는 링크 기구임.

3.6 편심기구 eccentric mechanism

그림 3−30에 4절 링크장치의 특수형이라고 할 수 있는 슬라이더 크랭크기구를 표시하였다. 슬라이더 크랭크에서는 한 사이클 동안에 2개의 사점이 슬라이더의 양끝에 존재하므로 크랭크축 상에 설치한 플라이휠을 이용하여 이를 쉽게 넘어 운동하도록 되어 있다. 슬라이더 크랭크기구를 약간 변형시킨 기구를 그림 3−31 및 그림 3−32에 표시하였으며, 이를 편심기구(eccentric mechanism)라고 한다(띠쇠의 중심점 B를 점 A로 편심시킴). 이렇게 기구를 구성하면 크랭크축이 없이도 슬라이더 크랭크기구로서 작동하게 되는 특징이 있다. 이 기구는 가솔린기관, 디젤기관 등 내연 기관이외에 공기압축기에도 응용된다. 공기압축기에서는 전동기나 가솔린기관이 축을 회전시키고 피스톤은 왕복운동을 함으로서 공기를 압축시킨다.

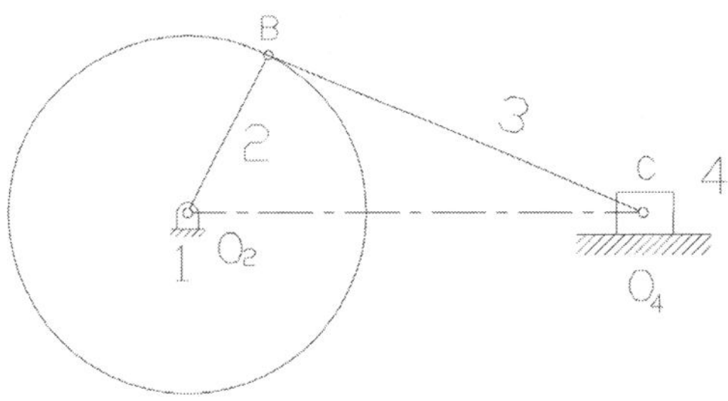

그림 3−30 슬라이더 크랭크기구(slider crank mechanism)

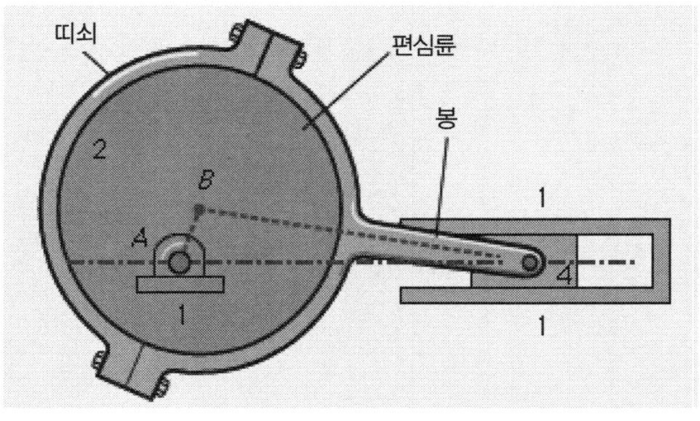

그림 3−31 편심기구(eccentric mechanism)의 예

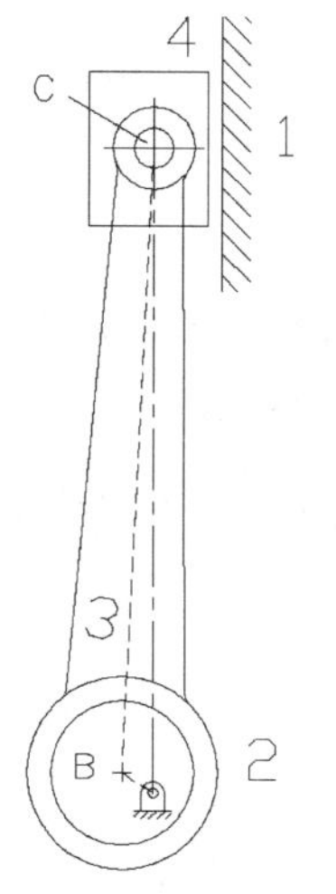

그림 3-32 편심기구

3.7 스코치요크기구 scotch yoke mechanism 및 단진동

그림 3−33에 스코치 요크 기구(scotch−yoke mechanism)를 표시하였다. 스코치 요크 기구는 스라이더 크랭크기구의 변형으로 얻어지는 기구로서 4개의 링크에 의하여 구성되며, 링크 2가 일정한 각속도로 회전운동을 하면, 링크 4는 단진동(단순조화운동, simple harmonic motion)을 하게 된다.

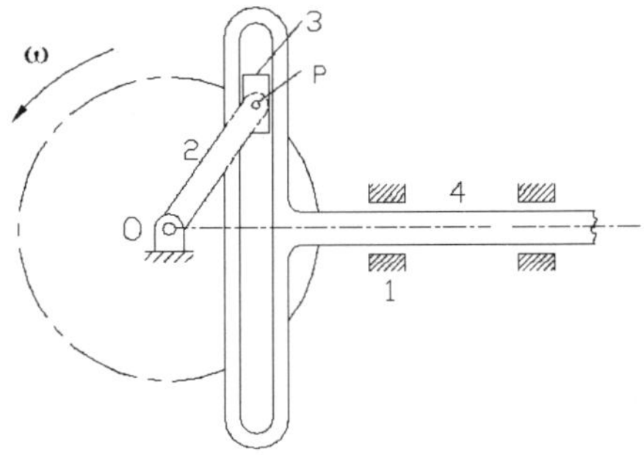

그림 3−33 스코치 요크 기구(scotch yoke mechanism)

다음으로 스코치요크기구, 편심기구 등 다양한 링크기구에서 자주 나타나는 단진동현상의 수학적 해석방법에 대하여 알아보기로 한다. 그림3−34에서 선분 $\overline{OP}$가 일정한 각속도 ω로 반시계방향으로 회전하고 있을 때, 점 P를 선분 $\overline{AB}$위에 투영시킨 점 P'의 점 O에서 부터의 변위 $\overline{OP'}$ 즉, x는 다음 식과 같이 표현된다.

$$x = r\sin\omega t \tag{3.4}$$

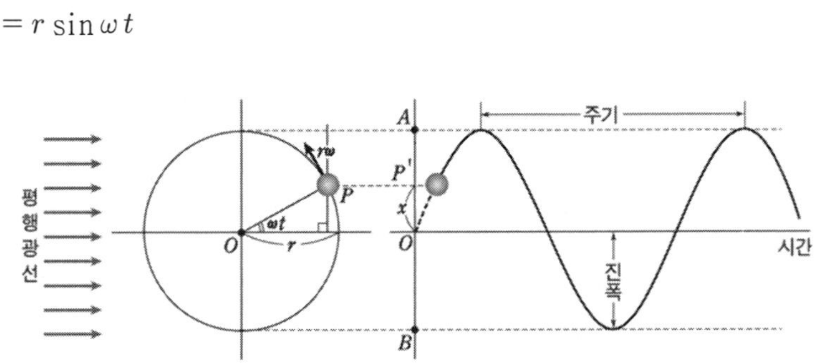

그림 3−34 단진동(simple harmonic motion)

이때 속도 V와 가속도 a는 다음과 같이 된다.

$$V = \frac{dx}{dt} = r\omega\cos\omega t \tag{3.5}$$

$$a = \frac{d^2x}{dt^2} = -r\omega^2\sin\omega t \tag{3.6}$$

따라서

$$a = -\omega^2 x \tag{3.7}$$

여기서 ω는 각속도이므로 상수이다. 즉,

$$a = -Cx \tag{3.8}$$

(단, a : 가속도, C : 상수 x : 변위)

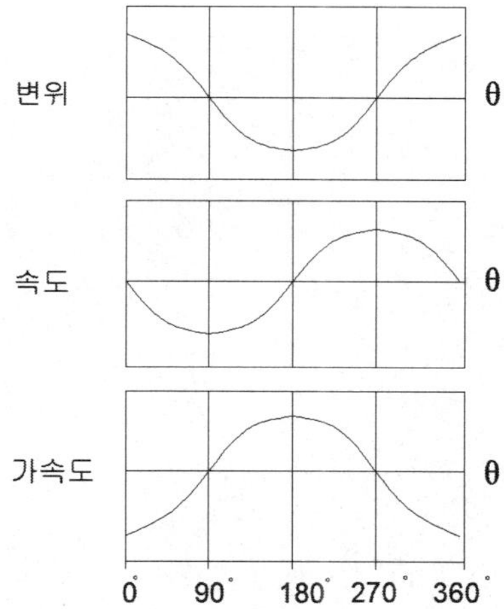

그림 3-35 단진동에서의 변위, 속도 및 가속도

이와 같이 임의의 운동을 하는 질점의 가속도가 변위에 비례하고 음(−)의 부호를 가질 때 단진동(simple harmonic motion)을 한다고 한다. 그림 3−35에 단진동에서의 변위, 속도 및 가속도의 변화하는 양상을 표시하였다. 스코치 요크기구는 매우 다양한 분야에서 응용되고 있으며, 스코치 요크기구를 응용한 진동시험장치의 예를 그림 3−36 및 그림 3−37에 나타내었다.

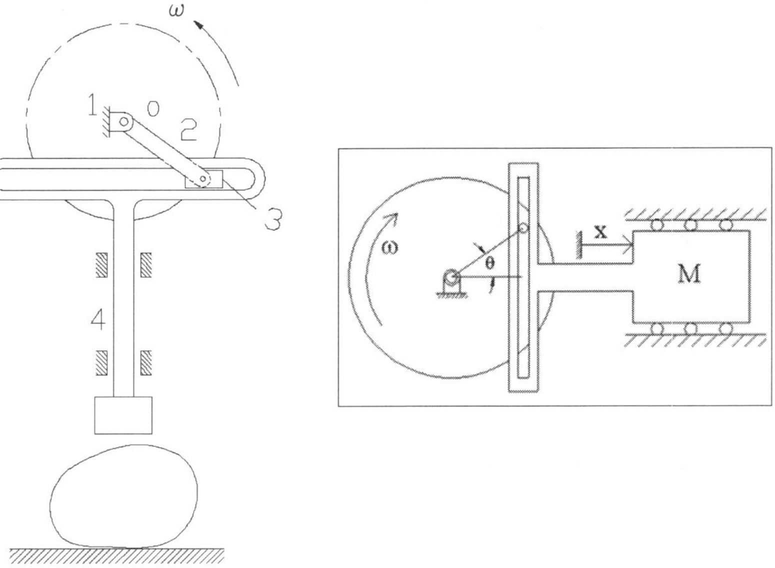

그림 3-36 스코치 요크 기구(scotch yoke mechanism)를 응용한 진동시험장치

그림 3-37 스코치 요크 기구의 예

CHAPTER 4

급속귀환기구 및 직선운동기구

4.1 급속귀환기구 quick return mechanism

급속귀환기구(quick return mechanism)는 구동축인 크랭크축을 등각속도로 회전시키면서 급속귀환 행정을 줄 목적으로 이용되며, 공작기계, 목재가공기계 등에서 다양하게 응용된다. 급속귀환기구에서는 가공행정에 필요한 시간과 귀환행정에 필요한 시간의 비를 시간비(time ratio)라고 한다. 또한 급속귀환기구에서는 이 시간비가 1보다 큰 값을 가져야 한다. 급속귀환기구에는 크랭크 셰이퍼(crank shaper), 드래그링크(drag link), 크랭크 및 로커(crank and rocker), 오프셋 슬라이더 크랭크(offset slider crank) 등이 있다.

4.1.1 크랭크 셰이퍼(crank shaper)

슬라이더 크랭크장치의 기구교체를 이용하여 얻은 크랭크 셰이퍼기구를 그림 4−1 및 그림 4−2에 표시하였다. 이 기구에서 시간비는 θ_1/θ_2이며, 링크 2는 회전을 하고 링크 4는 요동을 한다. 또한 링크 6은 왼쪽으로는 느린 속도로 운동을 하고, 오른쪽으로는 빠른 속도로 운동을 한다. 따라서 이를 이용하면 가공에 소요되는 시간과 귀환에 소요되는 시간을 원하는 대로 설정할 수 있다. 그림 4−3에서 그림 4−6 사이에 크랭크 셰이퍼기구를 이용한 기계가공, 급속귀환기구의 활용 예, 기계가공(절삭가공의 예) 그리고 공작기계를 나타내었다.

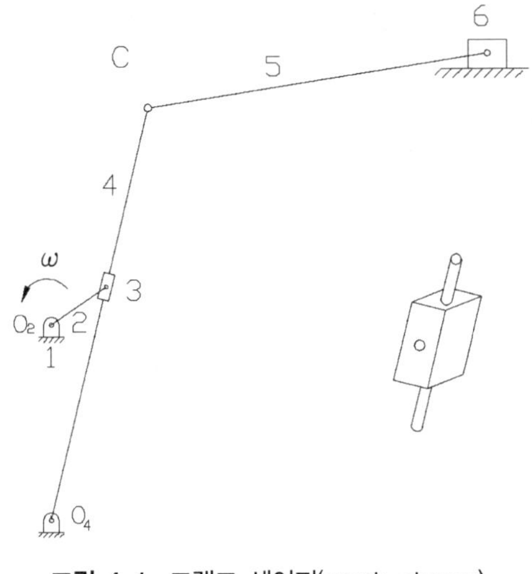

그림 4−1 크랭크 셰이퍼(crank−shaper)

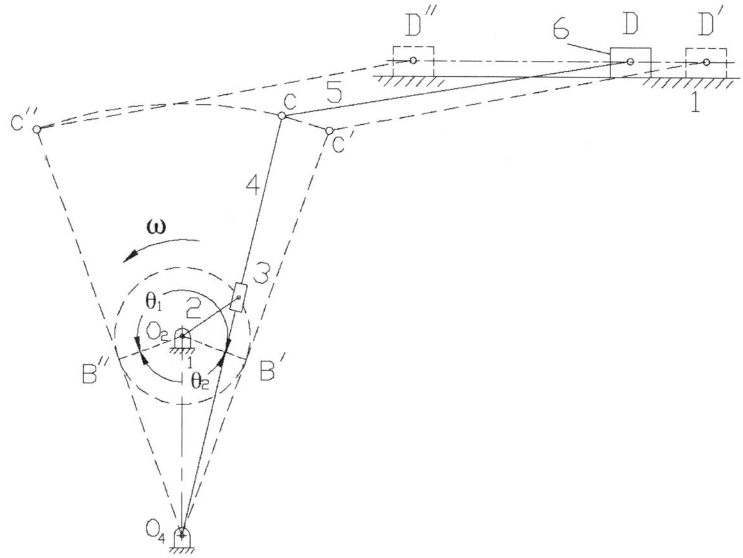

그림 4-2 크랭크 셰이퍼(crank-shaper)

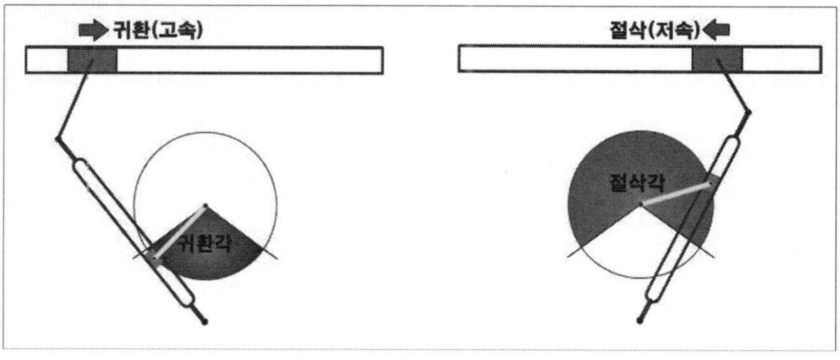

그림 4-3 급속귀환기구의 예

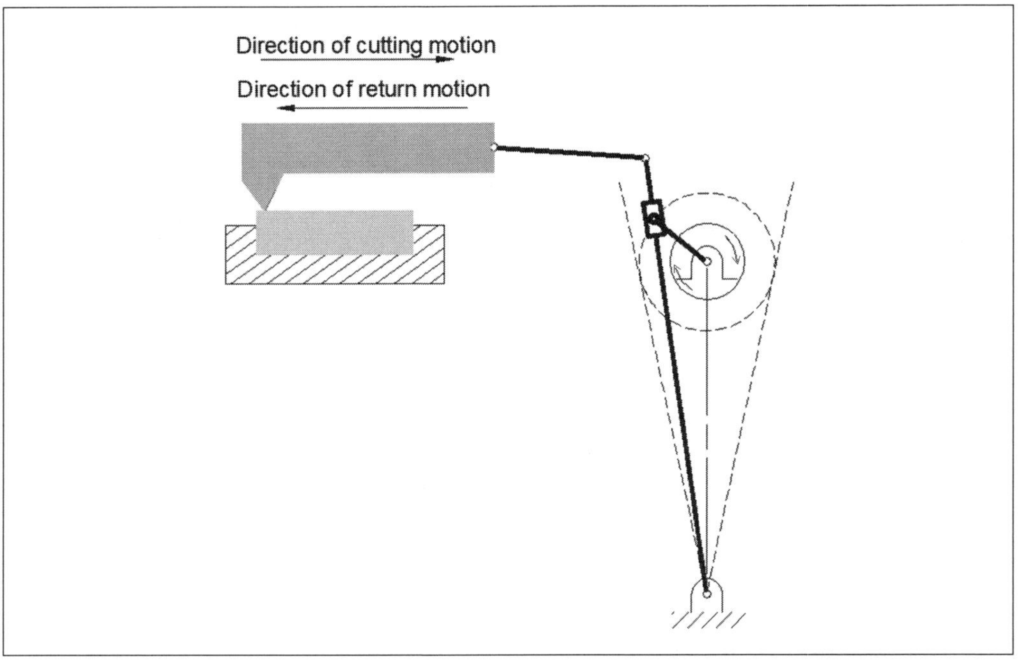

그림 4-4 크랭크 셰이퍼기구를 이용한 기계가공

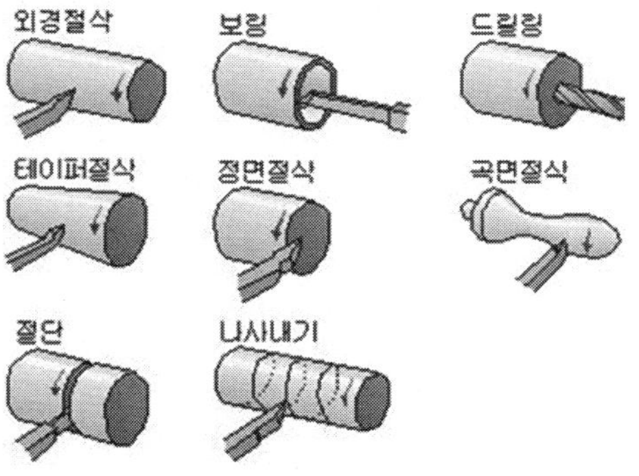

그림 4-5 기계가공(절삭가공의 예)

그림 4-6 공작기계

4.1.2 드래그링크(drag link)

그림 4-7 및 그림 4-8에 드래그링크(drag link) 기구를 표시하였다. 이 기구에서 링크 2에 모터를 부착하여 등속도로 회전시키면, 슬라이더 6은 왼쪽으로는 저속행정을 하고, 오른쪽으로는 급속행정을 한다. 이 기구에서도 시간비는 θ_1/θ_2이며, 그 값은 1 보다 크다. 드래그링크 메커니즘은 후술하는 크랭크 및 로커기구, 오프셋 슬라이더 크랭크기구 등에 비하여 시간비를 크게 할 수 있으며, 작은 공간으로도 급속귀환기구를 구현할 수 있는 특징이 있다.

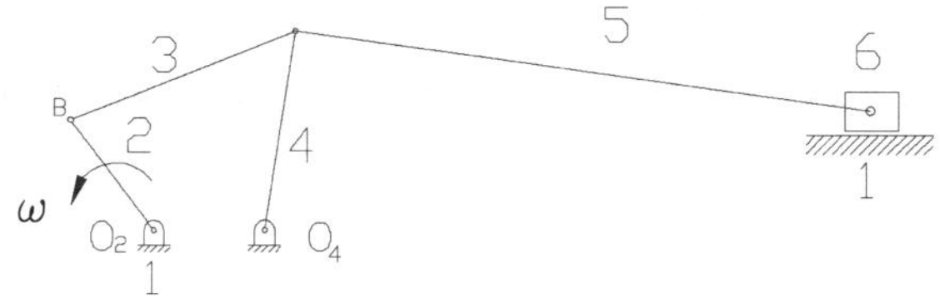

그림 4-7 드래그링크(drag link)

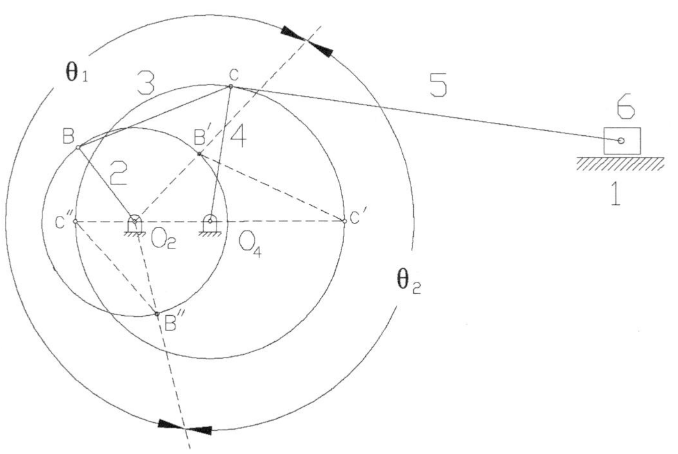

그림 4-8 드래그링크(drag link)

4.1.3 크랭크 및 로커(crank and rocker)

그림 4-9 및 그림 4-10에 크랭크 및 로커 메커니즘을 표시하였다. 이 기구는 회전운동을 왕복요동운동으로 바꾸어 주기도하고, 왕복요동운동을 회전운동으로 바꾸어 주기도 한다. 예를 들어 크랭크 2에 모터를 부착하여 회전운동을 시키면, 연결봉 3에 의해서 크랭크 4는 O_4를 중심으로 왕복요동운동을 한다. 또한 크랭크 4를 O_4를 중심으로 왕복요동운동을 시키면, 랭크 2는 회전운동을 한다. 이 기구에서도 시간비는 θ_1/θ_2이며, 그 값은 1보다 크다. 이 기구가 급속귀환기구로서 작동하기 위해서는 다음의 네 가지 조건이 만족되어야 한다. 그림 4-11에 재봉틀에 사용하는 크랭크 및 로커를 나타내었으며, 발판을 상하로 반복적으로 밟으면, 재봉틀과 연결된 회전체가 연속적으로 회전을 하게 되어 모터와 같은 역할을 하게 된다.

$$1)\ \overline{O_2B} + \overline{BC} + \overline{O_4C} > \overline{O_2O_4} \tag{4.1}$$

$$2)\ \overline{O_2B} + \overline{O_2O_4} + \overline{O_4C} > \overline{BC} \tag{4.2}$$

$$3)\ \overline{O_2B} + \overline{BC} - \overline{O_4C} < \overline{O_2O_4} \tag{4.3}$$

$$4)\ \overline{BC} - \overline{O_2B} + \overline{O_4C} > \overline{O_2O_4} \tag{4.4}$$

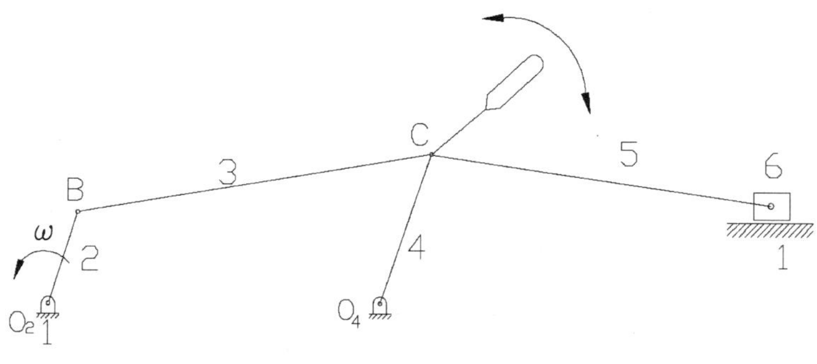

그림 4-9 크랭크 및 로커(crank and rocker)

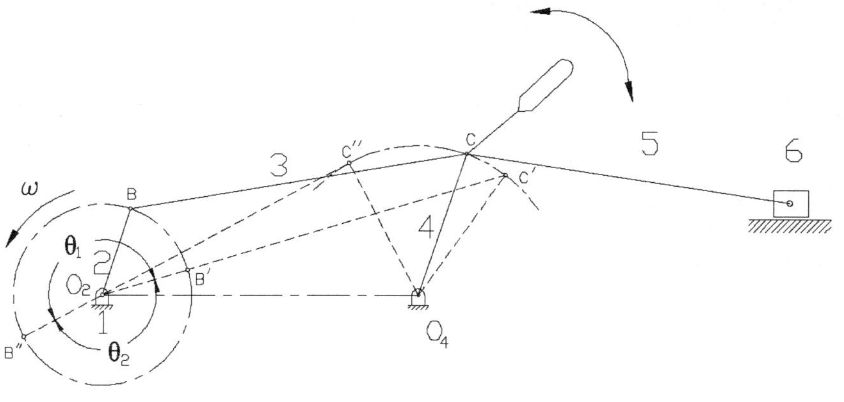

그림 4-10 크랭크 및 로커(crank and rocker)

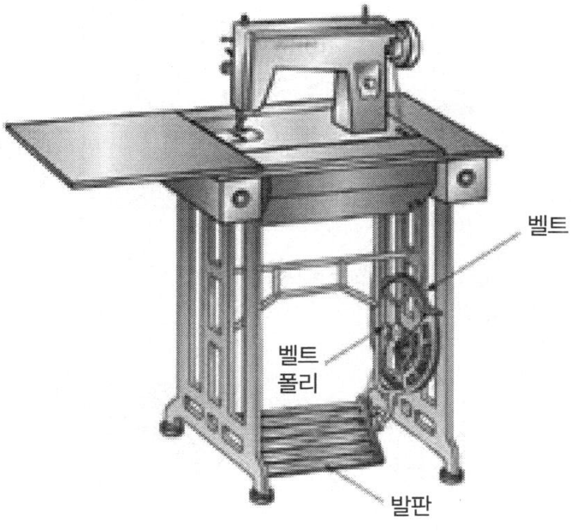

(a)

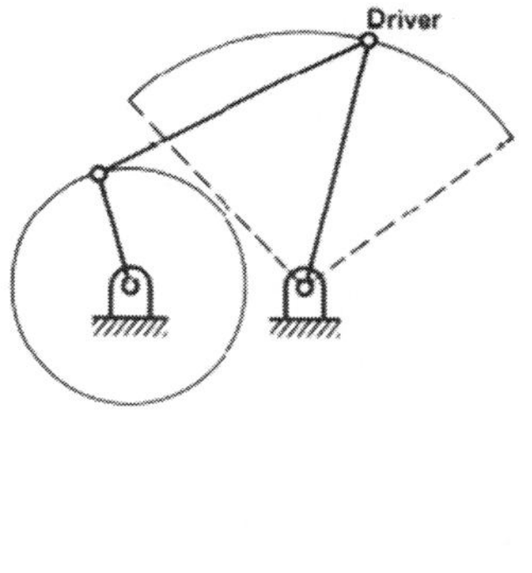

(b)

그림 4-11 재봉틀에 사용하는 크랭크 및 로커; 발판을 반복적으로 밟으면 재봉틀과 연결된 회전체가 연속적으로 회전을 하게 됨.

4.1.4 오프셋 슬라이더 크랭크(offset slider crank)

오프셋 슬라이더 크랭크를 그림 4-12에 표시하였다. 이 기구는 슬라이더 크랭크기구의 슬라이더의 경로가 크랭크축선과 교차하지 않도록 아래로 y만큼 오프셋(offset, shift)시킨 것이다. 이 기구에서도 시간비는 θ_1/θ_2이다. 그러나 그 값이 매우 작으며, 큰 공간을 필요로 하기 때문에 급속귀환기구로 사용하기에는 적당하지 않다.

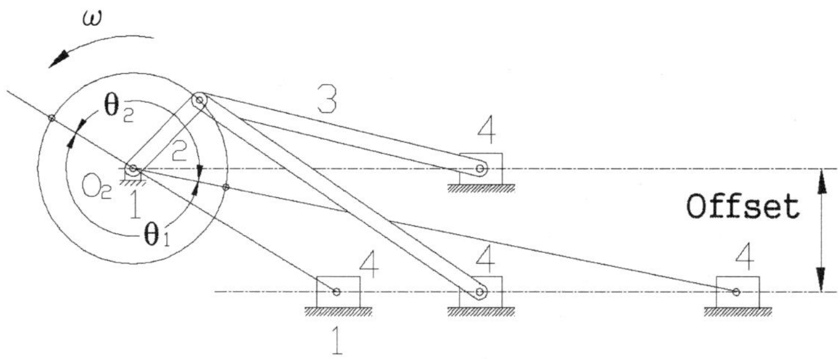

그림 4-12 오프셋 슬라이더 크랭크(offset slider crank)

4.2 직선운동기구 straight line mechanism

직선운동기구(straight line mechanism)란 직선운동을 유도하는 안내(guide) 없이, 직선이나 직선에 근사하게 움직이는 기구를 말한다. 직선운동기구에는 와트기구(Watt's mechanism), 스코트－러셀기구(Scott－Russel mechanism), 포우슬리에기구(Peaucillier's mechanism), 체비셰프기구(Tchebysheff's mechanism), 로버트기구(Robert's mechanism) 등이 있다.

4.2.1 와트기구(Watt's mechanism)

와트기구(Watt's mechanism)를 그림 4－13 및 그림 4－14에 표시하였다. 이 기구는 근사직선운동을 하는 메커니즘이다. 이 기구에서는 점 P가 8자 모양의 궤적을 따라 움직이며, 점 P의 경로 가운데 상당한 부분이 근사직선운동을 한다. 이 기구가 와트기구로서 기능을 하도록 하기 위해서는, 식(4.5)가 성립하도록 각변의 길이를 정하여야 한다.

그림 4－15에 와트기구를 자동차에의 적용한 예에 대하여 나타내었다. 이 장치는 그림에서와 같이 보디와 리어 액슬 하우징 사이에 와트기구를 횡 방향으로 장착하여 자동차의 상하 운동은 가능하지만 좌우운동을 억제하기 위한 링크 장치이다. 이 기구를 이용하면 코너링시 차체의 좌우 움직임을 최대한 방지하고, 차체의 꼬리 흔들림을 억제할 수 있어 화물차, 탱크롤리 등에 적용하면 진동억제 효과가 좋다.

$$\frac{\overline{BP}}{\overline{PC}} = \frac{\overline{CD}}{\overline{AB}} \tag{4.5}$$

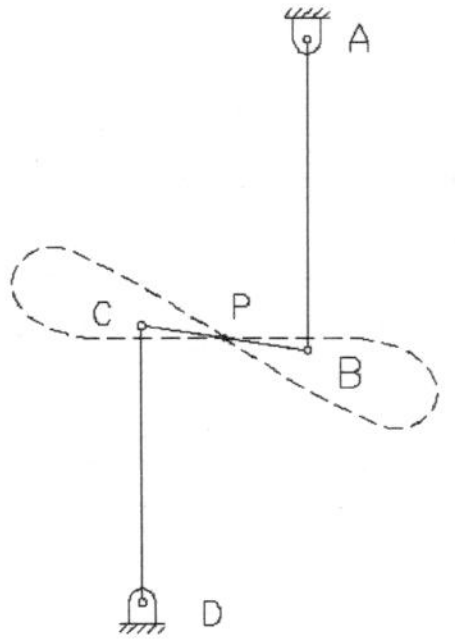

그림 4-13 와트기구(Watt's mechanism)

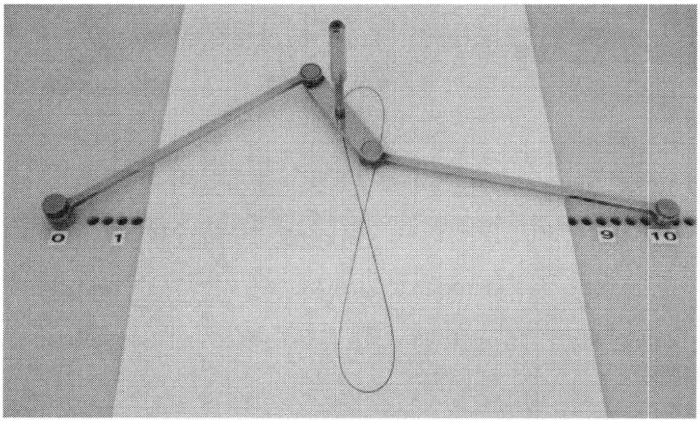

그림 4-14 와트기구(Watt's mechanism)의 예

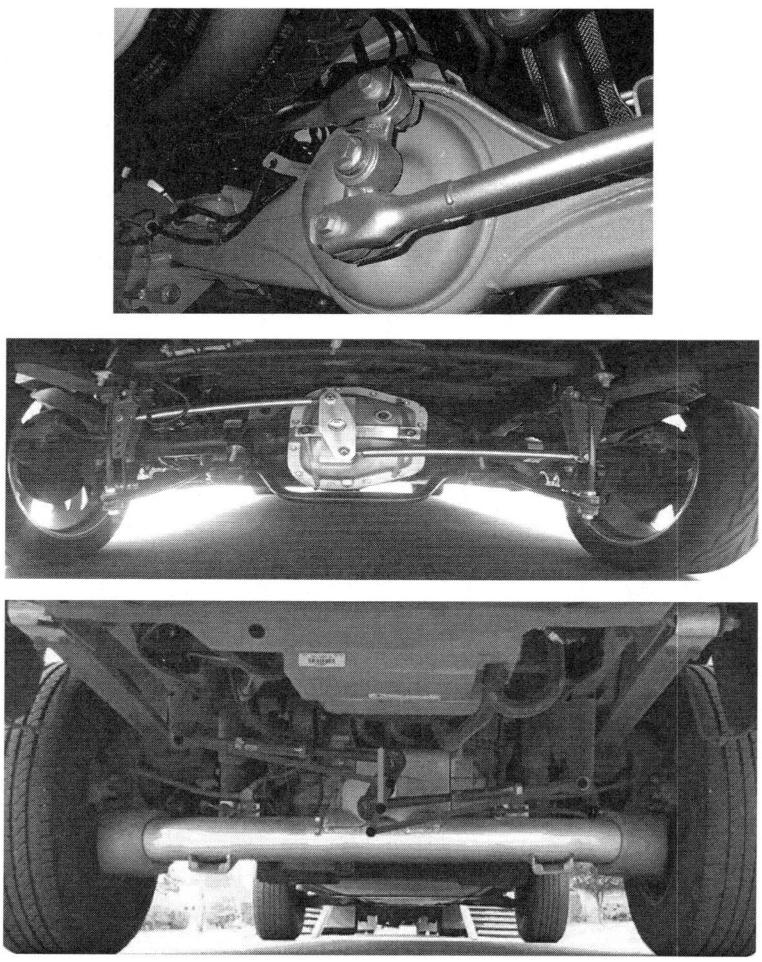

그림 4-15 와트 기구의 자동차에의 적용

4.2.2 스코트-러셀기구(Scott-Russel mechanism)

스코트-러셀기구(Scott-Russel mechanism)를 그림 4-16 및 그림 4-17에 표시하였다. 이 기구는 정확히 직선운동을 하는 메커니즘이다. 그림 4-16의 슬라이더 B를 크랭크 $\overline{BD}$로 교체한 기구를 그림 4-18에 표시하였으며, 이 기구는 그림 4-16과 달리 점 P가 근사직선운동을 한다. 이 기구가 스코트-러셀기구로서 성립하기 위해서는 다음과 같은 관계식이 성립하여야 한다.

$$\overline{AC} = \overline{BC} = \overline{CP} \tag{4.6}$$

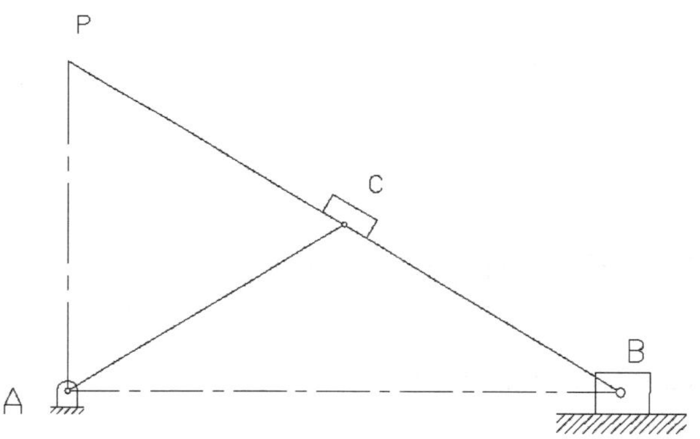

그림 4-16 스코트-러셀기구(1)

그림 4-17 스코트-러셀기구(2)

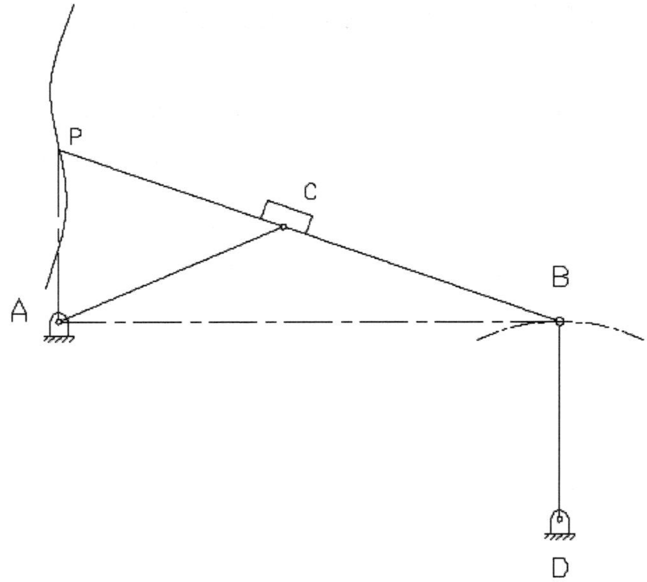

그림 4-18 스코트-러셀기구(3)

4.2.3 포우슬리에기구(Peaucillier's mechanism)

포우슬리에기구(Peaucillier's mechanism)를 그림 4－19 및 그림 4－20에 표시하였다. 이 기구도 정확히 직선운동을 하는 메커니즘이다. 점 P는 $\overline{AB}$ 에 수직인 직선 $\overline{PO}$ 상을 움직이게 된다. 이 기구는 프랑스의 포우슬리에가 1864년에 고안한 장치이며, 이 기구가 직선운동기구로서 성립하기 위해서는 다음과 같은 관계식이 성립하여야 한다.

$$\overline{AB} = \overline{AE} \tag{4.7}$$

$$\overline{BC} = \overline{BD} \tag{4.8}$$

$$\overline{PC} = \overline{PD} = \overline{CE} = \overline{DE} \tag{4.9}$$

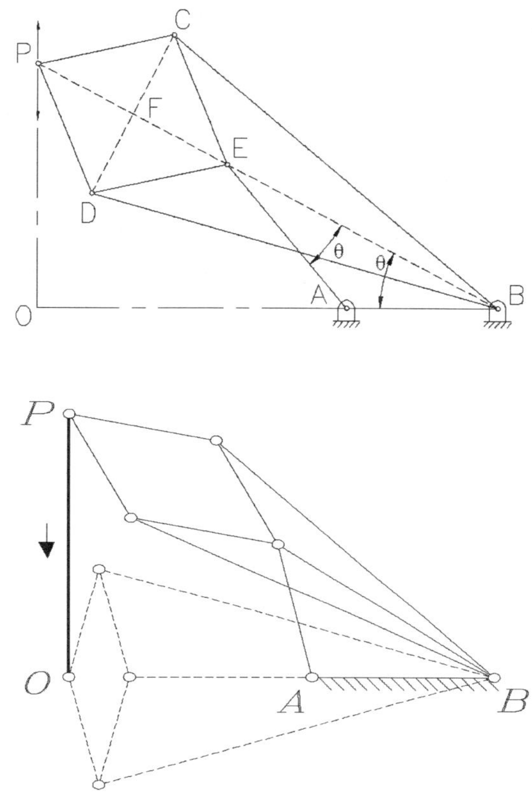

그림 4-19 포우슬리에기구(1)

그림 4-20 포우슬리에기구(2)

4.2.4 체비셰프기구(Tchebysheff's mechanism)

체비셰프기구(Tchebysheff's mechanism)를 그림 4−21 및 그림 4−22에 표시하였다. 이 기구는 근사직선운동을 하는 메커니즘이다. 체비셰프기구에서는 $\overline{CB}$의 중점인 점 P는 직선 $\overline{CB}$에 대단히 가까운 운동을 하며, 체비셰프기구(Tchebysheff's mechanism)가 근사직선운동기구로서 성립하기 위해서는 다음과 같은 관계식이 성립하여야 한다.

$$\overline{AB} = \overline{CD} = 1.25 \cdot \overline{AD} \tag{4.10}$$

$$\overline{AD} = 2 \cdot \overline{CB} \tag{4.11}$$

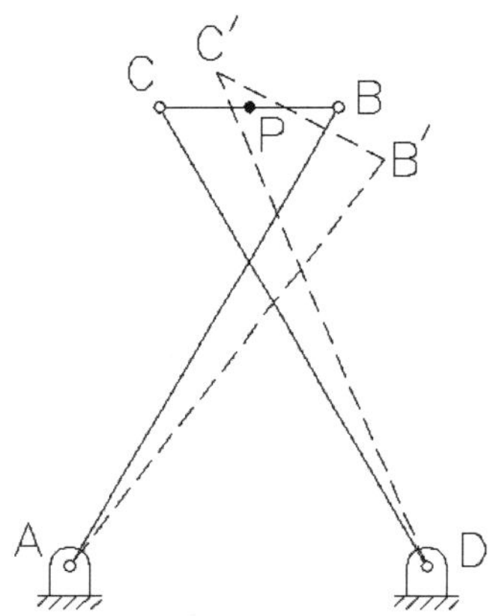

그림 4−21 체비셰프기구(Tchebysheff's mechanism)

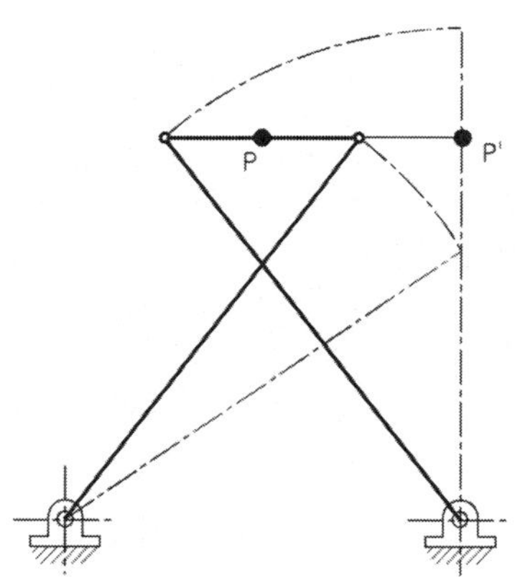

그림 4−22 체비셰프기구(Tchebysheff's mechanism)에서 점 P의 이동양상

4.2.5 로버트기구(Robert's mechanism)

로버트기구(Robert's mechanism)를 그림 4−23 및 그림 4−24에 표시하였다. 이 기구는 근사직선운동을 하는 메커니즘이다. 이 기구에서 점 P는 직선 $\overline{AB}$에 대단히 근사한 운동을 하며, 근사직선의 정확성을 높이기 위해서는 기구의 폭에 대한 높이의 비를 증가시켜야 한다. 이 기구가 근사직선운동기구로서 성립하기 위해서는 각 링크의 길이들 사이에 다음과 같은 관계식이 성립하여야 한다.

$$\overline{AC} = \overline{CP} = \overline{PD} = \overline{DB} \tag{4.12}$$

$$\overline{CD} = \overline{AP} = \overline{PB} \tag{4.13}$$

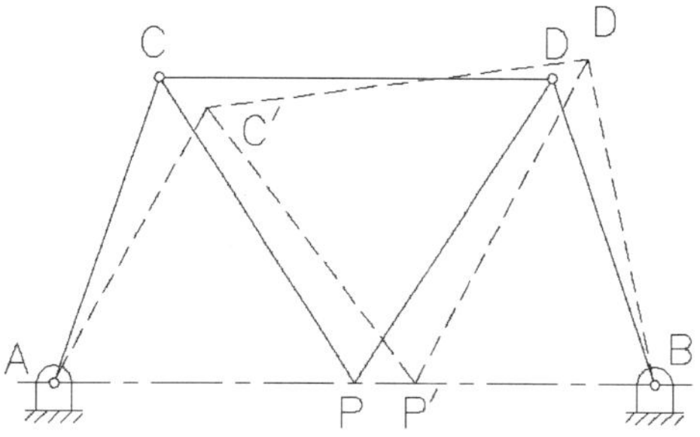

그림 4−23 로버트기구(1)

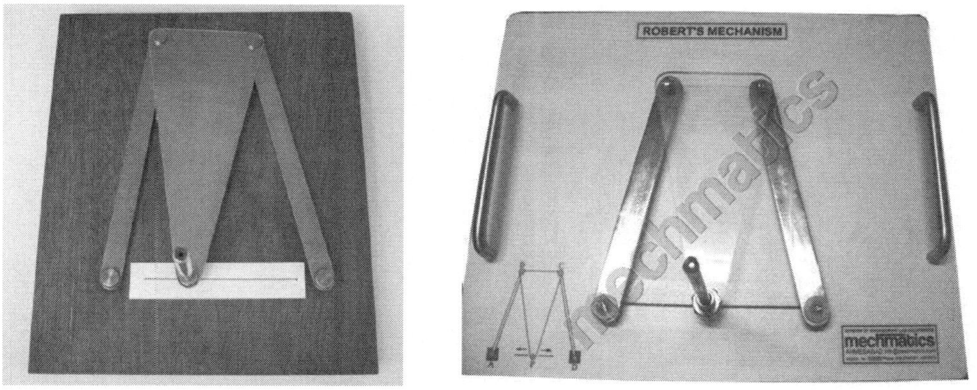

그림 4−24 로버트기구(2)

CHAPTER 5

유니버설 조인트 및 다양한 커플링

5.1 올드암 커플링 Oldham coupling

일반적으로 두 축이 평행인 축 사이의 동력전달에는 그림 5-1에서 그림 5-3과 같은 플랜지 커플링(flange coupling)이 이용된다. 그러나 그림 5-4와 같이 두 축이 평행은 하지만 이들 축이 동일축선상에 존재하지 않으면 이 방법을 사용할 수 없다. 그림 5-5 및 그림 5-6과 같은 커플링을 올드암 커플링(Oldham coupling)이라고 하며, 두 축이 평행하지만 동일축선상에 존재하지 않는(mis-alignment 된) 축간의 동력전달에 이용된다. 그림 5-4로부터 알 수 있듯이 중간에 낀 원판 3의 양면에는 돌기부가 형성되어 있으며, 이 돌기부는 서로 직각을 이루고 있다. 올드암 커플링을 이용하면 플랜지 커플링과 같이 등속도비로 두 축사이에 동력을 전달할 수 있다.

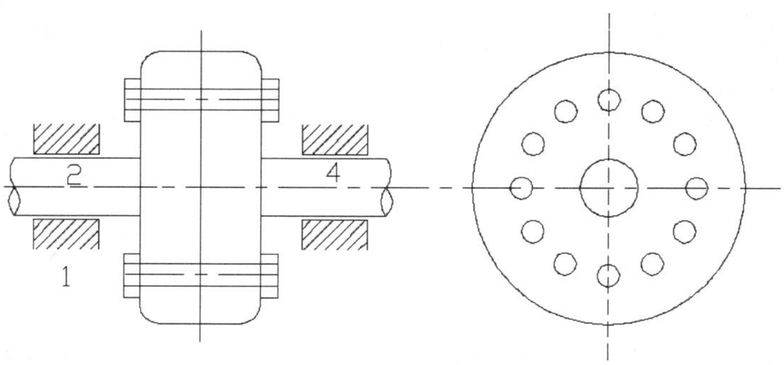

그림 5-1 플랜지 커플링(1)

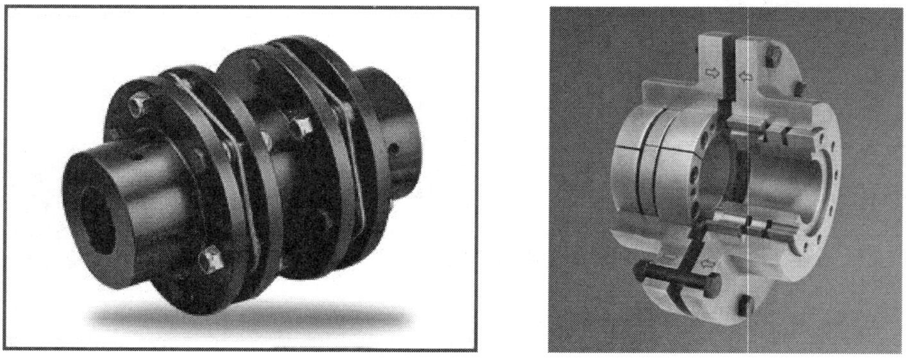

그림 5-2 플랜지 커플링(2)

그림 5-3 플랜지 커플링(3)

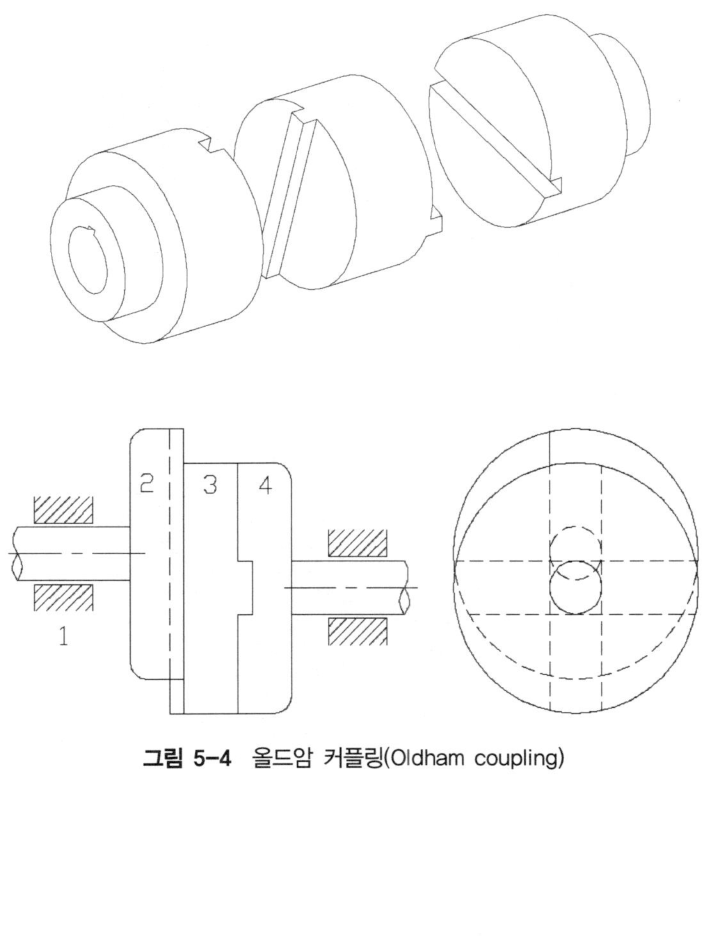

그림 5-4 올드암 커플링(Oldham coupling)

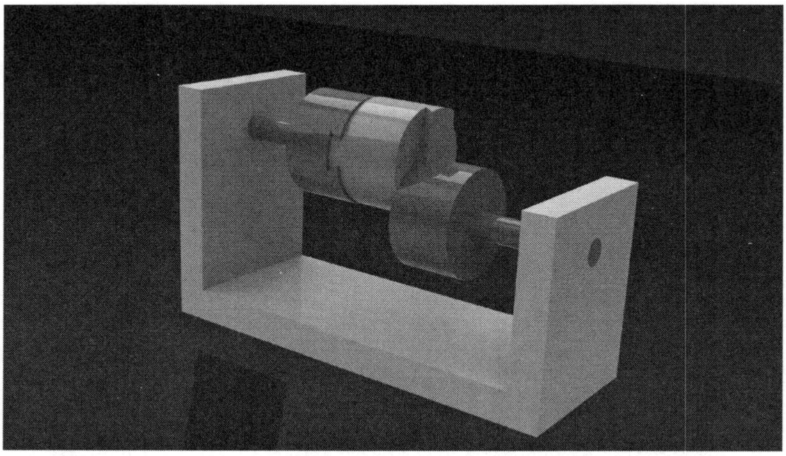

그림 5-5 올드암 커플링; 일반적으로 평행인 두 축 사이의 동력전달에는 플랜지 커플링이 사용된다. 그러나 두 축이 평행은 하지만 이들 축이 동일선상에 없으면 플랜지 커플링을 사용할 수 없다. 올드암 커플링은 이 같은 경우의 해결책으로 사용된다.

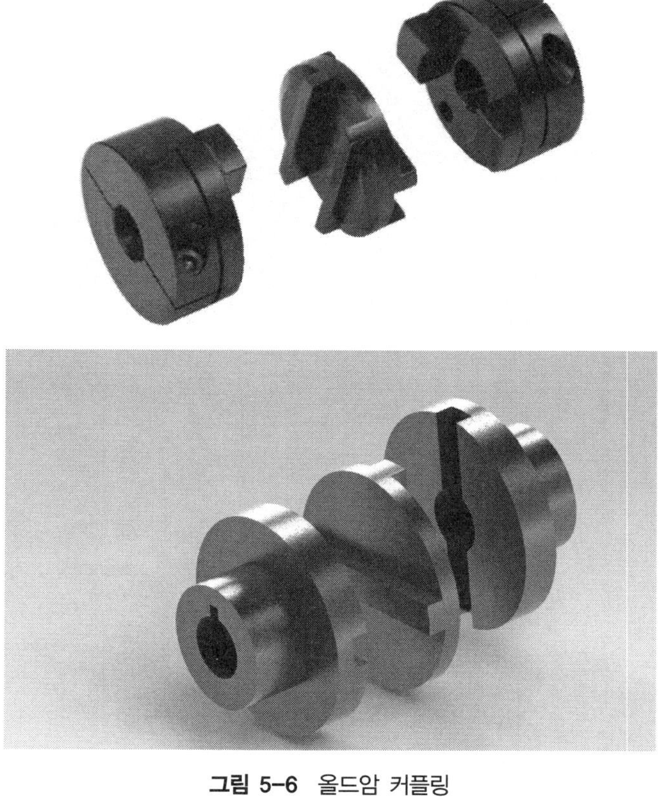

그림 5-6 올드암 커플링

5.2 유니버설 조인트 universal joint

일반적으로 서로 교차하는 두 축 사이에 동력을 전달하기 위해서는 유니버설 조인트(universal joint)가 사용된다. 그림 5−7 및 그림 5−8에 유니버설 조인트의 구조를 표시하였으며, 이 그림에서 두 축 사이의 교차각은 δ이다. 먼저 그림 5−9를 이용하여 축 2와 축 3 사이의 각속도비 ω_2/ω_3 에 대하여 알아보기로 하자. 그림 5−9에서 축 2를 θ_2 만큼 회전시키면 B는 B′로 움직인다. 이때 각 θ_3는 축 3의 회전각이다. 그림 5−9로부터 다음과 같은 관계식이 성립한다.

$$\overline{OF} = R\cos\theta_2\,,\quad \overline{B'F} = R\sin\theta_2 \tag{5.1}$$

$$\overline{OG} = \overline{OF}\cos\delta = R\cos\theta_2\cos\delta \tag{5.2}$$

$$\overline{B'G} = R\sin\theta_2\,,\quad \tan\theta_3 = \frac{\overline{B'G}}{\overline{OG}} = \frac{R\sin\theta_2}{R\cos\theta_2\cos\delta} \tag{5.3}$$

$$\tan\theta_3 = \frac{\tan\theta_2}{\cos\delta} \tag{5.4}$$

$$\sec^2\theta_3 \cdot \frac{d\theta_3}{dt} = \frac{\sec^2\theta_2}{\cos\delta}\frac{d\theta_2}{dt} \tag{5.5}$$

$$\omega_3 = \frac{d\theta_3}{dt}\,,\quad \omega_2 = \frac{d\theta_2}{dt} \tag{5.6}$$

$$\frac{\omega_2}{\omega_3} = \frac{\sec^2\theta_3\cos_{\delta}}{\sec^2\theta_2} = \frac{\sec^2\theta_3\cos\delta}{1+\tan^2\theta_2} \tag{5.7}$$

$$\frac{\omega_2}{\omega_3} = \frac{\sec^2\theta_3\cos\delta}{1+\tan^2\theta_3\cos^2\delta} = \frac{\cos\delta}{\cos^2\theta_3+\sin^2\theta_3\cos^2\delta} \tag{5.8}$$

$$\cos^2\delta = 1-\sin^2\delta \tag{5.9}$$

따라서 축 2와 축 3 사이의 각속도비 ω_2/ω_3 는 다음과 같이 된다.

$$\frac{\omega_2}{\omega_3} = \frac{\cos\delta}{1 - \sin^2\theta_3 \sin^2\delta} \tag{5.10}$$

이 식으로부터 알 수 있듯이 한 축이 등속도로 회전하고 있을 때, 두 축간의 각 δ의 값이 커지면 다른 축의 속도변화도 커지게 되며, 이때 수반되는 가속도는 매우 큰 진동을 유발한다. 이와 같은 문제는 그림 5－11 및 그림 5－12와 같이 2개의 유니버설 조인트를 사용하여 해결할 수 있다. 이때 축 2와 축 3 사이의 각 δ_1 은 축 3과 축 4 사이의 각 δ_2 와 같아야 한다.

그림 5－13에 장난감이나 간단한 실험장치 등에서 널리 사용되는 유니버설 조인트를 표시하였다. 이 기구의 특징은 싼값으로 매우 쉽게 제작할 수 있다는 것이며, 그림 5－7 및 그림 5－8에 나타낸 유니버설 조인트와 동일한 기능을 갖는다. 이는 또한 그림 5－14에 나타낸 유연조인트(flexible joint)로도 대체할 수도 있다. 그림 5－15에서 그림 5－17사이에 유니버설 조인트를 자전거, 자동차, 헬리콥터 등에 적용한 예를 나타내었다.

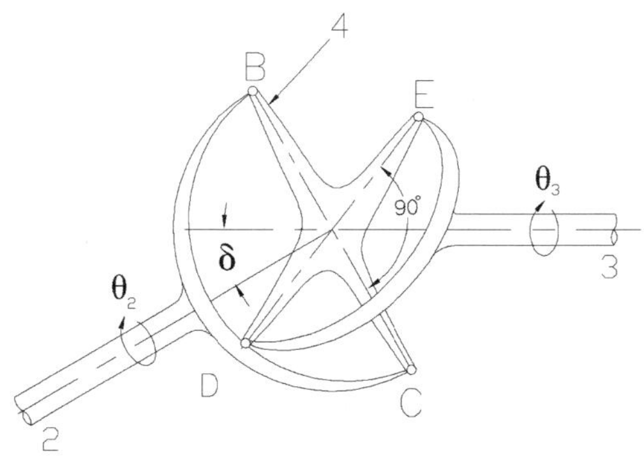

그림 5-7 유니버설 조인트

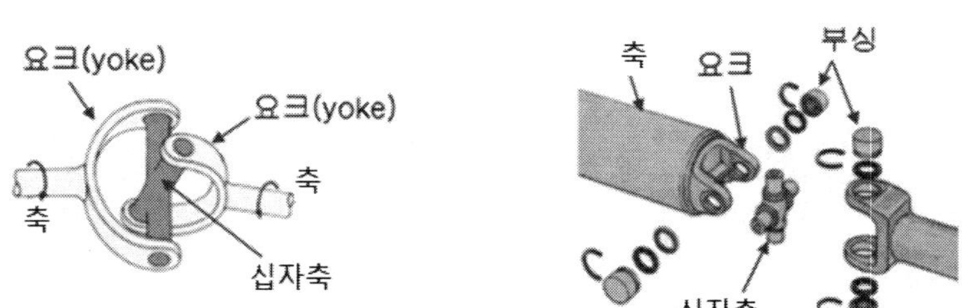

그림 5-8 유니버설 조인트

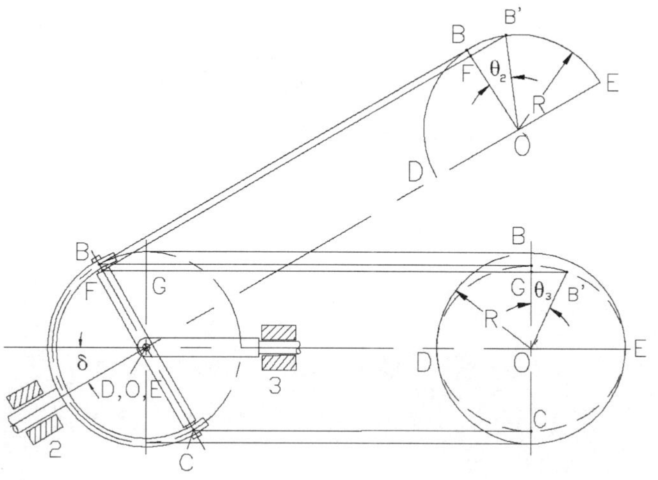

그림 5-9 유니버설 조인트

그림 5-10 유니버설 조인트

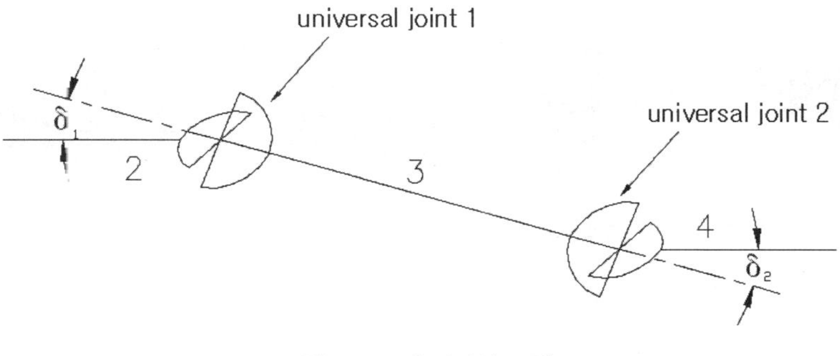

그림 5-11 유니버설 조인트

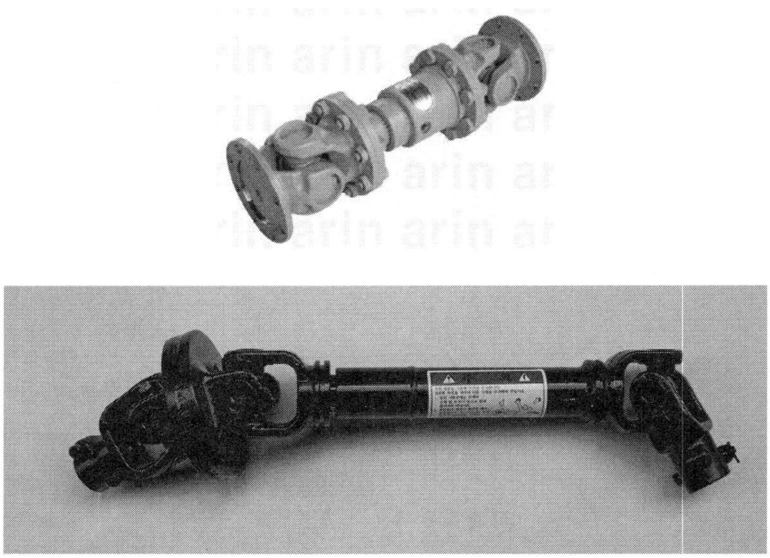

그림 5-12 유니버설 조인트

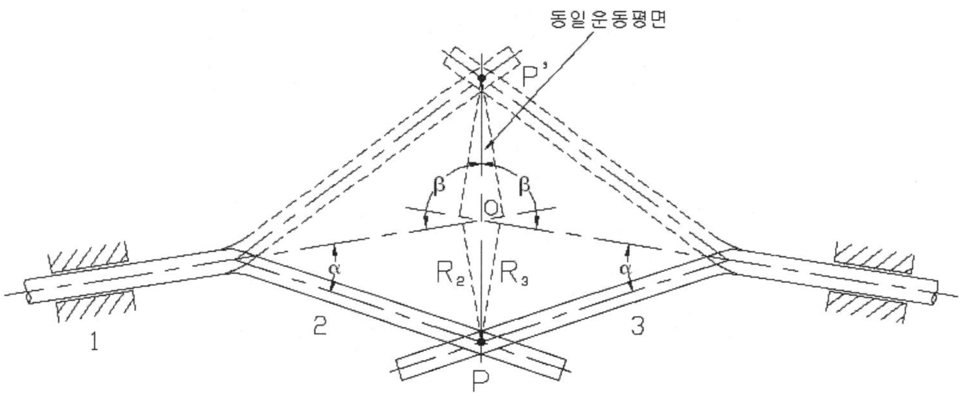

그림 5-13 유니버설 조인트

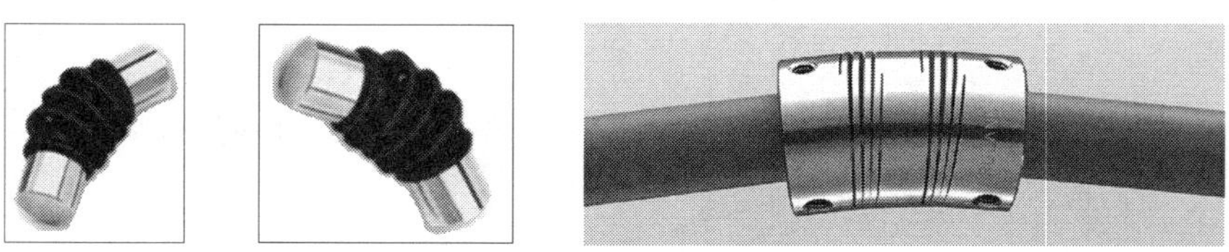

그림 5-14 유연 조인트(flexible joint)

그림 5-15 유니버설 조인트(universal joint)의 적용 예(자전거)

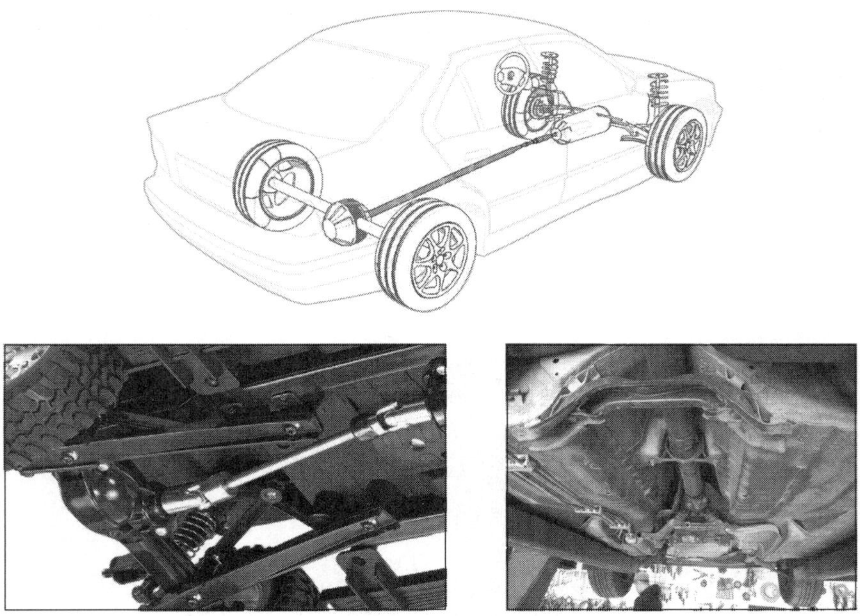

그림 5-16 유니버설 조인트의 적용 예(자동차 바퀴에의 동력전달)

그림 5-17 유니버설 조인트의 적용 예[헬리콥터의 미익(꼬리 날개)에의 동력전달]

5.3 간헐운동기구 intermittent motion mechanism

간헐운동기구(intermittent motion mechanism)란 연속적 운동을 간헐적 운동으로 바꾸는 기구를 말한다. 간헐운동기구에는 제네바 휠(Geneva wheel), 래치트(ratchet) 등이 있다.

5.3.1 제네바 휠(Geneva wheel)

제네바 휠(Geneva wheel)을 그림 5－18 및 그림 5－19에 표시하였다. 이 그림에서 링크 2는 구동절이고 링크 3은 종동절이다. 이 기구에서 구동절인 링크 2가 1회전 할 때 종동절인 링크 3은 4분의 1회전을 한다. 이 기구의 장점은 충격하중이 없이 구동절에 설치한 핀이 종동절인 링크 3으로 들어간다는 것이다. 그림 5－20 및 그림 5－21에 시계 및 영사기에 제네바 휠을 활용한 예를 나타내었다.

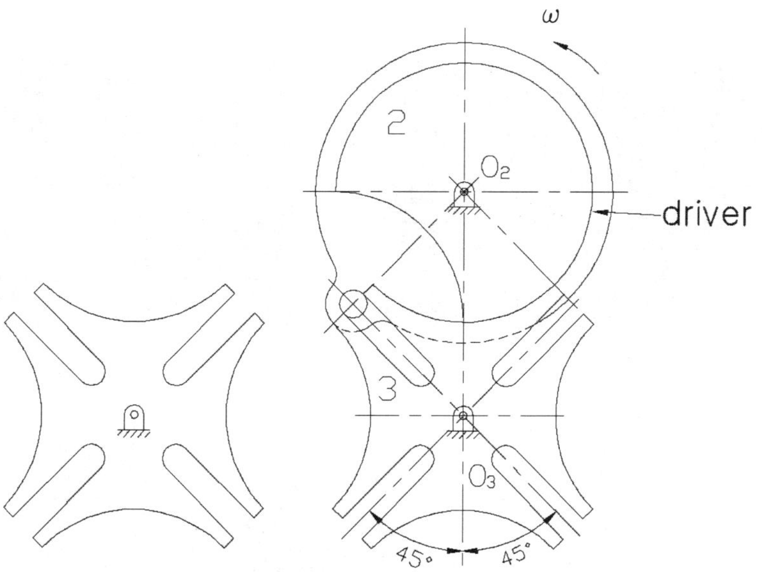

그림 5-18 제네바 휠

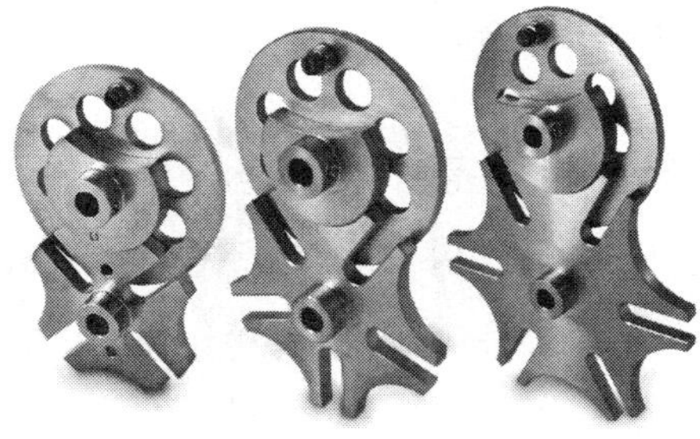

그림 5-19 제네바 휠

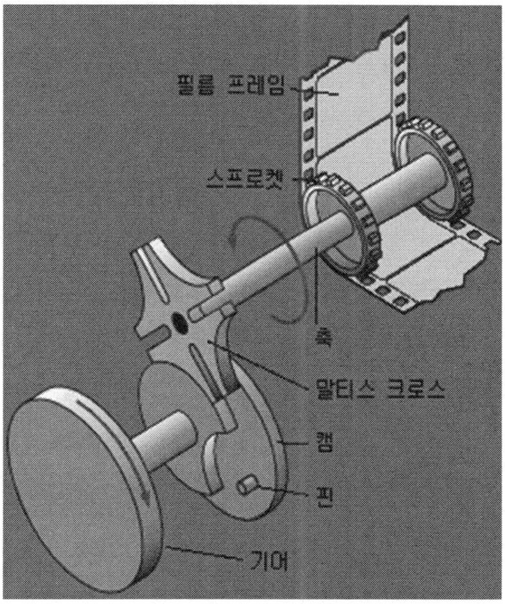

그림 5-20 제네바 휠의 예(영화용 카메라는 자연스러운 움직임을 재현하기 위하여 1초에 24프레임의 영상을 찍어 필름을 멈췄다가 움직이는 작업을 주기적으로 수행하며, 제네바 휠이 이 동작을 하는 기구에 적용된다.)

그림 5-21 제네바 휠의 예(시침, 분침, 초침에 제네바 휠의 원리를 이용)

5.3.2 래치트 휠(ratchet wheel)

연속적인 병진운동을 간헐적인 회전운동이나 간헐적인 병진운동으로 바꾸는 데에는 래치트(ratchet)가 이용된다. 그림 5-22에 일반적인 래치트를 표시하였다. 그림 5-22에서 링크 2는 래치트 휠(ratchet wheel)이라고 하고, 링크 3은 폴(pawl)이라고 한다. 일반적으로 래치트가 반대 방향으로 회전하는 것을 막기 위해서 역회전방지 폴인 링크 5를 설치한다. 이 기구에서 폴 레버(pawl lever)인 링크 4가 요동운동을 하면, 래치트는 반시계방향으로 간헐적 회전운동을 하게 된다. 그림 5-23에서 그림 5-26사이에 래치트 휠을 응용한 공구, 벨트/와이어의 고정기(줄/벨트를 팽팽하게 당길 수 있음), 테니스용 네트, 자동차용 리프트 등을 나타내었다.

그림 5-28에 사이런트 래치트(silent ratchet)를 표시하였다. 이 그림에서와같이 사이런트 래치트에는 톱니가 없다. 사이런트 래치트에서는 원활한 두 면간의 상호 쐐기작용을 이용하여 동력을 전달한다. 그림 5-29에 구형 사이런트 래치트를 나타내었다. 이 기구는 구의 쐐기작용을 이용하며, 링크 2는 반시계방향으로 회전할 때 구동절이 될 수 있고, 링크 4는 시계방향으로 회전할 때 구동절이 될 수 있다. 이 장치는 그림 5-30 에 나타낸 오버 런닝 클러치(over-running clutch)로서도 사용된다. 그림 5-31에 사이런트 래치트를 이용하여 운전 중 역회전이 자동으로 방지되는 에스컬레이터의 내부구조를 나타내었다.

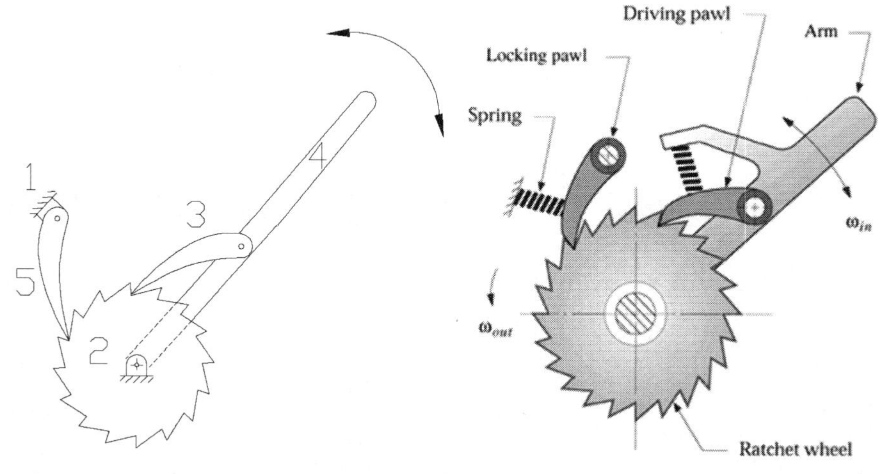

그림 5-22 래치트 휠

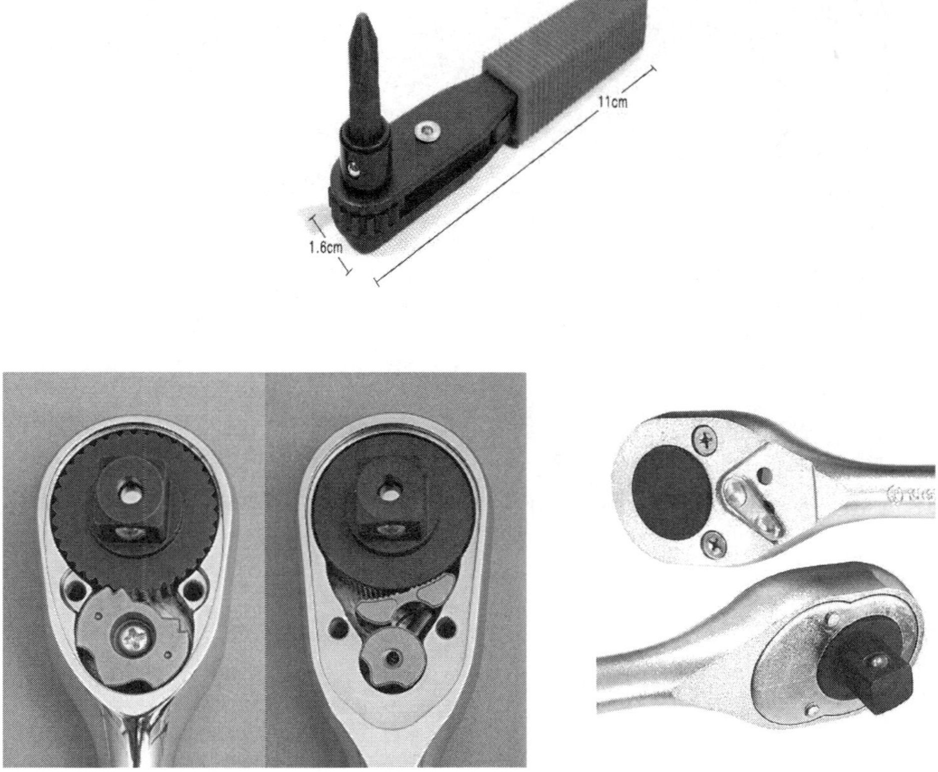

그림 5-23 래치트를 이용한 공구

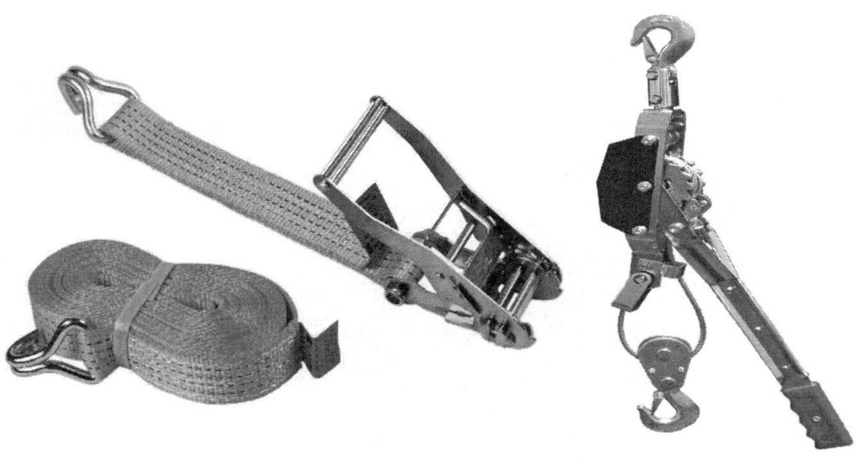

그림 5-24 래치트를 이용한 벨트/와이어의 고정기(줄/벨트를 팽팽하게 당길 수 있음)

그림 5-25 래치트를 응용한 자동차용 리프트

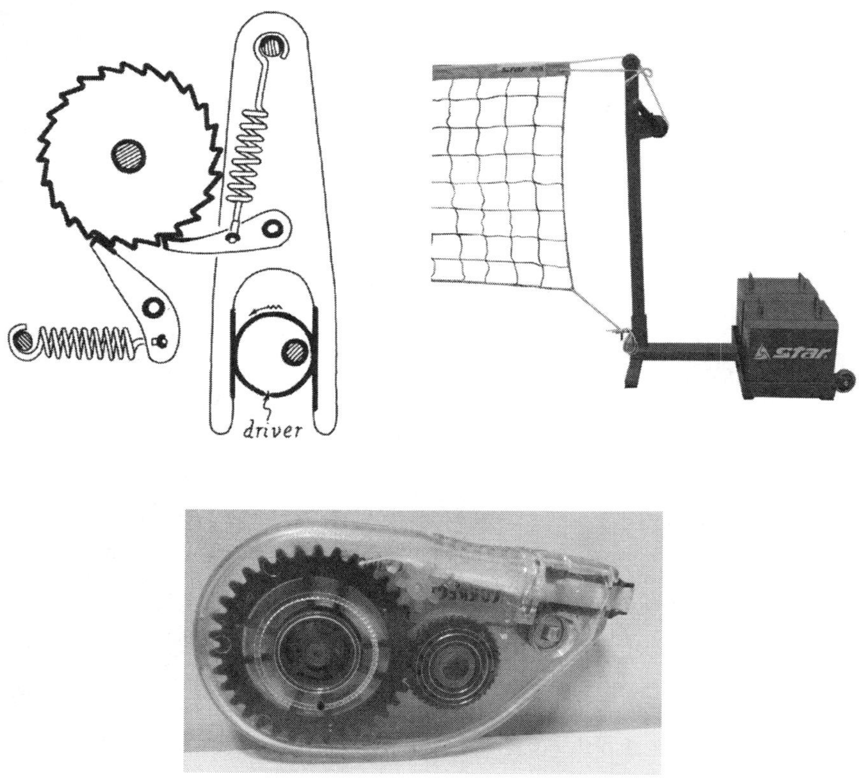

그림 5-26 래치트 휠을 이용한 테니스용 네트 및 수정테이프

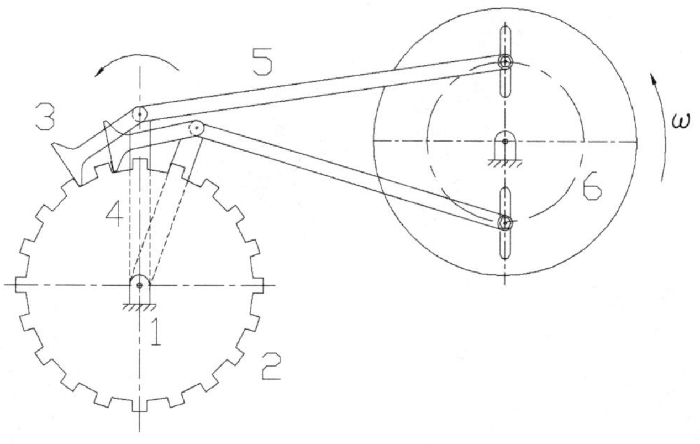

그림 5-27 래치트

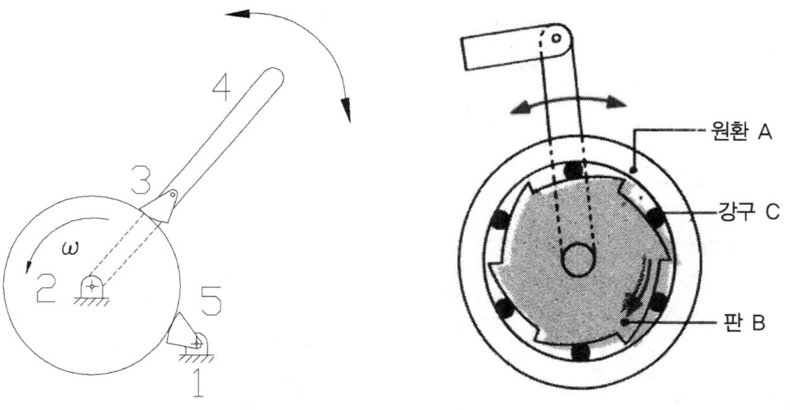

그림 5-28 사이런트 래치트

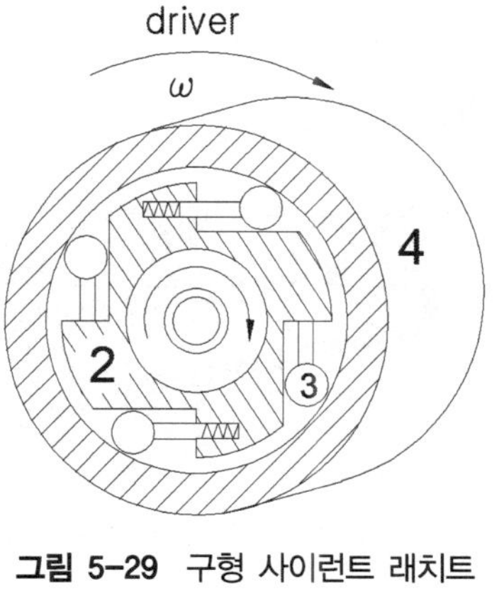

그림 5-29 구형 사이런트 래치트

그림 5-30 오버 런닝 클러치(over-running clutch)의 예(시계방향 혹은 반시계방향 둘 중 한 방향으로만 움직일 수 있게 만든 기계장치)

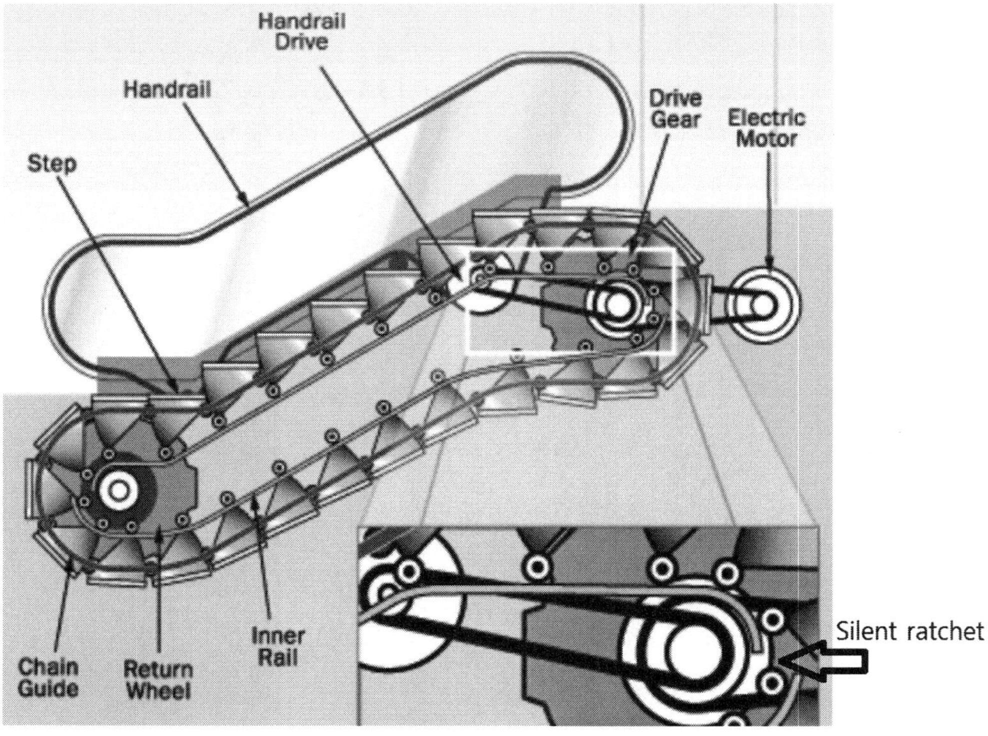

그림 5-31 사이런트 래치트를 응용한 에스컬레이터의 역회전방지

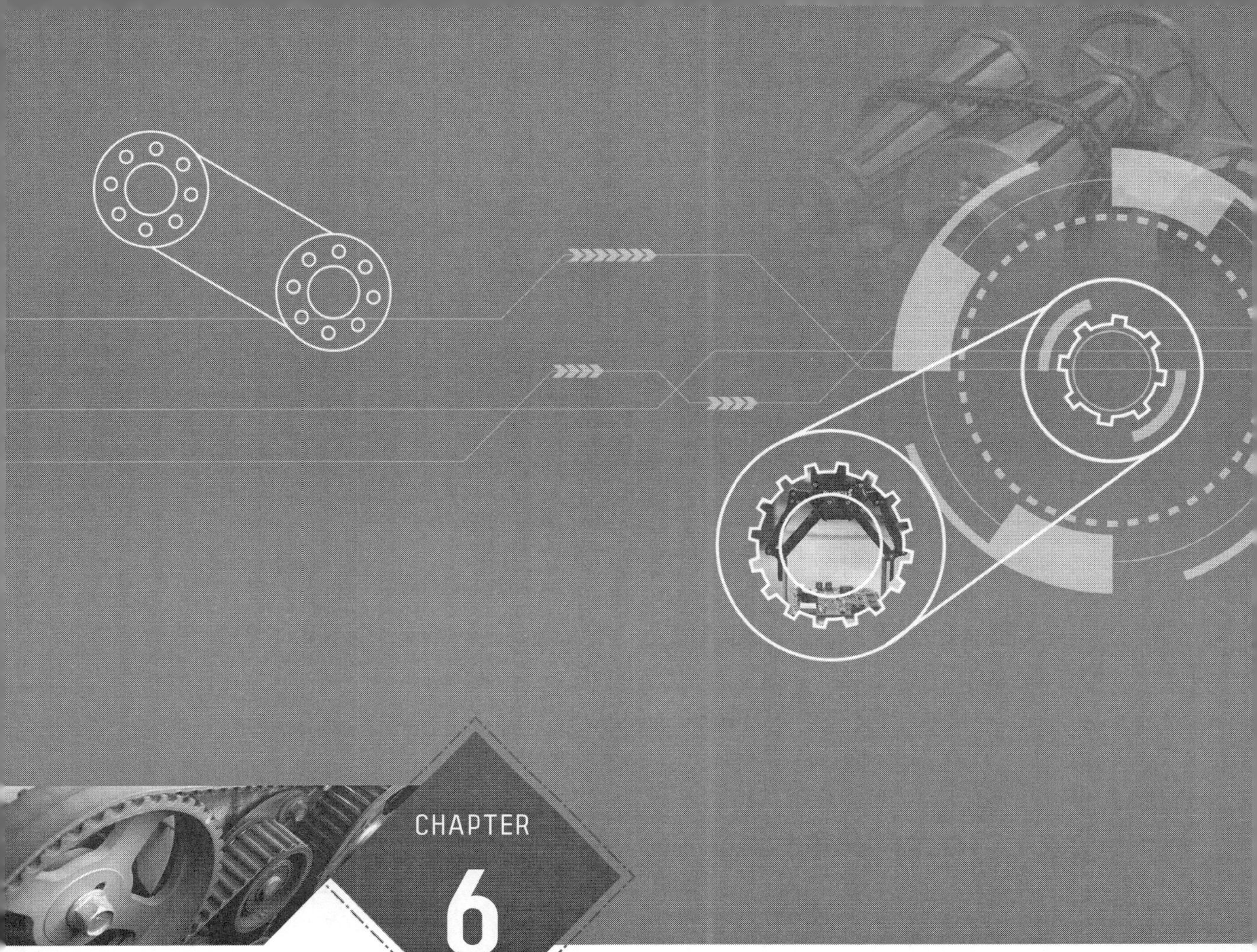

CHAPTER 6

순간중심 및 서클 다이어그램법

6.1 순간중심 instant center 의 정의

서로 상대운동을 하는 두 물체는 순간중심을 갖는다. 순간중심이란 어떤 순간에 있어서의 링크의 회전중심을 나타내며, 다음과 같이 정의된다.

① 임의의 한 물체가 회전운동을 할 때 다른 물체 내의 한 점이다.
② 선속도의 크기와 방향이 각각 같은 두 물체의 공유점이다.

그리고 이 순간중심은 영원히 고정되어 있는 경우도 있고, 계속해서 이동하는 경우도 있다. 기구학에서는 순간중심을 극점(pole)이라고도 한다.

6.2 기본적 순간중심 primary instant center

기본적 순간중심이란 간단한 관찰에 의하여 구할 수 있는 순간중심을 말한다. 모든 순간중심의 위치를 결정하는 데에는, 먼저 기본적 순간중심을 찾는 것이 중요하다. 왜냐하면 먼저 간단하게 구할 수 있는 기본적 순간중심을 찾은 후, 후술하는 서클 다이어그램법(circle diagram method)이나 케네디의 정리(Kennedy's theorem)를 적용하여 나머지 순간중심의 위치를 쉽게 결정할 수 있기 때문이다. 기구학에서 이용하는 기본적 순간중심은 다음과 같다.

① 두 점의 이동방향이 주어진 물체의 순간중심
② 핀 조인트된 경우의 순간중심
③ 구름운동체의 순간중심
④ 직접접촉기구의 순간중심
- 미끄럼접촉을 하는 경우의 순간중심
- 구름접촉을 하는 경우의 순간중심

그림 6-1 자전거 및 자동차의 순간중심(Instant Center)

6.3 두 점의 이동방향이 주어진 물체의 순간중심

그림 6−2에 두 점의 이동방향이 주어진 물체를 표시하였다. 이 그림에 표된 것과 같이 두 점에서 주어진 속도의 방향에 대한 수선을 긋고, 이 두 수선의 교점을 순간중심 12라고 표시한다. 이는 물체 1상에 있는 물체 2의 순간중심이라는 의미이다. 일반적으로 물체가 움직이면 그 회전중심의 위치는 각 순간마다 다른 곳으로 이동할 수 있으므로, 기구학에서는 회전중심을 순간중심이라고 부른다.

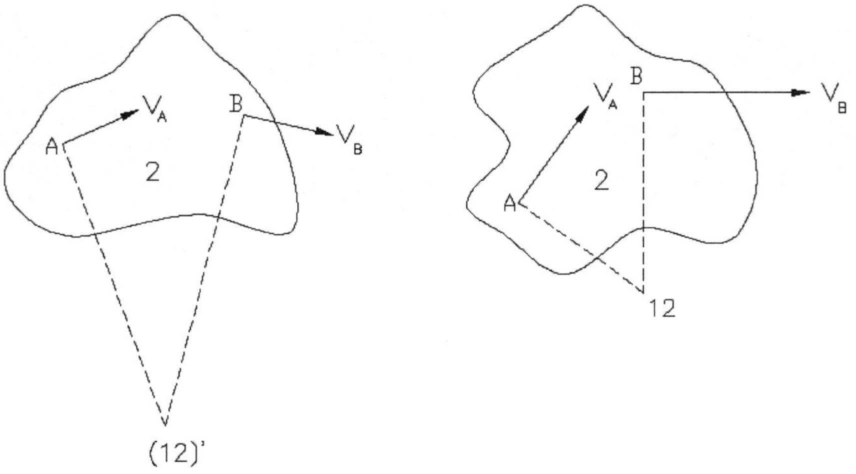

그림 6-2 두 점의 이동방향이 주어진 물체의 순간중심

미끄럼운동을 하는 물체의 순간중심도 동일한 방법을 사용하여 간단히 구할 수 있다. 그림 6−3에 직선운동을 하는 슬라이더와 원형 홈을 따라서 미끄럼운동을 하는 물체를 표시하였다. 이 경우 두 점의 수선에 대한 교점은 무한히 먼 곳에 있다. 따라서 미끄럼운동을 하는 슬라이더의 순간중심 12는 슬라이더 위쪽이나 아래쪽으로 무한히 먼 곳에 있고, 회전반지름이 무한대가 되는 특별한 경우에 해당한다.

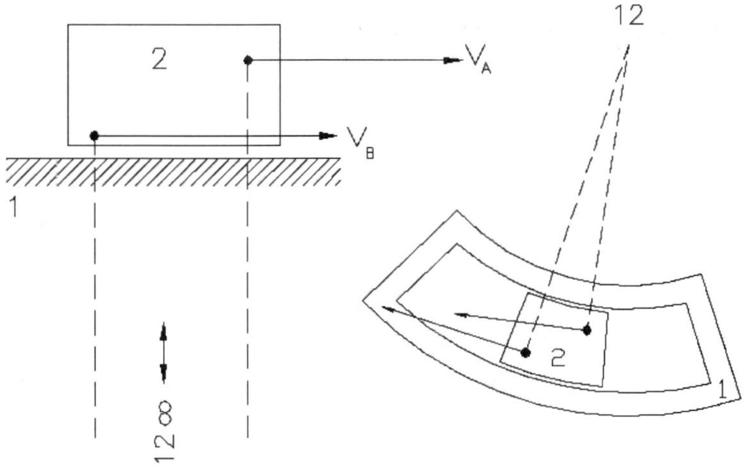

그림 6-3 미끄럼운동을 하는 물체의 순간중심

6.4 핀 조인트된 경우의 순간중심

핀 조인트된 4절 링크장치를 그림 6-4에 표시하였다. 이 그림으로부터 알 수 있듯이 핀으로 연결된 각 점은 순간중심이다. 전술한 바와 같이 링크 1상에 있는 링크 2의 회전중심은 12로 표시한다. 이 기구에서 순간중심 12와 14는 고정되어 있으므로 이 들을 고정중심(fixed center)이라고 한다. 또한 순간중심 23은 링크 2상에 있는 링크 3의 회전중심이라고 볼 수도 있고, 링크 3상에 있는 링크 2의 회전중심이라고 볼 수도 있다. 순간중심 23과 34는 프레임에 대해서 상대운동을 하므로 이동중심(moving center)이라고 한다.

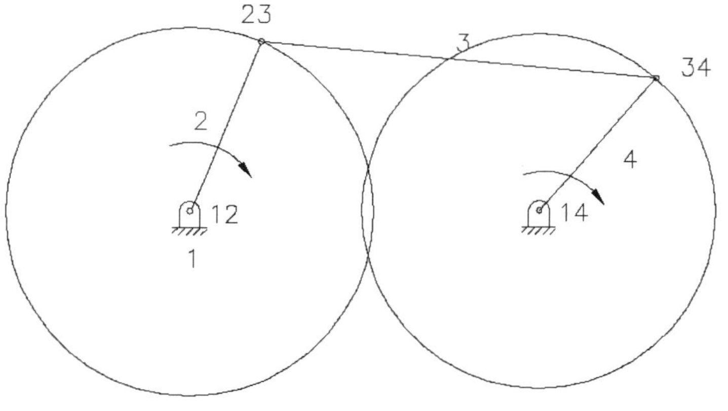

그림 6-4 핀 조인트된 경우의 순간중심

6.5 구름운동체의 순간중심

그림 6−5와 같이 원통 2가 지면 1상에서 미끄러짐이 없이 구름운동을 하는 경우의 순간중심에 대하여 알아보기로 하자. 그림 6−5에서와 같이 물체 1이 정지해 있고 물체 2가 시계방향으로 회전한다면, 원판의 중심 O의 속도는 V_o가 된다. O에 대한 점 P의 상대속도는 반지름 $\overline{PO}$인 회전운동을 한다. 이때의 상대속도 $V_{P/O}$는 $\overline{PO}$와 직각을 이루며, P의 절대속도는 V_o에 $V_{P/O}$를 더함으로써 얻을 수 있다.

또한 회전체상의 한 점의 속도는 그 점의 회전반지름에 대하여 90°의 각도를 이룬다. 따라서 그 직선은 P로부터 V_P에 수직하게 표시할 수 있다. 이 직선은 점 12를 지나게 되고 $\overline{P\ 12}$의 길이는 점 P의 회전반지름이다. 점 P는 원판 위의 임의의 점이고, V_P는 V_o와 $V_{P/O}$를 합함으로써 얻을 수 있다. 점 P를 지나고 V_P에 수직인 직선은 순간중심 12를 지난다. 따라서 그림 6−5와 같이 원통 2가 지면 1위에서 미끄러짐이 없이 구름운동을 한다면 지면과의 접촉점 12는 물체 1과 물체 2의 순간중심이다.

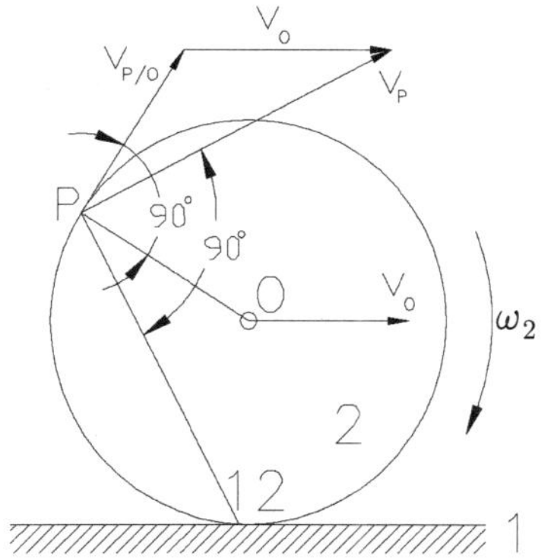

그림 6−5 구름운동체의 순간중심

6.6 순간중심의 수

서로 상대운동을 하는 두 링크는 1개의 순간중심을 갖는다. 따라서 임의의 기구의 순간중심의 수는 전체 링크의 수에서 2개의 링크를 뽑는 조합의 수가 된다. 따라서 순열과 조합식을 이용하면, n 개의 링크를 갖는 기구의 순간중심의 수 N은 다음과 같이 표시된다.

$$N = \frac{n(n-1)}{2} \tag{6.1}$$

단, ${}_nP_r = \frac{n!}{(n-r)!}$, ${}_nC_r = \frac{{}_nP_r}{r!} = \frac{n!}{r!(n-r)!}$

6.7 케네디의 정리 Kennedy's theorem

케네디의 정리는 다음과 같다.

① 서로 상대적인 평면운동을 하는 세 물체는 3개의 순간중심을 갖는다.
② 이들은 일직선상에 존재한다.

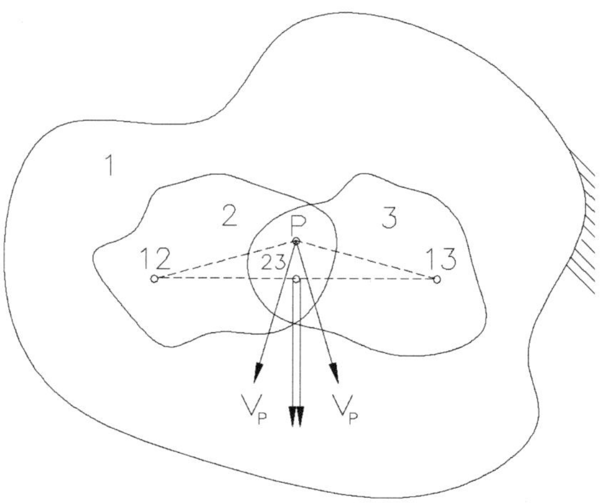

그림 6-6 케네디의 정리(Kennedy's theorem)

증명

그림 6-6에서 링크 1, 링크 2 및 링크 3은 서로 상대운동을 하는 링크라고 하고, 이 중 링크 1은 고정되어 있다고 하자. 순간중심 12와 13은 각각 링크 1에 있는 링크 2와 링크 3의 회전중심이다. 이 세 링크는 서로 연결되어 있지 않아도 된다. 링크 2와 링크 3에 대한 순간중심 23의 위치를 결정하기로 하자. 23이 점 P에 있다고 가정하자.

어떤 순간에 링크 1에 대한 링크 2의 상대운동은 그 링크들의 순간중심인 12에 대한 회전운동뿐이고 P가 링크 2의 점일 때 P의 속도는 반지름 $\overline{12P}$ 에 수직해야 한다.

동일한 방법으로 어떤 순간에 링크 1에 대한 링크 3의 상대운동은 순간중심 13에 대한 회전운동뿐이고, 점 P가 링크 3 위에 있을 때 그 속도는 반지름 13-P에 수직하여야 한다. 순간중심은 전술한 바와 같이 그 정의에 의하여 두 링크에 대하여 공통점이고 그 선속도의 크기와 방향이 같아야 한다. 따라서 3개의 순간중심은 한 직선상에 존재하여야 한다.

6.8 직접접촉기구의 순간중심

6.8.1 미끄럼접촉(sliding contact)

그림 6−7에 미끄럼접촉(sliding contact)기구를 표시하였다. 이 그림에서 P_2와 P_4는 접촉점이다. 속도 $\overline{P_2E}$ 와 $\overline{P_4F}$ 는 각각 $\overline{12\ P_2}$ 와 $\overline{14\ P_4}$ 에 수직이다. 이 속도들은 링크가 서로 접촉을 유지하려면 같아야만 하는 법선성분 $\overline{P_2S}$ 와 $\overline{P_4S}$ 를 갖는다.

속도 $\overline{P_2E}$ 와 $\overline{P_4F}$ 의 접선성분은 $\overline{P_2L}$ 과 $\overline{P_4M}$ 이다. 접촉점이 중심선(center line)위에 있지 않으면 접선성분은 같지 않고, 따라서 미끄럼이 있게 된다. 즉, 접촉점에서 링크 2와 링크 4가 가질 수 있는 유일한 상대운동의 방향은 공통접선방향이다. 그리고 상대회전의 중심인 순간중심 24는 공통법선 위에 있어야 한다. 그러나 케네디의 정리에 의해서 순간중심 24는 중심선 위에 있어야 한다. 그러므로 링크 2와 링크 4의 순간중심은 공통법선과 중심선의 교차점에 존재하여야 한다.

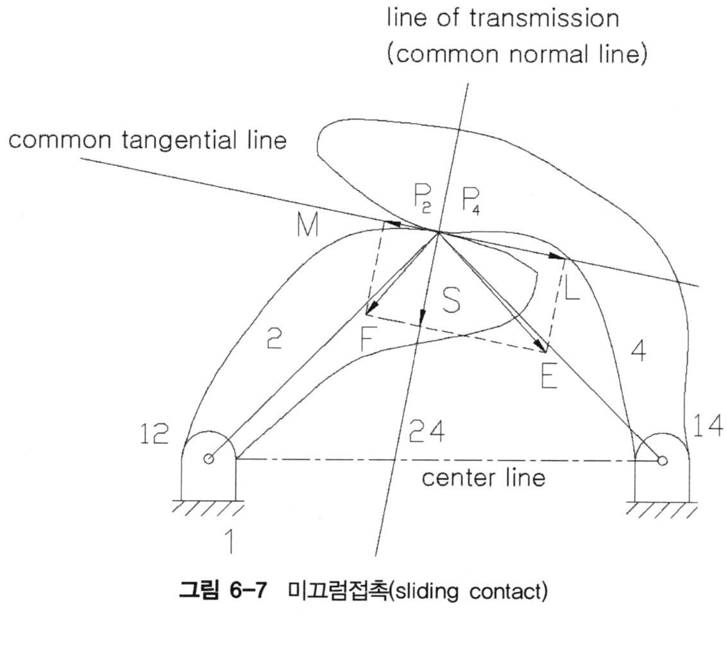

그림 6−7 미끄럼접촉(sliding contact)

6.8.2 구름접촉(rolling contact)

구름접촉(rolling contact)을 하는 두 물체를 그림 6-8에 표시하였다. 구름접촉(rolling contact)에서의 접촉점은 중심선 12-14 위에 있어야 한다. 링크 2와 링크 4가 구름접촉을 할 때 그들의 공통의 순간중심은 그 접촉점에 존재한다. 왜냐하면 접촉점 P_2 와 P_4 가 동일한 속도를 가지면 구름접촉을 하게 되며, 순간중심은 두 링크에 공통점이고 같은 방향의 선속도를 가져야 하기 때문이다.

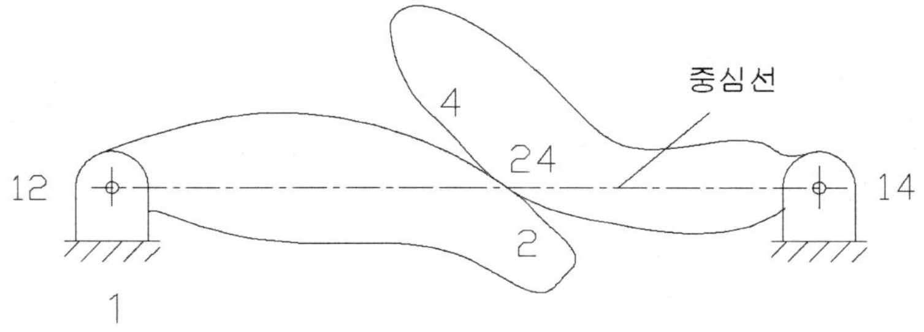

그림 6-8 구름접촉(rolling contact)

6.9 서클 다이어그램법 circle diagram method

그림 6−9에 표시한 4절 링크장치를 이용하여 서클 다이어그램법(circle diagram method)을 적용하는 방법에 대하여 알아보기로 하자. 이 기구의 순간중심의 개수는 다음과 같다.

$$N = n(n-1)/2 = 4(4-1)/2 = 6 \tag{6.2}$$

먼저 간단히 구할 수 있는 기본적 순간중심 4개, 즉 12, 23, 34 및 14를 그림에 표시하였다. 그림 6−9에 도시한 것과 같이 모든 점들을 원주에 따라 같은 간격으로 표시하며, 이때 점들은 기구의 각 링크를 표시한다. 이 점들을 연결하여 얻을 수 있는 모든 직선은 구하고자 하는 6개의 순간중심을 나타낸다. 먼저 기본적 순간중심에 의하여 결정된 모든 순간중심들은 실선으로 우선 표시한다. 따라서 순간중심 12, 23, 34, 14는 그림에 실선으로 도시하며, 구하여야 할 나머지 순간중심들은 점선으로 도시한다.

이 중심들을 결정하기 위하여 선도에서 점선과 관계되는 2개의 임의의 삼각형을 찾는다. 예를 들면 선 13은 삼각형 123과 삼각형 341에 의하여 구성된다. 이 2개의 삼각형을 이용하여 순간중심 13의 위치를 결정할 수 있다. 링크 1, 2, 3은 3개의 순간중심, 즉 12, 23 및 13을 가지며 이 중심들은 그림에서 선 12, 23, 13으로 표시하였다. 케네디의 정리에 따르면 이들 3개의 순간중심은 일직선 위에 있어야 한다. 그러므로 그림에서 순간중심 13은 순간중심 12와 23을 연결하는 선 위의 어느 점엔 가에 존재하여야 한다.

또한 링크 3, 4와 1도 3개의 순간중심, 즉 34, 14 및 13을 갖고, 이 중심들은 그림에서 선 34, 14 및 13으로 나타나 있다. 케네디의 정리에 의하여 이 3개의 순간중심은 일직선 위에 있어야 한다. 따라서 순간중심 13은 점 34와 14를 잇는 선 위에 있게 된다. 순간중심 13은 또한 직선 12−23의 연장선상에 있게 된다. 따라서 그림에 도시한 바와 같이 순간중심 13은 직선 12−23과 34−14의 교점에 존재한다.

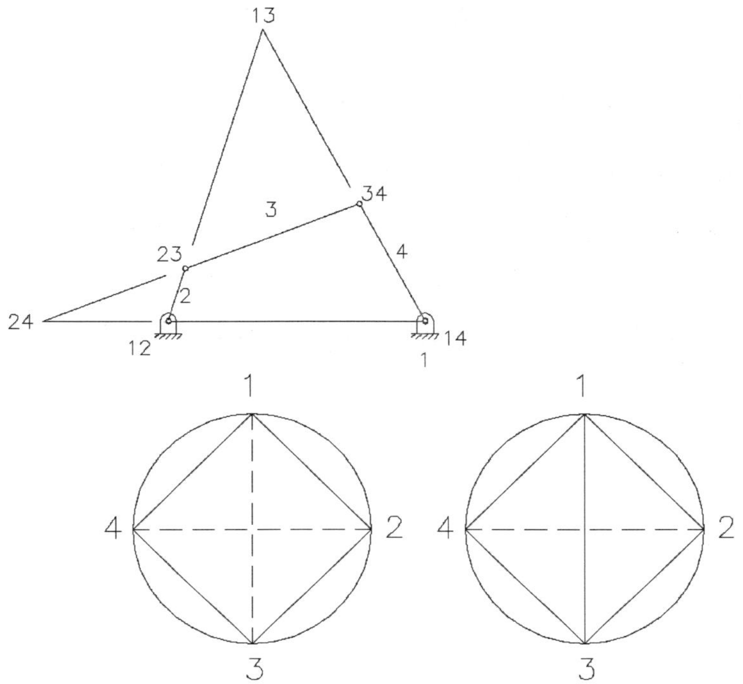

그림 6-9 서클 다이어그램법

순간중심이 새로이 구해지면 서클 다이어그램에 1과 3을 잇는 점선을 실선으로 그린다. 순간중심 24에 대하여도 동일한 방법으로 그 위치를 구할 수 있다. 다음으로 그림 6−10에 도시한 링크 1상에서 구르는 바퀴를 갖는 기구에 대하여 서클 다이어그램법을 적용해 보기로 하자.

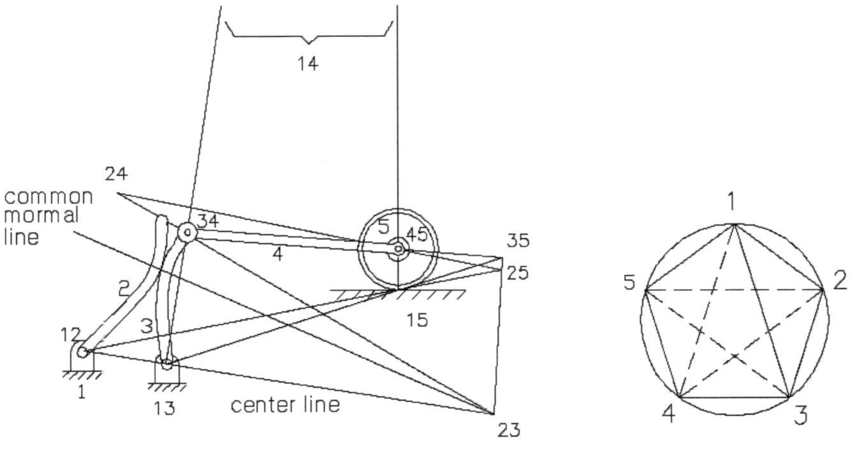

그림 6-10 서클 다이어그램법

이 기구의 순간중심의 개수는 다음과 같다.

$$N = n(n-1)/2 = 5(5-1)/2 = 10 \tag{6.3}$$

기본적 순간중심을 12, 23, 34, 45, 15 및 23을 서클 다이어그램에 실선으로 표시하였다. 또한 나머지 구하여야 할 순간중심들은 점선으로 표시하였다. 순간중심 14는 삼각형 134와 154에 의하여 구성되며, 전술한 방법에 의하여 이의 위치를 결정할 수 있다. 순간중심 14의 위치를 결정한 다음, 점선 14를 실선으로 그린다. 나머지 순간중심에 대해서도 동일한 방법을 반복적용하면 된다.

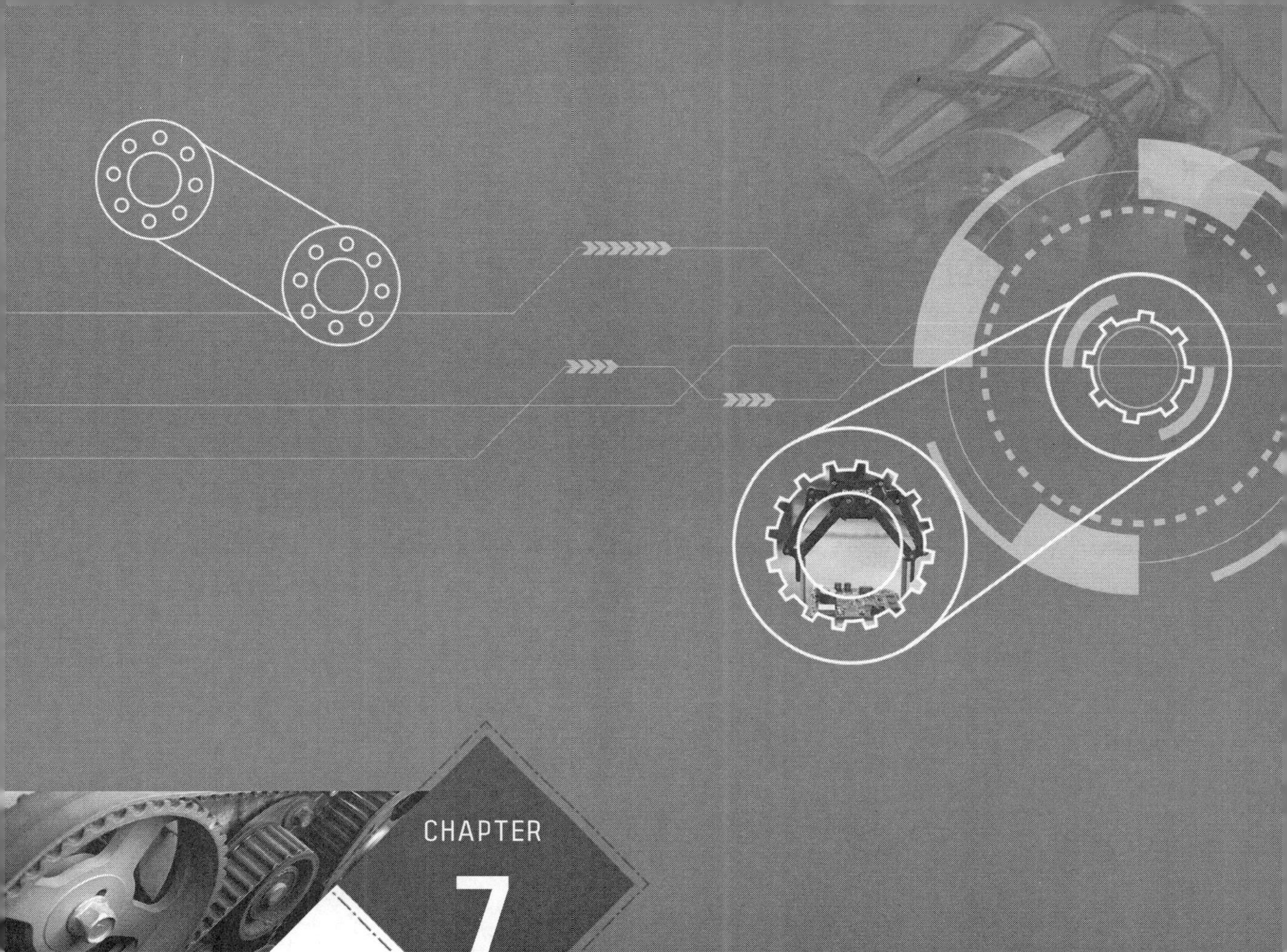

CHAPTER 7

캠

7.1 캠의 종류

캠(cam)은 내연기관, 공작기계, 인쇄기, 공장자동화용 각종 기기, 로봇 등에 널리 쓰이는 기계요소이다. 그림 7—1에 내연기관의 흡기 및 배기밸브로서 캠을 적용한 예를 표시하였다. 캠에는 캠과 종동절(follower)과의 접촉점의 궤적이 2차원 곡선(평면곡선)인 평면캠(plane cam)과 공간상의 3차원 곡선인 입체캠(solid cam)으로 나누어진다. 다음으로 평면캠과 입체캠에는 어떤 것들이 있는지에 대하여 알아보기로 한다.

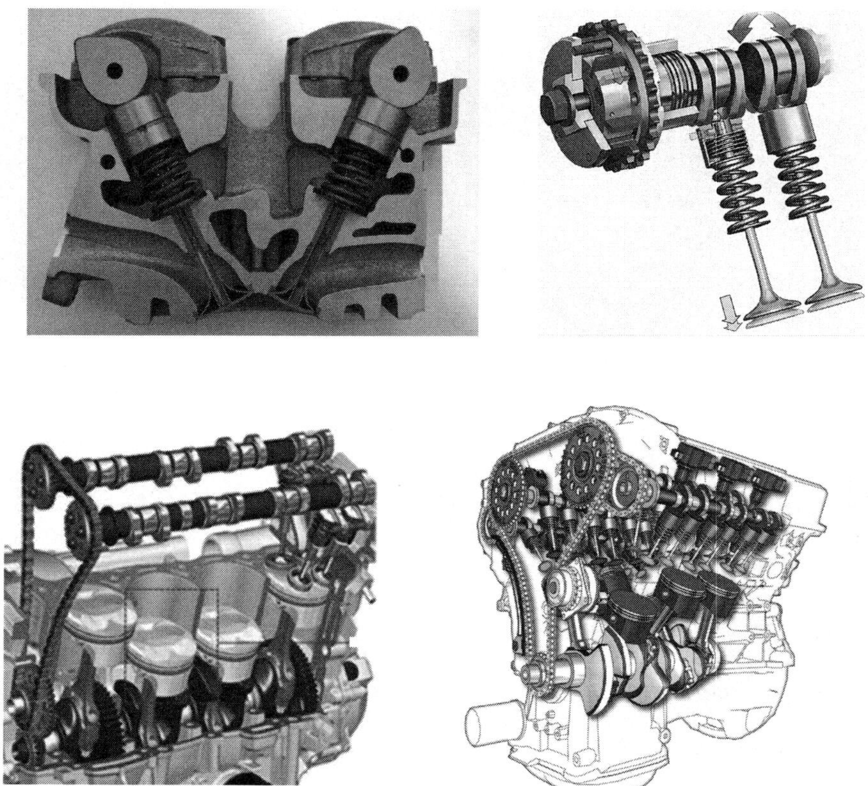

그림 7-1 내연기관의 밸브에 캠의 적용 예

7.1.1 평면캠(plane cam)

(a) 원판캠(disk cam, plate cam)

대표적인 캠으로서 그림 7−2와 같이 원판의 가장자리에 곡선의 윤곽을 형성한 형태를 갖는다. 원판캠은 그림 7−2에서와 같이 임의의 곡선윤곽을 가진 판을 회전시키고, 그 가장자리에 종동절(follower)을 접촉시키면 판의 윤곽형상에 따라 종동절이 왕복운동을 하는데, 이때 구동절(driver)인 판을 캠(cam)이라고 한다. 또한 캠의 윤곽을 다양한 모양으로 바꾸어 줌으로써 다른 장치에서는 얻을 수 없는 복잡한 운동을 종동절에 부여할 수 있다.

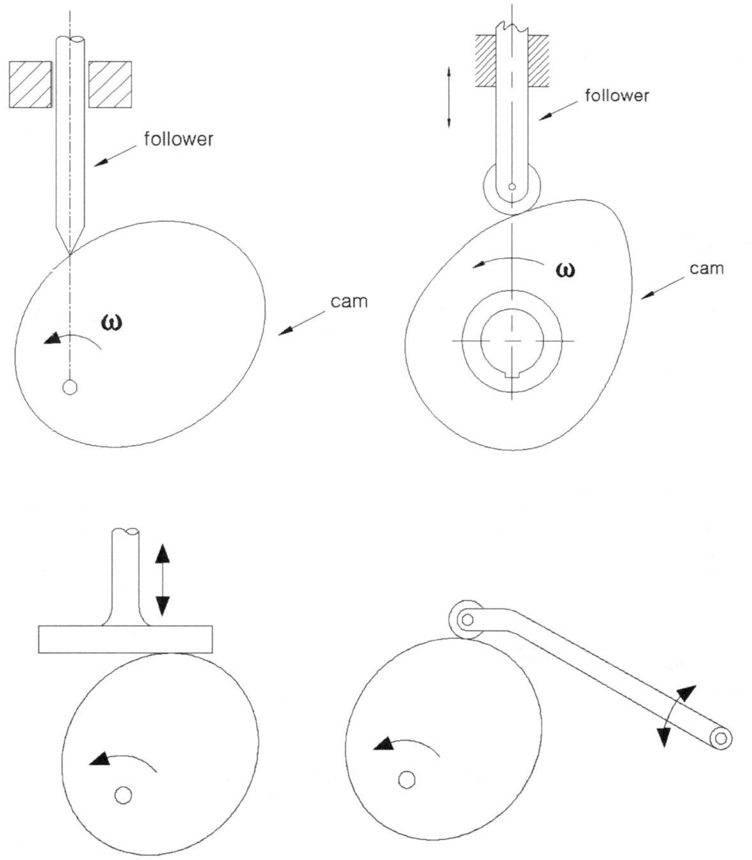

그림 7−2 원판캠(disk cam, plate cam)

(b) 정면캠(face cam)

그림 7-3과 같이 판의 정면에 곡선형태의 홈을 파서 그 속에 종동절의 롤러가 들어가게 만든 캠이다.

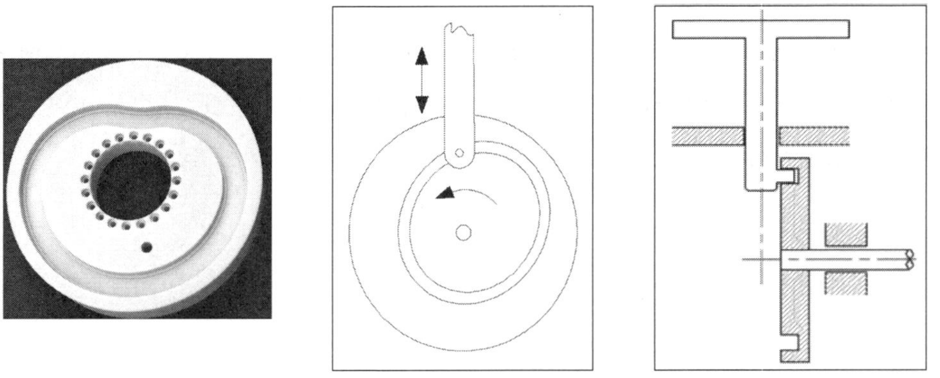

그림 7-3 정면캠(face cam)

(c) 직선운동캠(translation cam)

직동(直動)캠이라고도 하며, 그림 7-4와 같이 캠에 왕복직선운동을 부여함으로써 종동절을 움직이게 하는 캠이다.

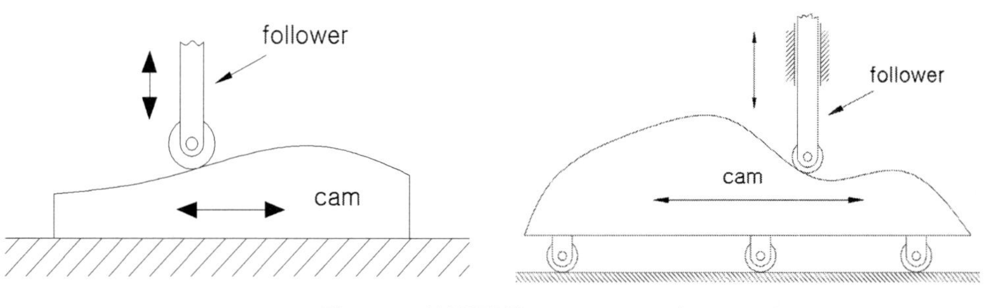

그림 7-4 직선운동캠(translation cam)

(d) 와이퍼 캠(wiper cam)

그림 7–5와 같이 자동차의 와이퍼 형태의 캠에 요동운동을 부여함으로써 종동절을 움직이는 캠이다.

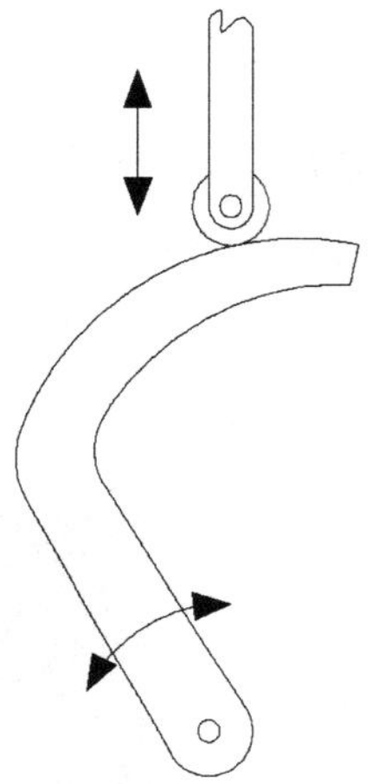

그림 7–5 와이퍼 캠(wiper cam)

7.1.2 입체캠(solid cam)

(a) 원통캠(cylindrical cam)

일반적으로 원통캠은 공작기계, 섬유기계 등 다양한 기계장치에 사용된다. 원통캠은 그림 7-6과 같이 원통의 표면에 홈을 파서 그 속에 종동절의 돌기를 넣고 원통을 회전시킴으로써 종동절로 하여금 원통축에 평행한 방향으로 왕복운동을 부여하는 캠이다. 즉, 이 캠은 원통(cylinder)에 파인 안내 홈을 따라 종동절이 좌우로 운동하게 되어 있다. 반면 전술한 평면캠에서는 캠의 회전축과 종동절의 축은 직교하는 형태를 취한다.

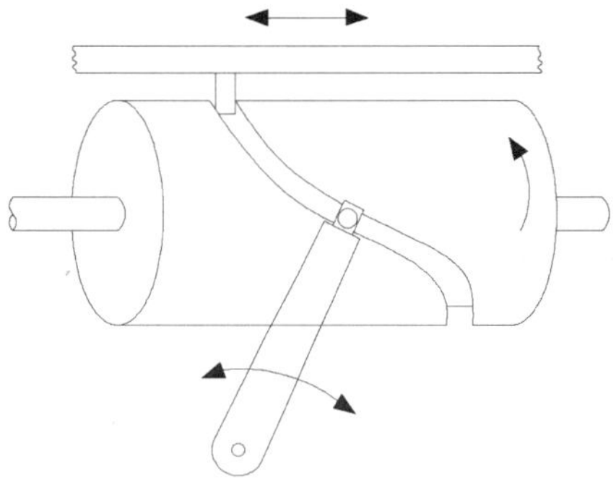

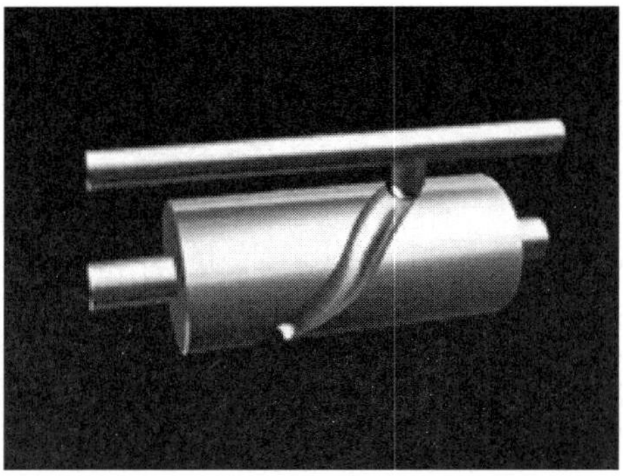

그림 7-6 원통캠(cylindrical cam)

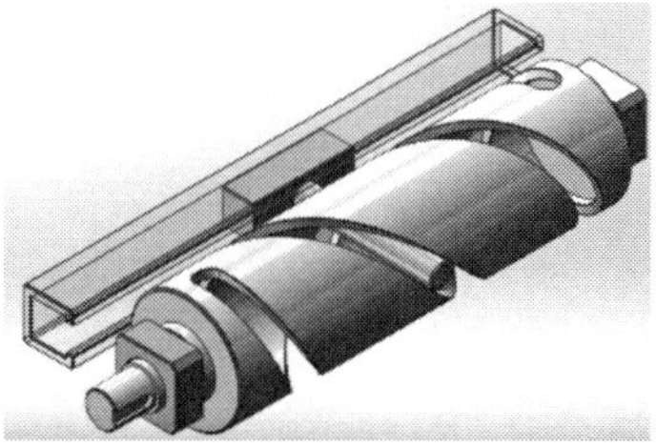

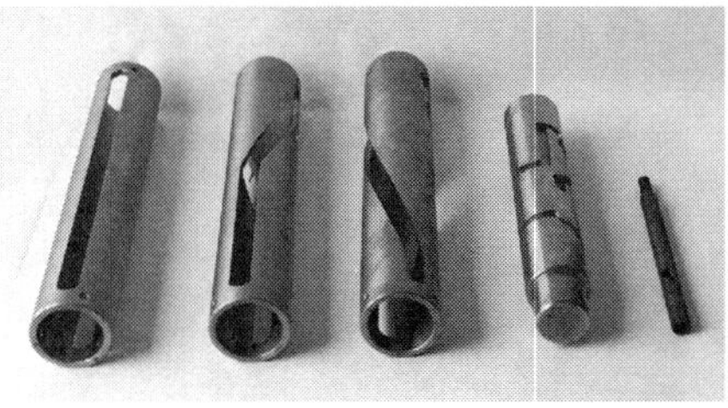

그림 7-7 원통캠의 실제모습

(b) 원추캠(conical cam)

그림 7−8과 같이 원추의 표면에 홈을 파서 그 속에 종동절의 돌기를 넣은 캠이다.

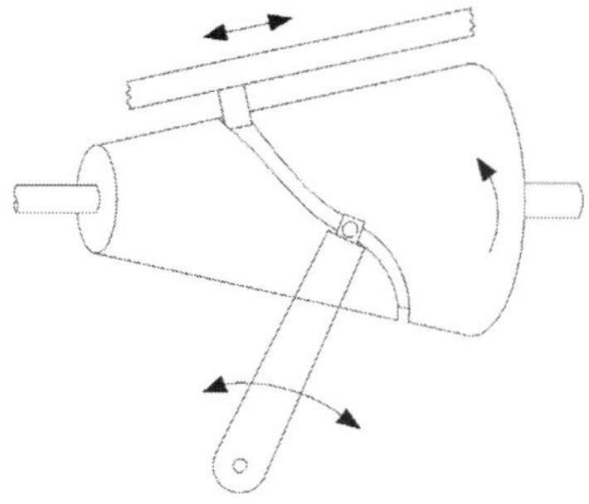

그림 7-8 원추캠(conical cam)

(c) 구면캠(spherical cam)

그림 7−9와 같이 구의 표면에 홈을 판 것으로 종동절은 좌우로 요동운동을 한다.

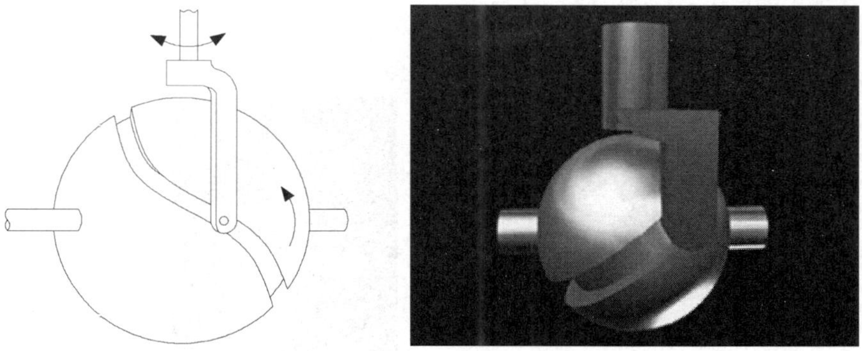

그림 7-9 구면캠(spherical cam)

(d) 원호회전면 캠(arc cam)

원호회전면에 홈을 판 것으로 종동절은 좌우로 요동운동을 한다(그림 7−10 참조).

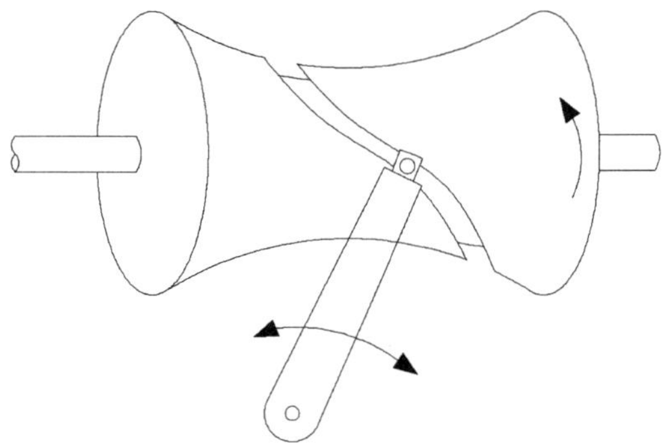

그림 7-10 원호회전면 캠(arc cam)

(e) 단면캠(end cam)

원통을 옆으로 자른 단면에 특수한 형상을 부여한 것으로 종동절은 캠의 축에 평행방향으로 직선 왕복운동을 한다(그림 7−11 참조).

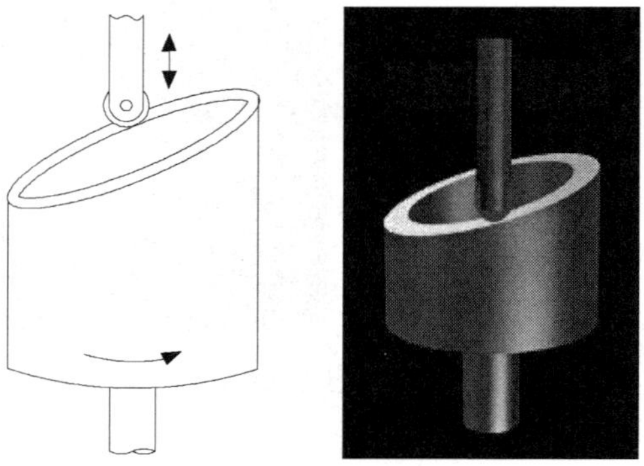

그림 7-11 단면(端面)캠(end cam)

7.2 변위선도 displacement diagram

변위선도(displacement diagram)란 종동절의 변위양상을 시간의 함수로서 나타낸 것으로서 수평축에는 캠의 회전각(또는 시간)을 표시하고, 수직축에는 종동절의 변위를 표시한 선도를 말한다. 일반적으로 캠의 회전속도(rpm)는 일정한 것으로 간주하며, 변위선도는 종동절의 운동을 분석하거나 캠을 새로이 설계할 때 대단히 중요한 역할을 한다.

또한 고속으로 회전운동을 하는 캠에 있어서 가속도(관성력)는 진동, 소음, 마멸 등의 원인이 되므로 가속도의 변화를 파악하는 것은 대단히 중요하다. 그리고 저크(jerk, 급격한 움직임)는 관성력의 시간에 대한 변화율로 표시되며, 하중의 충격 특성의 척도가 된다. 캠장치의 운전 중에 발생하는 대단히 큰 저크는 진동/소음의 원인이 될 뿐만 아니라 캠의 수명에 악영향을 미친다.

캠구동장치에 있어서 종동절의 운동형태는 다음과 같은 다섯 가지 종류가 있다.

① 등속도운동(constant velocity motion)
② 등가속도운동(constant acceleration motion)
③ 수정등속도운동(modified constant velocity motion)
④ 단순조화운동(simple harmonic motion)
⑤ 사이클로이드운동(cycloidal motion)

다음으로 이들 각각의 운동에 대하여 고찰해 보기로 한다.

7.2.1 등속도운동(constant velocity motion)

등속도운동이란 그림 7－12에서와 같이 캠(구동절)의 회전운동에 대하여 종동절의 속도가 일정하게 유지되면서 상승 또는 하강을 하는 경우를 말한다. 따라서 캠장치에 있어서 종동절의 변위를 S, 속도를 V, 가속도를 A, 시간을 t 라고 할 때 변위선도는 다음 식과 같이 직선의 형태로 나타난다(단, a는 상수임).

$$S = at \tag{7.1}$$

$$V = a \tag{7.2}$$

$$A = 0 \tag{7.3}$$

그림 7－12으로부터 알 수 있듯이 종동절은 초기위치에서 최고정점까지 등속도로 상승하고, 일정시간 동안 최고정점에서 정지하였다가 다시 등속도로 하강을 한다. 이 운동은 가속도선도로부터 알 수 있듯이 점 B, C, D 및 E에서 이론적으로 무한대에 가까운 가속도가 발생한다. 이 가속도로 인하여 캠장치에 진동/소음이 발생할 뿐만 아니라 수명이 짧다. 따라서 캠장치의 설계에 있어서는 이와 같은 형태의 운동은 가급적 피해야 한다.

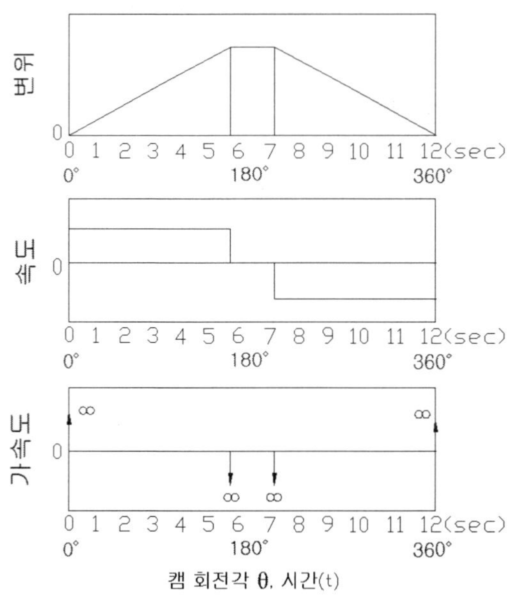

그림 7－12 등속도운동(constant velocity motion)

7.2.2 등가속도운동(constant acceleration motion)

등가속도운동에 대한 변위선도를 그림 7－13에 표시하였다. 등가속도로 운동을 하는 물체(종동절)는 수학적으로 식 (7.4)와 같이 표시할 수 있다. 식 (7.4)는 포물선을 나타내는 식이기도 하므로 등가속도운동을 포물선운동이라고도 한다.

$$S = \frac{1}{2}at^2 \tag{7.4}$$

$$V = at \tag{7.5}$$

$$A = a \tag{7.6}$$

그림 7－13에서와 같이 종속절이 등가속도운동을 하면서 최고점까지 상승할 때에 있어서, 상승구간의 반의 영역에 있어서는 가속도가 양의 값을 갖는다. 반면 상승구간의 나머지 반의 구간에서는 가속도가 음의 값을 갖는다.

하강구간에 있어서도 이와 유사한 운동을 한다. 이 운동의 특징은 그림 7－13의 가속도선도로부터 알 수 있듯이 가속도의 급격한 변화가 종동절의 상승구간의 변곡점 부근과 정지구간 부근에서 발생한다. 이는 급격한 저크가 캠장치 내에 발생하였음을 의미하며 바람직한 캠장치의 운동이라고 볼 수는 없다. 따라서 등가속도운동은 고속운전에 적합한 종동절의 운동형태가 아니다.

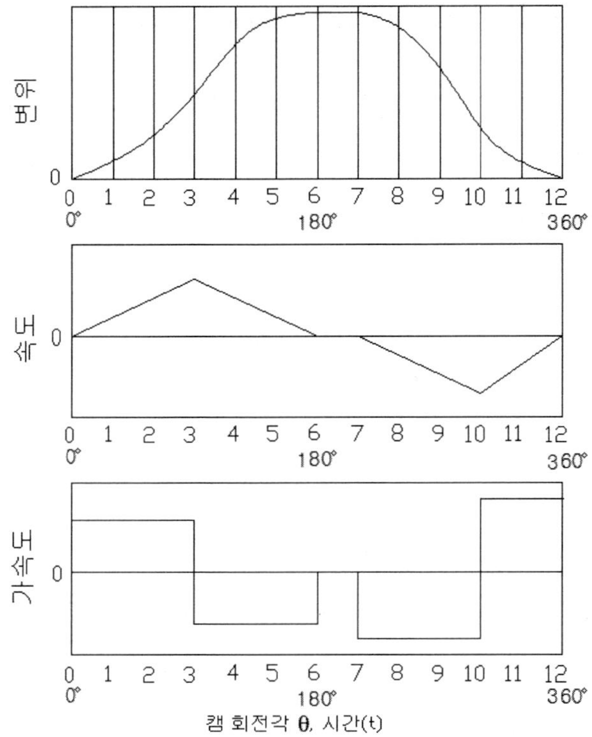

그림 7-13 등가속도운동(constant acceleration motion)

7.2.3 수정등속도운동(modified constant velocity motion)

그림 7−14는 전술한 등가속도운동과 등속도운동을 결합한 수정등속도운동을 나타낸 것이다. 이는 등가속도운동을 하는 종동절의 A와 B지점 사이 및 C와 D지점 사이에 등속도운동을 삽입한 것이다. 이 그림으로부터 알 수 있듯이 등가속도운동에 있어서의 속도 변화보다는 속도의 변화가 조금 완화되기는 하였으나, 여전히 가속도의 급격한 변화가 캠장치 내에 존재하는 것이 사실이다.

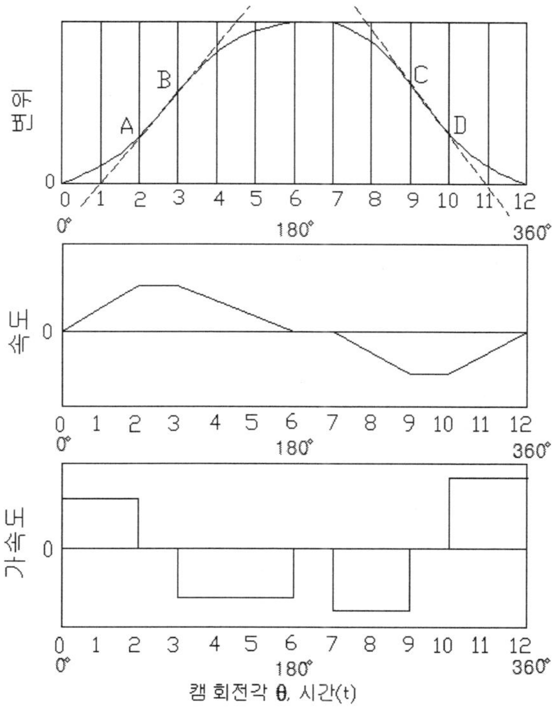

그림 7−14

7.2.4 단순조화운동(simple harmonic motion)

그림 7-15은 단순조화운동에 대한 변위선도이다. 이 그림에서 점 P가 시계방향으로 ϕ만큼 회전할 때 캠은 θ만큼 회전하며, 종동절은 h만큼 상승한다. 따라서 단순조화운동에서는 다음과 같은 식이 성립한다.

$$\begin{aligned} S &= \frac{h}{2} - \frac{h}{2}\cos\phi \\ &= \frac{h}{2}(1-\cos\phi) \end{aligned} \tag{7.7}$$

또한 캠이 β만큼 회전하면 점 P는 π [rad]만큼 회전하므로 다음과 같이 된다.

$$\frac{\phi}{\pi} = \frac{\theta}{\beta}, \quad \phi = \frac{\pi\theta}{\beta} \tag{7.8}$$

따라서 단순조화운동을 하는 캠의 종동절에 대한 변위를 나타내는 일반식은 다음과 같이 된다.

$$S = \frac{h}{2}\left(1-\cos\frac{\pi\theta}{\beta}\right) \tag{7.9}$$

캠의 회전속도 ω [rad/s]가 등각속도로 운전된다고 하면 회전각은 다음과 같은 식으로 표현된다.

$$\theta = \omega t \tag{7.10}$$

종동절의 변위를 나타내는 식 (7.7)을 시간으로 미분하면 종동절의 상승속도를 나타내는 식을 얻을 수 있다.

$$V = \frac{\pi h\omega}{2\beta}\sin\frac{\pi\theta}{\beta} \tag{7.11}$$

이 식을 시간으로 다시 한번 미분하면 다음과 같이 종동절의 가속도를 나타내는 관계식을 얻을 수 있다.

$$A = \frac{\pi^2 h\omega^2}{2\beta^2}\cos\frac{\pi\theta}{\beta} \tag{7.12}$$

이들 식으로부터 속도곡선은 진폭이 $\frac{\pi h\omega}{2\beta}$ 인 정현곡선(sine curve)이며, 가속도곡선은 진폭이 $\frac{\pi^2 h\omega^2}{2\beta^2}$ 인 여현곡선(cosine curve)이 됨을 알 수 있다.

속도곡선과 가속도곡선을 그림 7−15에 표시하였다. 이 그림으로부터 알 수 있듯이 종동절이 정지하거나 재출발하는 지점 부근에서는 급격한 가속도의 변화가 일어나며, 이 또한 고속회전을 하는 캠장치의 운동 형태로는 적합하지 않음을 알 수 있다.

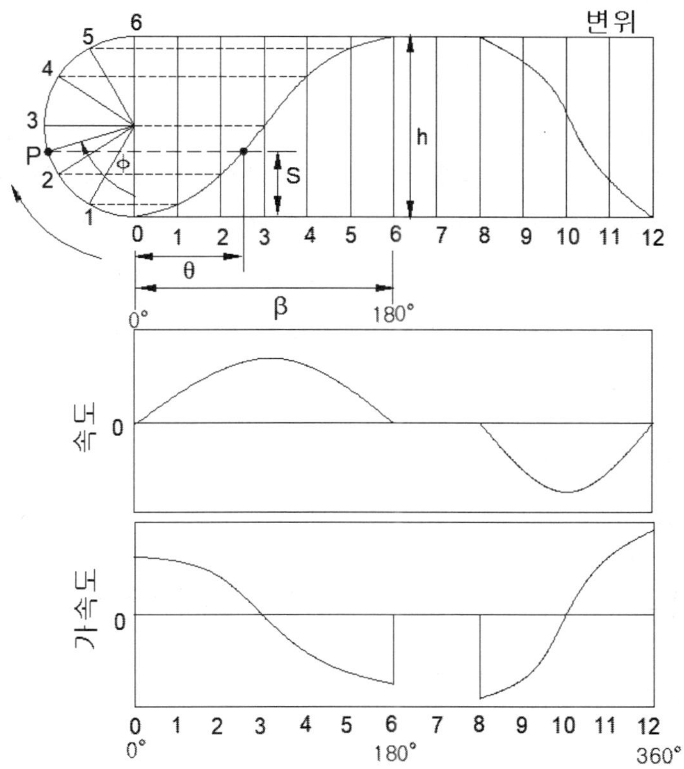

그림 7-15 단순조화운동(simple harmonic motion)

7.2.5 사이클로이드운동(cycloidal motion)

사이클로이드곡선이란 임의의 원이 평면 위를 구를 때 원주 위의 한 점이 그리는 궤적을 말한다. 사이클로이드운동에 대한 변위선도를 도학적으로 그리기 위해서는 먼저 그림 7－16에서와 같이 시간축과 변위축 사이에 대각선 BE를 그리고 BE의 연장선 위의 적당한 위치에 원의 중심 C를 정한 후, 반지름 R인 원을 중심 C 위에 그린다. 다음으로 이 원을 시간축을 등분했던 수와 같은 수(6개)로 등분한다. 원 위의 점들은 그림 7－16에서와 같이 점 C를 지나는 수직선 위에 투상한 후에 이 점들을 대각선 BE와 평행하게 다시 투상하여 수평축 위에 해당하는 점에서 그어 올린 수직선과의 교점을 구한다. 마지막으로 이들 교점을 매끄러운 선으로 연결하면 종동절의 상승곡선을 얻을 수 있다. 여기에서는 시간축을 6등분하였으나, 이 등분구간을 더 많이 잡으면 더욱더 정확하고 매끄러운 곡선을 얻을 수 있다.

다음으로 이 곡선을 수학적으로 표현하는 방법에 대하여 알아보기로 한다. 그림 7－16의 곡선 BDE는 캠이 β만큼 회전하는 동안 종동절은 h만큼 상승하는 종동절의 운동 양상을 나타낸 것이다. 이 그림의 오른편에는 원주길이가 h인 원이 직선 FE상을 구르면서 상승운동을 하는 곡선이 그려져 있다. 따라서 이 원상의 임의의 한 점이 그리는 궤적(곡선) FHE은 사이클로이드곡선이 된다. 이 그림으로부터 알 수 있듯이 원주길이가 h인 원이 ϕ만큼 회전을 할 때 캠은 θ만큼 회전운동을 한다. 이때 점 P의 수직축방향으로의 변위 S를 수학적으로 표현하면 다음과 같이 된다.

$$\begin{aligned} S &= R\phi - R\sin\phi \\ &= R(\phi - \sin\phi) \end{aligned} \tag{7.13}$$

원이 1회전할 때 종동절은 h만큼 상승하므로 다음 식이 성립한다.

$$\phi = 2\pi \frac{\theta}{\beta} \tag{7.14}$$

$$R = \frac{h}{2\pi} \tag{7.15}$$

이 두 식을 종동절의 변위 S에 관한 식에 대입하면 다음과 같이 변위곡선을 나타내는 식을 얻을 수 있다.

$$
\begin{aligned}
S &= \frac{h}{2\pi}\left(2\pi\frac{\theta}{\beta} - \sin 2\pi\frac{\theta}{\beta}\right) \\
&= h\frac{\theta}{\beta} - \frac{h}{2\pi}\sin 2\pi\frac{\theta}{\beta}
\end{aligned} \tag{7.16}
$$

캠의 회전각속도 ω가 일정하다는 사실을 고려하여($\theta = \omega t$), 종동절의 변위를 나타내는 식을 시간으로 미분하면 종동절의 상승속도를 나타내는 식을 얻을 수 있다.

$$
V = \frac{h}{\beta}\omega\left(1 - \cos\frac{2\pi\theta}{\beta}\right) \tag{7.17}
$$

이 식을 시간으로 다시 한번 미분하면 다음과 같이 종동절의 가속도를 나타내는 관계식을 얻을 수 있다.

$$
A = \frac{2\pi h}{\beta^2}\omega^2 \sin\frac{2\pi\theta}{\beta} \tag{7.18}
$$

이들 식으로부터 얻어진 속도곡선과 가속도곡선을 그림 7－16에 표시하였다. 그림 7－16은 종동절이 상승하는 구간에 대해서만 고찰한 것이다. 그림 7－17에 종동절이 상승 후 다시 하강하는 과정에 대한 운동양상을 도시하였다. 이 그림으로부터 알 수 있듯이 종동절이 정지하거나 재출발하는 지점 부근을 비롯한 모든 운동영역에서 급격한 가속도의 변화가 일어나지 않는다. 따라서 고속회전에 매우 적합한 캠장치의 운동형태라고 할 수 있다.

마지막으로 지금까지 설명한 종동절의 운동을 나타내는 운동방정식을 요약하면 표 8.1와 같이 된다. 이 표에서 θ 및 β는 캠의 회전각, h는 종동절의 상승량, ω는 캠의 각속도 [rad/s], a는 상수, t는 시간을 나타낸다.

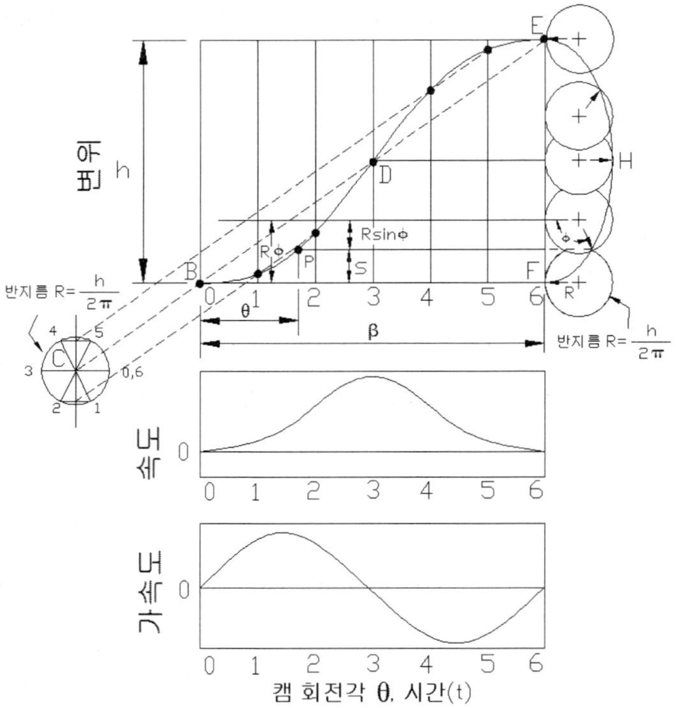

그림 7-16 사이클로이드운동(1)

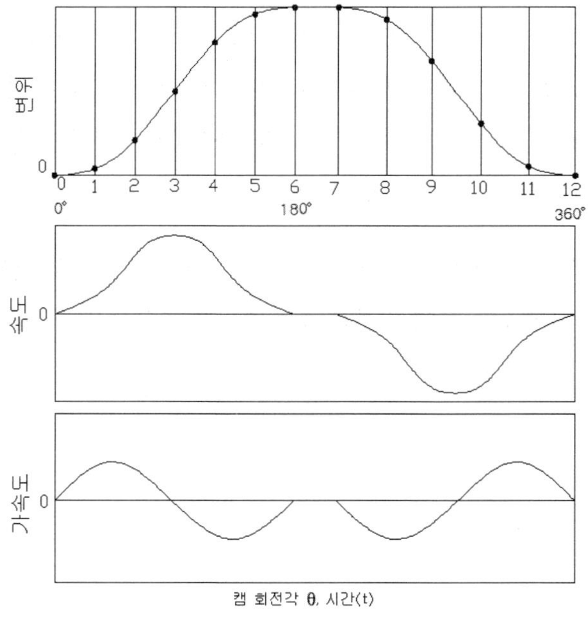

그림 7-17 사이클로이드운동(2)

표 7-1 운동형식에 따른 변위, 속도, 가속도

	변 위	속 도	가속도
등속도운동	$S = at$	$V = a$	$A = 0$
등가속도운동	$S = \frac{1}{2}at^2$	$V = at$	$A = a$
단순조화운동	$S = \frac{h}{2}\left(1 - \cos\frac{\pi\theta}{\beta}\right)$	$V = \frac{\pi h\omega}{2\beta}\sin\frac{\pi}{\beta}$	$A = \frac{\pi^2 h\omega^2}{2\beta^2}\cos\frac{\pi}{\beta}$
사이클로이드운동	$S = h\left(\frac{\theta}{\beta} - \frac{1}{2\pi}\sin\frac{2\pi\theta}{\beta}\right)$	$V = \frac{h\omega}{\beta}\left(1 - \cos\frac{2\pi\theta}{\beta}\right)$	$A = \frac{2\pi h\omega^2}{\beta^2}\sin\frac{2\pi\theta}{\beta}$

7.3 압력각 pressure angle

캠장치에 있어서 압력각(pressure angle)이란 그림 7−18에서와 같이 구동절인 캠과 종동절 사이의 공통법선($\overline{NN}$)과 종동절의 운동경로(수직선) 사이의 각 ϕ를 말한다. 그림 7−18로부터 알 수 있듯이 종동절을 구동하기 위하여 작용된 힘 F는 성분 F_t와 F_n으로 나눌 수 있다. 이때 성분 F_n은 종동절의 운동을 방해하려는 불필요한 힘이며, 기구학에서는 이를, 측추력(thrust force, 側推力)이라고 한다. 캠장치 내부에서의 측추력은 베어링 등의 파손의 원인이 된다.

그림 7−18 (b)에서와 같이 종동절을 캠의 중심선의 좌측 또는 우측으로 편심시키면 압력각이 줄어든다. 압력각이 줄면, 측추력 또한 줄어들게 된다. 캠의 설계에 있어서는 일반적으로 압력각이 30°를 넘지 않도록 하여야 한다.

캠의 설계에 있어서는 압력각을 줄이기 위하여 다음과 같은 방법을 사용한다.

① 종동절을 편심시킨 후, 편심량을 변화시킨다.
② 종동절의 전양정(lift)을 줄인다.
③ 캠의 기초원의 지름을 크게 한다.

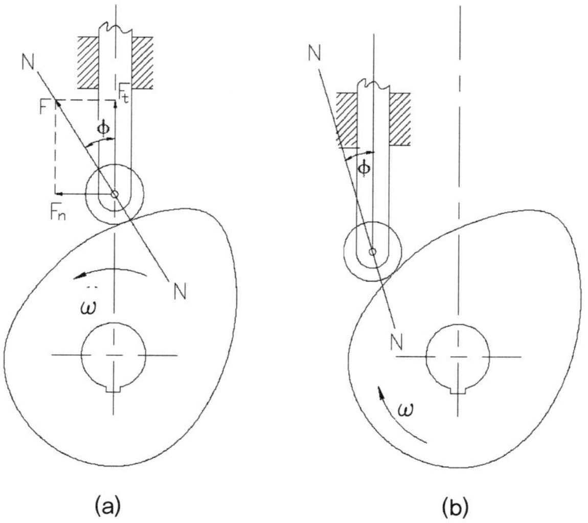

그림 7−18 압력각(pressure angle)

④ 주어진 종동절의 변위에 대한 캠의 회전량을 늘린다.

⑤ 종동절의 운동형태를 등속도운동, 등가속도운동, 수정등속도운동, 단순조화운동, 사클로이드운동 등으로 변화시킨다.

7.4 원판캠의 윤곽선 설계

캠의 종동절의 운동을 나타내는 변위선도가 결정되면, 다음으로 종동절의 운동이 변위선도를 만족시킬 수 있도록 캠의 윤곽을 설계하여야 한다. 산업현장에서 일반적으로 사용되는 종동절의 형태에는 다음과 같은 것들이 있다.

① 직선왕복 칼끝종동절(reciprocating knife edge follower)
② 직선왕복 롤러종동절(reciprocating roller follower)
③ 직선왕복 평면종동절(reciprocating flat−faced follower)
④ 편심 롤러종동절(offset roller follower)
⑤ 요동 평면종동절(oscillating flat−faced follower)
⑥ 요동 롤러종동절(oscillating roller follower)

다음으로 이들 종동절을 갖는 원판캠의 윤곽선을 설계하는 방법에 대하여 알아보기로 한다.

7.4.1 직선왕복 칼끝종동절(reciprocating knife edge follower)

그림 7−20에 표시한 것과 같은 칼끝종동절(종동절의 끝부분이 칼끝처럼 뾰족한 형상을 가짐)을 갖는 원판캠은 종동절과 원판간의 접촉면적(점접촉)이 너무 작아서 접촉점에서 심한 마멸을 일으키기 때문에 산업현장에서는 거의 사용하고 있지는 않으나, 캠의 종동절을 설계하는 기초원리를 이해하는 데 매우 유용하다.

먼저 구하고자 하는 변위선도를 그림 7−19의 우측에 표시하였다. 이 선도는 캠이 일 회전하는 동안의 종동절의 상하운동에 대한 변위양상을 나타낸 선도이다. 다음으로 변위선도의 시간축을 12등분하였으며, 캠 또한 방사선방향으로 12등분하였다. 이 그림에서 캠이 시계방향으로 회전하는 동안 칼끝종동절은 상하로 병진운동을 한다. 그림 7−19에서 원판캠에 대한 기초원(base circle, 점선으로 표시한 원)의 반지름은 종동절의 최저점 0′으로부터 캠의 회전중심 O까지의 거리이다. 다음으로 변위선도의 곡선상의 각 점을 수평으로 연장하여 칼끝종동절의 중심축상에 0′, 1′, 2′, 3′, 4′, 5′, 6′, 7′, 8′, 9′, 10′, 11′, 12′과 같이 표시하였다. 예를 들어 캠이 시계방향으로 2구간을 회전할 때 칼끝종동절의 끝은 0′에서 2′으로 병진운동을 하여야 한다. 반대로 캠이 고정되어있다고 가정할 때 이와 동일한 상대운동을 얻으려면, 칼끝종동절을 반시계방향으로 2구간 회전시켜야 종동절이 수직방향으로 0′에서 2′로 이동한 것이 된다. 즉, 점 2″의 위치는 원호 $\overline{2'2''}$ 와 방사선($\overline{O2''}$, 중심 O를 중심으로 12등분을 한 선분 중 하나)과의 교점이 된다. 이와 같은 방법을 사용하면 점 1″, 3″, 4″, 5″, 6″, 7″, 8″, 9″, 10″, 11″도 쉽게 구할 수 있다. 얻어진 점 0′, 1″, 2″, 3″, 4″, 5″, 6″, 7″, 8″, 9″, 10″, 11″, 12′를 원활한 곡선으로 이어주면 구하고자 하는 칼끝종동절에 대한 캠의 윤곽선이 된다.

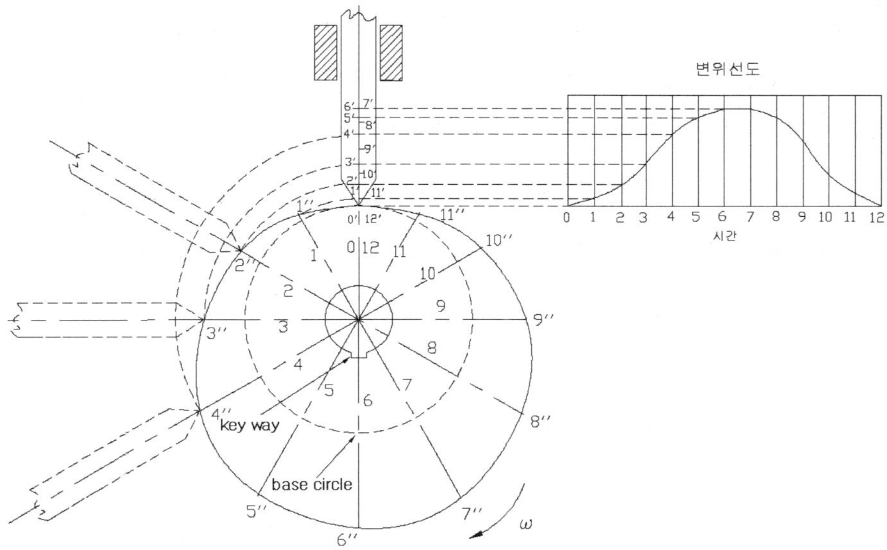

그림 7-19 직선왕복 칼끝종동절

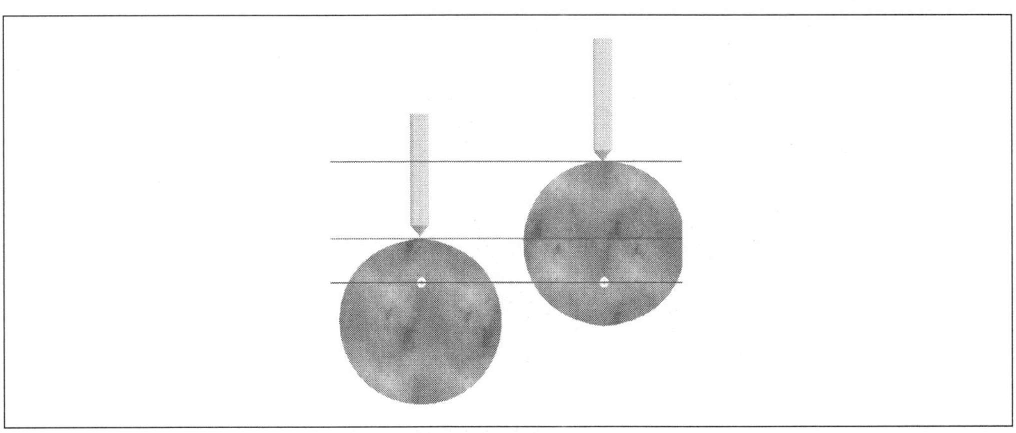

그림 7-20 칼끝종동절의 형상

7.4.2 직선왕복 롤러종동절(reciprocating roller follower)

그림 7－21에 직선왕복 롤러종동절을 갖는 캠을 도시하였으며, 캠이 시계방향으로 일회전하는 동안 종동절은 세로방향의 눈금을 따라 상하로 움직인다. 롤러종동절을 사용하면 전술한 직선왕복 칼끝종동절과 달리 롤러에 의하여 캠과 종동절과의 마찰을 현격히 줄일 수 있다(그림 7－22 참조).

그림 7－21에서 캠의 회전중심 O으로부터 점 0′(또는 12′)까지를 반지름으로 하는 원을 주원(prime circle)이라고 한다. 또한 회전중심 O으로부터 방사선상의 위치 1″, 2″, 3″ 등은 직선왕복 칼끝종동절의 경우와 동일한 방법으로 결정한다. 이때 점 1″, 2″, 3″ 등을 잇는 원활한 곡선을 피치곡선(pitch curve) 또는 피치윤곽(pitch profile)이라고 한다.

다음으로 방사선상의 점 0′, 1″, 2″, 3″, 4″, 5″, 6″, 7″, 8″, 9″, 10″, 11″을 중심으로 하여 롤러의 반지름 R과 동일한 반지름을 갖는 원을 방사선상에 그린다. 마지막으로 이들 롤러에 접하는 원활한 곡선을 형성하면 구하고자 하는 캠윤곽이 된다.

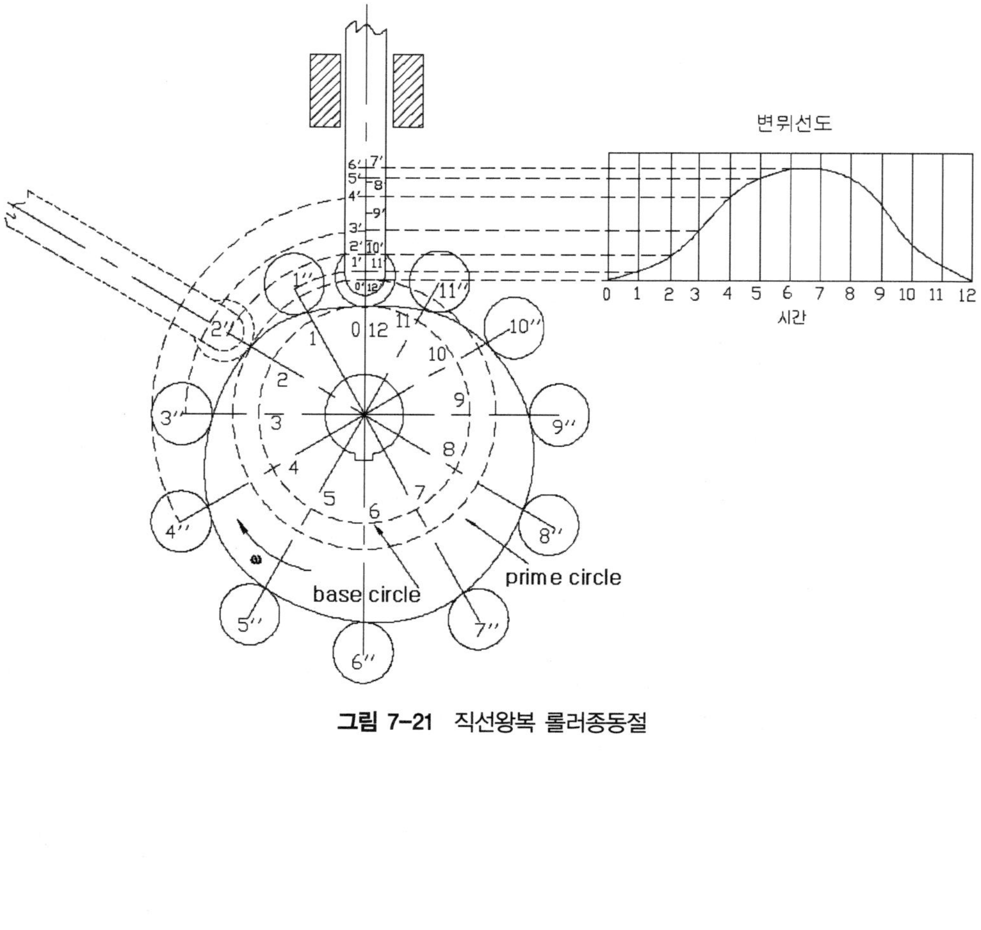

그림 7-21 직선왕복 롤러종동절

그림 7-22 롤러종동절의 형상

7.4.3 직선왕복 평면종동절(reciprocating flat-faced follower)

원판캠과 종동절의 사이에서 발생하는 마찰(진동/소음의 원인이 됨)을 줄이기 위한 방법으로 전술한 롤러종동절을 사용하는 대신 종동절의 형태를 평면으로 설계하여도 어느 정도는 마찰이 완화된다. 그림 7-23에 직선왕복 평면종동절을 갖는 원판캠이 도시하였으며, 원판캠이 시계방향으로 회전할 때 평면종동절은 세로방향의 눈금을 따라 상하로 움직인다. 그림 7-24에 내연기관의 배기가스 밸브의 on/off에 적용한 평면종동절의 형상을 나타내었다.

그림 7-23에서 원판캠에 대한 기초원(base circle)의 반지름은 종동절의 최저점 0′으로부터 캠의 회전중심 O까지의 거리이다. 또한 방사선 상의 점 0′, 1″, 2″, 3″, 4″, 5″, 6″, 7″, 8″, 9″, 10″, 11″은 직선왕복 칼끝종동절과 같은 방법으로 정한 것이다. 다음으로 이들 각 점에서 원판캠상에 도시한 반지름선에 수선을 긋는다. 이렇게 하여 얻어진 수선은 종동절이 캠 주위를 회전할 때 종동절의 면(평면)이 존재하여야할 위치가 된다. 마지막으로 이들 선과 접하는 원활한 곡선을 형성하면 구하고자 하는 직선왕복 평면종동절에 대한 캠의 윤곽선이 된다.

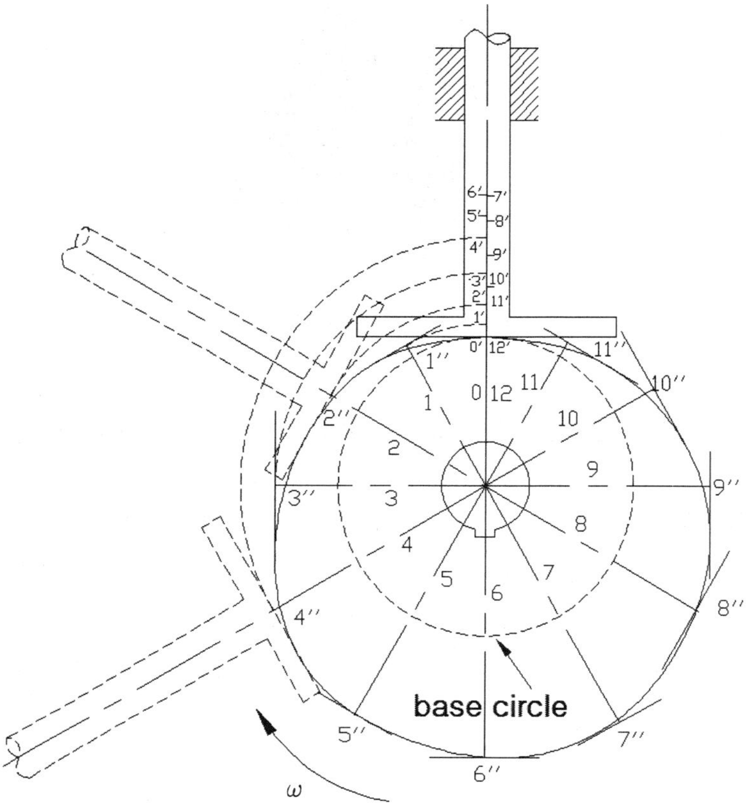

그림 7-23 직선왕복 평면종동절

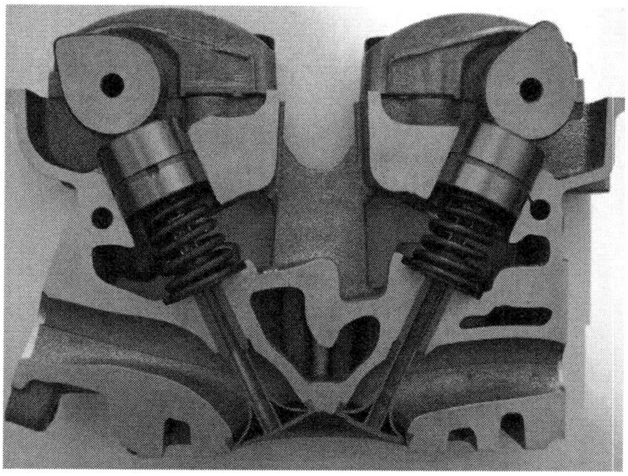

그림 7-24 평면종동절의 형상

7.4.4 편심 롤러종동절(offset roller follower)

그림 7-25에 편심 롤러종동절을 갖는 원판캠을 표시하였다. 이 캠은 지금까지 서술한 원판캠과는 달리 종동절의 중심선이 캠의 중심을 지나지 않는다. 이와 같이 종동절의 중심을 캠의 중심으로부터 편위시키는 주된 목적은 종동절에 발생하는 측추력(trust force)을 감소시키기 위한 것이다. 편심 롤러종동절을 갖는 원판캠에 있어서는 종동절을 상승시킬 때 기구 내부에 발생하는 측추력을 줄이기 위하여 일반적으로 다음과 같은 방법으로 캠의 회전방향을 설정한다.

① 캠의 중심위치를 종동절의 중심선보다 왼쪽으로 편위시킬 경우에는 캠을 반시계방향으로 회전시킨다.

② 캠의 중심위치를 종동절의 중심선보다 오른쪽으로 편위시킬 경우에는 캠을 시계방향으로 회전시킨다.

그림 7-25에서 캠이 시계방향으로 회전할 때에 종동절은 중심선상에 표시한 눈금을 따라 상하로 움직인다. 이 그림에 표시한 것과 같이 롤러가 최저점에 있을 때 캠의 회전축에서부터 롤러축까지의 거리를 주원(prime circle)의 반지름이라고 한다. 또한 캠의 중심에서부터 종동절의 중심선의 연장선에 그은 수직거리를 편심량이라고 한다.

캠의 윤곽선을 구하기 위해서는 먼저 변위선도의 시간축을 등간격으로 나눈 수(12개)에 대응하도록 편심원을 12등분한다. 다음으로 캠을 고정하고, 프레임과 종동절을 캠 주위로 반시계방향으로 회전시킬 때 종동절의 중심선의 위치를 나타내기 위하여 편심원상의 각 점에서 접선을 긋는다.

캠의 회전중심 O를 중심으로 롤러종동절에 표시한 점 1′, 2′, 3′, 4′, 5′, … 등을 지나는 원호를 긋는다. 다음으로 이 원호와 편심원상에 접선을 그어 그 교점을 1″, 2″, 3″, 4″, 5″, 6″, 7″, 8″, 9″, 10″, 11″이라고 정의한다. 이렇게 하여 얻어진 점 1″, 2″, 3″, 4″, 5″, 6″, 7″, 8″, 9″, 10″, 11″을 원활한 곡선으로 연결함으로써 직선왕복 롤러종동절에서와 같이 피지곡선을 형성한다. 마지막으로 이 피치곡선상의 점(1″, 2″, 3″, 4″, 5″, 6″, 7″, 8″, 9″, 10″, 11″) 들에 롤러를 나타내는 원호를 그리고, 이들 원호에 접하는 원활한 곡선을 형성하면, 구하고자 하는 편심 롤러종동절을 갖는 원판캠의 윤곽선이 된다.

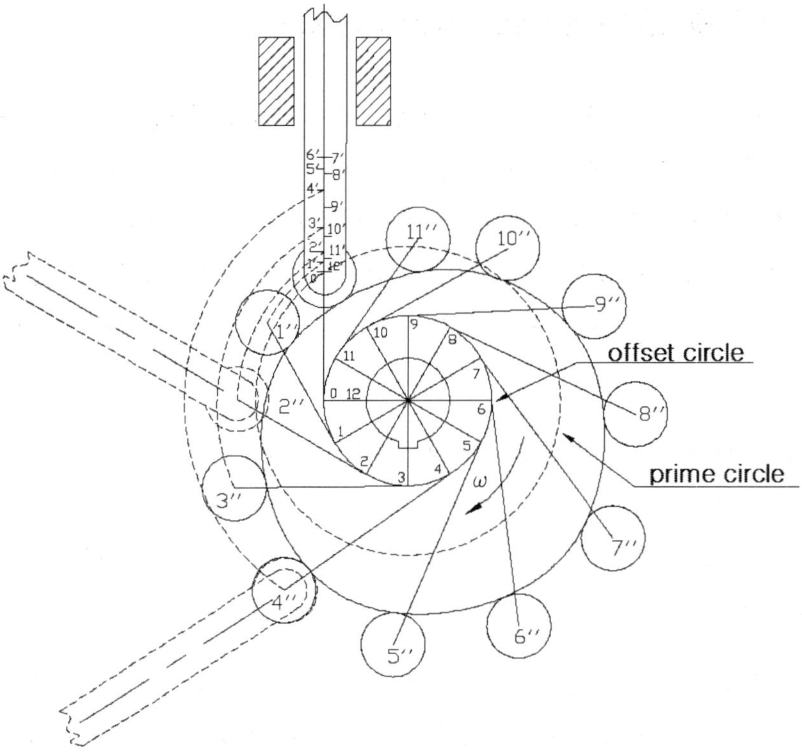

그림 7-25 편심 롤러종동절(offset roller follower)

7.4.5 요동 평면종동절(oscillating flat-faced follower)

그림 7-26에 요동 평면종동절을 갖는 원판캠을 도시하였다. 원판캠이 시계방향으로 회전운동을 하면 종동절은 주어진 변위에 따라 좌우로 요동운동을 한다. 이 그림에서 기초원의 반지름은 캠의 회전중심 O 에서 종동절면의 최저위치 O′까지의 거리이다.

먼저 원판캠을 설계하기 위하여 캠의 회전중심 O 에서 평면종동절을 피벗한 지점까지의 거리를 반지름으로 하여 커다란 원을 그린다. 이 원을 피벗원(pivot circle)이라고 한다. 다음으로 종동절이 캠 주위를 요동운동할 때의 회전중심(피벗점)의 위치(0, 1, 2, 3, 4, 5, 6, 7, 8, 9, 10, 11, 12)를 표시하고 이점들을 중심으로 반지름이 R 인 원호를 그린다.

다음으로 캠의 회전중심 O 를 중심으로 점 1′, 2′, 3′, 4′, 5′, 6′, 7′, 8′, 9′, 10′, 11′을 지나는 원호를 점선으로 긋는다. 그리고 이원호에 가상의 요동 평면종동절이 접해야하는 지점 1″, 2″, 3″, 4″, 5″, 6″, 7″, 8″, 9″, 10″, 11″의 위치와 가상의 평판면을 긋는다. 마지막으로 이렇게 하여 얻어진 가상의 종동절의 평판면에 접하는 원활한 곡선을 형성하면, 구하고자 하는 요동 평면종동절을 갖는 원판캠의 윤곽선이 된다.

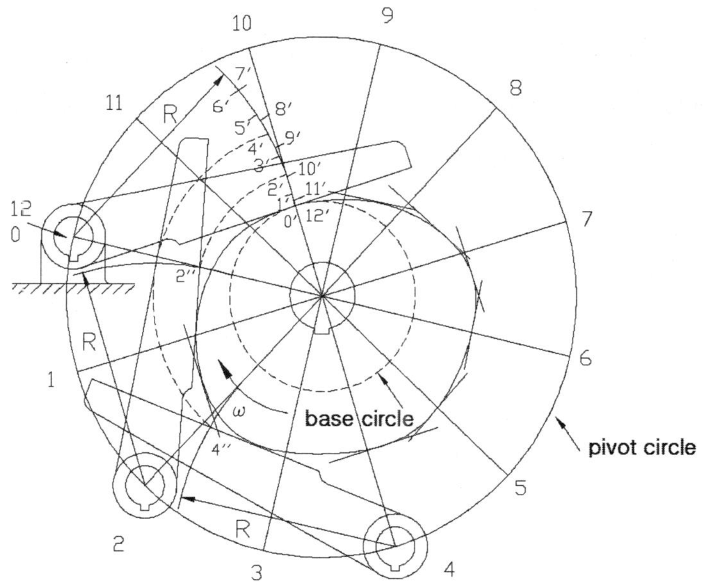

그림 7-26 요동 평면종동절(oscillating flat-faced follower)

7.4.6 요동 롤러종동절(oscillating roller follower)

그림 7－27에 요동 롤러종동절을 갖는 원판캠을 도시하였다. 이 그림에서 원판캠은 시계방향으로 회전운동을 하고 롤러종동절은 좌우로 요동운동을 한다. 일반적으로 종동절의 형태를 롤러종동절로 만듦으로서 전술한 평면종동절보다 마찰로 인한 진동/소음을 줄이고 수명을 길게 할 수 있다. 그림 7－27에 표시한 것과 같이 점 O는 캠축의 중심이고, 종동절이 최저점에 있을 때 점O에서 롤러축의 중심까지의 거리를 주원의 반지름이라고 한다.

요동 롤러종동절을 갖는 원판캠을 설계하기 위하여 먼저 중심을 점 O로 하고, 이 점에서 피벗점까지의 거리를 반지름으로 피벗원을 그린다. 다음으로 이 피벗원을 변위선도의 시간축을 등간격으로 구분한 수(12개)와 같은 수인 12개로 방사선방향으로 등분한다. 그리고 종동절이 캠 주위를 회전할 때 피벗되어야 할 위치를 0, 1, 2, 3, 4, 5, 6, 7, 8, 9, 10, 11, 12과 같은 번호로 표시한다. 중심을 1, 2, 3, 4, 5, 6, 7, 8, 9, 10, 11, 12으로 하고 반지름이 R인 원호를 이들 주변에 그린다. 그리고 중심을 O로 하고 1′, 2′, 3′, 4′, 5′, 6′, 7′, 8′, 9′, 10′, 11′을 지나는 원호를 그린다. 그런 다음 점 1″, 2″, 3″, 4″, 5″, 6″, 7″, 8″, 9″, 10″, 11″ 등을 중심으로 롤러가 위치하여야 할 곳을 나타낸다.

마지막으로 이렇게 하여 얻어진 원호에 접하는 원활한 곡선을 형성하면, 구하고자 하는 요동 롤러종동절을 갖는 원판캠의 윤곽선이 된다. 원판캠(disk cam) 이외의 캠, 즉 직선운동캠(translation cam), 원통캠(cylindrical cam) 등도 지금까지 원판캠을 대상으로 설명한 방법을 적용하면, 캠의 윤곽선을 쉽게 설계할 수 있다.

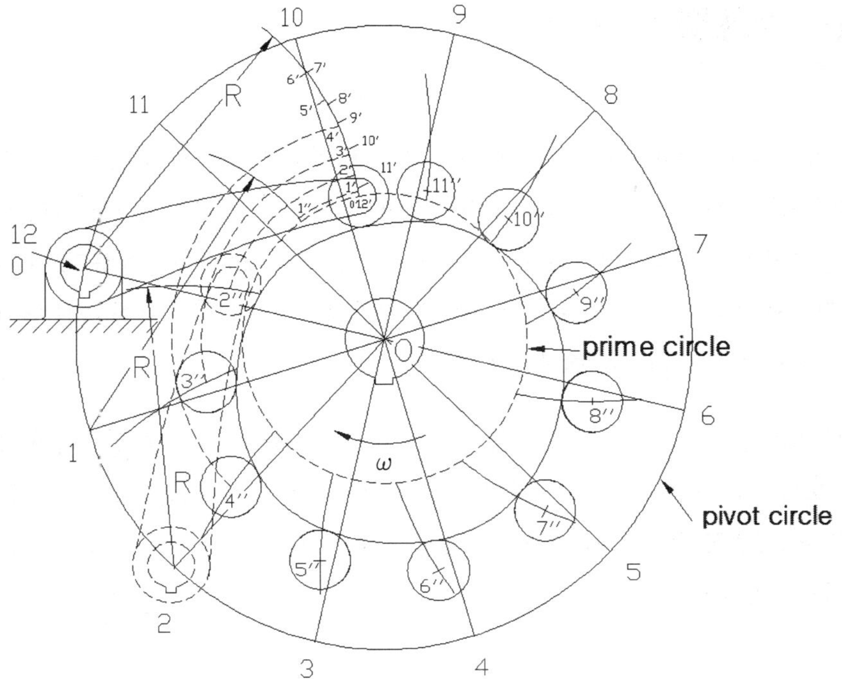

그림 7-27 요동 롤러종동절(oscillating roller follower)

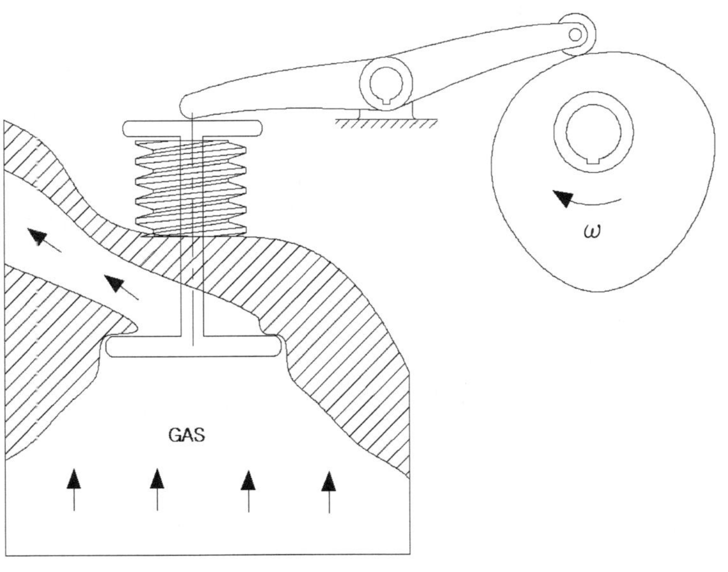

그림 7-28 요동 롤러종동절의 적용 예

7.5 역동캠 inverse cam

그림 7－29에 역동캠(inverse cam)의 형상을 표시하였다. 이 캠은 제3장에서 다룬 스코치 요크 메커니즘(Scotch－Yoke mechanism)과 유사한 운동을 한다. 이 캠은 지금까지 서술한 원판캠과는 달리 종동절에 임의의 형상의 윤곽선을 가진 홈(groove)을 형성하고, 이 홈에 롤러를 장착한 것이 특징이다(그림 7－30 참조). 즉, 구동절과 종동절의 기능이 다른 캠과는 서로 역전되어 있으므로 역동(逆動)캠이라고 한다.

이 기구에서는 구동절(또는 구동크랭크)은 좌우로 요동할 수도 있고, 연속하여 회전할 수도 있다. 또한 롤러가 들어가 있는 홈의 형상을 여러 가지 형태로 바꿈으로서 구동절이 180도 회전하는 동안, 종동절에 임의의 원하는 운동을 가할 수 있다. 이 기구를 재봉틀에 응용한 예를 그림 7－30에 표시하였다.

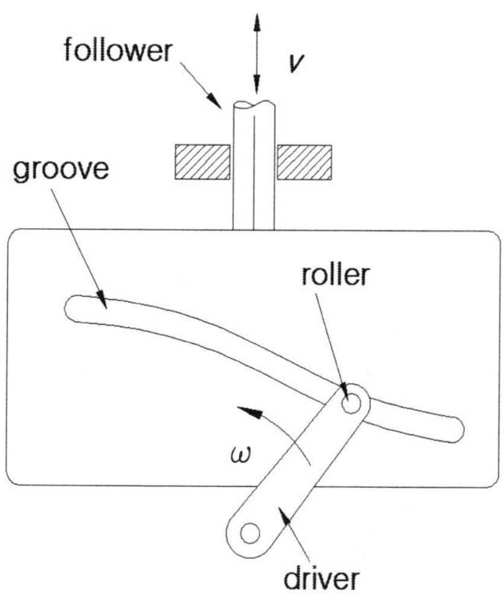

그림 7-29 역동캠(inverse cam)

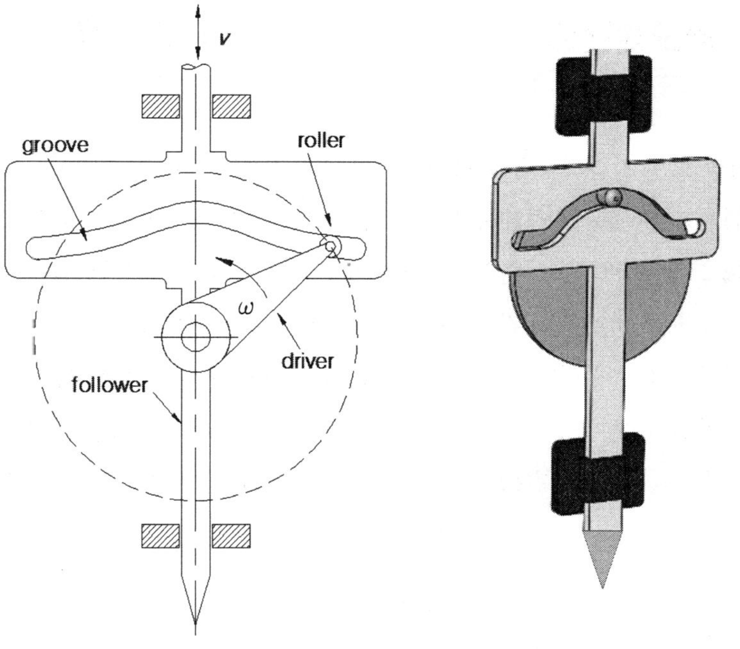

그림 7-30 역동캠(inverse cam)의 적용 예(부직포용 펀칭머신, 재봉틀 등에 응용됨)

7.6 원호원판캠 circular arc disk cam 및 접선캠 tangent cam

대학의 실험실 또는 기업의 연구소 등에서는 실험장치를 구성하기 위하여, 저속이면서 간단한 동작을 하는 캠을 필요로 하는 경우가 있다. 원호원판캠 및 접선캠은 이와 같은 경우에 많이 사용된다. 그림 7－31 및 그림 7－32에 대표적인 원호원판캠과 접선캠을 표시하였다. 원호원판캠은 그림 7－31에서와 같이 원호들로만 구성되어 있으며, 접선캠은 그림 7－32에서와 같이 접선과 원호로 구성되어 있다. 원호원판캠의 설계에 있어서는 지금까지 소개한 다양한 종류의 원판캠과 같이 종동절의 변위를 먼저 설정한 후 캠의 윤곽을 구하는 것이 아니라, 먼저 캠의 윤곽선을 임의의 형태로 형성하는 경우가 많다. 원호원판캠의 장점을 정리하면 다음과 같다.

① 원호를 사용하므로 비교적 윤곽의 형태가 간단하다.
② 제작비용이 타 원판캠에 비하여 저렴하다.
③ 제작된 캠의 정확도의 검사가 용이하다.

그러나 다음과 같은 단점이 있다.

① 원호와 원호가 연결된 지점 또는 원호와 직선이 연결된 지점에서의 가속도의 변화가 급격하다.
② 이들 지점에서의 저크(jerk)가 발생한다.
③ 고속운전에 적합하지 않다.

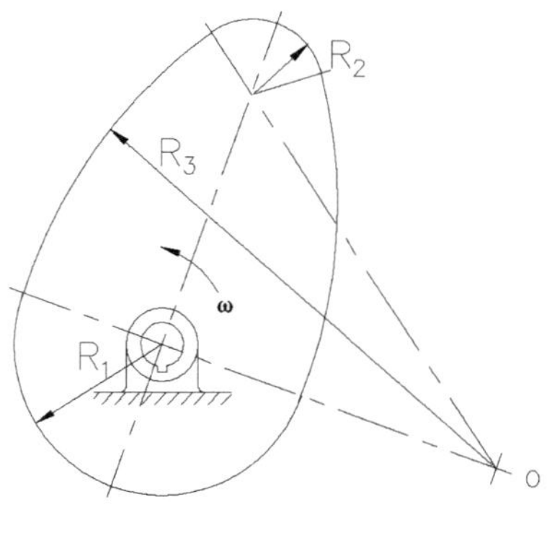

그림 7－31 원호원판캠(circular arc disk cam)

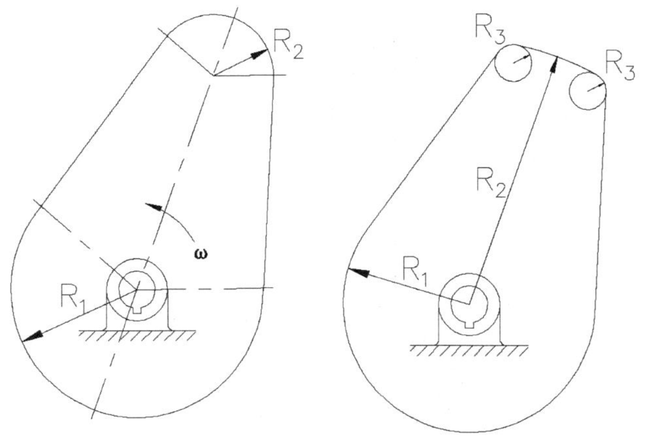

그림 7-32 접선캠(tangent cam)

다음으로 직선왕복 롤러종동절을 갖는 접선캠의 변위, 속도, 가속도의 변화에 대하여 알아보기로 한다. 먼저 그림 7−33으로부터 중심거리 $\overline{O_1 O}$ 와 $\overline{O_2 O}$ 의 관계는 다음과 같은 식으로 표현된다.

$$\overline{O_1 O} = \overline{O_2 O} \cos\theta \tag{7.19}$$

따라서 양정 y는 다음과 같이 된다.

$$y = \overline{O_2 O} - \overline{O_1 O} = \frac{\overline{O_1 O}}{\cos\theta} - \overline{O_1 O} = (r_1 + r)\left(\frac{1}{\cos\theta} - 1\right) \tag{7.20}$$

이를 미분하면 속도 및 가속도에 관한 식을 얻을 수 있다.

$$v = \frac{dy}{dt} = (r_1 + r)\frac{\sin\theta}{\cos^2\theta}\omega \tag{7.21}$$

$$a = \frac{dv}{dt} = (r_1 + r)\frac{\sin^2\theta + 1}{\cos^3\theta}\omega^2 \tag{7.22}$$

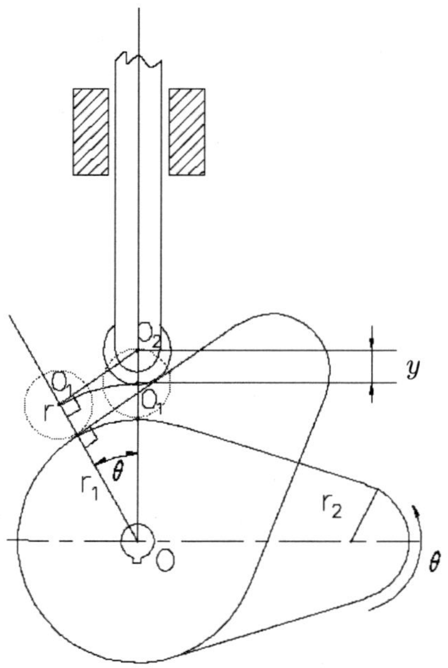

그림 7-33 직선왕복 롤러종동절을 갖는 접선캠의 변위, 속도, 가속도

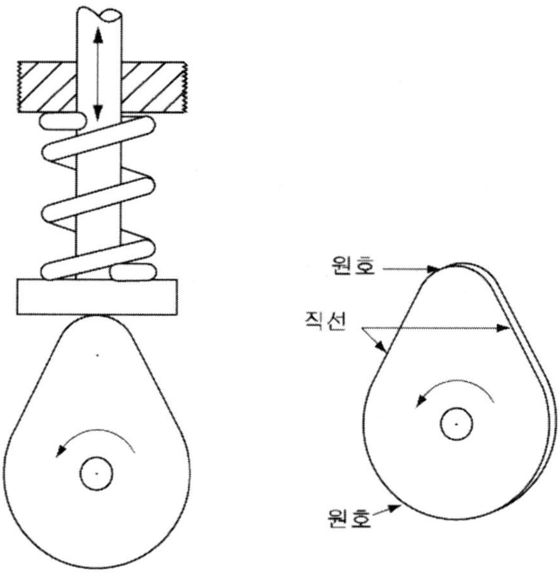

그림 7-34.a 직선왕복 평면종동절을 갖는 접선캠

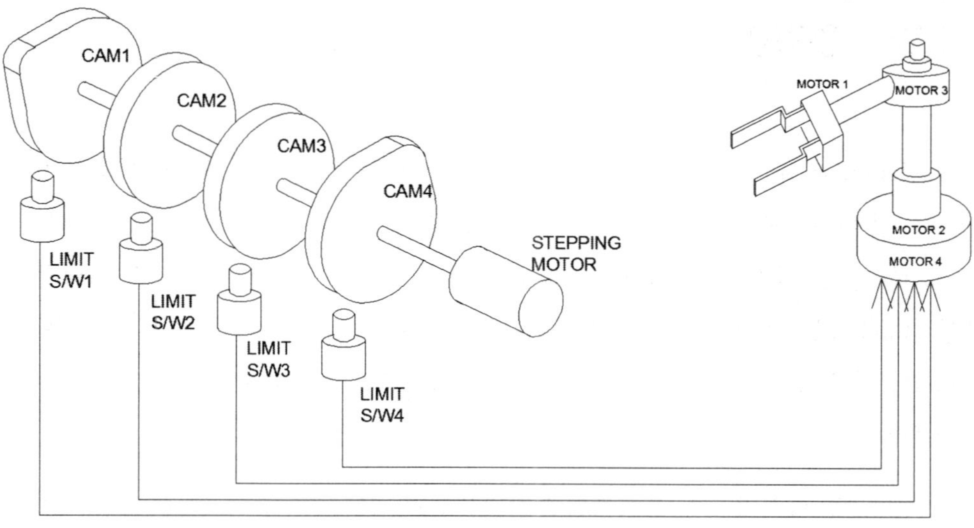

그림 7-34.b 캠식 시퀀서 및 리미트 스위치(부록 2 참조)

7.7 원형캠 circular cam

원형캠(circular cam)이란 그림 7−35.a 및 그림 7−35.b와 같이 원의 중심점 이외의 점에 회전축을 설치하여 원판을 회전시킴으로써 종동절에 변위를 부여하는 캠을 말한다. 그림 7−35.a를 평면종동절(flat−faced follower)을 갖는 원형캠이라고 하고, 그림 7−35.b를 칼끝종동절(knife edge follower)을 갖는 원형캠이라고 한다. 단, 칼끝종동절을 갖는 원형캠은 제1장에서 언급한 것과 같이, 캠과 종동절의 접촉이 고차대우인 점접촉으로 이루어져 있어 마멸현상이 심해 거의 사용되지는 않는다.

그림 7−35.a 에서와 같이 원형캠의 편심량을 e 로 설정하면, 캠이 θ만큼 회전하였을 때, 종동절의 변위는 다음과 같은 식으로 표현된다.

$$y = e(1 - \cos\theta) \tag{7.23}$$

이를 미분하면 원형캠의 속도 및 가속도에 관한 식을 얻을 수 있다.

$$v = e\omega \sin\theta \tag{7.24}$$

$$a = e\omega^2 \cos\theta \tag{7.25}$$

이들 식으로부터 원형캠에 있어서의 종동절의 운동형태는 역동캠(inverse cam)이나 스코치요크 메커니즘에서처럼, 단진동(simple harmonic motion)을 함을 알 수 있다.

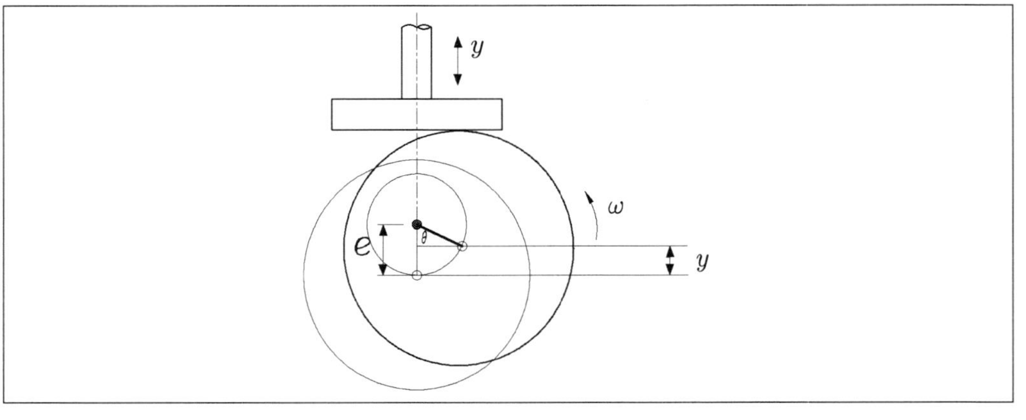

그림 7−35.a 평면종동절을 갖는 원형캠

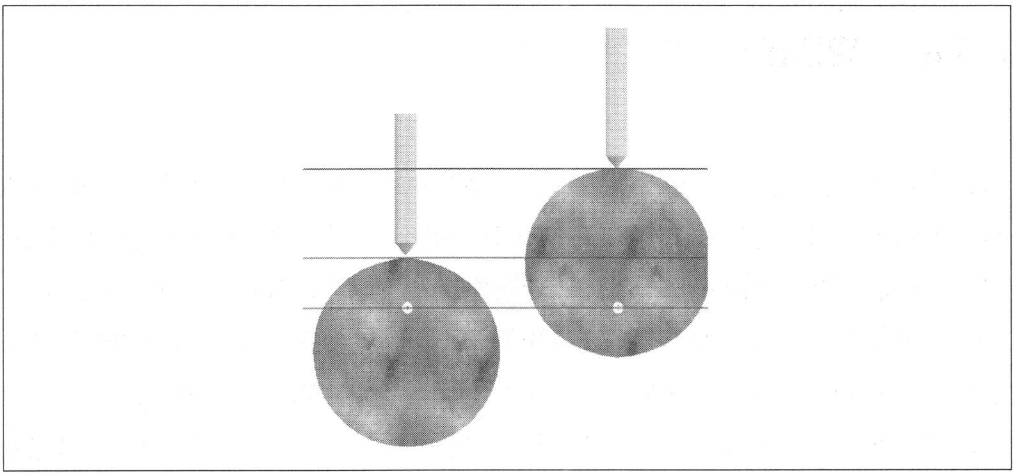

그림 7-35.b 칼끝종동절을 갖는 원형캠

7.8 확동캠 positive return cam

지금까지 다룬 캠들은 종동절의 귀환운동을 위해서 스프링의 복원력 또는 중력을 이용하였다. 이와는 달리 종동절을 귀환시키기 위해서 중력이나 스프링 등의 외력을 이용하지 아니하고, 캠의 회전력만을 이용하여 확실하게 종동절을 귀환시킬 수 있는 캠을 확동캠(positive return cam)이라고 하며, 이를 그림 7－36 및 7－37에 표시하였다. 그림 7－36에서와 같이 종동절의 상승운동은 종동절의 종축상에 표시한 점 $0'$에서 $6'$까지를 따라 이루어지고, 하강운동은 점 $7'$에서 $12'$까지에 따라 이루어진다. 이 그림에서 캠의 폭 b는 기초원의 지름과 종동절의 전양정($\overline{0'\ 6'} = \overline{7'\ 12'}$)의 합과 같으며, 다음과 같은 등식이 성립한다.

$$b = \overline{1''\ 7''} = \overline{2''\ 8''} = \overline{3''\ 9''} = \overline{4''\ 10''} = \overline{5''\ 11''} = \overline{6''\ 12'}$$

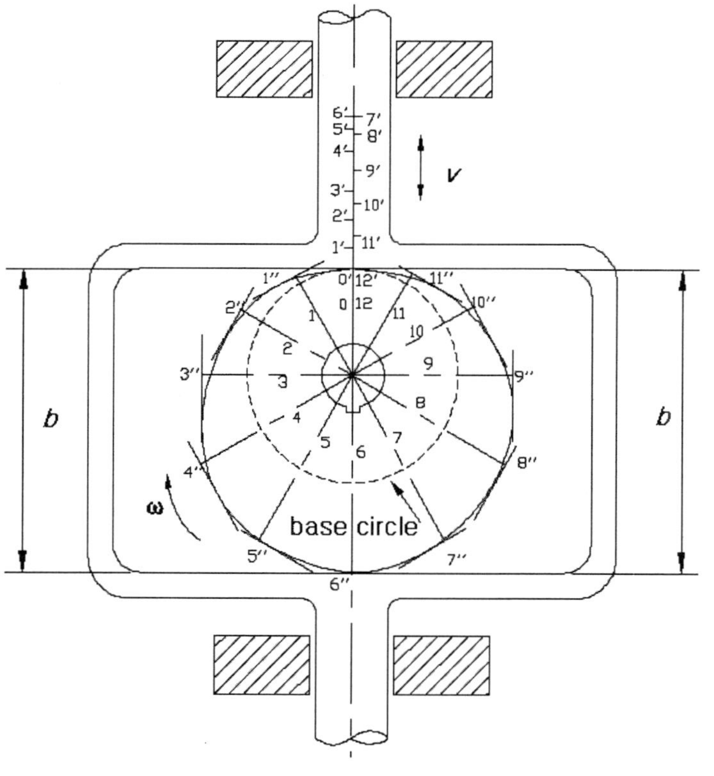

그림 7-36 확동캠(positive return cam)

이와 같이 캠의 폭 b 의 값이 일정하므로 이 캠을 등폭캠(constant−breadth cam)이라고도 한다. 또한 b 의 값이 일정하기 때문에 구조적으로 종동절의 상승운동뿐만 아니라 하강운동도 강제적으로 일어나게 된다.

확동캠의 일종인 삼각캠(triangular cam)을 도형적으로 그리는 방법을 그림 7−37에 표시하였다. 그림 7−37의 왼쪽 위에 나타낸 바와 같이, 먼저 임의의 길이를 갖는 정삼각형을 하나 그린 후, 이 정삼각형의 정점에 반경이 r_2 인 작은 원을 3개 그린다. 그리고 정삼각형의 각각의 정점을 중심으로 하여 반경이 r_2 인 원에 접하게 반경이 r_1 인 원 3개를 그린다. 마지막으로 도형에서 필요 없는 부분을 제거하면, 폭 b 의 길이가 일정한($b = r_1 + r_2$) 삼각캠을 만들 수 있다. 삼각캠의 실제모습을 그림 7−38에 표시하였으며, 이는 각종 실험장치, 공작기계 등에서 다양하게 이용된다.

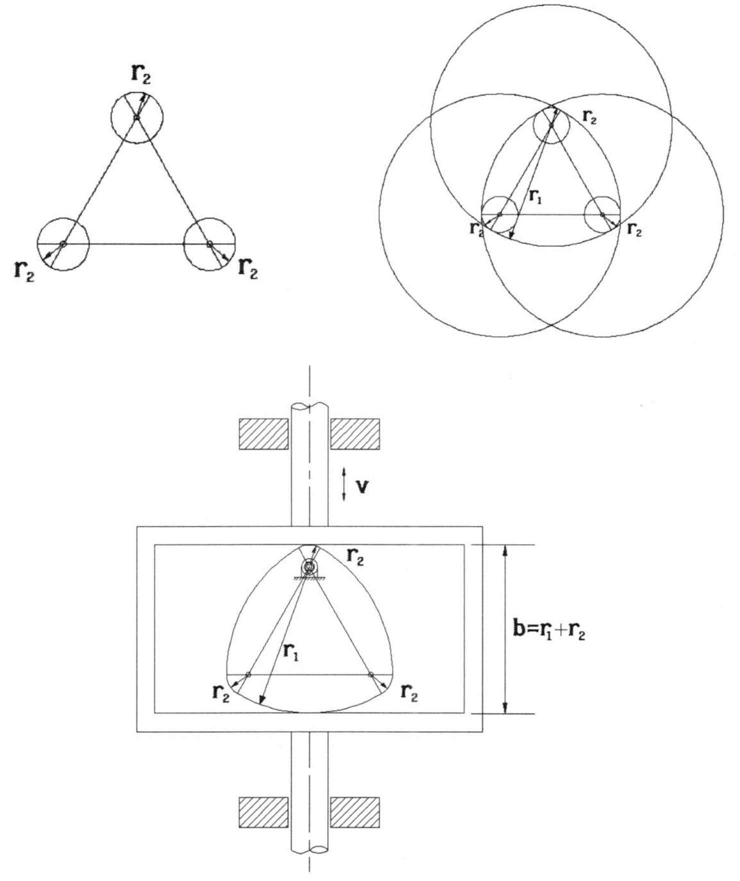

그림 7−37 삼각캠triangular cam)

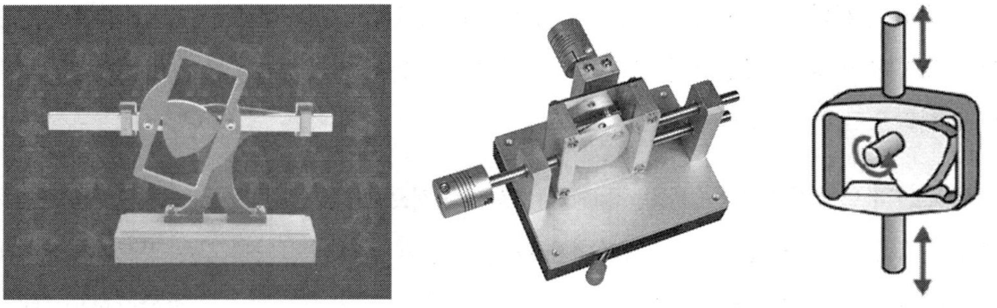

그림 7-38 삼각캠의 실제모습

7.9 사판(斜板)캠 swash plate cam

사판캠이란 원판을 회전축에 대해서 일정한 각도(ϕ)를 유지하도록 기울여서 부착한 캠으로서, 종동절은 캠의 축에 평행방향으로 왕복운동을 한다(그림 7−39 참조). 그림 7−41에 사판캠을 응용한 기구장치의 실제 모습을 나타내었으며, 예를 들어 사판캠을 그림 7−42과 같이 헬기의 프로펠러부분에 적용하면, 종동절이 상하로 주기적으로 운동하면서 프로펠러를 회전시킨다.

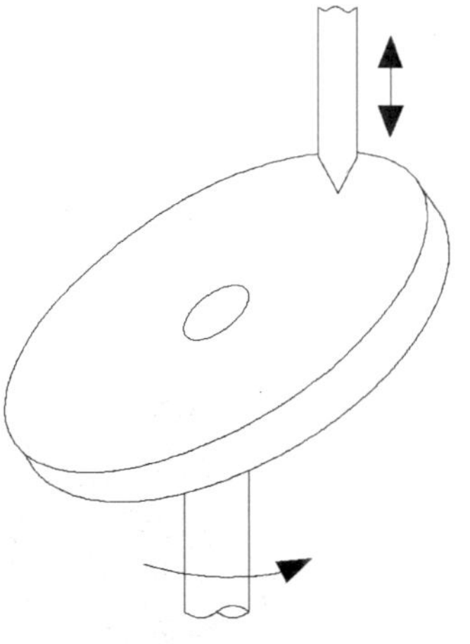

그림 7-39 사판캠

다음으로 사판캠의 변위, 속도, 가속도에 대하여 알아보기로한다. 그림 7−40으로부터 사판캠의 종동절의 변위는 다음과 같은 식으로 표현된다.

$$\begin{aligned} y &= \overline{PP'} = \overline{QQ'} = \overline{AQ'}\tan\phi = (\overline{AO'} - \overline{Q'O'})\tan\phi \\ &= (e - e\cos\theta)\tan\phi = e\tan\phi(1-\cos\theta) \end{aligned} \tag{7.26}$$

이를 미분하면 사판캠의 속도 및 가속도에 관한 식을 얻을 수 있다.

$$v = \frac{dy}{dt} = e\omega\tan\phi\sin\theta \tag{7.27}$$

$$a = \frac{dv}{dt} = e\,\omega^2 \tan\phi \cos\theta \tag{7.28}$$

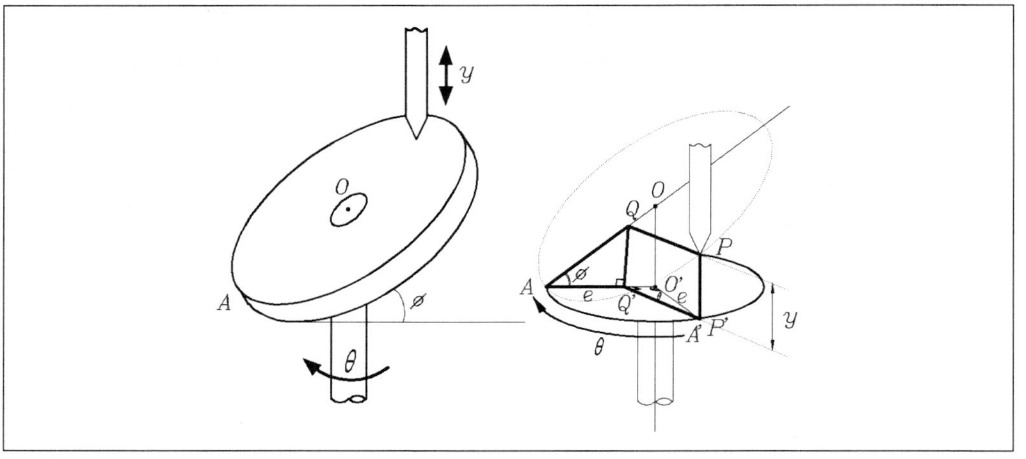

그림 7-40 사판캠의 변위, 속도, 가속도

그림 7-41 사판캠이 적용된 기계부품; 사판캠은 원판을 회전축에 대해서 임의 각도로 기울여서 부착한 것이며, 종동절은 캠의 축에 평행인 방향으로 왕복운동을 한다.

그림 7-42 사판캠의 적용 예; 헬기의 프로펠러부분에 응용된 것으로서 평탄한 원판이 축에 대해 일정한 각도를 유지하도록 설치되어 있어, 축을 회전시키면 종동절은 상하로 운동하면서 프로펠러를 회전시킨다.

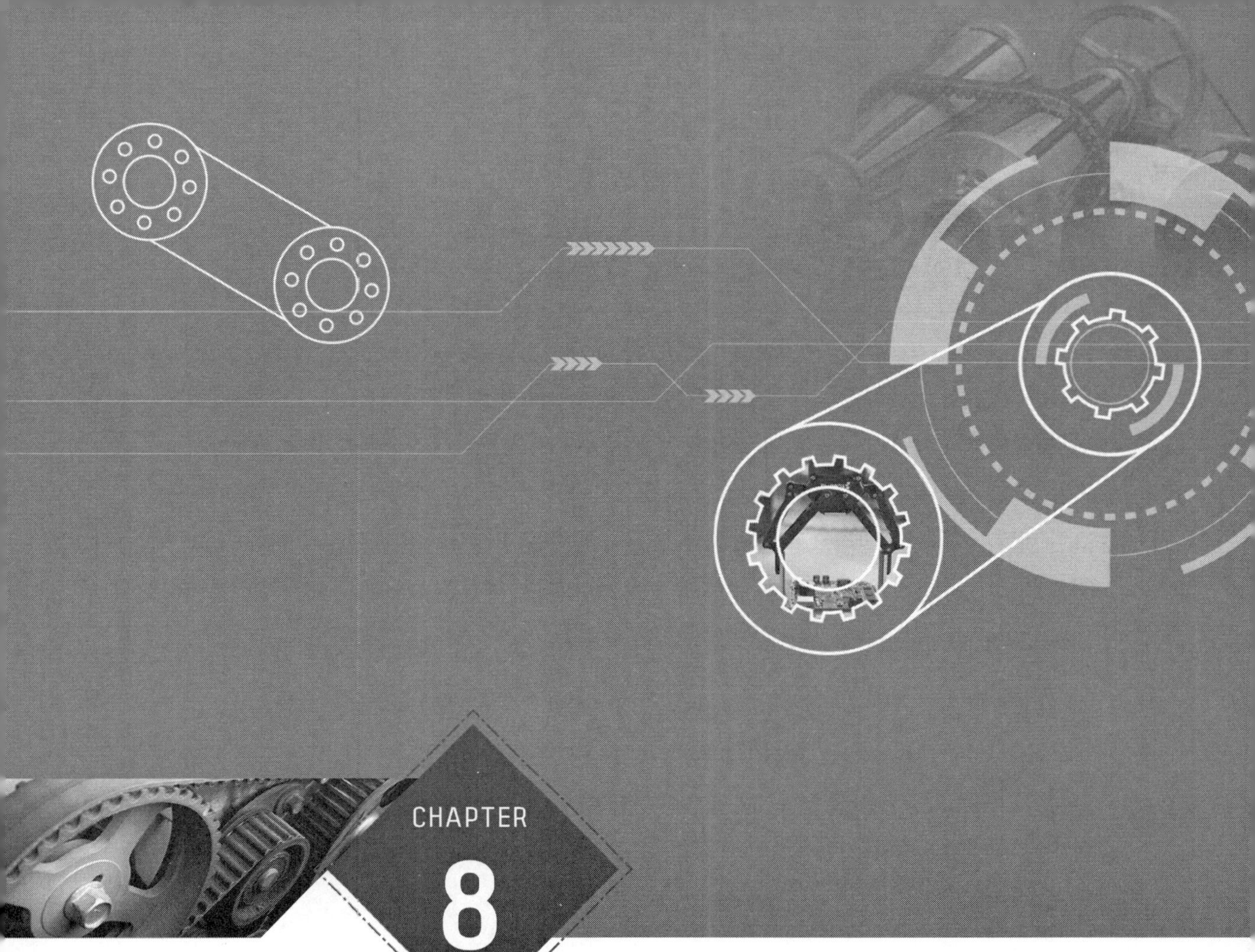

CHAPTER

8

마찰전동장치

8.1 구름원주차 rolling cylinder

전술한 바와 같이 구름접촉은 직접접촉기구의 접촉점에서 두 물체의 선속도가 일치할 때 발생한다. 이는 접촉접이 중심선 위에 있어야 함을 의미하며, 물체의 순간중심은 접촉점에 있다는 사실도 언급하였다. 마찰전동(friction drive)장치에 대한 연구는 기어 이론의 전개에 매우 중요한 바탕이 된다. 일반적으로 평행한 두 축간에 동력을 전달하기 위해서는 그림 8－1 및 그림 8－2에 표시한 것과 같은 구름원주차를 사용하면 되며, 외접원주차에서는 2개의 원통이 반대방향으로 회전한다. 이 그림에서 링크 2 또는 링크 3, 어느 것이나 구동절이 될 수 있다.

이 기구에서는 접촉면에 충분한 마찰이 있을 경우에만 운동이 전달되며, 이와 같은 기구는 마찰구동(friction drive)을 한다. 그림 8－3에 원주차의 원통표면에 홈을 형성하여 표면적을 증가시킴으로써 마찰력을 향상시킨 홈붙이마찰차(grooved friction wheel)를 나타내었으며, 그림 8－4에 구름원주차를 이용하여 재료를 압축시켜 얇은 판으로 만드는 기계가공방법을 나타내었다.

구름접촉을 하는 물체의 각속도비는 반지름비의 역과 같으므로 다음과 같이 표시할 수 있다.

$$\frac{\omega_2}{\omega_3} = \frac{R_3}{R_2} \tag{8.1}$$

그림 8－1로부터 다음과 같은 식이 성립한다.

$$C = R_2 + R_3, \quad R_3 = C - R_2 \tag{8.2}$$

$$\frac{\omega_2}{\omega_3} = \frac{C - R_2}{R_2} = \frac{C}{R_2} - 1 \tag{8.3}$$

$$\frac{C}{R_2} = \frac{\omega_2}{\omega_3} + 1 \tag{8.4}$$

이 식들로부터 반지름 R_2와 속도비 ω_3/ω_2 그리고 축간거리 C와의 관계는 다음과 같이 된다.

$$R_2 = \frac{C}{(\omega_2/\omega_3)+1} \tag{8.5}$$

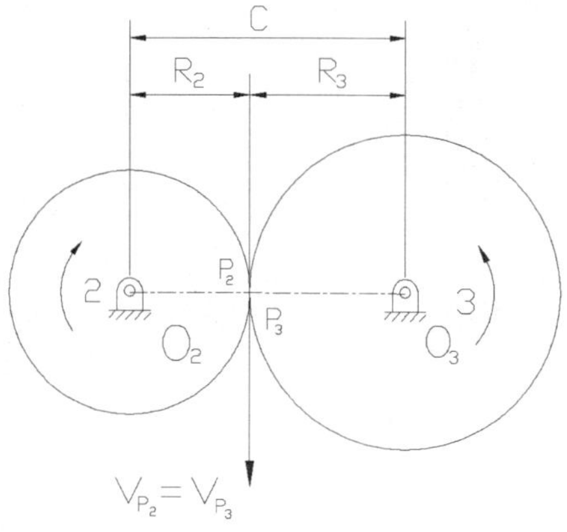

그림 8-1 외접원주차

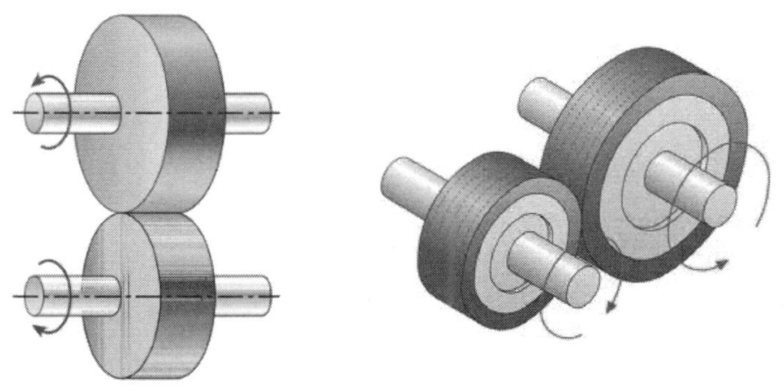

그림 8-2 외접원주차의 예

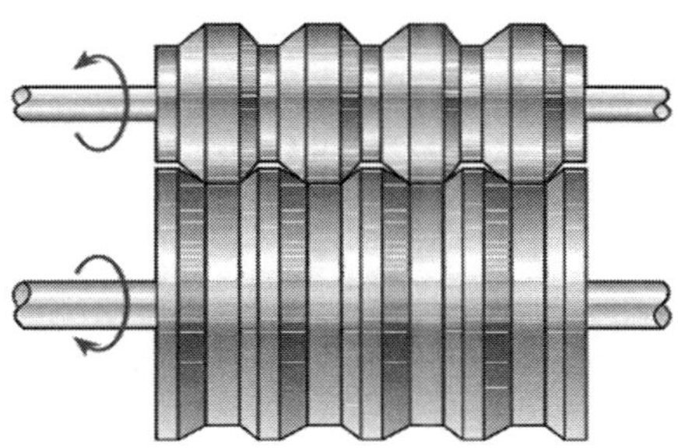

그림 8-3 홈붙이마찰차(grooved friction wheel); 원주차의 원통표면에 홈을 형성하여 표면적을 증가시킴으로써 마찰력을 향상시킴.

그림 8-4 구름원주차를 이용하여 재료를 압축시켜 얇은 판으로 만드는 기계가공

내접원주차를 그림 8−5에 표시하였다. 내접원주차에서는 2개의 원통이 동일방향으로 회전한다는 것에 유의할 필요가 있다. 외접원주차와 동일한 방법을 이용하면 반지름 R_2와 속도비 ω_3/ω_2 그리고 축간거리 C와의 관계는 다음과 같이 된다.

$$R_2 = \frac{C}{(\omega_2/\omega_3)-1} \tag{8.6}$$

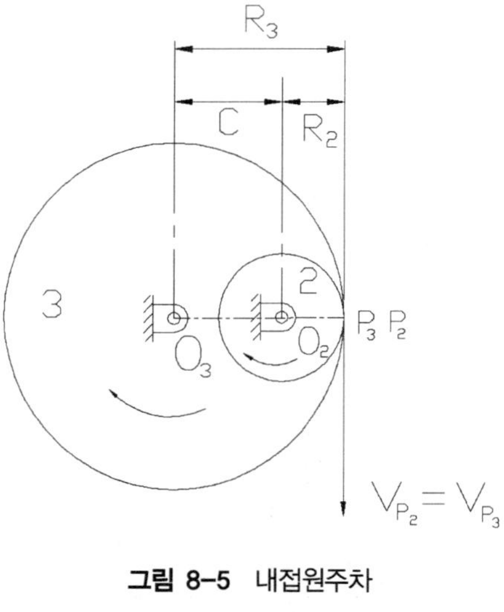

그림 8-5 내접원주차

8.2 구름원추차 rolling cone

교차하는 두 축간에 동력을 전달하기 위해서는 그림 8−6 및 그림 8−7에 표시한 것과 같은 구름원추차를 사용하면 된다. 외접원추차에서는 두 축이 서로 반대방향으로 회전한다. 구름원추차에서는 축 사이의 각 Σ 와 속도비ω_2/ω_3가 주어졌을 때 원추각 γ_2 와 γ_3 를 결정할 필요가 있다. 그림 8−6에서 $\overline{BP}$와 $\overline{CP}$는 원추 밑면의 반지름이므로 다음과 같이 된다.

$$\frac{\omega_2}{\omega_3}=\frac{\overline{CP}}{\overline{BP}} \tag{8.7}$$

$$\sin\gamma_2=\frac{\overline{BP}}{\overline{OP}}\ ,\quad \sin\gamma_3=\frac{\overline{CP}}{\overline{OP}} \tag{8.8}$$

$$\frac{\sin\gamma_2}{\sin\gamma_3}=\frac{\overline{BP}}{\overline{CP}}=\frac{\omega_3}{\omega_2}=\frac{\sin(\Sigma-\gamma_3)}{\sin\gamma_3} \tag{8.9}$$

$$\frac{\sin\Sigma\cos\gamma_3-\cos\Sigma\sin\gamma_3}{\sin\gamma_3}=\frac{\omega_3}{\omega_2} \tag{8.10}$$

따라서 축 사이의 각 Σ 와 속도비 ω_3/ω_2 그리고 원추각 γ_3 사이의 관계는 다음과 같이 된다.

$$\tan\gamma_3=\frac{\sin\Sigma}{(\omega_3/\omega_2)+\cos\Sigma} \tag{8.11}$$

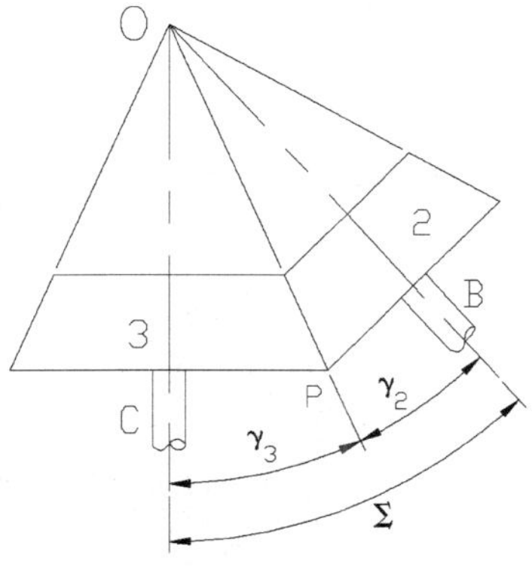

그림 8−6 외접 구름원추차

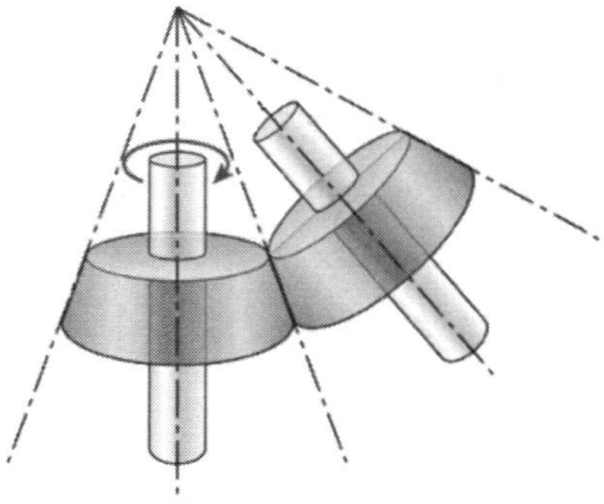

그림 8-7 외접 구름원추차의 예

내접원추차를 그림 8-8 및 그림 8-9에 표시하였다. 내접원추차도 내접원주차와 같이 2개의 원통이 동일방향으로 회전한다. 외접원추차와 동일한 방법을 이용하면 축 사이의 각 Σ와 속도비 ω_3/ω_2 그리고 원추각 γ_3 사이의 관계는 다음과 같이 된다.

$$\tan\gamma_3 = \frac{\sin\Sigma}{\cos\Sigma - (\omega_3/\omega_2)} \tag{8.12}$$

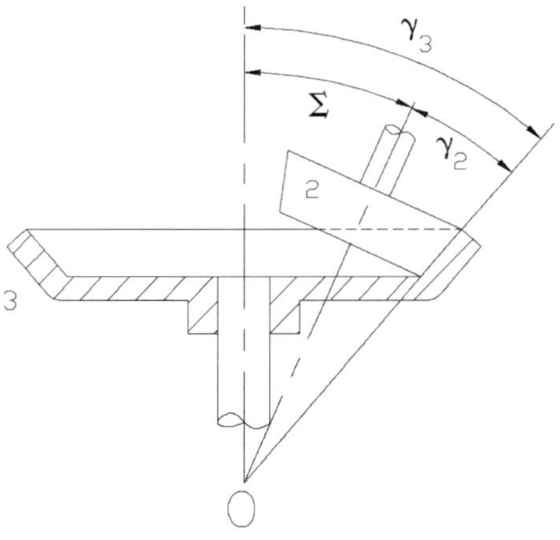

그림 8-8 내접 구름원추차

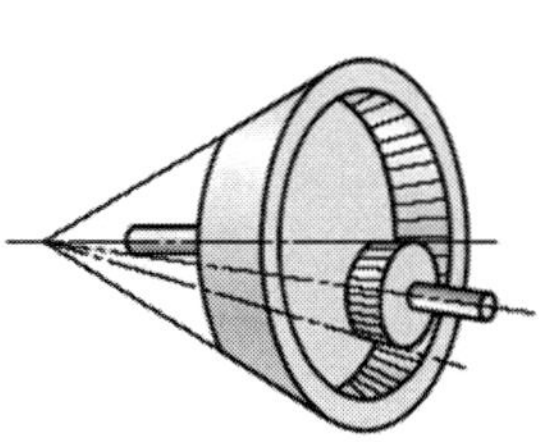

그림 8-9 내접 구름원추차의 예

8.3 구름쌍곡면 rolling hyperboloid

그림 8－10 및 그림 8－11에 구름쌍곡면(rolling hyperboloid)을 표시하였다. 이는 평행하지도 아니하고, 교차하지도 않는 두 축간의 동력을 전달하는 경우에 사용한다. 구름쌍곡면은 다음 장에서 언급할 하이포이드 기어(hypoid gear)의 피치면으로 사용되므로 하이포이드 기어의 기초이론으로서 매우 중요하다.

그림 8－10에서 직선 $\overline{AA}$ 는 2개의 쌍곡면의 표면에 있으며, 그들의 공통면요소이다. 그림 8－10에 표시한 것과 같이 2개의 쌍곡면이 그들의 축에 대하여 회전할 때, 공통면요소에 수직방향으로 구름접촉을 하며, 이 기구에서는 면요소 방향으로 미끄럼이 생긴다.

구름쌍곡면의 문제점으로서는 2개의 쌍곡면을 정확히 제작하기가 매우 곤란하며, 접촉한 면요소에서 미끄럼이 계속 발생하여 마모가 심하므로 실제로 사용하기에는 어려움이 있다.

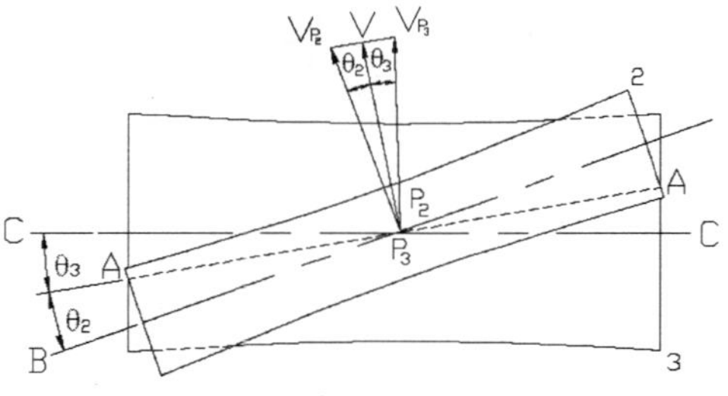

(a) 평면도

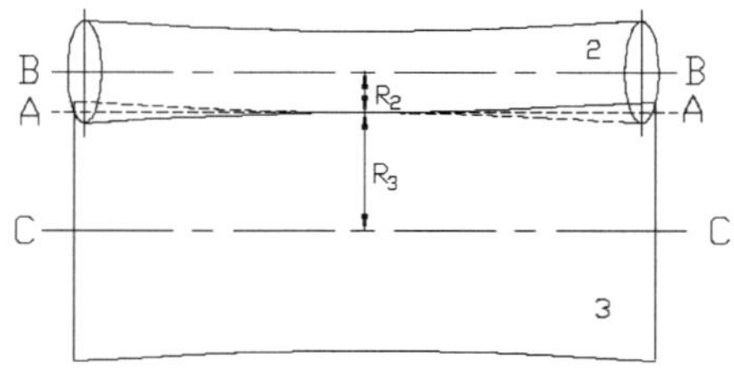

(b) 정면도

그림 8－10 구름쌍곡면(rolling hyperboloid)

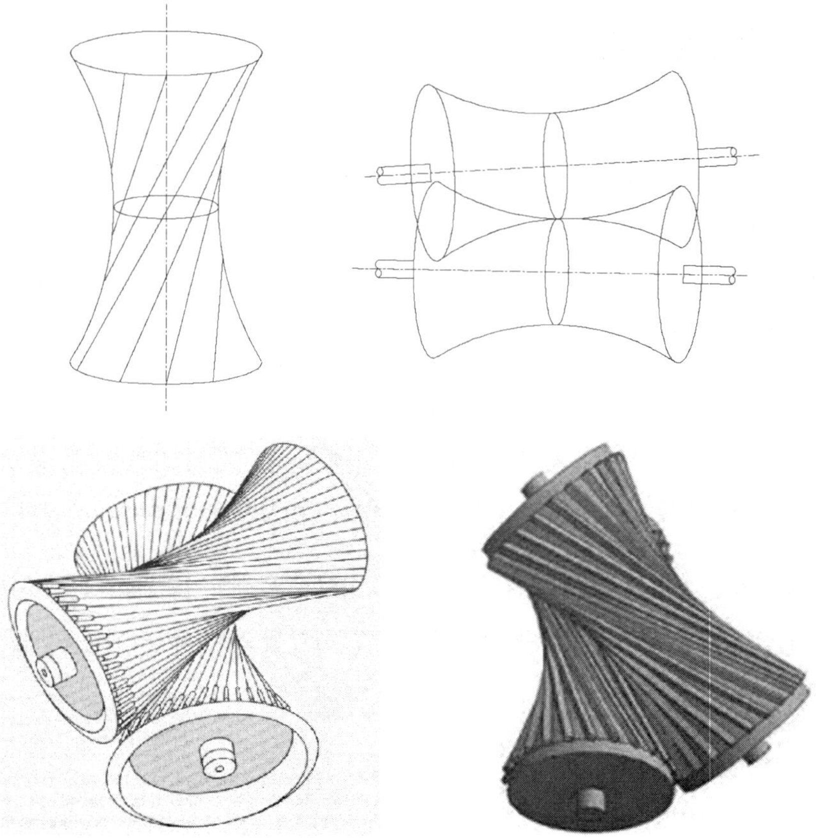

그림 8-11 구름쌍곡면(rolling hyperboloid)

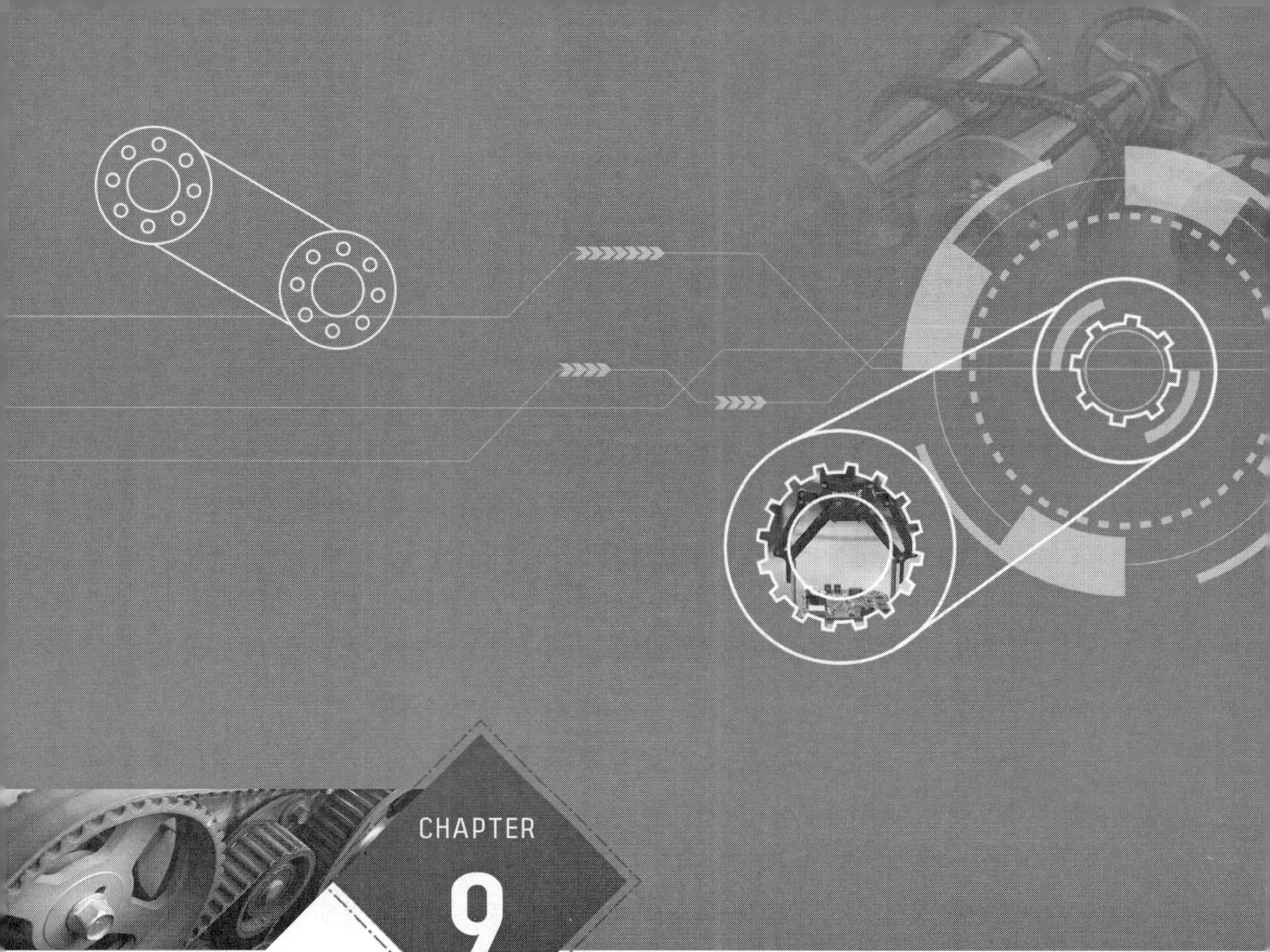

CHAPTER

9

기어

9.1 기어물림의 기본법칙

제7장의 마찰전동(friction drive)장치에서 다룬 구름원주차, 구름원추차, 구름쌍곡선체 등에 의하여 전달할 수 있는 동력은 두 물체의 접촉면에서 발생하는 마찰력에 의해서만 얻어질 수 있다. 만약 이와 같은 구름물체를 이용한 동력전달에 있어서 과다하중이 걸리면 접촉면에서 미끄럼이 발생하여 동력전달이 불가능하게 된다. 따라서 확실한 구동을 가능하게 하기 위해서는 접촉면에 임의의 형태의 이(齒)를 만들어 주어야 한다. 산업현장에서 쓰이는 대표적인 기어의 예를 그림 9-1 및 그림 9-2에 표시하였다. 기어장치의 해석에 있어서는 기어물림의 기본법칙이 매우 중요하다.

기어물림의 기본법칙이란 한 쌍의 기어가 등각속비로 동력을 전달시키기 위한 조건이며, 임의의 두 링크의 공통법선이 중심선의 한 정점(定点)을 지나도록 접촉윤곽을 만드는 것이다. 이때 이 정점 P를 피치점(pitch point)이라고 하며, 피치점을 지나는 원을 피치원(pitch circle)이라고 한다. 그림 9-3은 직접접촉기구이며, 링크 2와 링크 3의 접촉면에 의하여 형성된 공통법선 N-N은 점 P에서 중심선 O_2O_3와 교차한다. 또한, 그림 9-3으로부터 회전운동을 하는 링크 2와 링크 3의 각속도비는 다음과 같이 됨을 알 수 있다.

$$\frac{\omega_2}{\omega_3} = \frac{O_3P}{O_2P} \tag{9.1}$$

만일 이 두 링크의 회전운동에 대한 각속도비가 일정하다면, 점 P의 위치는 기구의 모든 위상에 대하여 늘 일정해야 한다. 이때 링크 2와 링크 3의 접촉운동은 점 P에서 접촉하고 있는 2개의 가상의 원(반지름 R_2 및 R_3)의 운동과 동일하게 된다(그림 9-3 참조). 이 원이 전술한 피치원(pitch circle)에 해당한다(그림 9-4 참조).

그림 9-1 다양한 기어의 예

(a) 피치원의 지름이 사람의 머리카락 지름과 거의 같은 초소형기어

(b) 초대형기어

그림 9-2 초소형기어와 초대형기어

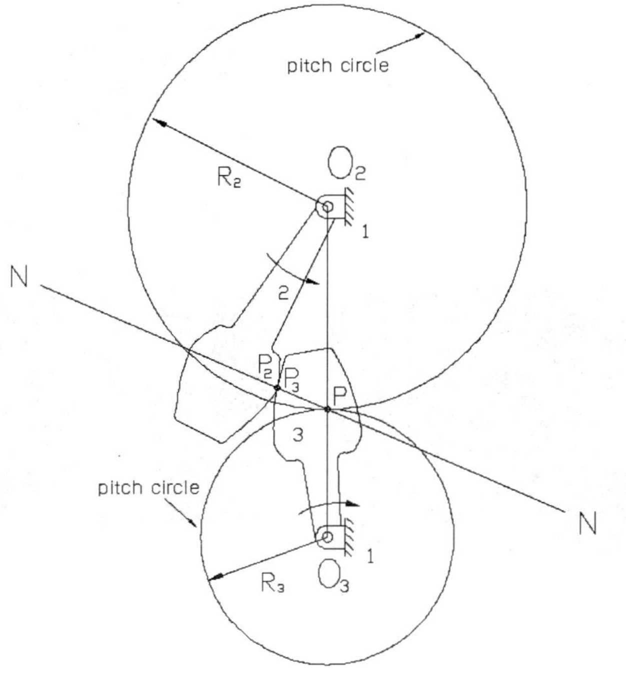

그림 9-3 기어물림의 기본법칙

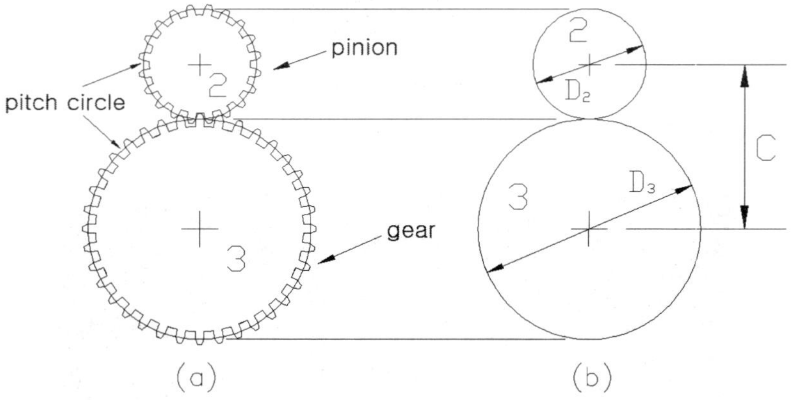

그림 9-4

9.2 기어장치에서 사용되는 용어

그림 9−5에 한 쌍의 스퍼어 기어(spur gear)를 표시하였다. 스퍼어 기어는 기어장치의 가장 단순한 형태이며, 모든 기어의 기준이 된다. 그림 9−5로부터 알 수 있듯이 스퍼어 기어는 평행한 두 축 간의 동력을 전달하는 데 사용된다. 스퍼어 기어의 이의 형상은 축방향으로 곧으며, 동력을 전달하는 축에 평행하다.

그림 9−5 스퍼어 기어(spur gear)

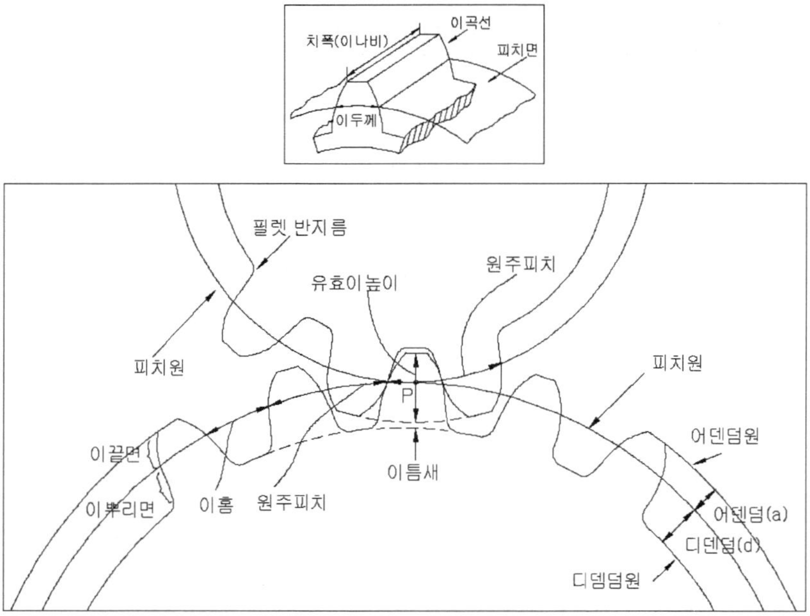

그림 9-6.a 기어장치에서 사용되는 용어

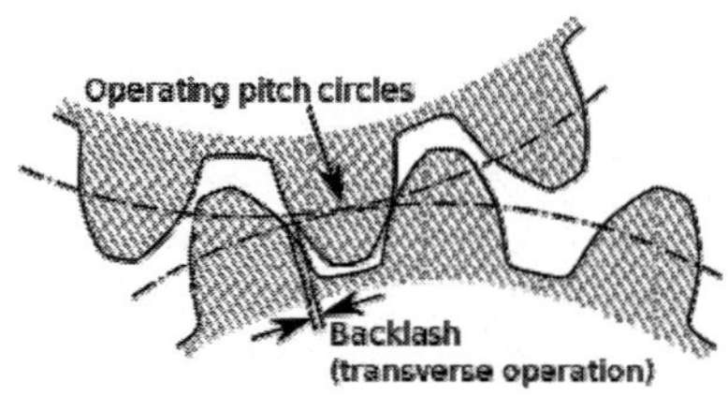

그림 9-6.b 백래시(backlash)

기어장치에 있어서 피치원은 각종 계산의 기본이 되는 이론적인 원이다. 또한 기어에 있어서 원주피치 p는 다음과 같이 정의된다.

$$p = \frac{\pi D}{N} \tag{9.2}$$

이 식에서 D는 피치원의 지름(피치지름, pitch diameter) 이며, N은 잇수이다. 또한 모듈(module) m은 기어의 잇수에 대한 피치원 지름[mm]의 비로서 다음과 같이 정의되며, SI 단위를 사용한다.

$$m = \frac{D}{N} \tag{9.3}$$

앞의 관계식들로부터 다음과 같은 식을 얻는다.

$$p = \pi m \tag{9.4}$$

표 9-1 기어장치에서 사용되는 용어

용 어	설 명
피치지름(pitch diameter) D	피치원의 지름.
잇수(number of teeth) N	이의 수.
기어비(gear ratio) m_G	한 쌍의 기어에서 적은 잇수에 대한 큰 잇수의 비.
원주피치(circular pitch) p	이의 한 점으로부터 그와 이웃하고 있는 이의 같은지점까지의 피치원상의 거리. $p = \frac{\pi D}{N}$
지름피치(diametral pitch) P	영국단위를 사용하며, 인치단위로 표시된 피치원의 지름(D [in])에 대한 기어의 잇수(N)비. $P = \frac{N}{D}$
모듈(module) m	SI 단위를 사용하며, 기어의 잇수(N)에 대한 피치원 지름(D [mm])의 비. $m = \frac{D}{N}$
어덴덤(addendum) a	피치원에서 어덴덤원, 즉 이끝원까지의 반지름방향의 거리.
디덴덤(dedendum) d	피치원에서부터 디덴덤원, 즉 이뿌리원까지의 반지름방향의 거리.
이높이(whole depth) h_t	기어이의 전체 높이이며, 어덴덤과 디덴덤의 합. $h_t = a + d$
유효 이높이(working depth) h_k	한 쌍의 기어가 맞물리는 깊이. 즉, 그 기어들의 이끝 높이의 합.
이틈새(clearance) c	한쪽 기어의 디덴덤에서 이것과 맞물리고 있는 상대 기어의 어덴덤을 뺀 틈새.
필렛(fillet)	이의 뿌리가 디덴덤원과 연결되는 오목한 곡선부. 필렛 반지름(fillet radius)은 r_f로 표시함.
이두께(tooth thickness)	피치원을 따라 측정한 이의 두께.
이나비(width of tooth space)	피치원을 따라 측정한 이의 폭(치폭).
중심거리(center distance) C	물려 있는 두 기어에서의 중심거리. $C = \frac{D_2 + D_3}{2}$
백래시(backlash)	한쪽 기어의 이 공간의 폭에서 맞물리고 있는 상대편 기어의 이 두께를 뺀 피치원상의 거리(기어의 열팽창 때문에 이가 너무 꽉 끼는 것을 막기 위하여 백래시가 필요 함).
피니언(pinion)	물려있는 두 기어 중에서 작은 쪽.
기어(gear)	물려있는 두 기어 중에서 큰 쪽.
피치면(pitch surface)	피치지름을 지름으로 하는 원통.

이 식은 모듈 m을 알고 있을 때 원주피치 p를 결정하는데 사용된다. 원주피치 또는 모듈은 기어의 이의 크기를 나타낸다.

물려 있는 두 기어의 중심거리 C는 다음과 같이 된다.

$$C = \frac{D_2 + D_3}{2} \tag{9.5}$$

맞물려있는 한 쌍의 스퍼어 기어의 동력전달에 있어서 각속도비는 그들의 피치원 지름비의 역수(또는 잇수의 역수)로서 표시된다. 기어장치에서 사용되는 용어들을 표 9－1에 정리하였다.

$$\frac{\omega_2}{\omega_3} = \frac{D_3}{D_2} = \frac{N_3}{N_2} \tag{9.6}$$

9.3 인벌류트 기어 involute gear

기어물림의 기본법칙을 만족시키는 한 쌍의 치형을 공액치형(conjugate profile)이라고 한다. 대표적인 공액치형으로서 인벌류트(involute) 치형과 사이클로이드(cycloid) 치형이 있다. 사이클로이드 치형에 대해서는 9.10절에서 다루기로 하고, 인벌류트 기어에 대하여 먼저 알아보기로 한다. 인벌류트 기어에서 상용되는 인벌류트곡선을 그리는 방법을 그림 9-7에 표시하였다. 그림 9-7에서와 같이 임의의 크기의 원통(bobbin)에 실을 감은 후, 이 실의 끝단을 잡고 서서히 풀어 가면 궤적 A를 얻을 수 있다. 기어장치에서는 이 궤적을 인벌류트곡선이라고 한다. 또한 실을 감은 원을 기초원(base circle)이라고 한다.

다음으로 인벌류트치형이 전술한 기어의 물림의 기본법칙을 어떻게 만족시키는지에 대하여 그림 9-9를 통하여 알아보기로 한다. 이 그림은 2개의 회전원통(링크 2 및 링크 3)을 한 가닥의 끈으로 연결한 것이다. 회전원통 3이 O_3를 중심으로 시계방향으로 회전운동을 하면, 회전원통 2는 O_2를 중심으로 반시계방향으로 회전운동을 하게 된다. 이 그림에서 기호 N은 끈 위의 임의의 점을 나타낸다. 끈 위의 점 N은 상부원판 위에서는 곡선 AB의 궤적을 그리고, 하부원판 위에서는 곡선 CD의 궤적을 그리면서 이동한다. 이때 이 끈을 창성선(generating line)이라고 한다.

또한 궤적 CD 및 AB는 전술한 인벌류트곡선(involute curve)에 해당하며, 회전원통은 기초원(base circle)에 해당한다. 그림 9-9으로부터 점 N이 움직일 때 직선 EF는 모든 위치에서 인벌류트곡선 AB와 CD에 의하여 형성되는 접선에 수직인 선임을 알 수 있다. 따라서 공통법선 EF는 중심선 O_2O_3 위의 한 정점 P를 지나게 되고 기어의 물림의 기본법칙을 만족하게 된다. 즉, 창성선이 모든 위치에서 인벌류트곡선에 수직하다는 것이 인벌류트곡선의 중요한 성질 중의 하나이다.

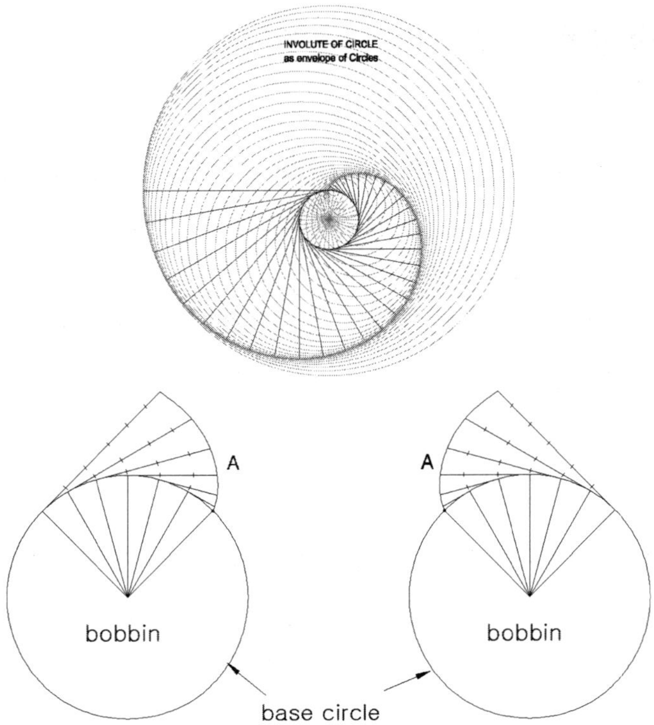

그림 9-7 인벌류트곡선

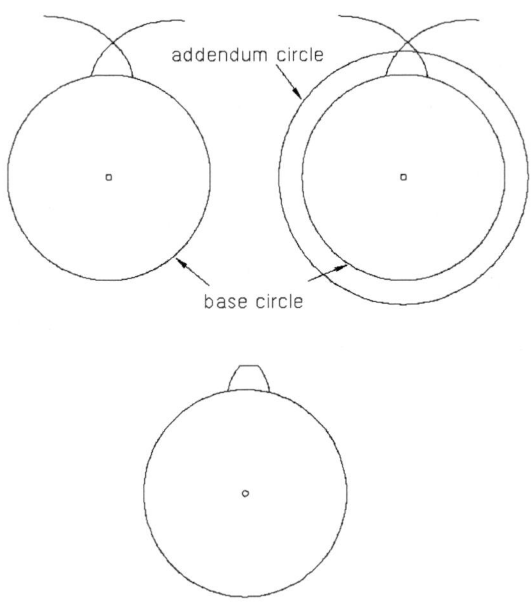

그림 9-8 인벌류트치형

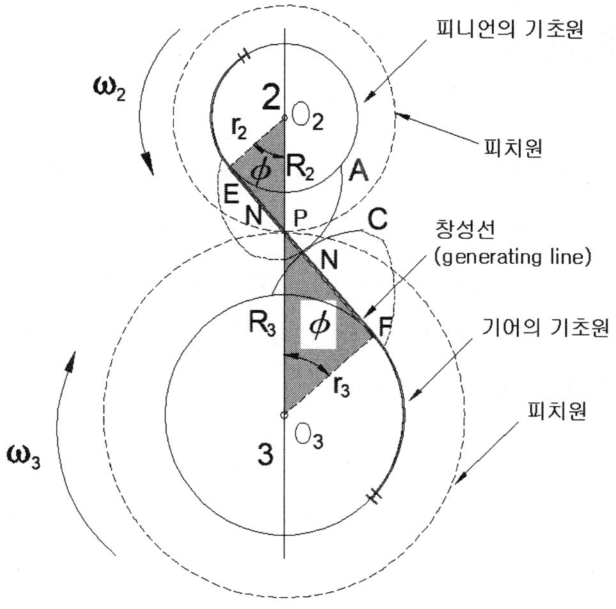

그림 9–9 인벌류트 기어(involute gear)

9.4 기초원피치 base pitch 및 압력각 pressure angle

한 쌍의 인벌류트 기어를 그림 9–10에 표시하였다. 이 그림에서 구동기어(기어2)가 시계방향으로 회전하면 종동기어(기어3)은 반시계방향으로 회전한다. 점P는 피치점(pitch point)이며 선 EF는 2개의 기초원에 감긴 끈을 나타낸다. 구동기어(기어 2)가 일정속도로 회전운동을 할 때, 이 운동이 종동기어(기어 3)에 작용하는 힘은 이 선 EF를 따라 일어난다. 따라서 선 EF(전술한 창성선)를 작용선(line of action)이라 하고도 한다.

그림 9–10에서와 같이 작용선 EF에 수직인 선분과 중심선 O_2O_3이 이루는 각을 압력각(pressure angle) ϕ라고 정의한다. 그림 9–10의 직각삼각형 PFO_2 및 직각삼각형 PFO_3로부터, 두 기어의 피치원의 반지름(R_2, R_3), 기초원의 반지름(r_2, r_3) 그리고 압력각 ϕ 사이에는 다음과 같은 식이 성립함을 알 수 있다.

$$r = R\cos\phi \tag{9.7}$$

이 식은 다음과 같이 변환할 수 있다.

$$2r = 2R\cos\phi,\ d = D\cos\phi \tag{9.8}$$

$$\frac{\pi d}{N} = \frac{\pi D}{N}\cos\phi \tag{9.9}$$

그림 9–10에서와 같이 기초원피치(base pitch) p_b는 기초원 위에 형성한 이의 임의의 점으로부터 다음 이의 동일지점까지의 거리로 정의된다. 따라서 기초원피치와 원주피치 사이에는 다음과 같은 관계식이 성립한다.

$$p_b = p\cos\phi \tag{9.10}$$

일반적으로 기초원피치(base pitch)를 법선피치(normal pitch)라고도 하며, 기초원피치는 기초원의 원주를 이의 수로 나눔으로서 구할 수 있다. 또한 기초원피치는 인벌류트 기어의 중요한 특성 중 하나이며, 두 기어가 정확하게 물리려면 두 기어의 기초원피치도 같아야 한다.

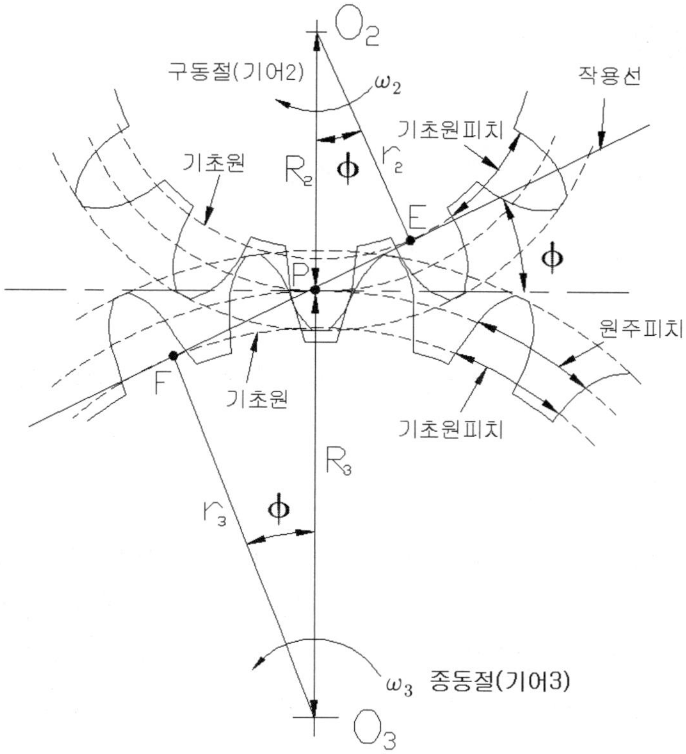

그림 9-10 기초원피치와 압력각

9.5 접촉비 contact ratio

접촉비(m_c)란 접촉하고 있는 한 쌍의 이의 평균잇수로서 다음 식과 같이 정의된다.

$$m_c = \frac{\text{접촉로의 길이}}{\text{기초원피치}} = \frac{\overline{AB}}{p_b} \tag{9.11}$$

접촉로(path of contact)의 길이는 그림 9−11에서 $\overline{AB}$에 해당한다. 즉, 접촉비(contact ratio)란 그림 9−11에서와 같이 작용선에 대해서 얼마만큼의 기초원피치가 접촉로의 길이 $\overline{AB}$에 물려 들어가느냐 하는 것을 의미한다.

접촉비는 일반적으로 정수로서 표시되지 않는다. 예를 들어 접촉비가 1.7이라고 하는 것은 평균 1.7쌍의 이가 연속적으로 접촉하고 있다는 것을 의미한다. 기어장치가 정상적으로 구동되기 위해서는 기어의 이가 연속적으로 최소한 한 쌍은 접촉하고 있어야 하므로 접촉비에 대한 이론적인 최소값은 1.0이 된다. 일반적으로 현장에서는 접촉비의 최소값으로 1.4가 추천되고 있다.

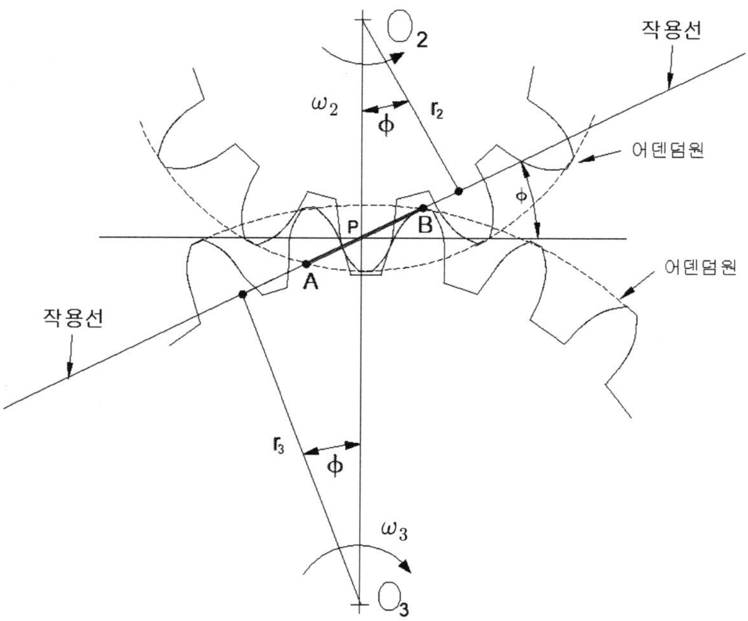

그림 9−11 접촉비(contact ratio)

접촉비가 클수록 기어 메커니즘이 조용하게 작동하는 특징을 갖는다. 일반적으로 접촉비를 늘리기 위해서는 기어의 어덴덤을 증가시키면 된다. 그러나 어덴덤을 증가시키는 데는 한계가 있다고 하는 문제점이 있다.

9.6 래크와 피니언 rack and pinion

인벌류트치형을 갖는 래크와 피니언을 그림 9-12에 표시하였다. 래크(rack)란 그림 9-12에서와 같이 피치지름(피치원의 지름)이 무한대인 기어를 말한다. 따라서 래크에 있어서는 피치원이 직선형태를 갖게 되며 이를 피치선(pitch line)이라고 한다. 래크에서는 인벌류트 윤곽 또한 그림 9-12에서와 같이 직선이 된다. 래크와 피니언에서 피니언(pinion)이란 래크 위에서 굴러가는 기어를 말하며, 레일(rail) 위에 형성한 래크를 래크 레일(rack rail)이라고도 한다.

래크와 피니언의 실제모습을 그림 9-13에 나타내었으며, 래크와 피니언을 러코스터에의 적용한 예와 카메라 삼각대에의 적용에 적용한 예를 그림 9-14 및 그림 9-15 에 나타내었다. 또한, 래크와 피니언을 산악열차에의 적용한 예, 자동차 조향장치에의 적용예 및 power steering wheel의 내부구조를 그림 9-16에서 그림 9-18 사이에 나타내었다.

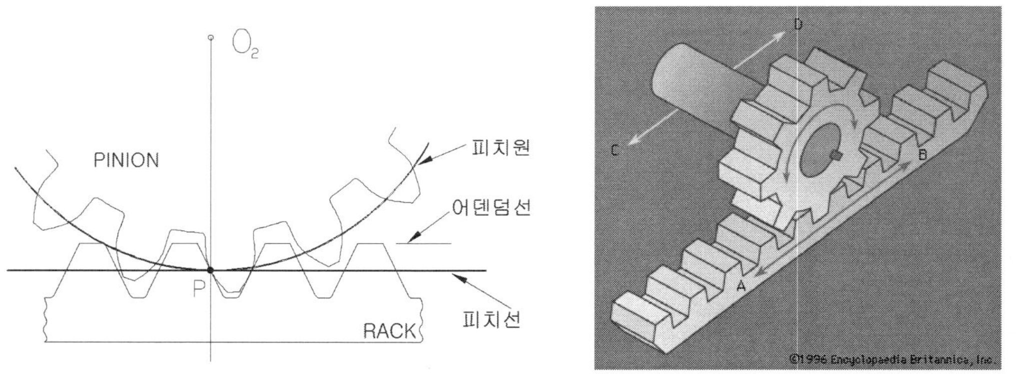

그림 9-12 래크와 피니언

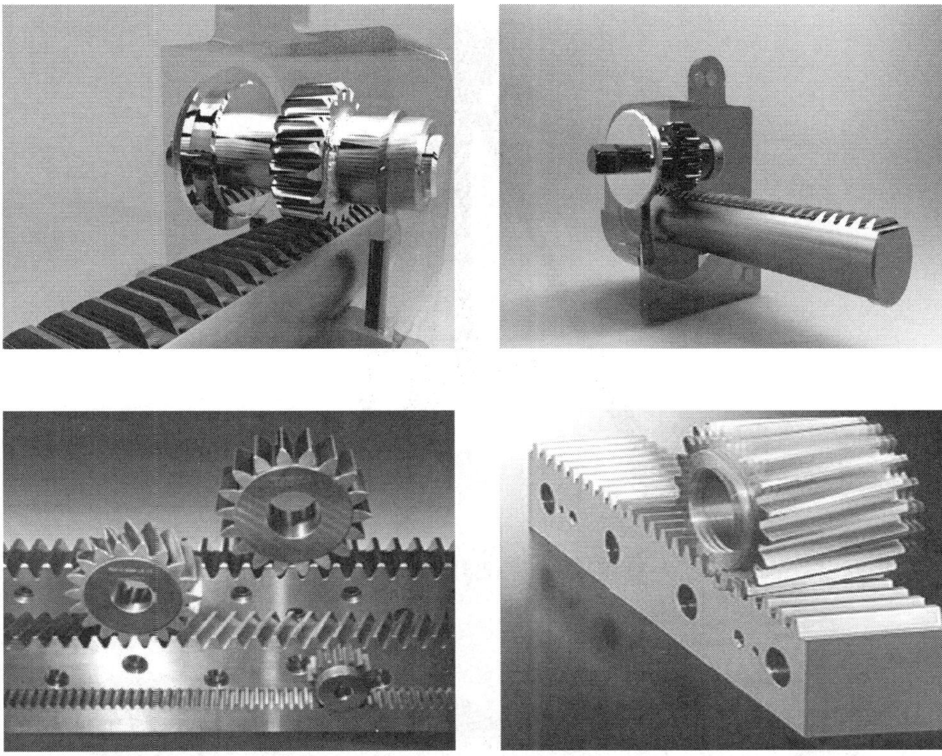

그림 9-13 래크와 피니언의 실제모습

그림 9-14 래크와 피니언의 롤러코스터에의 적용

그림 9-15 래크와 피니언의 카메라 삼각대에의 적용

그림 9-16 래크와 피니언의 산악열차에의 적용

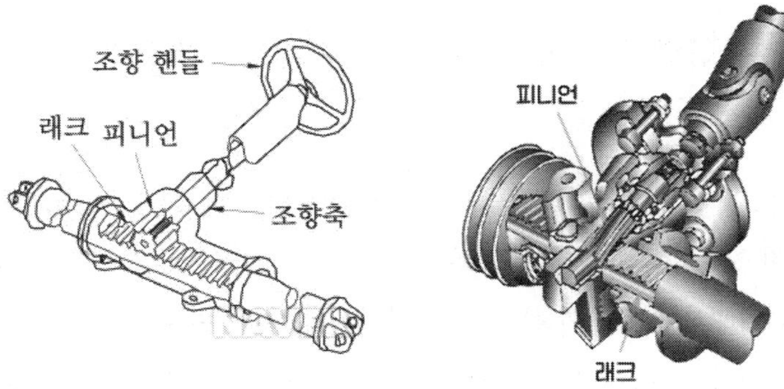

그림 9-17 래크와 피니언의 자동차 조향장치에의 적용

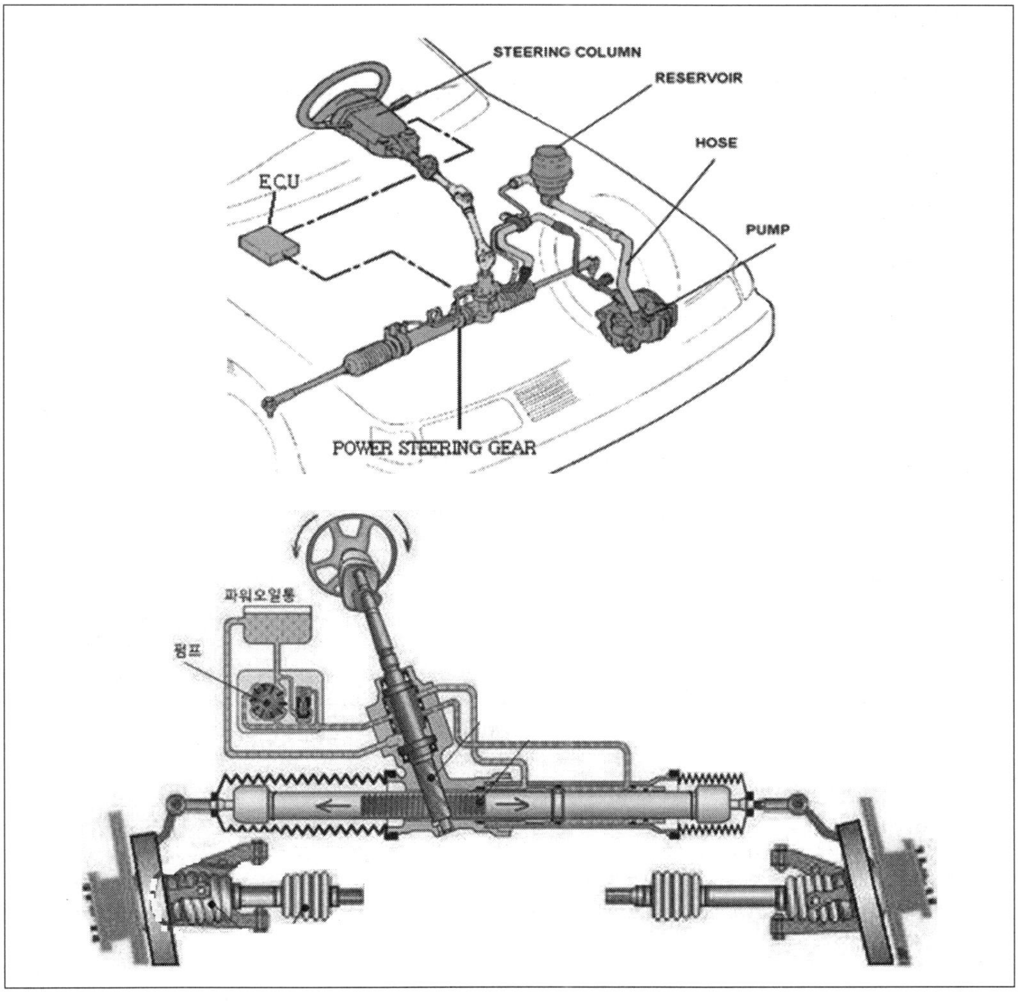

그림 9-18 power steering wheel의 내부구조

9.7 표준치형 standard tooth

맞물리는 한 세트의 기어는 기어물림의 기본법칙을 만족할 때 호환성이 있다. 일반적으로 표준치형을 채택함으로써 기어를 쉽게 교환할 수 있으며, 기어의 호환성을 높일 수 있다. 호환성을 갖게 하기 위해서는 임의의 한 세트의 기어에 대한 ① 원주피치, ② 모듈, ③ 지름피치, ④ 압력각, ⑤ 어덴덤, ⑥ 디덴덤이 같아야 한다. 미국 기어 제조자 협회(AGMA)에서 제정한 4종류의 표준치형에 대한 어덴덤 및 디덴덤, 이틈새 그리고 필렛반지름을 표 9-2에 나타내었다. 또한 기어의 제작에 사용되는 호브가공기(hobbing machine)를 그림 9-19 및 그림 9-20에 표시하였다.

이 표에서 20° 보통 치는 25° 보통 치와 비교할 때 다음과 같은 장점이 있다.

① 접촉비를 크게 할 수 있다.
② 조용히 작동된다.
③ 마멸이 적다.
④ 베어링에 걸리는 하중이 적다.

반면 25° 보통 치는 20° 보통 치와 비교할 때 다음의 장점을 가지고 있다.

① 이뿌리를 넓게 하여 굽힘강도를 향상시킬 수 있다.
② 언더컷이 없이, 피니언의 잇수를 적게 할 수 있다.

표 9-2 표준치형에 대한 어덴덤, 디덴덤, 이틈새, 필렛반지름

	14.5° 보통 치	20° 보통 치	25° 보통 치	20° 낮은 치
어덴덤 a	1.000 m	1.000 m	1.000 m	0.800 m
디덴덤 d	1.157 m	1.250 m	1.250 m	1.000 m
이틈새 c	0.157 m	0.250 m	0.250 m	0.200 m
필렛반지름 r_f	0.209 m	0.300 m	0.300 m	0.300 m

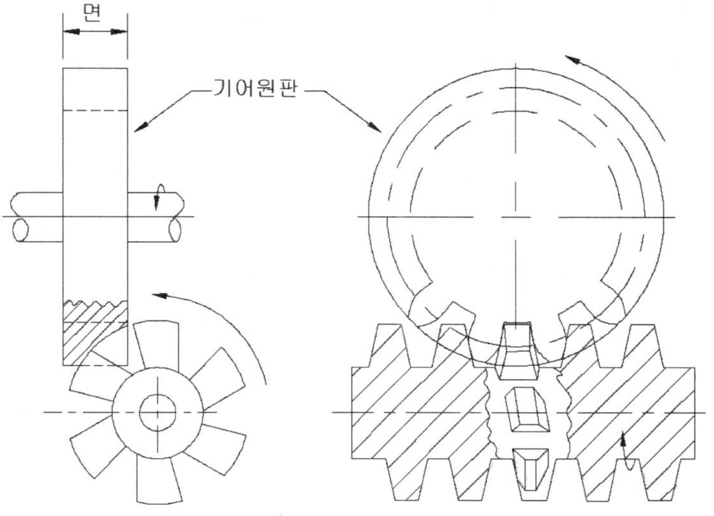

그림 9-19 호브가공기(hobbing machine, hob : 톱니내는 공구)

그림 9-20 기어의 제작

9.8 간섭, 언더컷, 최소잇수

그림 9－21에 표시한 래크와 피니언을 통하여 간섭, 언더컷(undercut, 절하) 그리고 최소잇수에 대하여 고찰하기로 한다. 그림 9－21에서 래크의 어덴덤은 a로 설정되어 있다. 래크의 어덴덤을 이보다 더 크게 설정하여 a'까지로 늘린 다면 어떻게 될 것인가에 대하여 살펴보기로 하자. 만약 피니언의 피치원이 래크의 피치선상을 우측방향으로 구름운동을 하고 있다고 가정하면 래크와 피니언의 물림위치는 그림 9－21의 중앙부분에 표시한 점선처럼 약간 겹치게 될 것이다. 이는 래크이와 피니언이 구동 중에 겹치는 것을 의미하며, 간섭현상일 일어남을 말한다. 기어장치에서는 이와 같은 간섭으로 인하여 그림 9－21에 표시한 절하(undercut) 현상이 발생하게 된다. 일반적인 기어장치에서의 간섭현상도 래크와 피니언의 간섭현상과 동일하며, 그림 9－22에 언더컷현상이 일어나는 과정과 언더컷이 일어나 마멸된 기어를 나타내었다.

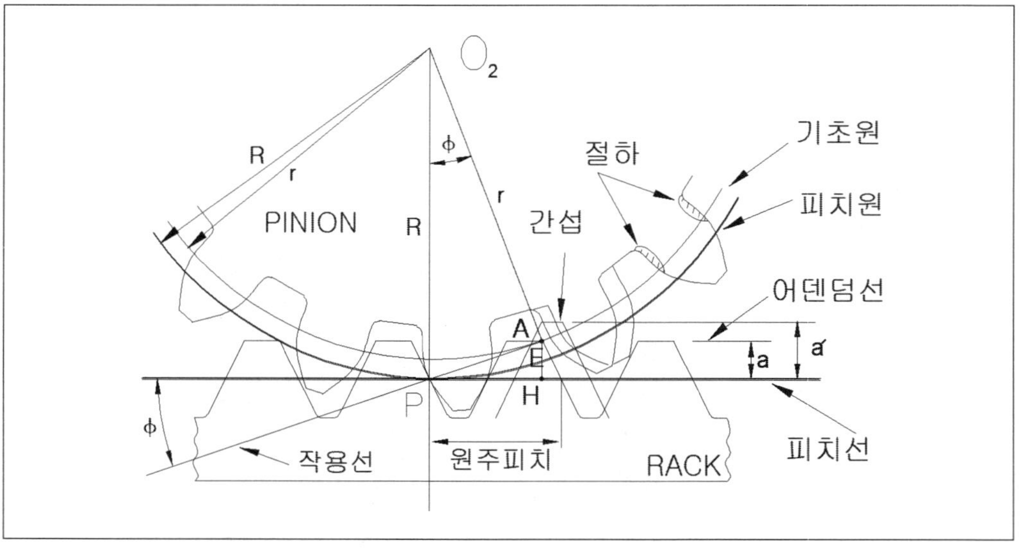

그림 9-21 간섭과 언더컷

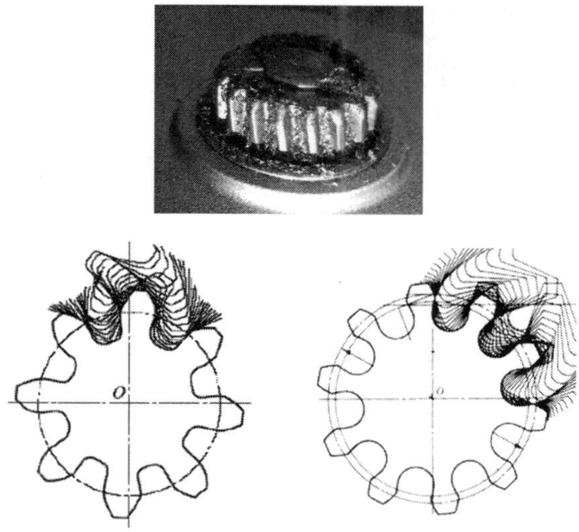

그림 9-22 언더컷현상이 일어나는 과정

다음으로 래크와 피니언이 간섭을 일으키는 조건으로부터 최소잇수를 결정하는 방법에 대하여 고찰하기로 한다. 인벌류트 래크와 피니언에서 간섭이 일어나는 부분을 그림 9－23에 확대하여 표시하였다. 이 그림에서 점 E는 작용선과 기초원의 접점이며 간섭점(interference point)이라고 한다. 전술한 바와 같이 점 A가 간섭점 E의 바깥쪽(위쪽)에 존재하면 간섭이 일어남을 의미한다.

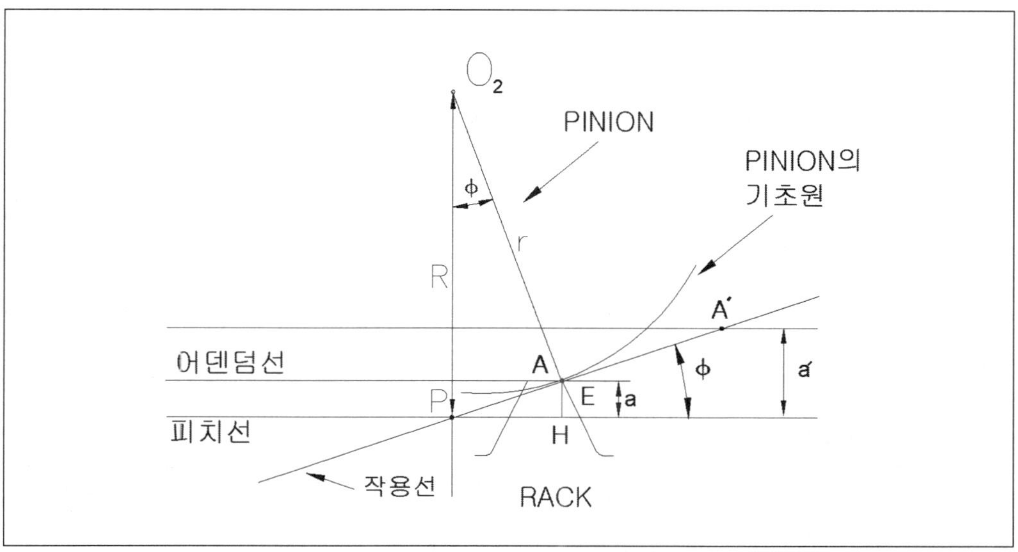

그림 9-23 최소잇수의 결정

따라서 피니언의 기초원보다 래크의 어덴덤 a가 크게 되면 언더컷이 발생한다는 사실로부터 다음과 같은 부등식을 얻을 수 있다.

$$a \leq \overline{AH} \tag{9.12}$$

직각삼각형 O_2PA 및 HPA로부터 다음 두 식이 성립한다.

$$\overline{AH} = \overline{AP}\sin\phi \tag{9.13}$$

$$\overline{AP} = R\sin\phi \tag{9.14}$$

일반적으로 어덴덤 a는 모듈 m에 상수 k를 곱한 형태로 표시한다(표 9-2 참조).

$$a = km \tag{9.15}$$

$$km \leq R\sin^2\phi \tag{9.16}$$

또한 전술한 바와 같이 모듈 m은 다음과 같이 정의된다.

$$m = \frac{D}{N} = \frac{2R}{N} \tag{9.17}$$

$$k\frac{2R}{N} \leq R\sin^2\phi \tag{9.18}$$

일반적으로 주어진 래크에 대하여 피니언이 작아질수록 간섭이 일어날 가능성이 커진다. 따라서 간섭이 발생하지 않게 하기 위한 피니언의 최소잇수는 다음과 같이 된다.

$$N \geq \frac{2k}{\sin^2\phi} \tag{9.19}$$

이 식으로부터 구해지는 N값은 정수가 아니다. 그러나 일반적으로 기어의 잇수는 정수이여야 하므로 표 9-3와 같이, 식 (9.19)으로부터 구해진 값을 올림 하여 정수로 사용한다.

표 9-3 표준지형의 최소잇수

	14.5° 보통 치	20° 보통 치	25° 보통 치	20° 낮은 치
N	$32\left(N \geq \frac{2\cdot 1}{\sin^2\phi} = 31.9\right)$	$17.09 \doteqdot 18$	12	14

9.9 내접기어 internal gear

인벌류트치형을 갖는 내접기어 및 피니언을 그림 9－24에 표시하였으며, 내접기어의 실제모습을 그림 9－25에 표시하였다. 내접기어는 환형을 가지므로 환상기어(annular gear)라고도 한다. 그림 9－24에서와 같이 내접기어는 림(rim)의 안쪽에 이가 형성되어 있다. 일반적으로 내접기어에서는 피니언에 구동력이 가해지고 이 구동력에 의하여 내접기어가 피니언과 동일 방향으로 회전운동을 한다. 즉, 운동양상은 전술한 내접원주차와 동일하다.

내접기어의 기초이론은 외접기어에서 설명한 기초이론과 같다. 내접기어 및 피니언 구동의 특징을 열거하면 다음과 같이 된다.

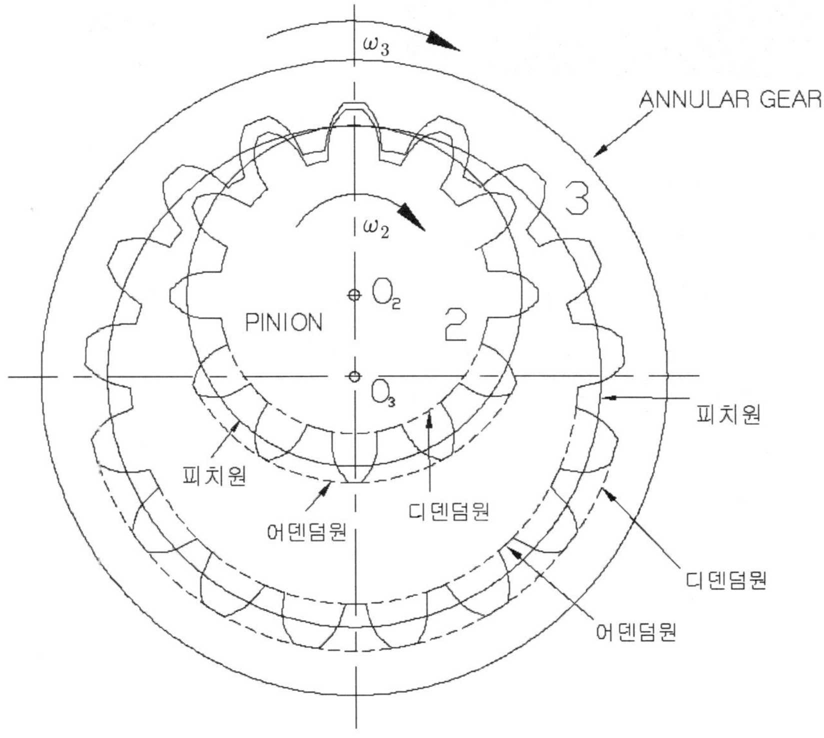

그림 9-24 내접기어

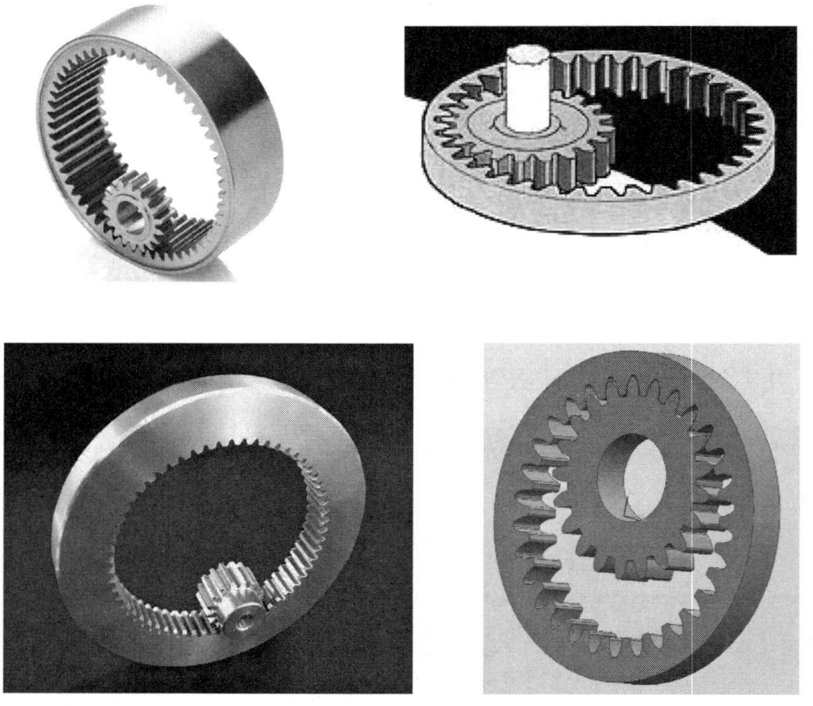

그림 9-25 내접기어의 실제모습

① 외접기어보다 빈틈없이 잘 물린다.

② 내접기어의 치에 대한 굽힘강도는 외접기어보다 크다.

③ 외접기어에 비하여 접촉길이가 길다.

④ 볼록한 면이 오목한 면과 접촉하므로 접촉면에서의 응력이 적다.

⑤ 접촉면의 미끄럼속도가 적다.

⑥ 표준치형의 잇수가 사용되지 않는다.

9.10 사이클로이드 기어 cycloidal gear

사이클로이드 기어는 기어물림의 기본법칙을 만족시키는 치형을 가지며, 시계류 또는 특수 계측기 등에 사용되고 있다. 그러나 일번류트 기어에 비하면 단점이 많으므로 사용빈도가 상대적으로 낮다. 먼저 사이클로이드 치형을 만드는 방법을 알아보기 위하여 그림 9-26에 그 과정을 표시하였다. 이 그림으로부터 알 수 있듯이 사이클로이드 치형은 피치원 위를 임의의 크기의 원이 구르면서 이동을 할 때 원 위의 한 점의 궤적에 의하여 만들어진다. 이때 피치원 위를 구르는 임의의 크기의 원을 창성원(generating circle)이라고 한다. 창성원이 피치원의 바깥쪽 위를 구르면 치의 이끝면(face)이 만들어지고, 피치원의 안쪽 위를 구르면 치의 이뿌리면(flank)이 만들어진다. 이때 피치원과 창성원은 피치점 P에서 접하고 있다. 그림 9-27에 사이클로이드 기어의 치형(cycloidal tooth profile)을 나타내었으며, 그림 9-28에 사이클로이드 치형을 이용한 기어펌프를 나타내었다.

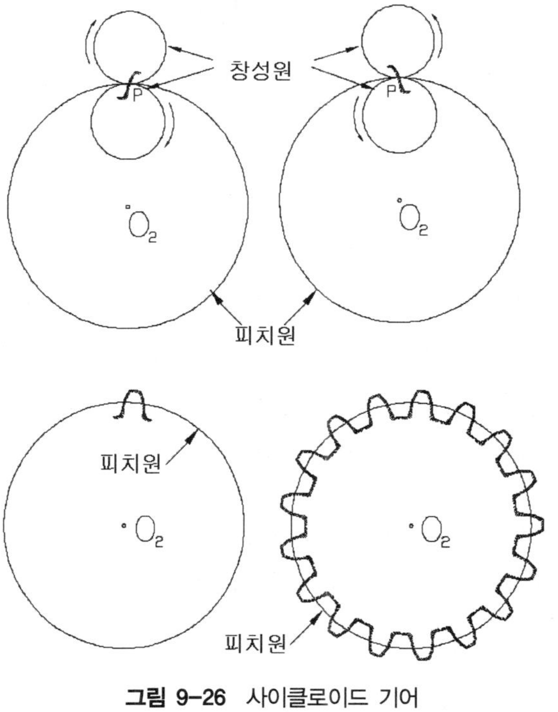

그림 9-26 사이클로이드 기어

그림 9-27 사이클로이드 기어의 치형(cycloidal tooth profile)

그림 9-28 사이클로이드 치형을 이용한 기어펌프; 기어가 돌아가면서 inlet 측에서 들어오는 액체에 힘을 가하여 outlet 측으로 송출하게 된다.

다음으로 사이클로이드 래크에 대하여 알아보기로 한다. 사이클로이드 래크의 치형을 그림 9－29에 표시하였다. 사이클로이드 래크는 인벌류트 래크에서와 같이 피치원은 직선의 형태가 되어 피치선이라고 한다. 그림 9－29(a)에서 위쪽의 창성원이 피치선 위를 구를 때 그 궤적은 볼록한 곡선인 래크치의 이끝면을 형성한다. 반대로 아래쪽의 창성원이 피치선 위를 구를 때는 이뿌리면을 형성한다. 따라서 사이클로이드 래크는 그림 9－29(b)에서와 같이 인벌류트 래크와 달리 직선형태의 치형을 갖지는 않는다.

사이클로이드 기어는 인벌류트 기어보다 어떤 점에서는 산업적으로 이용함에 있어서 더 적합할 때도 있으며, 사이클로이드치의 특징은 다음과 같다.

① 간섭현상이 일어나지 않는다.

② 인벌류트치보다 미끄럼이 적게 일어난다.

③ 마멸이 적다.

④ 가공하기 어렵다.

⑤ 이론적으로 정확한 중심거리로 맞물려 있을 때만 일정한 각속도비를 전달한다.

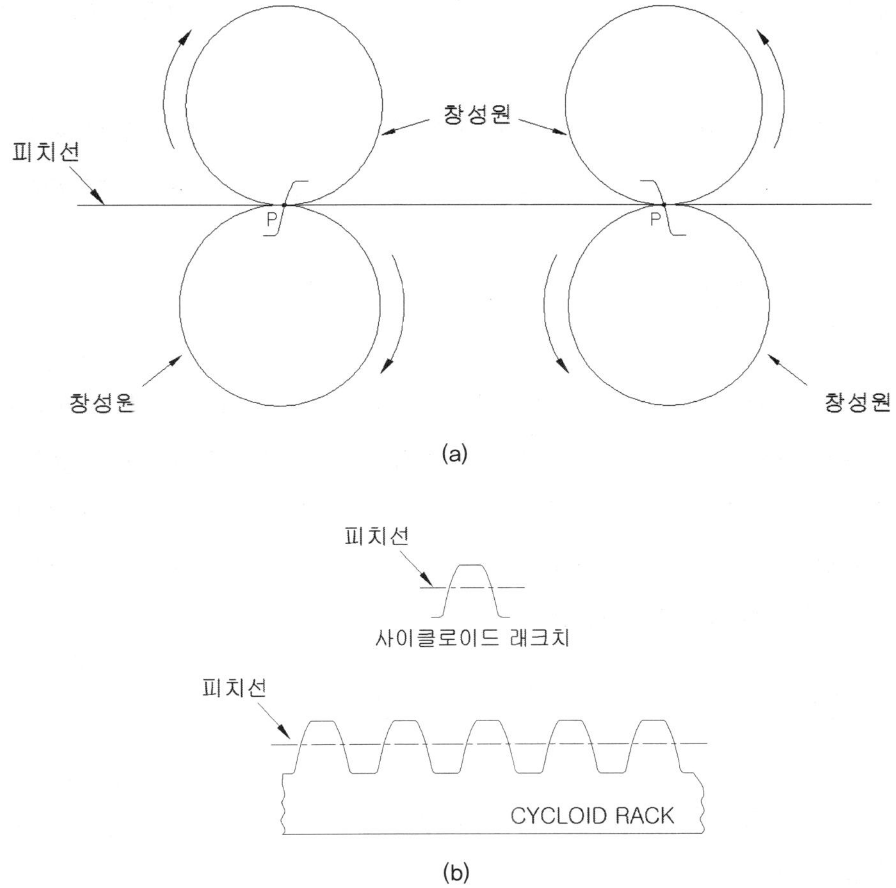

그림 9-29 사이클로이드 래크

9.11 두 축간의 중심거리 변화에 의한 영향

인벌류트 기어에서는 두 축간의 중심거리를 변화시켜도 기어물림의 기본법칙을 만족시키며, 또한 일정한 각속도비를 유지하면서 동력을 전달한다. 이는 인벌류트 기어의 대단히 큰 장점 중의 하나이다.

중심거리가 O_2O_3이고 피치점이 P 인 한 쌍의 인벌류트 기어를 그림 9−30에 표시하였다. 한 쌍의 기어가 점 C에서 접촉하고 있으므로 두 축간의 각속도비는 다음과 같이 된다.

$$\frac{\omega_2}{\omega_3} = \frac{O_3P}{O_2P} \tag{9.20}$$

만일 그림 9−30의 기어 3의 중심이 어떤 원인으로 인하여 O_3에서 O_3'으로 이동하게 되면, 중심거리 변화가 변화하고, C′에서 두 기어는 접촉하게 된다. 이렇게 되면 치면에 대한 법선은 기초원에 접하며 중심선과 P′에서 교차한다. 이 그림에서 직각삼각형 O_2PE와 O_3PF는 닮은꼴이며, 또한 직각삼각형 $O_2P'E'$과 $O_3P'F'$ 도 닮은꼴이다. 따라서 이 지각삼각들로부터 다음과 같은 비례식이 성립한다.

$$\frac{O_3P}{O_2P} = \frac{O_3F}{O_2E}, \qquad \frac{O_3'F'}{O_2E'} = \frac{O_3'P'}{O_2P'} \tag{9.21}$$

두 축간의 중심거리가 변화하여도, 두 기어의 기초원의 크기가 바뀌는 것은 아니므로 다음 두 식이 성립한다.

$$O_3F = O_3'F' \tag{9.22}$$

$$O_2E = O_2E' \tag{9.23}$$

이 식들을 정리하면 다음 식과 같이 된다.

$$\frac{\omega_2}{\omega_3} = \frac{O_3P}{O_2P} = \frac{O_3'P'}{O_2P'} \tag{9.24}$$

따라서 두 축간의 중심거리를 변화시켜도, 각속도비는 변화하지 않는다는 사실을 알 수 있다. 일반적으로 중심거리를 증가시키면 다음과 같은 현상이 일어난다.

① 압력각과 백래시가 증가한다.

② 접촉경로의 길이가 감소한다.

③ 단, 기초원의 크기는 기어의 고유한 특성이므로 변화하지 않는다.

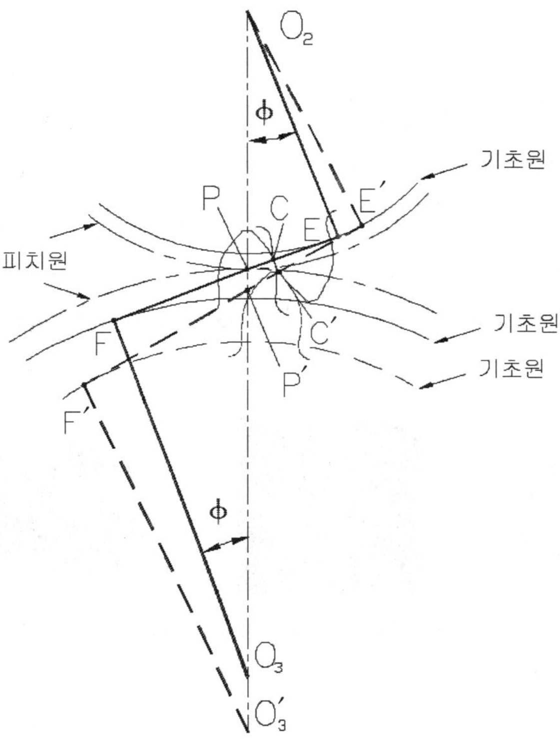

그림 9-30 중심거리 변화에 의한 영향

9.12 헬리컬 기어 helical gear

헬리컬 기어의 실제모습을 그림 9−31에 표시하였다. 헬리컬 기어(helical gear)를 고찰하기 위해서는 먼저 층상기어(stepped gear)를 이해하는 것이 좋다. 층상기어란 그림 9−32(b)에서와 같이 2개 또는 그 이상의 스퍼어 기어[그림 9−32 (a) 참조]를 하나로 결합한 기어를 말한다. 헬리컬 기어란 그림 9−32 (c)에서와 같이 층상기어에서 층의 수를 무한대로 늘린 것에 해당한다.

일반적인 스퍼어 기어가 동력을 전달할 때에 있어서는, 치에 걸리는 하중은 치가 하나 밖에 없으므로 치폭 전체에 걸쳐서 작용한다. 그러나 층상기어에서는 치에 걸리는 하중의 일부분이 먼저 치폭의 일부분에 작용하고 그 뒤 다음부분으로 점진적으로 옮아간다. 결과적으로 기어의 치에는 상대적으로 적은 충격이 가해지면서 접촉이 연속적으로 일어나게 된다. 이런 메커니즘에 의하여 층상기어는 일반적인 스퍼어 기어보다 조용하고 원활하게 동력을 전달한다.

그림 9−31 헬리컬 기어의 실제모습

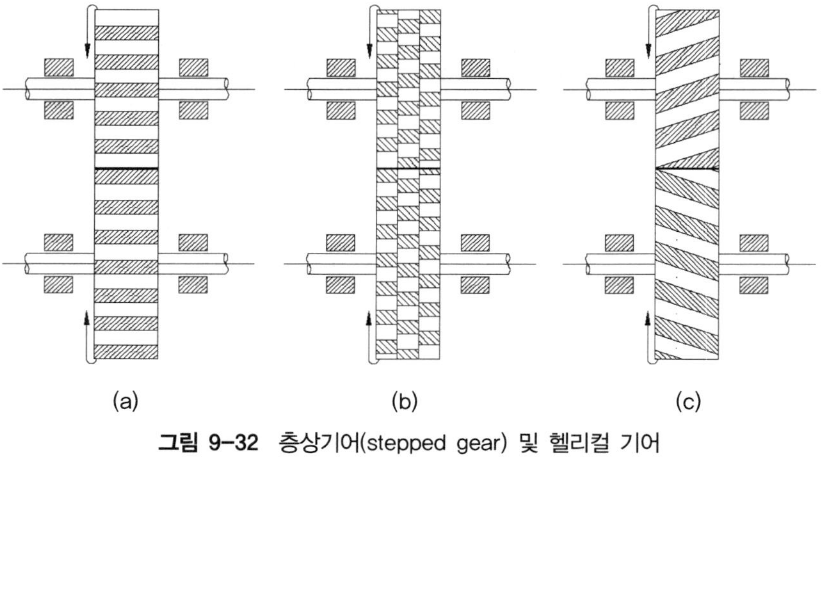

그림 9−32 층상기어(stepped gear) 및 헬리컬 기어

헬리컬 기어에는 평행축간의 동력을 전달하는 평행 헬리컬 기어(parallel helical gear)와 비평행축간의 동력을 전달하는데 사용되는 나사 기어(crossed helical gear, 9.13절 참조)가 있다. 또한 일반적인 스퍼어 기어가 접촉할 때는 전술한 바와 같이, 치폭면 전체에 걸쳐서 접촉이 일어나지만[(그림 9−33(b) 참조)], 헬리컬 기어에서는 층상기어에서처럼, 치의 한 끝에서 접촉이 시작되어 점차로 치를 가로지른다. 즉, 그림 9−33(a)에서와 같이 접촉선 1, 2, 3, 4, 5 등의 순서대로 접촉이 일어난다. 이와 같이 치를 가로지르면서 점진적으로 접촉이 일어나기 때문에 헬리컬 기어를 사용하면 충격하중을 줄일 수 있으며, 기어의 수명이 연장되고 또한 조용하게 동력을 전달한다.

헬리컬 기어의 치면을 창성할 때에는 스퍼어 기어에서와는 달리 그림 9−34에서와 같이 기초 원통상에서 나선각(helix angle) ψ만큼 기울인 상태에서 인벌류트면을 형성한다. 헬리컬 기어에서는 이 면을 인벌류트 헬리코이드(involute helicoid)라고 한다. 그림 9−35는 피치 나선(pitch helix)을 나타낸 것이며, 나선의 접선이 수평면과 이루는 각이 나선각(helix angle) ψ에 해당한다.

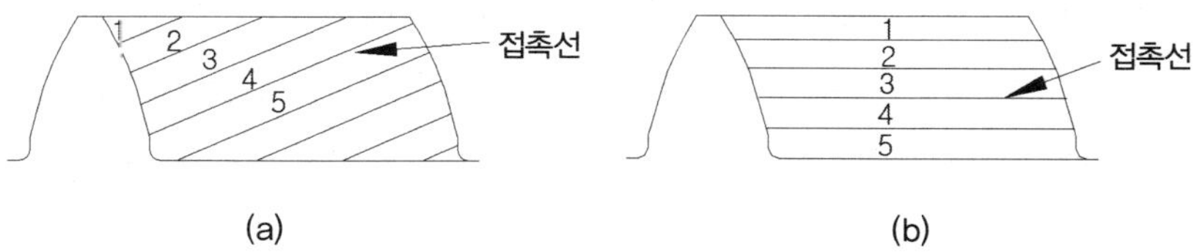

그림 9−33 접촉선

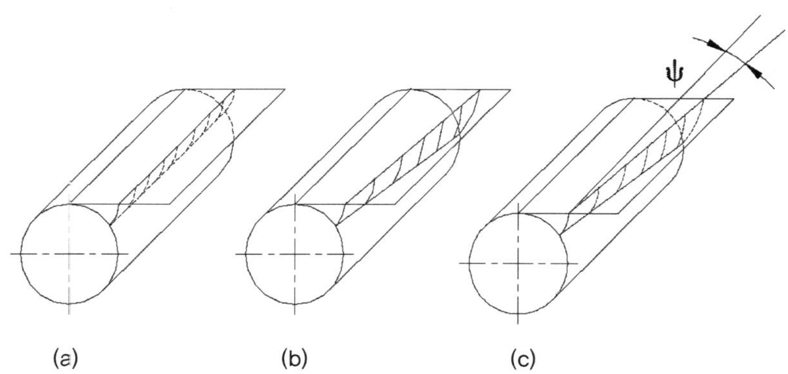

그림 9−34 인벌류트 헬리코이드

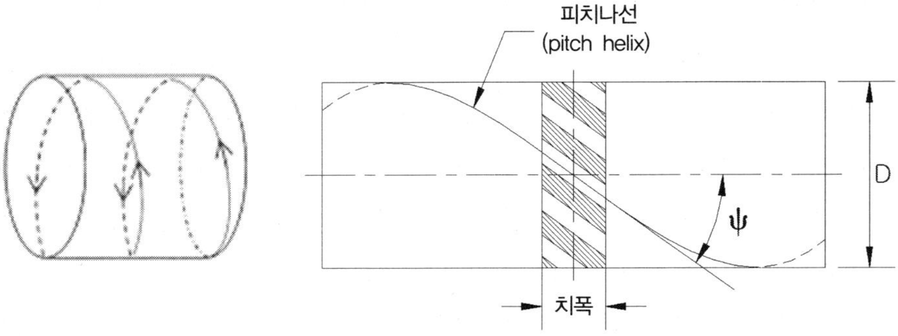

그림 9-35 피치나선

헬리컬 기어의 비틀림 방향이란 나선방향의 기울기의 방향을 구분하기 위한 것이다. 나선기어의 비틀림방향을 결정하기 위해서는 먼저 그림 9-36에서와 같이 기어를 옆으로 눕혀 놓는다. 만일 이 나선의 기울기가 위쪽을 향하고 있을 때 오른쪽으로 기울어져 있으면 우측 비틀림기어(gear of right hand)라 하며, 나선의 기울기가 위쪽을 향하고 있을 때 왼쪽으로 기울어져 있으면 좌측 비틀림기어(gear of left hand)라 한다. 전술한 평행 헬리컬 기어는 그림 9-37에서와 같이 비틀림방향이 서로 반대방향인 한 쌍의 기어세트이다.

헬리컬 기어의 가장 큰 문제점은 축방향하중(축추력, thrust force)이 발생한다는 것이다(그림 9-38 참조). 이 축추력은 기계에 바람직하지 못한 하중이며, 일반적으로 축추력을 억제하기 위하여 테이퍼 롤러 베어링을 사용을 사용하거나, 헤링본 기어(herringbone gear)를 사용하는 경우가 많다. 헤링본 기어란 그림 9-40에서와 같이 서로 반대방향의 2개의 헬리컬 기어를 결합하여 만든 것이다.

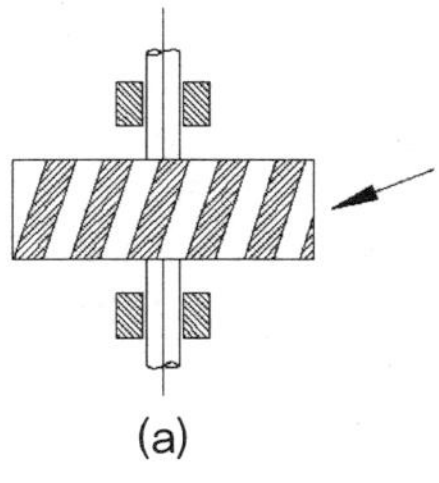

그림 9-36 우측 비틀림기어와 좌측 비틀림기어

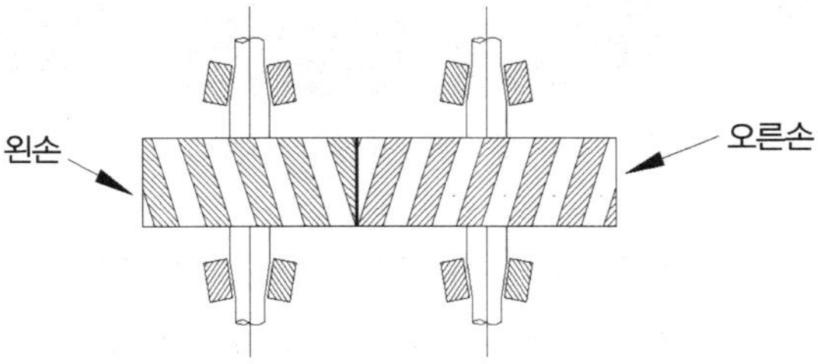

그림 9-37 우측 비틀림기어와 좌측 비틀림기어의 결합

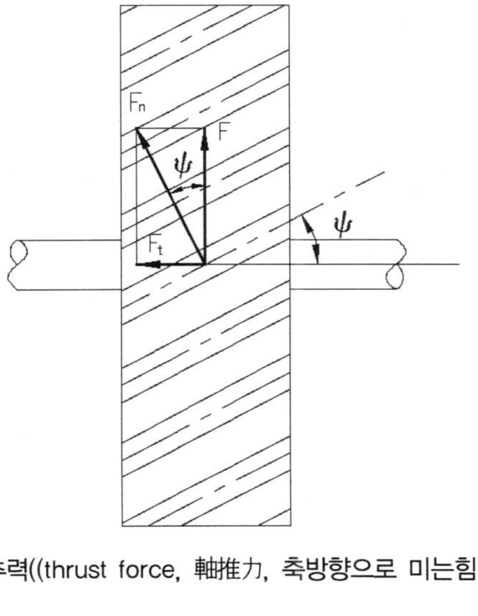

그림 9-38 축추력((thrust force, 軸推力, 축방향으로 미는힘 $F_t = F_n \sin\psi$)

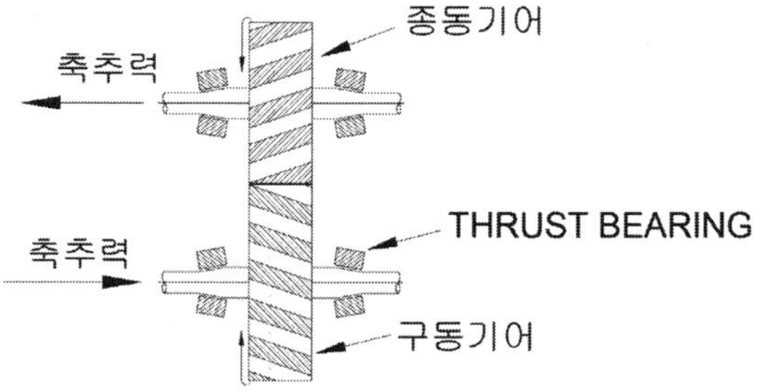

그림 9-39 축추력과 THRUST BEARING

그림 9-40 헤링본 기어(herringbone gear)

헬리컬 기어의 해석방법을 알아보기 위하여, 헬리컬 기어 하나를 그림 9-41에 나타내었다. 이 그림에서 ψ는 나선각이다. 또한 p와 m은 스퍼어 기어에서와 동일하게 원주피치와 모듈을 나타내며 다음과 같이 정의된다.

$$p = \frac{\pi D}{N}, \qquad m = \frac{D}{N} \tag{9.25}$$

$$p = \pi m \tag{9.26}$$

헬리컬 기어에서는 치직각 평면에서의 원주피치를 치직각 피치(normal circular pitch)라고 하며 p_n으로 표시한다. 그림으로부터 p_n와 p 사이에 다음과 같은 관계식을 얻는다.

$$p_n = p \cos\psi \tag{9.27}$$

또한 치직각 평면에서의 모듈은 m_n로 표시하며 치직각 모듈(normal module)이라고 한다. m_n은 p_n과 다음과 같은 관계식을 갖는다.

$$p_n = \pi m_n \tag{9.28}$$

$$m_n = m \cos\psi \tag{9.29}$$

한 쌍의 평행 헬리컬 기어의 중심거리와 각속도비 또한 스퍼어 기어와 동일하다.

$$C = \frac{D_2 + D_3}{2} \tag{9.30}$$

$$\frac{\omega_2}{\omega_3} = \frac{D_3}{D_2} = \frac{N_3}{N_2} \tag{9.31}$$

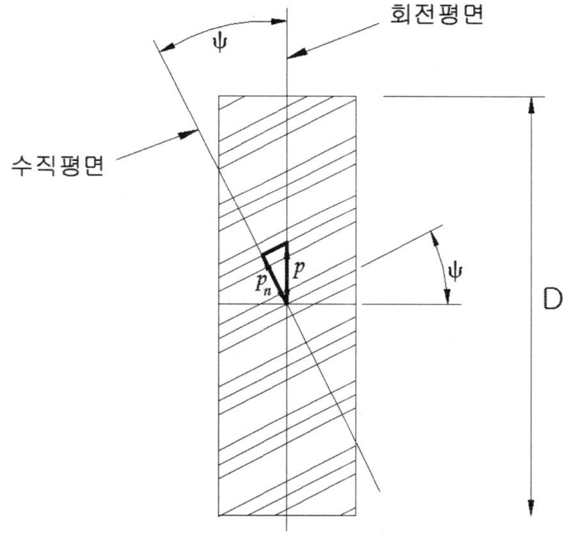

그림 9-41 수직면상에서의 원주피치

9.12.1 헬리컬 기어의 상당 평치차 잇수(equivalent number of teeth)

그림 9−42를 이용하여 헬리컬 기어의 상당 평치차 잇수(equivalent number of teeth, N_v)에 대하여 고찰하기로 한다. 일반적으로 상당 평치차 잇수는 다음 식과 같이 정의된다.

$$N_v = \frac{2\pi R_v}{p_n} \tag{9.32}$$

이는 곡률반경이 R_v인 가상의 원상에 치직각피치가 p_n인 이(齒)가 몇개 있는 가를 의미한다. 또한 원주피치 p를 나타내는 식은 다음과 같다.

$$p = \frac{2\pi R}{N},\ N = \frac{2\pi R}{p} \tag{9.33}$$

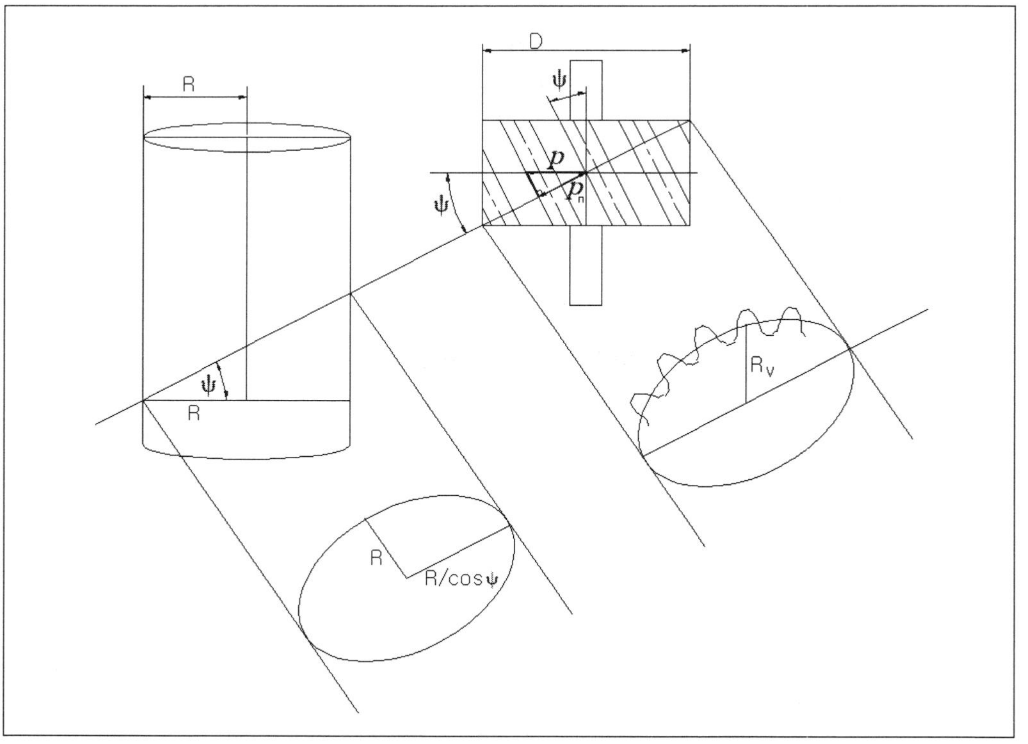

그림 9−42 상당 평치차 잇수

전술한 바와 같이 치직각피치는 다음 식으로 표현된다.

$$p_n = p\cos\psi \tag{9.34}$$

또한, 곡률반경은 다음 식으로 표현된다.

$$R_v = \frac{(\text{장축의 반지름})^2}{\text{단축의 반지름}} = \frac{(R/\cos\psi)^2}{R} = \frac{R}{\cos^2\psi} \tag{9.35}$$

이 식으로부터 다음 식을 얻을 수 있다.

$$N_v = \frac{2\pi R_v}{p_n} = \frac{2\pi(R/\cos^2\psi)}{p\cos\psi} = \frac{2\pi R}{p}\,\frac{1}{\cos^3\psi} \tag{9.36}$$

따라서 상당 평치차 잇수는 다음 식으로 표현된다.

$$N_v = \frac{N}{\cos^3\psi} \tag{9.37}$$

예를 들어 $\psi = 0°$인 경우에는 $N_v = \frac{N}{1}$이 되어, $N_v = N$이며, 스퍼어기어과 동일한 경우가 된다. 또한, $\psi = 30°$인 경우에는 $N_v = \frac{15}{0.64} = 23.4$가 되어 잇수가 실제의 것보다 약 8.4(=23.4−15)개 정도 더 많은 것(equivalent)이 된다.

9.13 나사 기어 crossed helical gear

나사 기어란 그림 9−43에서와 같이 두 축이 비평행이고 서로 교차하지 않는 경우에, 동력을 전달하는 목적으로 사용되는 기어를 말한다. 나사 기어의 단점은 큰 동력을 전달하는데 적합하지 않다는 것이다. 나사 기어의 실제모습을 그림 9−44에 나타내었다.

나선각이 각각 ψ_2와 ψ_3인 2개의 나사 기어가 그림 9−43 (a)와 같이 서로 반대방향의 비틀림의 기어라면, 두 축이 이루는 각도는 다음과 같이 된다.

$$\Sigma = \psi_2 + \psi_3 \tag{9.38}$$

또한 나선각이 각각 ψ_2와 ψ_3인 2개의 나사 기어가 그림 9−43 (b)에서와 같이 서로 같은 방향의 비틀림의 기어라면 두 축이 이루는 각도는 다음과 같이 된다.

$$\Sigma = \psi_3 - \psi_2 \tag{9.39}$$

잇수가 N_2, N_3 회전평면 내의 모듈이 m_2, m_3 치직각 평면 내의 모듈이 m_{n2}, m_{n3} 나선각이 각각 ψ_2와 ψ_3인 나사 기어에 대한 각속도비는 다음과 같이 된다.

$$\frac{\omega_2}{\omega_3} = \frac{N_3}{N_2} = \frac{D_3\ m_2}{D_2\ m_3} = \frac{D_3\ m_{n2}\ \cos\psi_3}{D_2\ m_{n3}\ \cos\psi_2} \tag{9.40}$$

임의의 한 쌍의 나사 기어는 원주피치와 치직각 평면에서의 모듈이 같아야 한다. 따라서 각속도비는 다음과 같이 된다.

$$\frac{\omega_2}{\omega_3} = \frac{N_3}{N_2} = \frac{D_3\ \cos\psi_3}{D_2\ \cos\psi_2} \tag{9.41}$$

또한 나선각이 같은 경우($\psi_2 = \psi_3$)에는 다음과 같이 된다.

$$\frac{\omega_2}{\omega_3} = \frac{D_3}{D_2} \tag{9.42}$$

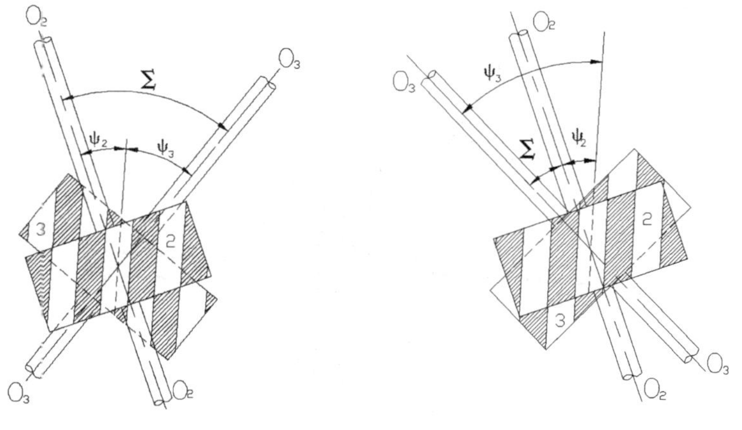

그림 9-43 나사 기어(crossed helical gear)

나사 기어의 중심거리는 스퍼어 기어에서와 같이 다음과 같다.

$$C = \frac{D_2 + D_3}{2} \tag{9.43}$$

그림 9-44 나사 기어의 실제모습

9.13.1 나사 기어의 미끄럼속도

그림 9-45를 이용하여 나사 기어에서의 미끄럼속도(v_s)를 유도해보기로 한다. 전술한 바와 같이 그림 9-45의 나사기어에 있어서 두 축이 이루는 각도는 다음과 같이 된다.

$$\Sigma = \psi_2 + \psi_3 \tag{9.44}$$

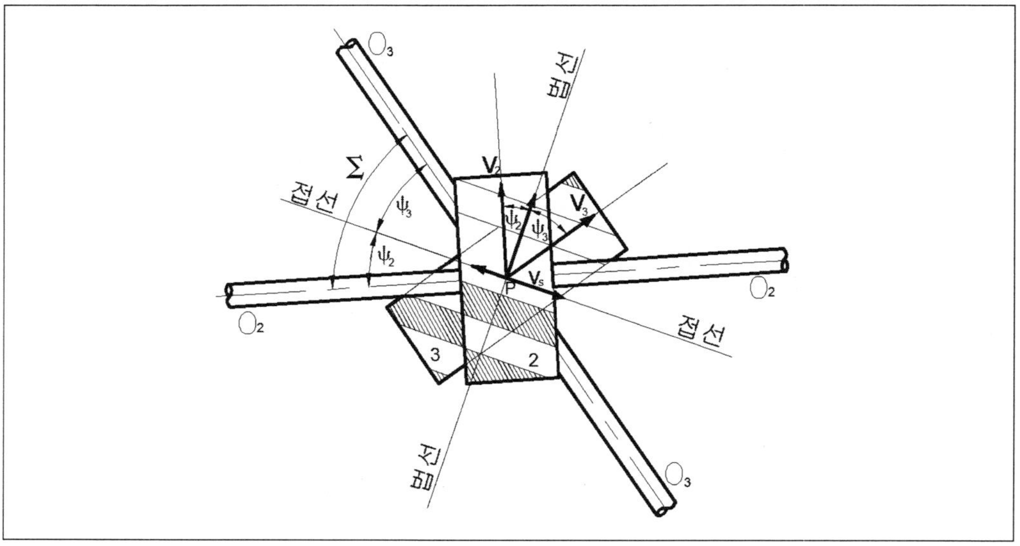

그림 9-45 나사 기어의 미끄럼 속도

또한, 접촉운동을 유지하기 위해서는, 점 P에서의 법선방향의 분속도는 같아야 하므로 다음식이 성립한다.

$$v_3 \cos \psi_3 = v_2 \cos \psi_2 \tag{9.45}$$

이식에서 선속도를 각속도로 변환하면 다음과 같이 된다.

$$R_3 \omega_3 \cos \psi_3 = R_2 \omega_2 \cos \psi_2 \tag{9.46}$$

또한, 각속도비는 다음과 같이된다.

$$\frac{\omega_2}{\omega_3} = \frac{D_3 \cos \psi_3}{D_2 \cos \psi_2} \tag{9.47}$$

따라서 미끄럼속도(v_s)는 다음과 같이 표현할 수 있다.

$$v_s = R_2 \omega_2 \sin \psi_2 + R_3 \omega_3 \sin \psi_3 \tag{9.48}$$

9.13.2 스퍼어 기어의 각속도비

9.1절에서 언급한 스퍼어 기어의 각속도비는 그림 9−46에 표시한 것과 같은 접촉하는 두 물체 사이의 동력전달을 이용해도 유도할 수 있다. 그림 9−46에서 각각 O_1, O_2를 중심으로 회전하는 매끄러운 윤곽을 가진 물체(링크) 1과 2가 점 Q에서 접하고 있다. Q에서 링크 1의 속도를 v_1, 링크 2의 속도를 v_2 라고 하면, 이들 속도를 두 링크의 공통법선방향의 분속도 v_1', v_2' 및 공통접선방향의 분속도 v_1'', v_2''로 나눌 수 있다. 또한, 두 물체가 접촉을 유지하기 위해서는 다음 식이 성립하여야 한다.

$$v_1' = v_2' \tag{9.49}$$

속도v_1, v_2가 공통법선과 이루는 각을 θ_1, θ_2라고 하면 다음 식과 같이 된다.

$$v_1 \cos\theta_1 = v_2 \cos\theta_2 \tag{9.50}$$

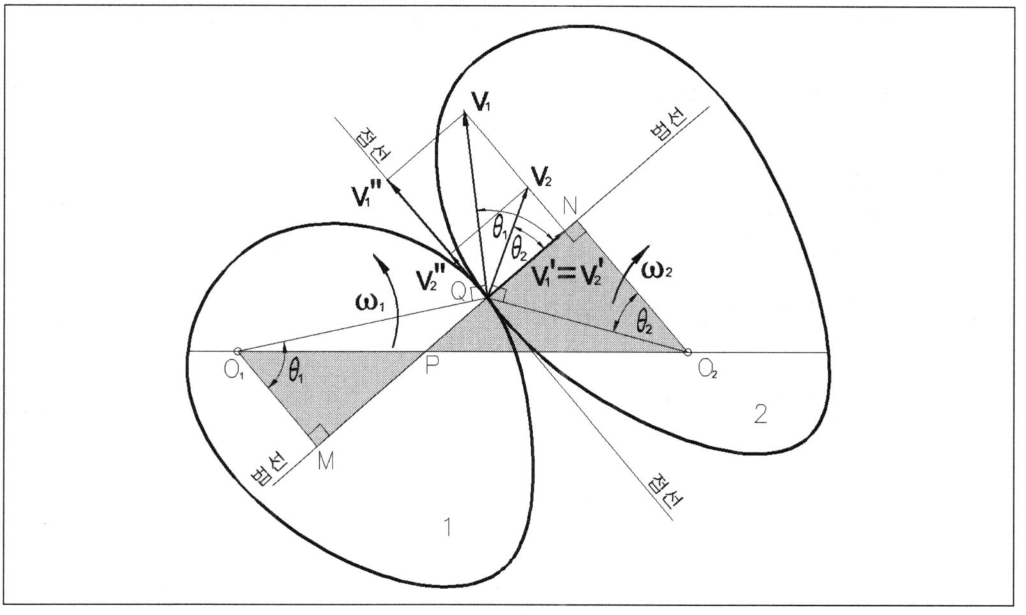

그림 9−46 스퍼어기어의 각속도비

두 물체의 각속도를 ω_1, ω_2라고 하면 다음 식이 성립한다.

$$v_1 = \overline{O_1Q}\,\omega_1, \qquad v_2 = \overline{O_2Q}\,\omega_2 \tag{9.51}$$

$$\overline{O_1Q}\,\omega_1\cos\theta_1 = \overline{O_2Q}\,\omega_2\cos\theta_2 \tag{9.52}$$

이들 식으로부터 각속도비는 다음과 같이 된다.

$$\frac{\omega_2}{\omega_1} = \frac{\overline{O_1Q}\cos\theta_1}{\overline{O_2Q}\cos\theta_2} \tag{9.53}$$

각 회전중심에서 공통법선으로 내린 수선의 발을 M 및 N이라고하면, 다음과 같이된다.

$$\angle QO_1M = \theta_1, \qquad \angle QO_2M = \theta_2 \tag{9.54}$$

$$\overline{O_1Q}\cos\theta_1 = \overline{O_1M}, \qquad \overline{O_2Q}\cos\theta_2 = \overline{O_2N} \tag{9.55}$$

$$\frac{\omega_2}{\omega_1} = \frac{\overline{O_1M}}{\overline{O_2N}} \tag{9.56}$$

여기서 삼각형 $\triangle O_1PM$ 와 $\triangle O_2PN$ 는 닮은꼴이므로 다음과 같이 표시된다.

$$\triangle O_1PM \backsim \triangle O_2PN \tag{9.57}$$

$$\frac{\overline{O_1M}}{\overline{O_2N}} = \frac{\overline{O_1P}}{\overline{O_2P}} = \frac{\overline{MP}}{\overline{PN}} \tag{9.58}$$

그러므로 각속도비는 다음과 같이 된다.

$$\frac{\omega_2}{\omega_1} = \frac{\overline{O_1P}}{\overline{O_2P}} \tag{9.60}$$

9.13.3 스퍼어 기어의 미끄럼속도

다음으로 스퍼어 기어의 미끄럼속도에 대하여 알아보기로 한다. 스퍼어기어에서의 미끄럼접촉양상을 그림 9−47에 나타내었다. 그림 9−48으로부터 미끄럼속도(v_s)는 두 물체의 공통 접선방향의 속도 v_1''와 v_2의 차가 된다.

$$v_s = v_1'' - v_2'' = v_1 \sin\theta_1 - v_2 \sin\theta_2 = \overline{\mathrm{O_1Q}}\,\omega_1 \sin\theta_1 - \overline{\mathrm{O_2Q}}\,\omega_2 \sin\theta_2 \qquad (9.61)$$

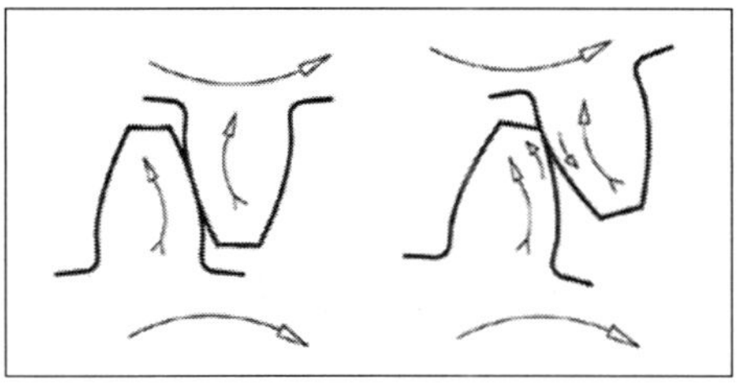

그림 9−47 스퍼어기어에서의 미끄럼접촉

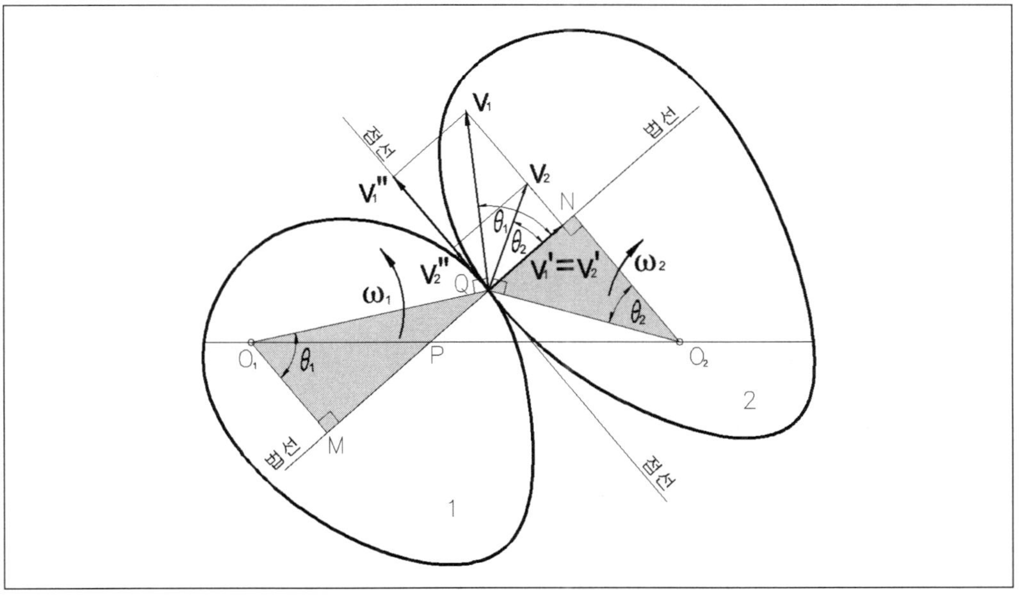

그림 9−48 스퍼어기어의 미끄럼 속도

한편, 그림 9−48 에 있는 두 개의 직각삼각형으로부터 다음 식이 성립한다.

$$\overline{\mathrm{O_1Q}} \sin\theta_1 = \overline{\mathrm{MQ}}, \quad \overline{\mathrm{O_2Q}} \sin\theta_2 = \overline{\mathrm{QN}} \qquad (9.62)$$

이 식으로부터 미끄럼속도는 다음과 같이 표현할 수 있다.

$$v_s = \overline{MQ}\,\omega_1 - \overline{QN}\,\omega_2 = (\overline{MP} + \overline{PQ})\omega_1 - (\overline{PN} - \overline{PQ})\omega_2 \qquad (9.63)$$
$$= (\omega_1 + \omega_2)\overline{PQ} + (\overline{MP}\,\omega_1 - \overline{PN}\,\omega_2)$$

또한, 각속도비는 다음과 같이 된다.

$$\frac{\omega_2}{\omega_1} = \frac{\overline{MP}}{\overline{PN}} \qquad (9.64)$$

$$\overline{MP}\,\omega_1 = \overline{PN}\,\omega_2 \qquad (9.65)$$

따라서 스퍼어 기어의 미끄럼속도는 다음과 같이 된다.

$$v_s = (\omega_1 + \omega_2)\overline{PQ} \qquad (9.66)$$

9.14 베벨 기어 bevel gear

일반적으로 비평행이며 교차하는 두 축간에 동력을 전달하고자 할 때에는 베벨 기어(bevel gear)를 사용한다. 베벨 기어에서 사용하는 구면 인벌류트(spherical involute)를 만드는 방법을 그림 9−49에 표시하였다. 이 그림에서와 같이 기초원추 둘레에 종이가 감겨져 있으며, OA를 이 종이가 풀려나가기 시작하는 절단선이라고 하자. 만일 종이를 원추로부터 풀면, 선 OA는 OA′의 위치로 옮아가게 된다. 이를 베벨 기어에서 사용하는 구면 인벌류트라고 한다. 베벨 기어에서 사용되는 용어를 그림 9−50에 표시하였으며, 한 쌍의 직치 베벨 기어(straight−toothed bevel gear)를 그림 9−51에 표시하였다. 또한 직치 베벨 기어의 실제모습을 그림 9−52에 나타내었다.

그림 9−53에 헬리컬 베벨 기어(helical bevel gear) 및 스파이럴 베벨 기어(spiral bevel gear)는 나타내었다. 특히 스파이럴 베벨 기어는 직치 베벨 기어와 달리 곡선치형을 가지며, 치면은 이론적으론 나선형태를 갖는다. 그러나 실제에 있어서는 가공을 쉽게 하기 위하여 원호형태로 제작하는 경우가 많다. 스파이럴 베벨 기어와 헬리컬 베벨 기어는 점진적으로 접촉이 이루어지기 때문에 치의 강도가 향상된다. 그리고 기어의 물림 비율이 크므로 동력전달 효율이 좋다. 또한, 마멸이 적고, 조용하게 동력을 전달하는 특징을 갖는다. 베벨 기어의 오르골(orgel)에의 적용 예를 그림 9−54에 나타내었으며, 베벨 기어의 특수한 경우에 해당하는 크라운기어를 그림 9−55에 나타내었다.

베벨 기어에서 동력을 전달하기 위한 두 축사이의 각 Σ는 90°일 때가 많지만 거의 모든 각에 대하여 동력을 전달할 수 있다. 베벨 기어에서의 치폭은 일반적으로 원추길이의 1/3로 제한된다. 베벨 기어에 대한 원주피치 p 및 모듈 m은 스퍼어 기어에서와 동일한 방법으로 정의되며, 두 축 사이의 각속도비 또한 스퍼어 기어에서와 같이 피치지름과 잇수에 역비례 한다. 단, D는 피치원추의 지름이며, N은 잇수이다.

$$p = \frac{\pi D}{N}, \quad m = \frac{D}{N} \tag{9.67}$$

$$\frac{\omega_2}{\omega_3} = \frac{D_3}{D_2} = \frac{N_3}{N_2} \tag{9.68}$$

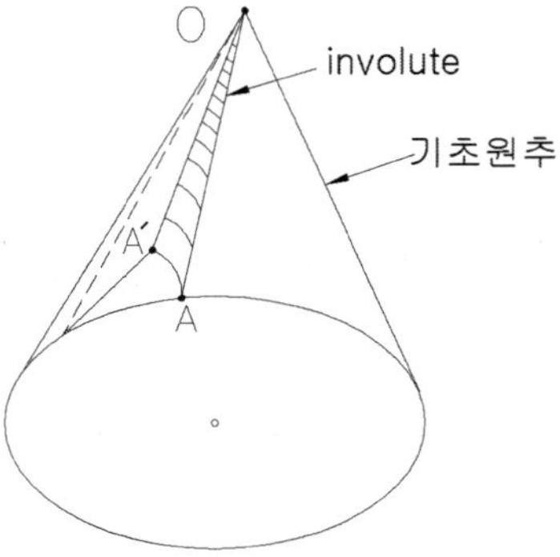

그림 9-49 기초원추

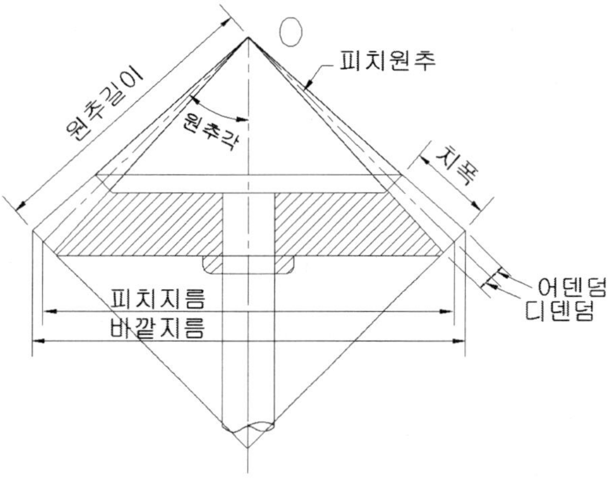

그림 9-50 베벨 기어의 용어

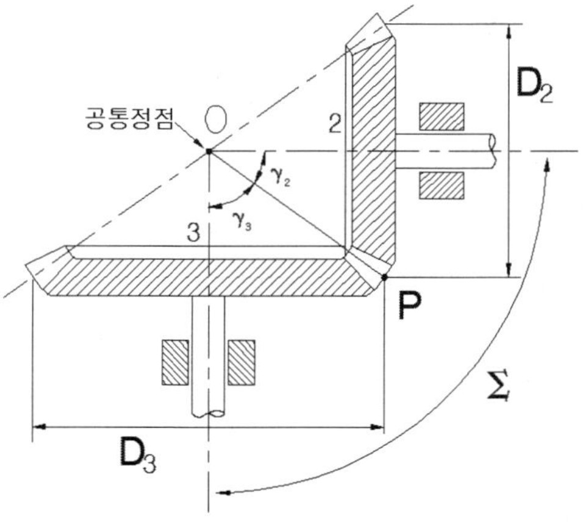

그림 9-51 베벨 기어(bevel gear)

그림 9-52 직치 베벨 기어(straight-toothed bevel gear) 실제모습

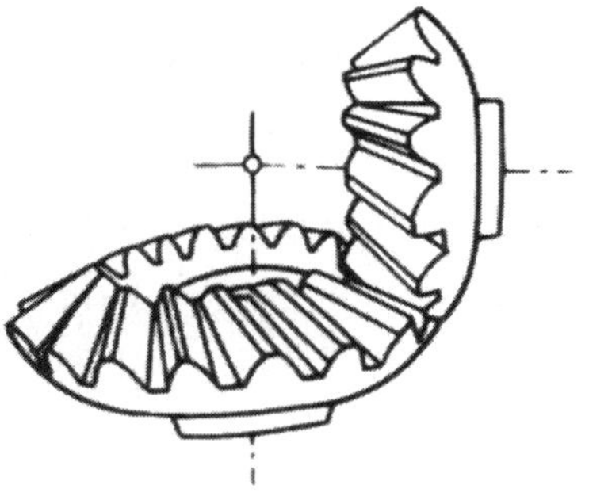

(a) 헬리컬 베벨 기어

(b) 스파이럴 베벨 기어

그림 9-53 헬리컬 베벨 기어(helical bevel gear) 및 스파이럴 베벨 기어(spiral bevel gear)

그림 9-54 베벨 기어의 오르골(orgel)에의 적용 예

그림 9-55 크라운기어(베벨 기어의 특수한 경우에 해당함)

9.14.1 베벨기어를 이용한 차동기어장치(differential gear)

그림 9-56에서와같이 자동차가 좌회전 또는 우회전을 하려고 할 때, 회전시키고자 하는 원의 중심에서 바깥쪽의 차륜(외륜)이 안쪽의 차륜(내륜)보다 빨리 돌아 주어야 자동차의 롤링(rolling)을 극소화시키면서 회전을 원활하게 할 수 있다. 차동기어장치(differential gear)란 이와 같이 자동차의 좌회전 또는 우회전을 부드럽게 하게 하기 위한 기구장치이다. 그림 9-57 및 그림 9-58에 베벨기어를 응용한 차동기어장치를 나타내었으며, 그림 9-59에 베벨기어를 승용차에 응용한 예를 나타내었다.

베벨기어를 이용한 차동기어장치는 다음 식(9.69)에 의하여 작동된다. 이 식에서 알 수 있듯이 차륜이 회전할 때에는 내륜의 각속도(ω_1)와 외륜의 각속도(ω_2)사이에 차이가 생기므로 차동(差動)기어장치라고 한다(그림 9-57 참조).

$$2\omega = \omega_1 + \omega_2 \tag{9.69}$$

단, ω : 구동축(drive shaft)의 속도

ω_1 : 내륜의 속도

ω_2 : 외륜의 속도

그림 9-56 자동차의 회전운동과 육상선수

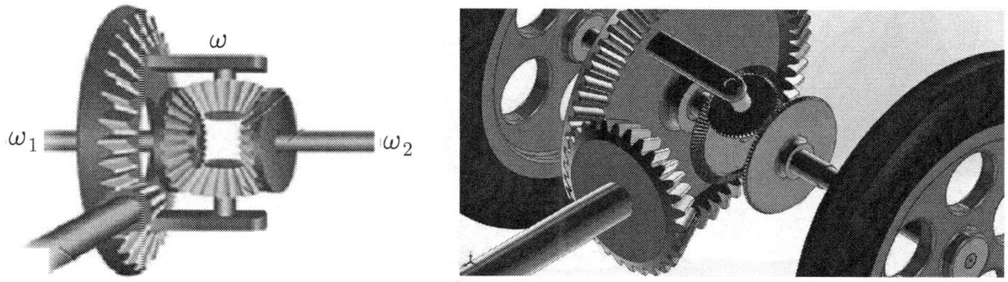

그림 9-57 차동기어장치에서의 바퀴의 속도

그림 9-58 베벨기어를 응용한 차동기어장치

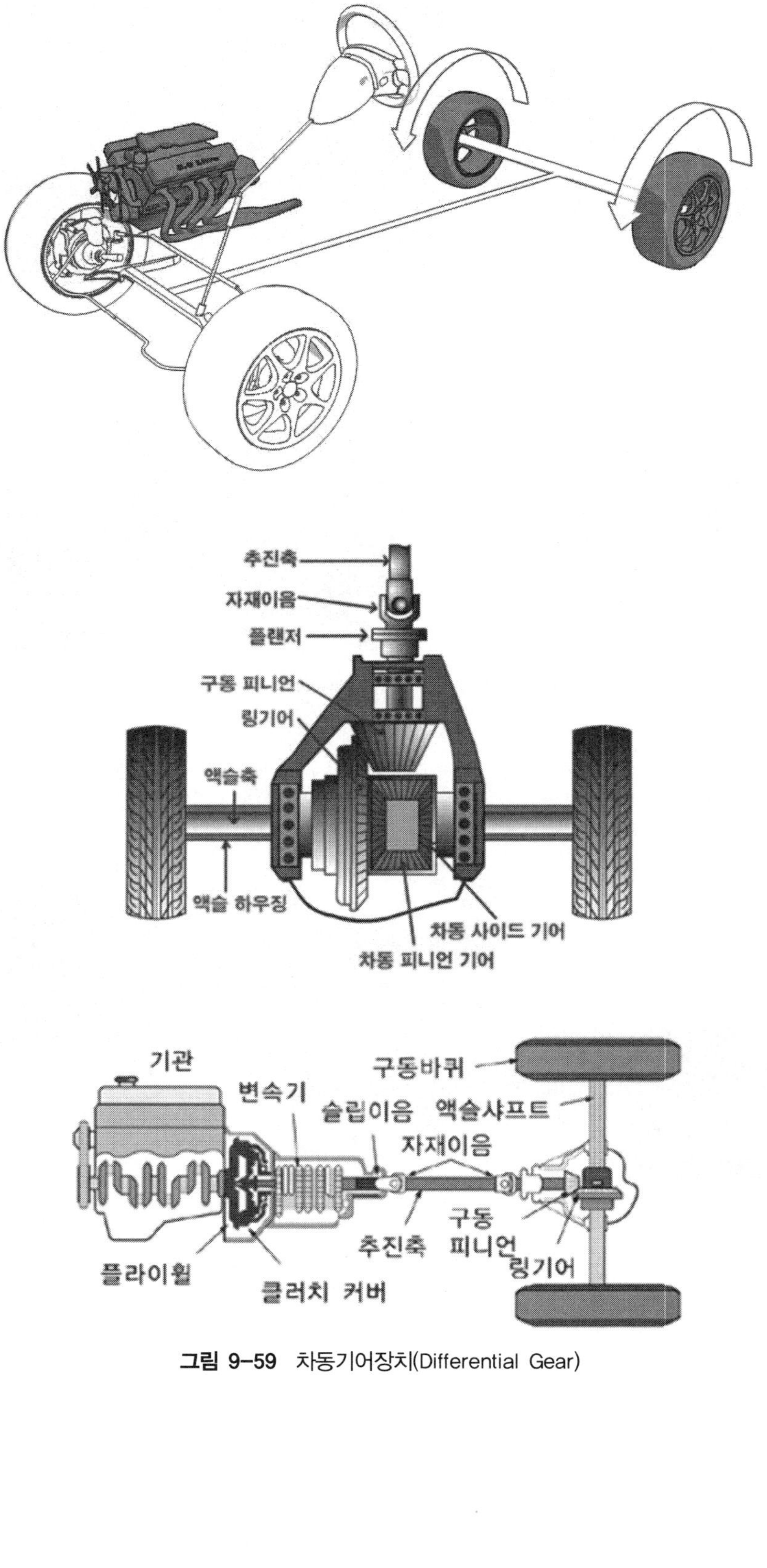

그림 9-59 차동기어장치(Differential Gear)

9.15 하이포이드 기어 hypoid gear

일반적으로 두 축이 비평행이며, 비교차인 경우에 동력을 전달하는데에는 하이포이드 기어(hypoid gear)를 사용하는 것이 적합하다. 대표적인 하이포이드 기어를 그림 9－60에 표시하였다. 하이포이드 기어는 제8장에서 다룬 구름쌍곡면(rolling hyperboloid, 구름운동을 하는 쌍곡면)에 기어의 치를 형성한 것에 해당한다. 하이포이드 기어의 최대장점은 편심 피니언(offset pinion)형태로 구성함으로써 구동축을 낮출 수 있는 것이다.

일반적으로 하이포이드 기어는 스파이럴 베벨 기어(spiral bevel gear)보다 더 조용하게 동력을 전달하며, 치가 튼튼하다고 하는 장점을 갖는다. 그러나 기어의 치는 접촉선에 평행하게 운동을 하며, 치면요소를 따라 미끄럼이 일어나는 단점이 있다. 또한 한 쌍으로 제작되므로 호환성이 없다고 하는 단점도 갖는다.

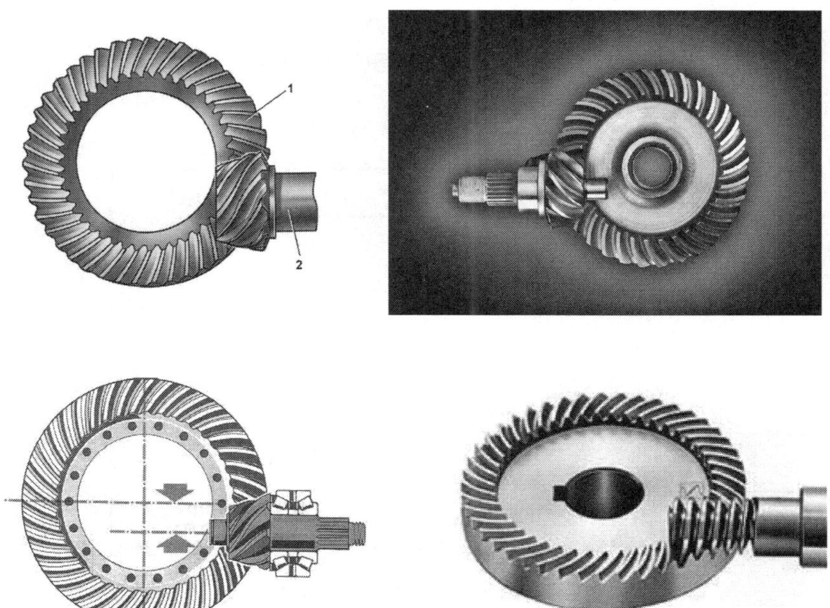

그림 9-60 하이포이드 기어(hypoid gear)

그림 9－61 및 그림 9－62에 하이포이드 기어를 이용한 승용차의 동력전달 장치를 나타내었다. 하이포이드 기어를 승용차에 응용하면 다음과 같은 장점을 갖는다.

1) 추진 축의 높이를 낮게 함으로서 차체를 낮출 수 있다.
2) 자동차의 전고가 낮아지므로 차체의 중심이 낮아지고 따라서 안정성이 증대한다.
3) 물림률이 크므로 회전이 정숙하게 된다.

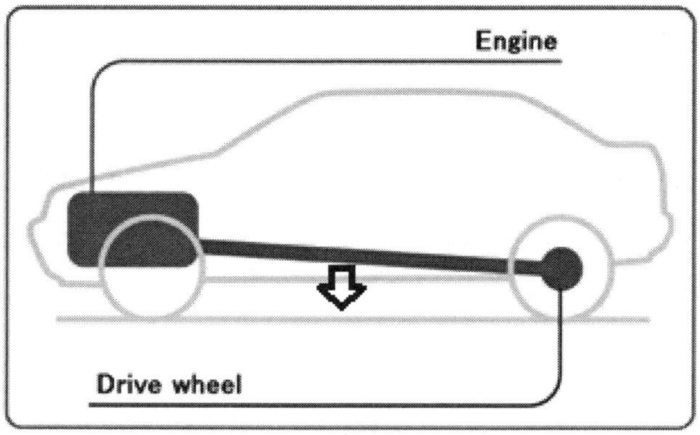

그림 9-61 후륜구동(Rear drive)

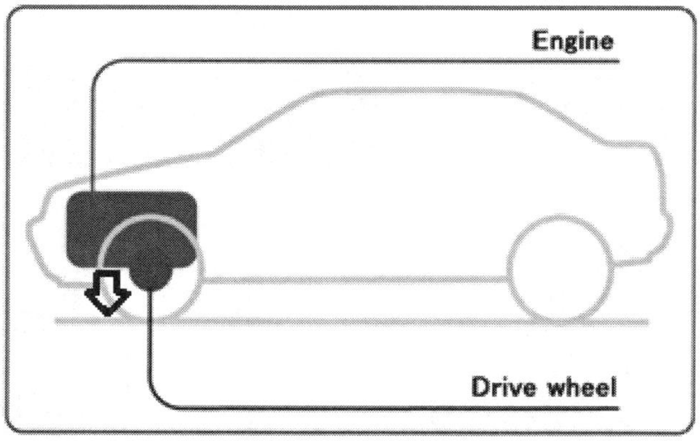

그림 9-62 전륜구동(Front drive)

9.16 웜 기어 worm gear

웜(worm) 및 웜 기어(worm gear)는 일반적으로 서로 직각을 이루고 있는 두 축간의 각속도비를 매우 크게 하고 싶을 때 사용한다. 웜 기어 동력전달장치, 웜을 응용한 몽키 스패너 등의 실제모습을 그림 9−63에 나타내었다. 그림 9−64에서 윗부분에 있는 것을 웜(worm)이라고 하며, 밑부분에서 회전운동을 하는 기어를 웜 기어(worm gear)라고 한다. 또한 그림 9−64와 같은 형태를 원통형 웜 기어라고하며, 그림 9−66과 같은 형태를 장고형 웜 기어라고 한다. 웜 기어는 치면이 서로 점접촉이 아닌, 선접촉을 하도록 웜의 곡률에 맞게 오목하게 만들어져 있다. 또한 웜 기어는 웜과 선접촉을 하기 때문에 큰 하중을 전달할 수 있으며, 웜 기어에 반대방향의 큰 하중이 가해져도 역회전을 하지 않는 장점이 있다. 그러나 웜 및 웜 기어는 나사 기어에서와 같이 치를 가로지르는 미끄럼속도가 크므로 마모가 많이 된다는 단점도 갖는다. 따라서 치의 강도를 높이기 위하여 열처리를 한다.

그림 9−68에 한줄나사 웜(single thread worm, 나사줄수 $N_w = 1$), 2중나사 웜(double thread worm, $N_w = 2$) 그리고 3중나사 웜(triple thread worm, $N_w = 3$)을 표시하였다. 그림 9−68에서와 같이 웜의 축방향피치(axial pitch)는 p로 표시하며, 이는 한줄나사의 한 점으로부터 이웃하는 나사의 같은 점까지의 거리를 피치원통상에서 측정한 값이다. 웜의 리드(lead) l은 나선이 피치원통을 한바퀴 돌 때 축방향으로 전진하는 양이며, 나사줄수 N_w 에 피치 p를 곱한 것과 같다.

$$l = N_w p \tag{9.70}$$

그림 9−69는 웜의 피치지름이 D_w(피치원통상에서의 지름)인 피치나선을 전개한 것을 나타낸 것이다. 이 그림의 직각삼각형으로부터 리드각(lead angle) λ에 대하여 다음 식이 성립한다.

$$\tan\lambda = \frac{l}{\pi D_w} = \frac{N_w p}{\pi D_w} \tag{9.71}$$

웜 기어의 원주피치 p는 웜 기어의 잇수를 N_g라 하고, 피치지름을 D_g라 하면, 스퍼어 기어와 같은 방법으로 다음과 같이 정의된다.

$$p = \frac{\pi D_g}{N_g} \tag{9.72}$$

웜 기어의 원주피치 p는 전술한 웜의 축방향피치 p와 같아야 한다. 웜 및 웜 기어의 각속도를 ω_w와 ω_g라고 할 때 두 축 간의 가속도비는 다음과 같이 된다.

$$\frac{\omega_w}{\omega_g} = \frac{N_g}{N_w} \tag{9.73}$$

또한 두 축간의 중심거리 C는 다음과 같이 된다.

$$C = \frac{D_w + D_g}{2} \tag{9.74}$$

그림 9-63 웜(worm) 및 웜 기어(worm gear)의 실제모습

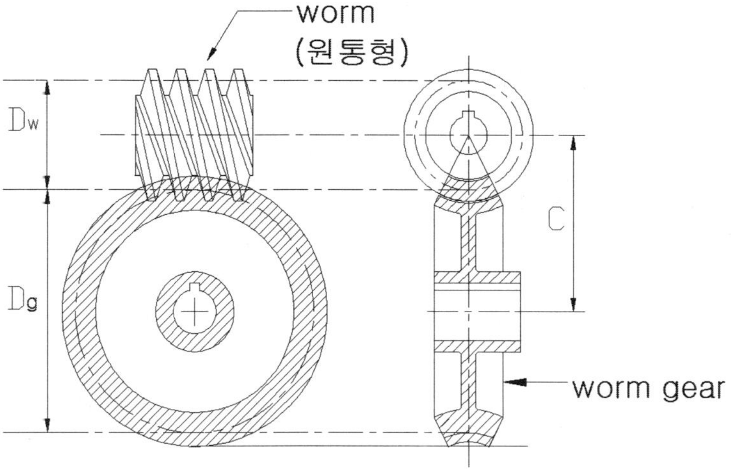

그림 9-64 원통형 웜

그림 9-65 원통형 웜의 실제모습

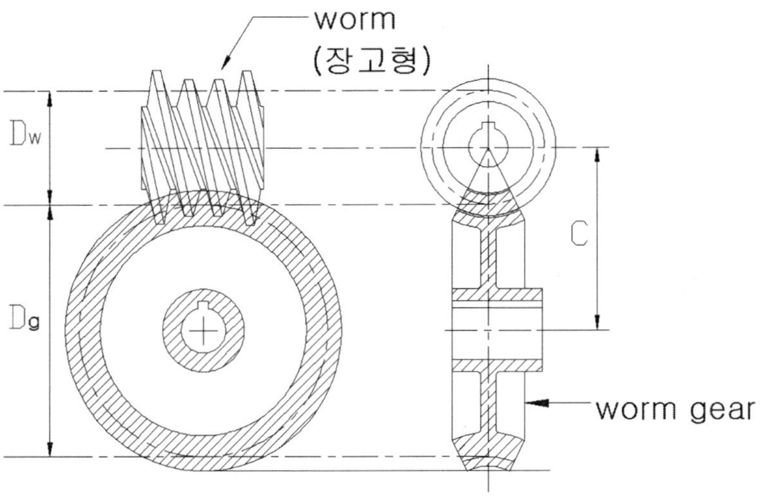

그림 9-66 장고형 웜

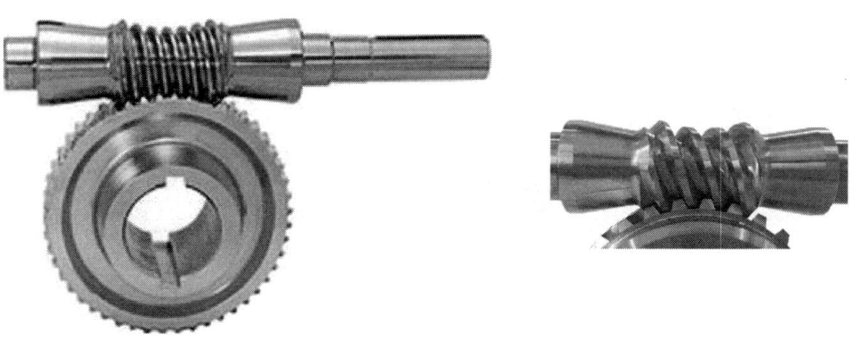

그림 9-67 장고형 웜의 실제모습

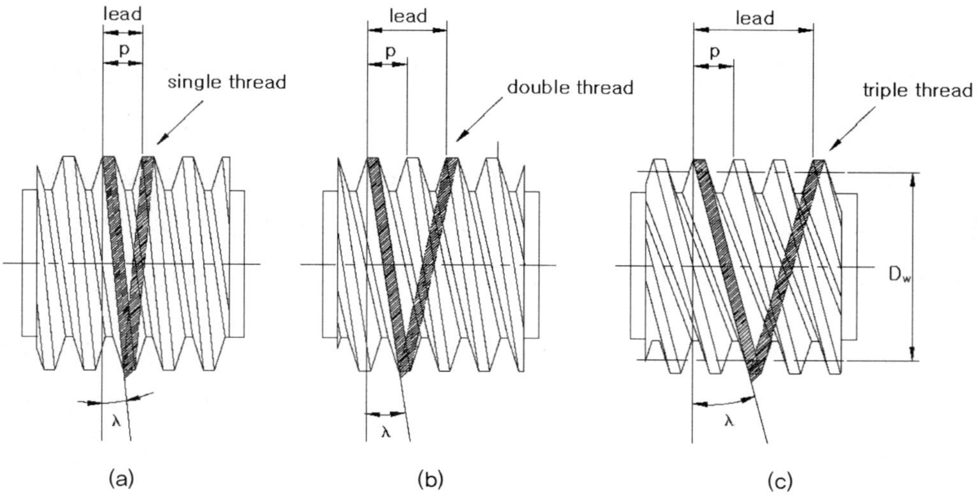

그림 9-68 웜(worm)

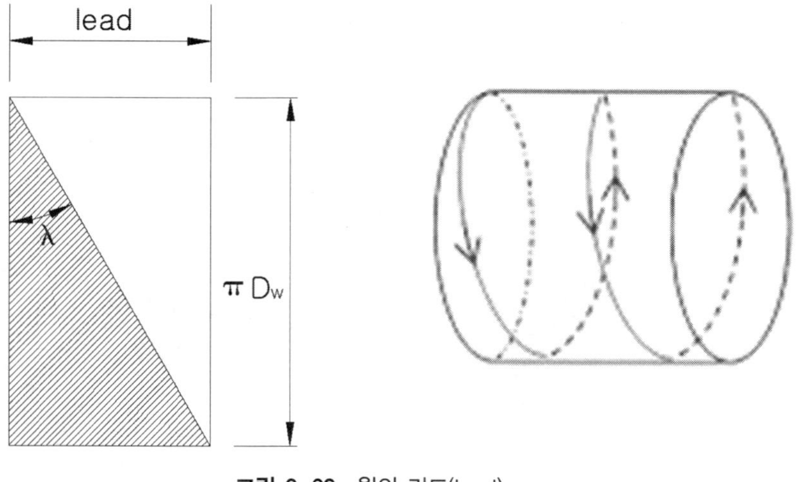

그림 9-69 웜의 리드(lead)

9.17 이송나사 translation screw

웜과 유사한 구조와 기능을 갖는 기계요소로써 이송나사(translation screw)가 있다. 이송나사란 운동을 전달하기 위하여 사용되는 나사를 말하며, 기계요소들을 체결하기 위하여 사용되는 체결용 나사, 즉 볼트(bolt), 너트(nut), 캡 스크루(cap screw), 스터드 볼트(stud bolt, 양쪽이 모두 수나사로된 볼트) 등과는 구별된다. 그림 9－71에 일반적인 체결용 나사를 표시하였으며, 그림 9－72에 이송나사로 사용되는 4각나사 및 톱니나사를 나타내었다.

이송나사의 피치와 리드는 전술한 웜에서와 같은 의미를 갖는다. 일반적으로 이송나사는 오른손 외줄나사(single thread)로 되어 있다. 그림 9－74에 표시한 프레스는 피치(pitch)가 7mm인 외줄나사로 설계된 것이다. 이 프레스의 손잡이 바퀴를 위에서 보았을 때 시계방향으로 1회전시키면, 압력판은 프레임에 대하여 피치인 7 mm만큼 하강하게 된다.

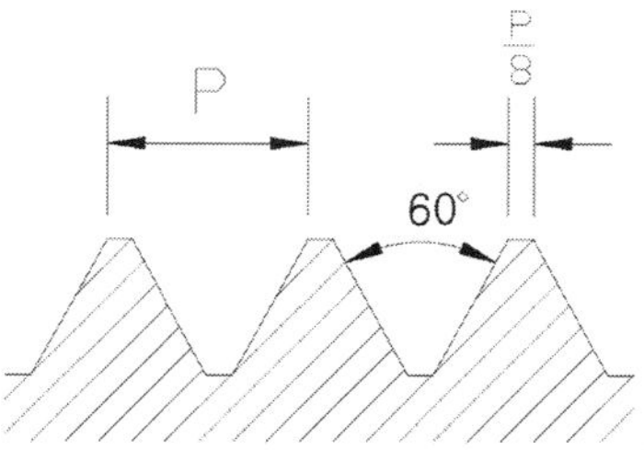

그림 9-70 체결용 나사

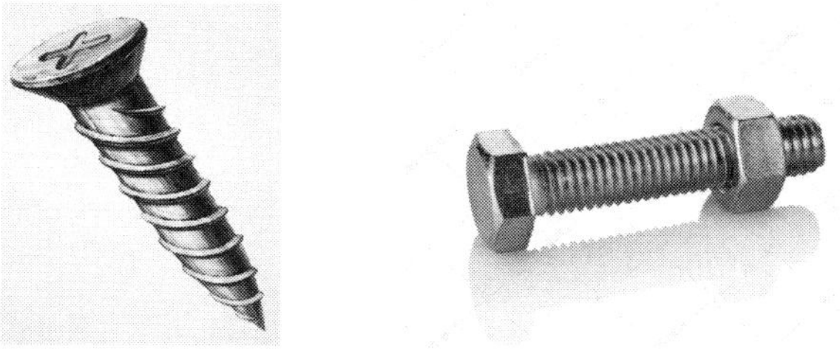

그림 9-71 체결용 나사

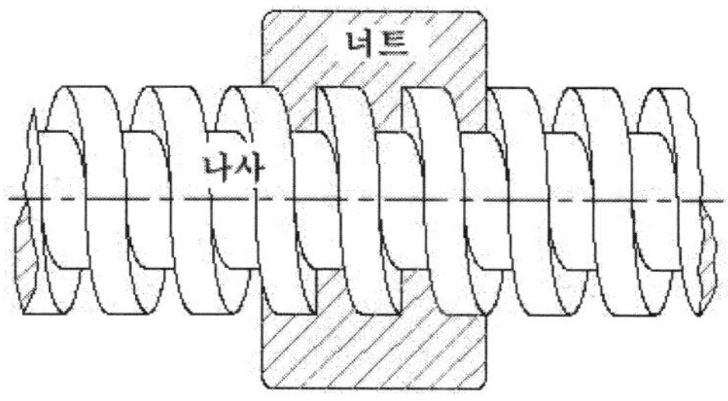

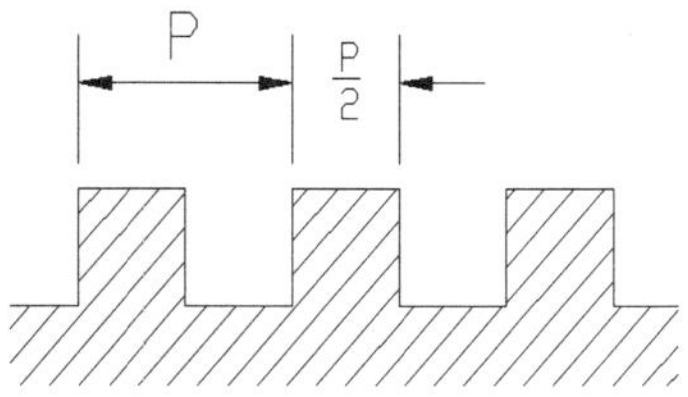

(a) 사각나사

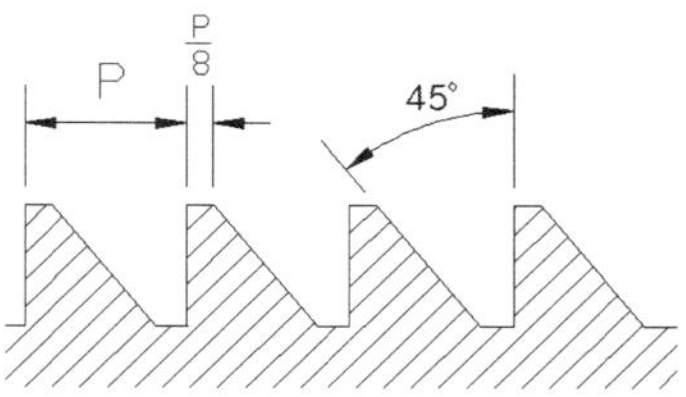

(b) 톱니나사

그림 9-72 이송나사

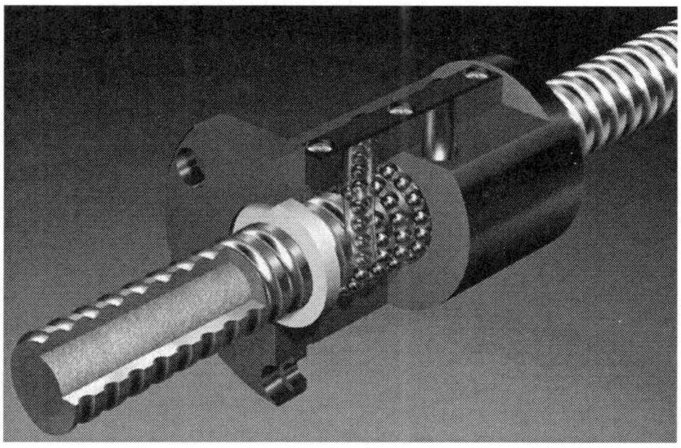

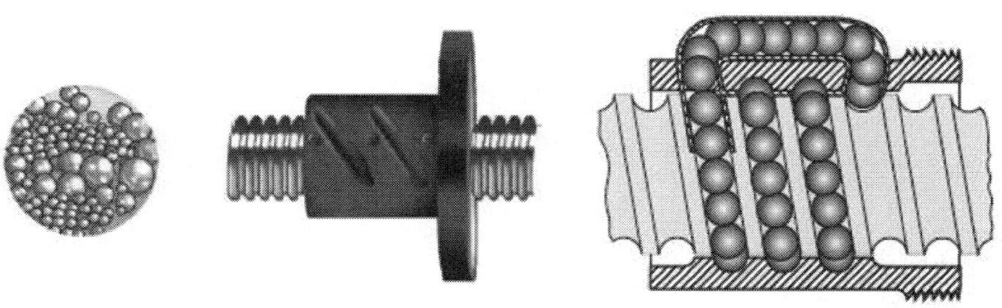

그림 9-73 이송나사

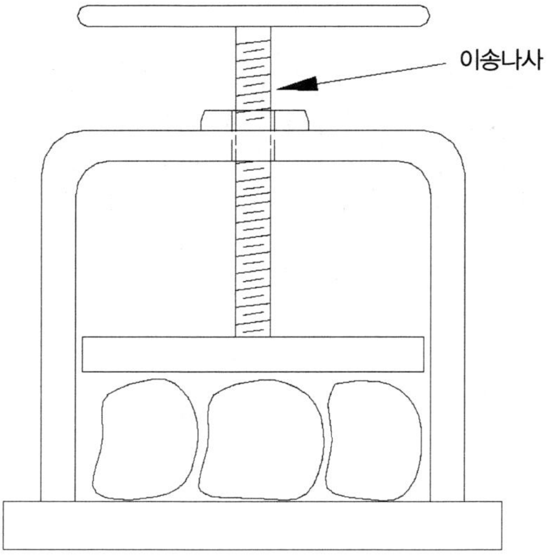

그림 9-74 이송나사를 이용한 프레스

9.18 기어 트레인 gear train

기어 트레인(gear train)이란 그림 9-75와 같이, 한 축으로부터 다른 축으로 동력을 전달할 때, 맞물려있는 2개 이상의 기어로 구성된 기어를 말한다. 기어 트레인(gear train)에는 단순 기어 트레인(simple gear train), 복합 기어 트레인(compound gear train), 유성 기어(planetary gear, 부록 참조) 등이 있다.

9.18.1 단순기어 트레인(simple gear train)

단순기어 트레인(simple gear train)이란 다음 절에서 다루는 복합기어 트레인(compound gear train, 그림 9-77 참조)과 달리, 그림 9-75 및 그림 9-76에서와 같이 각각의 회전축에 오직 1개의 기어가 있는 트레인을 말한다. 그림 9-76에 단순기어 트레인의 실제모습을 나타내었다.

그림 9-75에서 기어 A는 기어 B를 구동시키고, B는 C를 구동시키며, C는 D를 구동시키고, D는 E를 각각 구동시킨다. 기어 트레인에서의 각속도비(AR, Angular velocity Ratio)는 트레인의 마지막 기어의 각속도에 대한 처음 기어의 각속도의 비를 의미하며 다음과 같이 표시된다.

$$\frac{\omega_A}{\omega_E} = \frac{\omega_A}{\omega_B} \times \frac{\omega_B}{\omega_C} \times \frac{\omega_C}{\omega_D} \times \frac{\omega_D}{\omega_E} \tag{9.75}$$

기어 A, B, C, D, E의 잇수를 각각 N_A, N_B, N_C, N_D, N_E 이라고 하면, 맞물려 있는 임의의 기어쌍의 각속도의 비는 그들의 잇수의 역에 비례하며, 다음과 같이 된다.

$$\frac{\omega_A}{\omega_B} = \frac{N_B}{N_A} \tag{9.76}$$

$$\frac{\omega_B}{\omega_C} = \frac{N_C}{N_B} \tag{9.77}$$

$$\frac{\omega_C}{\omega_D} = \frac{N_D}{N_C} \tag{9.78}$$

$$\frac{\omega_D}{\omega_E} = \frac{N_E}{N_D} \tag{9.79}$$

따라서 그림 9−75에 표시한 단순기어 트레인의 각속도비는 다음과 같이 된다.

$$\frac{\omega_A}{\omega_E} = \frac{N_B}{N_A} \times \frac{N_C}{N_B} \times \frac{N_D}{N_C} \times \frac{N_E}{N_D} = \frac{N_E}{N_A} \tag{9.80}$$

이 식으로부터 알 수 있듯이 중간기어들의 잇수는 상쇄되므로, 단순기어 트레인의 각속도비는 트레인의 첫 번째 기어와 마지막 기어의 잇수에만 의존한다. 따라서 이들 중간기어들을 아이들러 기어(idler gear)라고 부른다.

아이들러 기어는 기어 A와 기어 E 사이의 중심거리와 같이 비교적 거리가 긴 축 사이를 연결하고, 기어들 간의 회전방향 관계를 설정하기 위하여 사용한다. 일반적으로 각속도비의 부호는 첫 번째 기어와 마지막 기어가 동일한 방향으로 회전하면 양(+)으로 표시하고, 반대방향으로 회전하면 음(−)으로 표시한다.

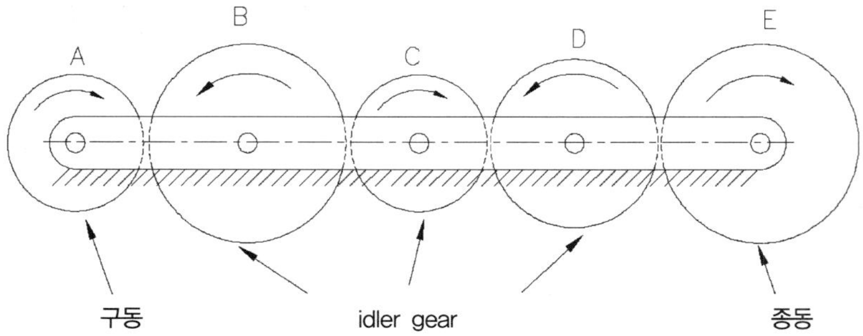

그림 9−75 단순기어 트레인(simple gear train)

그림 9-76 단순기어 트레인의 실제모습

9.18.2 복합기어 트레인(compound gear train)

복합기어 트레인(compound gear train)이란 그림 9−77에서와 같이 각각의 회전축에 2개 이상의 기어를 갖는 기어 트레인을 말한다. 복합기어 트레인의 실제모습을 그림 9−78에 나타내었다. 또한 그림 9−79에 복합트레인의 일종인 복귀기어 트레인(reverted gear train)을 표시하였다. 복귀기어 트레인(reverted gear train)이란 그림 9−79에서와 같이 처음과 마지막 기어의 회전축이 동일 선상에 있기 때문에 붙여진 이름이다. 복귀기어 트레인은 각종 시계[(그림 9−79 (b)와 같이 시침과 분침이 동일축 선상에 있음)], 변속장치, 자동차의 후진기어(back gear) 등에 적용된다.

일반적으로 큰 감속비를 얻기 위하여 단순기어 트레인을 사용하면 기어장치의 사이즈가 크게 되는 경향이 있다. 복합기어 트레인의 장점은 단순기어 트레인에 비하여 작은 기어들을 가지고도 큰 감속비를 얻을 수 있다는 것이다. 예를 들어 1 : 7 이상의 큰 감속비를 얻고자 할 때에는, 현장에서는 단순기어 트레인을 사용하지 않고, 복합기어 트레인이나 웜 기어를 사용한다. 이때 A에서 F까지의 기어들에 의하여 형성되는 각속도비는 다음과 같이 된다.

$$\frac{\omega_A}{\omega_F}=\frac{\omega_A}{\omega_B}\times\frac{\omega_B}{\omega_D}\times\frac{\omega_D}{\omega_F}=\frac{\omega_A}{\omega_B}\times\frac{\omega_C}{\omega_D}\times\frac{\omega_E}{\omega_F}=\frac{N_B}{N_A}\times\frac{N_D}{N_C}\times\frac{N_F}{N_E} \tag{9.81}$$

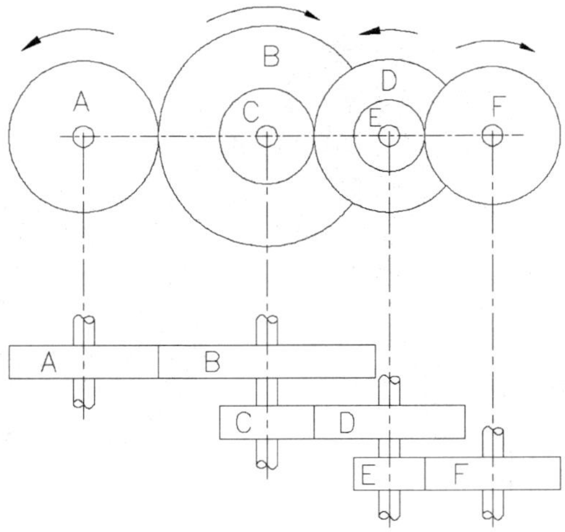

그림 9-77 복합기어 트레인(compound gear train)

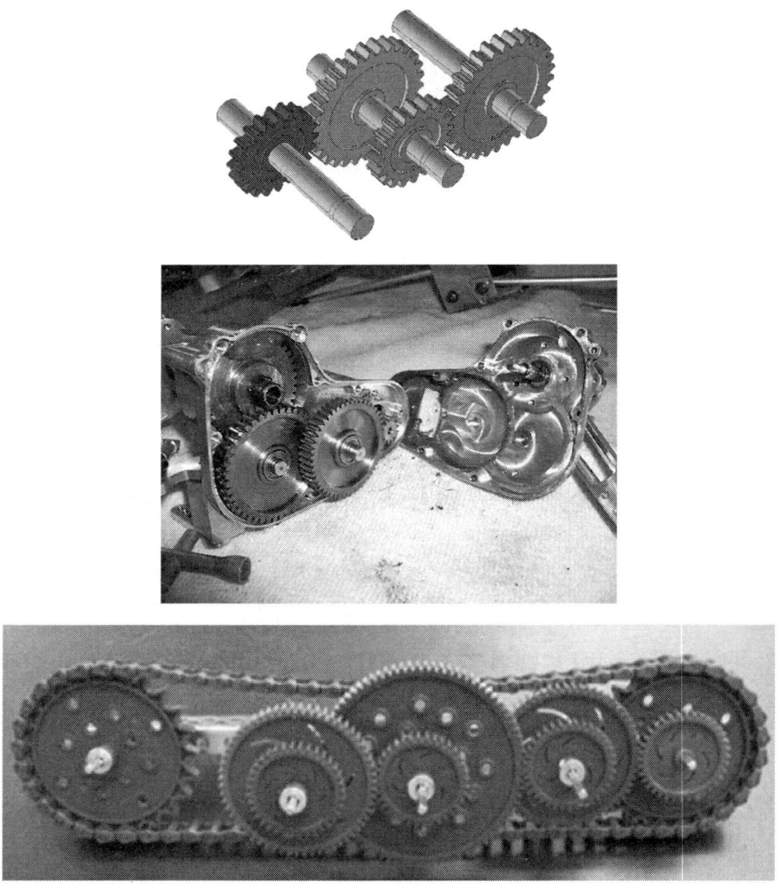

그림 9-78 복합기어 트레인의 실제모습

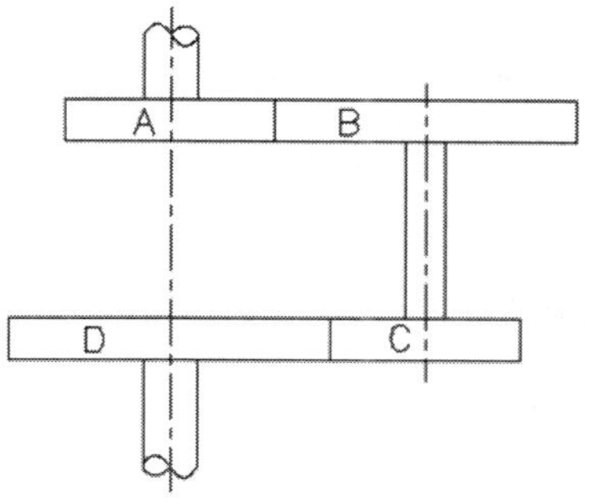

(a)

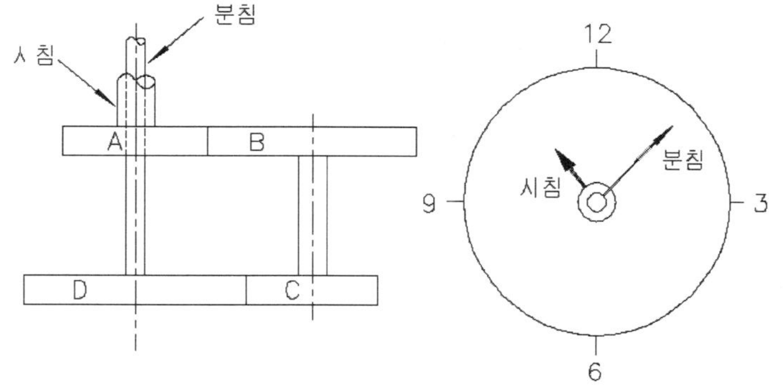

(b)

그림 9-79 복귀기어 트레인(reverted gear train)

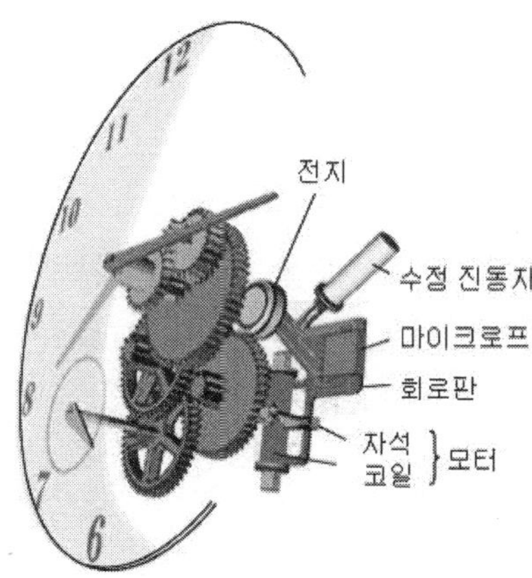

그림 9-80 복귀기어 트레인을 이용한 시계

다음으로 복구 기어 트레인(reverted gear train)의 예로써 자동차용 변속장치(transmission)에 대하여 고찰하기로 한다. 대표적인 자동차용 3단 변속장치를 그림 9－81에 나타내었다. 또한, 그림 9－82 및 그림 9－83에 트랜스미션의 내부 및 자동차용 수동식 트랜스미션의 실제

모습을 나타내었다.

그림 9−81에서 엔진으로부터의 동력은 기어 A에 전달되며, 기어 D, E, F, G는 일체로 회전운동을 한다. 또한 기어 H는 아이들러 기어로서 기어 G와 맞물려 있다. 기어 B와 기어 C는 구동축에 연결된 스플라인축상에서 축방향으로 미끄러지며 이동할 수 있도록 설계되어 있다.

(a) 1단 기어

저속에서는 기어 C가 기어 F와 맞물리도록 축을 좌측으로 이동시킨다. 이때 기어 A, D, F, C에 의하여 형성되는 각속도비(AR)는 다음과 같이 된다.

$$AR = \frac{\omega_A}{\omega_C} = \frac{\omega_A}{\omega_D} \times \frac{\omega_D}{\omega_C} = \frac{\omega_A}{\omega_D} \times \frac{\omega_F}{\omega_C} = \frac{N_D}{N_A} \times \frac{N_C}{N_F} \qquad (9.82)$$

(b) 2단 기어

중속에서는 기어 B가 기어 E와 맞물리도록 축을 우측으로 이동시킨다. 이때 기어 A, D, E, B에 의한 각속도비는 다음과 같이 된다.

$$AR = \frac{\omega_A}{\omega_B} = \frac{N_D}{N_A} \times \frac{N_B}{N_E} \qquad (9.83)$$

(c) 3단 기어

고속에서는 기어 A의 클러치 이와 기어 B의 클러치가 직접 물리도록 기어 B가 왼쪽으로 이동한다. 이렇게 하면 각속도비가 1이 되며, 엔진의 회전속도에 의한 직접구동이 된다.

$$AR = \frac{\omega_A}{\omega_B} = 1 \qquad (9.84)$$

(d) 백(back) 기어

역회전에서는 기어 C가 아이들러 H와 맞물리도록 축을 오른쪽으로 이동시킨다. 이때 기어 A, D, G, H, C를 통한 각속도비는 다음과 같이 된다.

$$AR = \frac{\omega_A}{\omega_C} = \frac{N_D}{N_A} \times \frac{N_H}{N_G} \times \frac{N_C}{N_H} \tag{9.85}$$

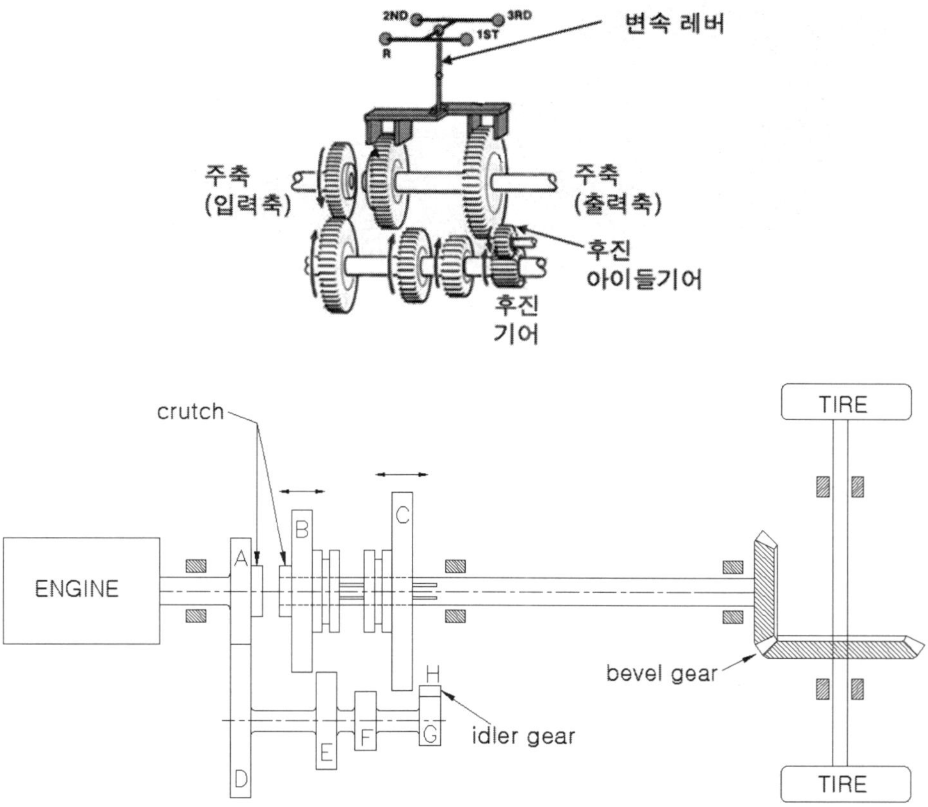

그림 9-81 복귀기어 트레인(reverted gear train)의 예

그림 9-82 트랜스미션(transmission, gearbox)의 내부

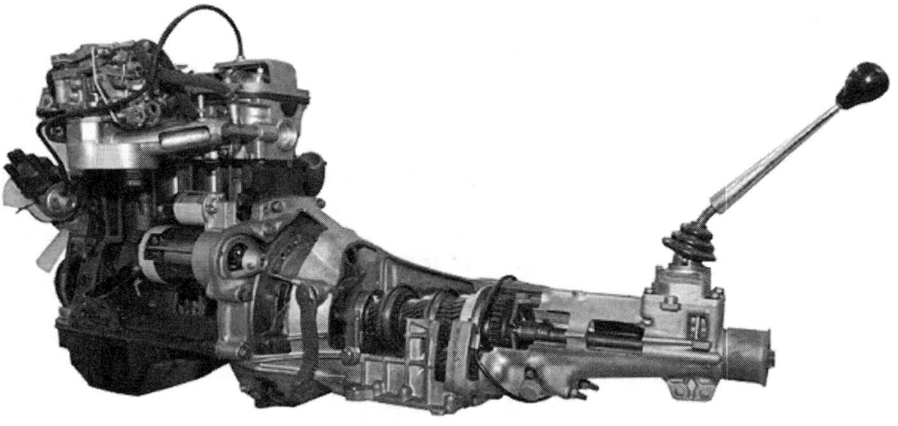

그림 9-83 자동차용 수동식 트랜스미션의 실제모습

9.18.3 유성(遊星) 기어 트레인(planetary gear train)

유성(遊星) 기어 트레인이란 1개 이상의 기어의 회전축이 프레임(frame)에 대하여 상대적으로 움직이는 기어 트레인을 말한다. 유성기어에서는 중심이 되는 기어를 태양(sun)기어이라 부르고, 회전축이 태양기어에 대하여 일정한 거리를 두고 이동하는 기어들을 유성(planets) 기어라고 한다. 유성기어의 실제모습을 그림 9-84에 표시하였다.

유성기어를 에피사이클릭(epi-cyclic) 기어 트레인이라고도 하는데 에피사이클[epi-cycle, 주전원(周轉圓)]이란 큰 원의 둘레 위를 회전하는 작은 원을 의미한다. 유성기어는 작은 공간에서도 큰 각속도비(기어비)를 얻을 수 있는 특징이 있기 때문에 자동세탁기의 동력전달장치, 자동차의 트랜스밋션, 연필깎기 등 각종기계장치의 동력전달 계통으로 광범위하게 활용되고 있다(그림 9-89 및 그림 9-90 참조).

유성기어트레인과 단순기어트레인과의 기본개념의 차이는, 유성기어는 그림 9-86 및 그림 9-87에 나타낸 것처럼 원 A의 위치가 그림 9-85와 같이 한 곳에 고정되어 있지 않고, 원 B상을 유성처럼 회전하는 것이다(그림 9-87은 그림 9-86에 기어 B를 추가한 것임). 즉, 유성기어에서는 그림 9-86에 나타낸 암(arm)은 점 O에서 피봇(pivot)되어 회전운동을 할 수 있게 설치되어 있다. 이 그림에서 기어 A는 암과 상대적으로 회전운동을 할 수 없도록 암에 결합되었다. 암의 1회전의 의미를 알아보기 위하여, 기어 A에 그려진 화살표가 360° 회전하였을 때 기어 A는 1회전했다고 하자. 그리고 그림 9-86에서 암이 피벗된 O점에 대하여 시계방향(+방향)으로 1회전하면, 기어 A의 화살표가 360° 회전할 것이므로 기어 A도 역시 반시계방향으로 1회전한다.

① 이 그림에서 기어 B의 반경(R_B)이 기어 A의 반경(R_A)의 2배의 크기라고 가정하면 다음과 같이 된다.

$$\frac{\omega_A}{\omega_B} = \frac{R_B}{R_A} = \frac{N_B}{N_A} = +2 \tag{9.86}$$

② 또한, 기어 B는 고정되고, 기어 A는 암에 피벗으로 연결되었다고 하자.

③ 만약 암이 피벗 O에 대하여 반시계방향으로 1회전하면, 기어 A는 고정된 기어 B 위를 구르게 된다.

따라서 기어 A는 반시계방향으로 모두 3회전을 한 것이 된다.

그림 9-84 유성기어 트레인의 실제모습

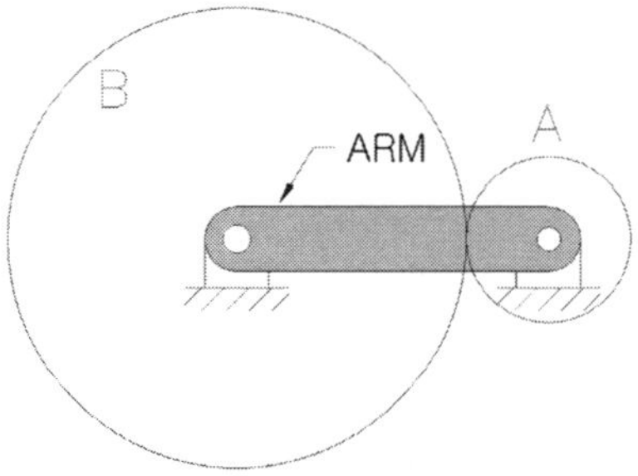

그림 9-85 단순기어 트레인

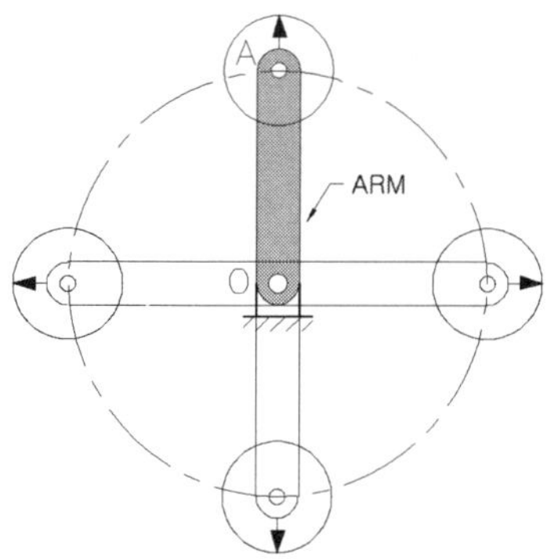

그림 9-86 유성 기어의 개념(1)

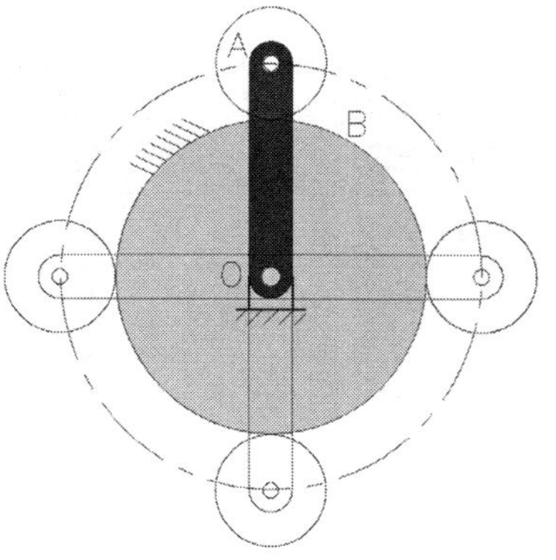

그림 9-87 유성기어의 개념(2): 그림 9-85에 나타낸 단순기어 트레인과의 차이는 원 A의 위치가 한 곳에 고정되어 있지 않고, 원 B상을 유성처럼 회전하는 것이 특징임.

다음으로 그림 9−87과 같은 유성기어에 중첩법을 적용하여 각속도비를 구하는 방법에 대하여 알아보기로 한다. 중첩법은 어떤 기어의 전체 회전수를 구하기 위하여, 다음과 같이 한다.

- 모든 기어가 암(arm)과 함께 완전히 고정된 상태로 회전하는 회전수와
- 암에 상대적으로 회전하는 회전수를 더한다.

이 과정을 표를 만들면 표 9−4와 같이 된다.

① 먼저 기어 트레인이 고정되어 있다고 가정하고, 암을 반시계방향으로 1회전시킨다. 그러면 기어 B를 포함한 모든 기어 요소는 양의 방향으로 1회전을 한다[(단, 회전운동에서 양(+)은 반시계방향을 의미하고, 음(−)은 시계방향을 의미함)]. 이 결과를 표 9−4에 +1로서 기입한다.

② 다음으로 암을 고정시키고 B를 음의 방향으로 1회전시켜서 처음의 위치에 오게 한다. 따라서 표 9−4의 암에는 0을 기입하고, B에는 -1을 기입한다. 이때 트레인은 고정되지 않았다고 생각한다. 또한 암을 고정시키고 B를 음의 방향으로 1회전시켰을 때, 기어 A가 몇 회전 할 것인가를 생각한다. 기어 A는 $\dfrac{\omega_A}{\omega_B} = \dfrac{N_B}{N_A} = +2$의 반시계방향 회전, 즉 양의 2회전을 하게 된다.

③ 전회전수 합계를 구해보면, 암의 1회전에 대하여 기어 A는 3회전을 한다는 것을 표 9−4로부터 알 수 있다.

표 9-4 중첩법에 의한 각속도비 계산

	중심점 O를 고정, 암을 양의 1회전	암을 고정, B를 음의 1회전	전회전수 합계
암(arm)	+1	0	+1
A	+1	$\frac{\omega_A}{\omega_B} = \frac{N_B}{N_A} = +2$	+3
B	+1	−1	0

그림 9−88에 표시한 유성기어에서 기어 A는 구동축에 해당하며, 기어 C는 프레임(frame)에 고정된 내접기어이다. 또한 암은 종동축과 일체로 되어 있어 종동축을 회전시킨다. 구동기어 A가 회전하면, B 기어들이 기어 C위를 구르고 결과적으로 암이 회전운동을 하게 된다. 그림 9−88에서 기어의 기호 옆에 표시한 숫자는 기어의 잇수를 나타낸다. 즉, 기어 A의 잇수는 15개이고, 기어 B의 잇수는 45개이며, 기어 C의 잇수는 105개이다. 기어 B는 운동학적으로 1개만 있어도 되지만, 회전 운동시 전체적인 균형을 유지하고, 하중을 여러 개의 기어에 분산하기 위하여 2개 더 추가하였다.

앞서 설명한 중첩법에 의한 각속도계산법을 활용하여, 표 9−5에 그 결과를 나타내었다. 이 표의 결과는 구동기어 A가 8회전을 할 때, 암(종동요소)은 1회전을 한다는 것을 의미한다. 기어 A와 암의 전체 회전은 동일부호이므로, 구동축과 종동축은 같은 방향으로 회전한다는 것을 알 수 있다. 이때 각속도비는 8 : 1이 된다.

표 9-5 중첩법에 의한 각속도 계산

	암을 양의 1회전	암만을 고정, C를 음의 1회전	전회전수 합계
암(arm)	+1	0	+1(구동축)
A	+1	$\frac{\omega_A}{\omega_C} = \frac{N_C}{N_B} \times \frac{N_B}{N_A}$ $= +\left(\frac{105}{45} \times \frac{45}{15}\right)$ $= +7$	+8(종동축)
C	+1	−1	0 (C는 고정하여 운전함을 의미함)

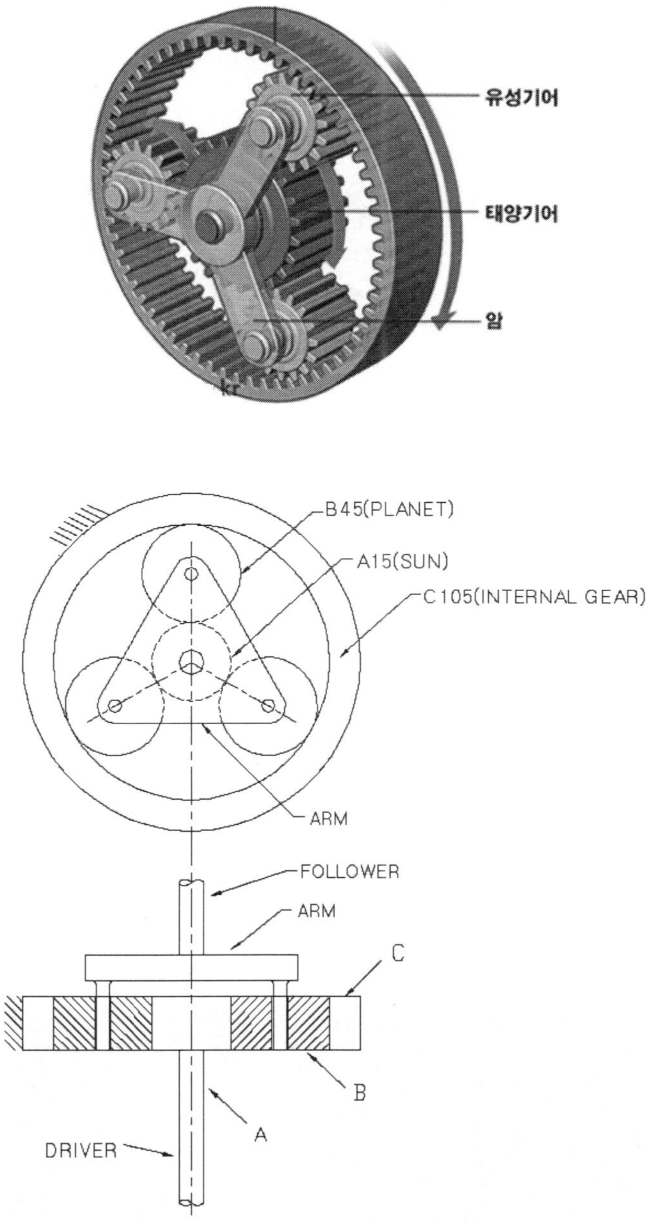
유성기어
태양기어
암
B45(PLANET)
A15(SUN)
C105(INTERNAL GEAR)
ARM
FOLLOWER
ARM
C
B
A
DRIVER

그림 9-88 유성기어

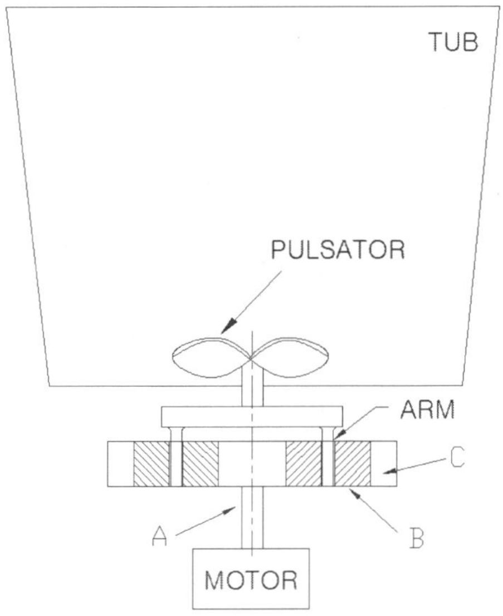

그림 9-89 유성기어의 자동세탁기에의 적용 예

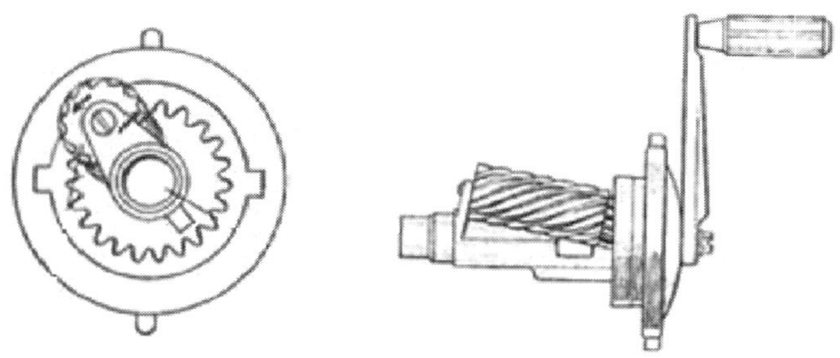

그림 9-90 유성기어의 연필깎기에의 적용 예

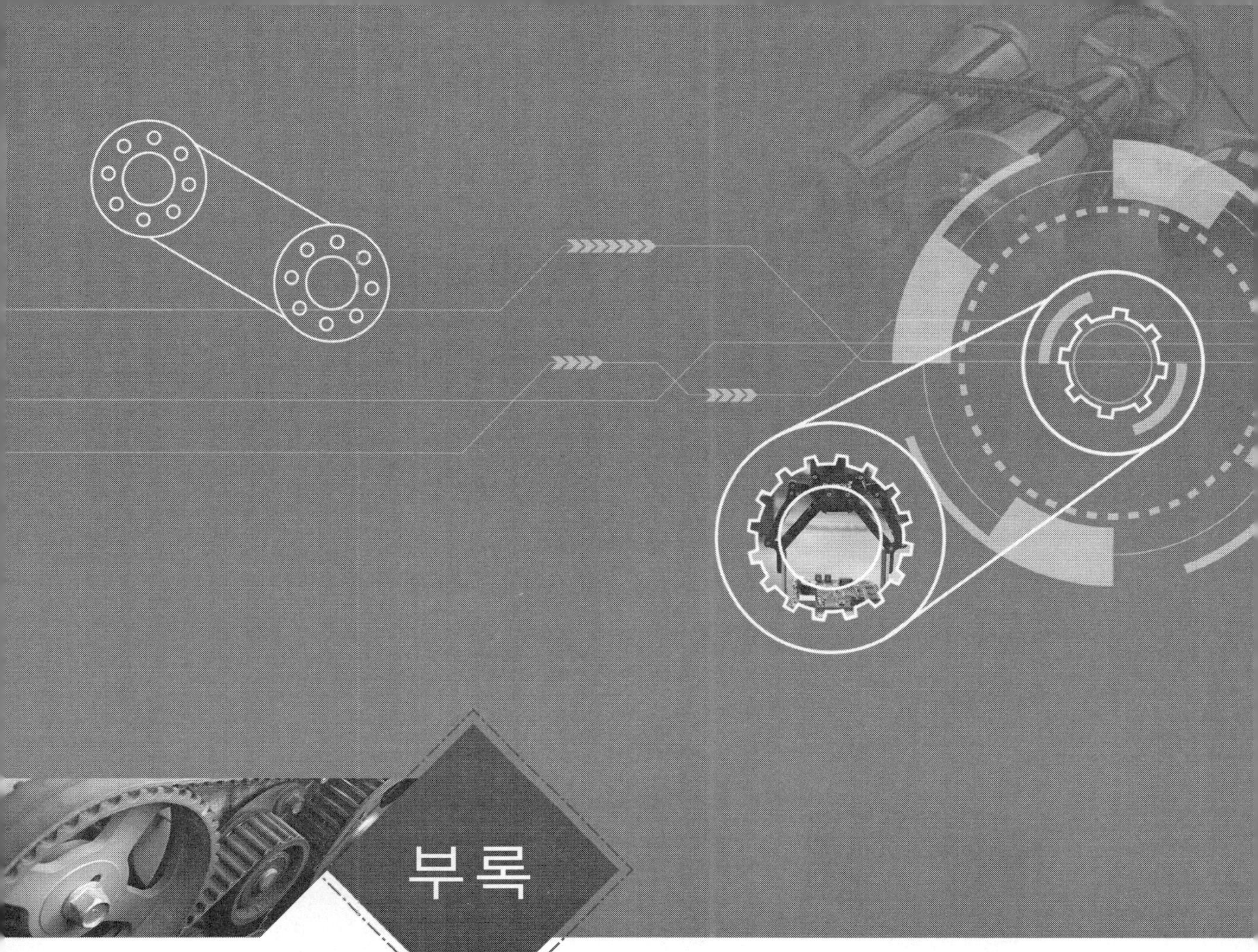

부록

1 이동 테이블, 전자 락, 캠식 시퀀서, 공기압실린더

1 리미트 센서를 이용한 이동 테이블

리미트센서를 그림 A−1에 표시하였다. 리미트 센서는 기계식(직접 접촉식)으로 작동되며, 크기가 다양하고, 취급하기 용이하다는 특징이 있다. 그림 A−2에 리미트 센서를 이용한 이동 테이블을 나타내었다. 리미트 센서를 이렇게 설치하면 이동 테이블이 좌우로 이동할 때, 좌우에 있는 물건과 테이블이 접촉하는 것을 막을 수 있다.

그림 A−1 리미트 스위치. 기계식 접촉에 의해 on, off됨

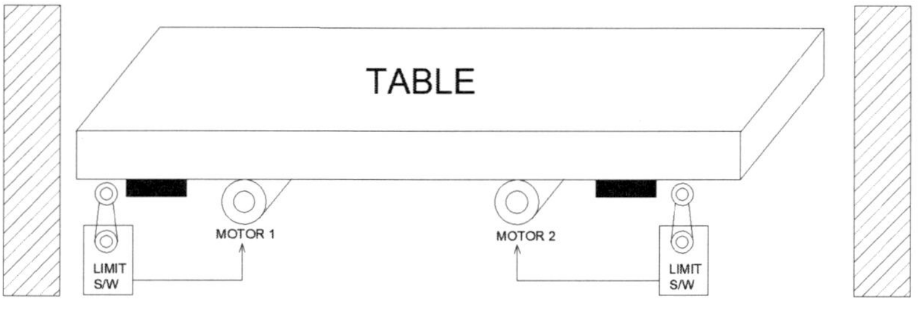

그림 A−2 리미트 센서를 설치한 이동 테이블

2 리드 센서를 이용한 전자 락(lock)

리드(reed) 센서는 전술한 리미트센서와 거의 동일한 기능을 가지고 있으며, 물체와 비접촉으로 스위칭이 가능하므로 리미트센서(직접 접촉식)에 비해 동작속도(약 500Hz)가 빠르다(그림 A−3 참조). 그러나 접점용량이 적으므로 대전류를 개폐할 수 없다는 단점이 있다. 리드 센서는 또한 일종의 자기 센서(마그네틱센서, 자기를 감지하기 위한 센서)로 이용되기도 한다. 그림 A−4에 리드 센서를 이용한 전자 락(lock)을 표시하였다. 이 전자 락은 키(key)에 자석이 설치되어 있으며, 키를 키홈에 집어넣으면 회로에 앤드 게이트(And Gate)가 형성되어, 전자석(solenoid)에 자장이 발생함으로써 키가 on off가 된다.

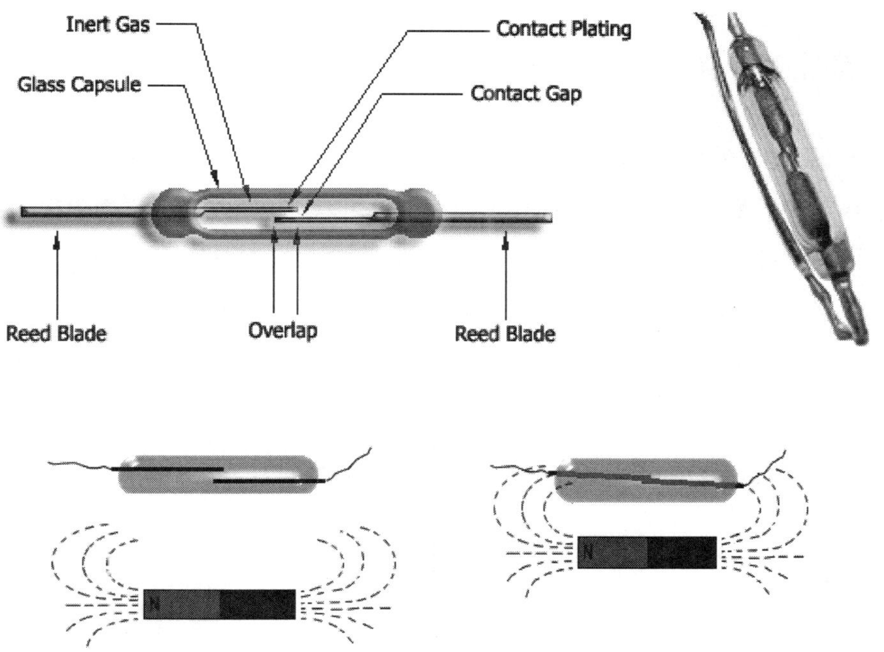

그림 A-3 리드 센서; 접점 부분의 리드 편을 유리관에 내장한 구조로 되어있음. 이 스위치에 마그넷(영구 자석)이 접근하면, 리드 편은 서로 끌어당겨 접촉하게 되고 스위치는 ON이 됨. 또한, 마그넷이 멀어지면, 리드 편은 자기화가 풀려서 OFF가 됨.

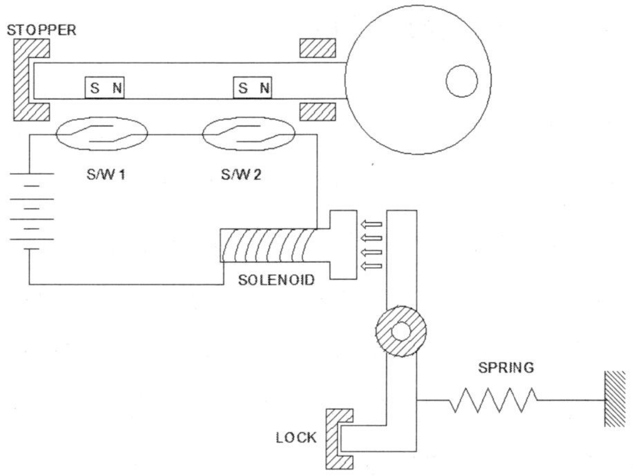

그림 A-4 리드 센서를 이용한 전자 락(lock)

3 캠식 시퀀서

그림 A－5는 컨베이어 A를 타고 온 상자를 컨베이어 B로 이동시키는 로봇 암의 동작을 표시한 것이다. 그림 A－6의 타임차트로부터 알 수 있듯이, 컨베이어 A가 스톱하면 물건을 움켜쥐고 암이 상승한다. 다음으로 암이 왼쪽으로 이동하고, 암이 하강한 후, 물건을 떨어뜨린다. 그리고 다시 암이 상승한 다음, 암이 오른쪽으로 이동하고, 마지막으로 암이 원위치로 하강하므로 서 로봇 암의 동작이 완료된다. 캠식 결과란 그림 A－7과 같이 모터에 여러 개의 원판 캠을 연결하여, 이 원판으로 하여금 리미트스위치를 on off 시키는 시퀀서이다. 이를 이용하면 일정한 시간 간격을 가지고 순서에 따라 모터를 on off 시킬 수 있다.

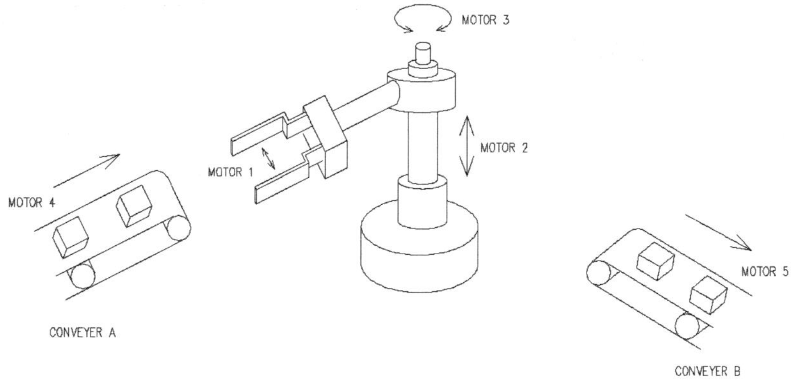

그림 A-5 로봇 암과 컨베이어 벨트

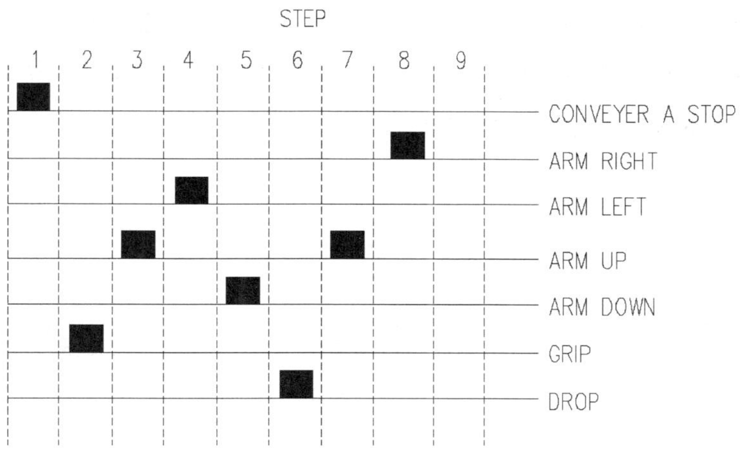

그림 A-6 타임차트

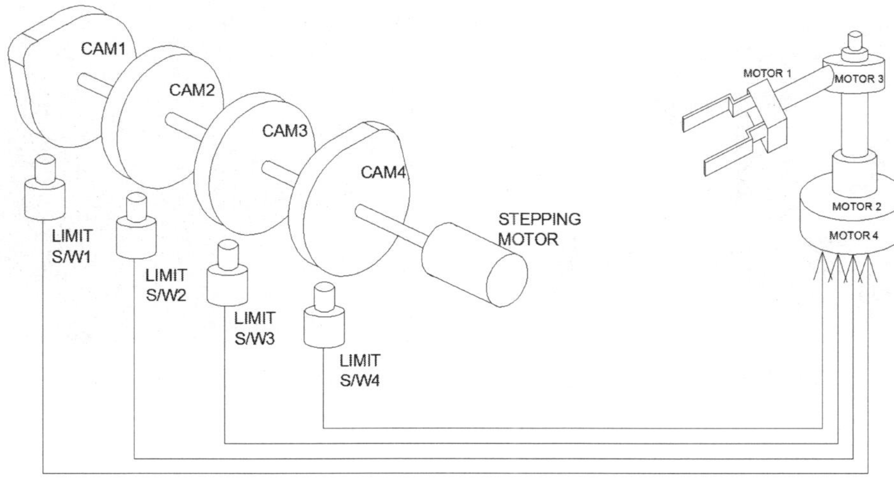

그림 A-7 캠식 시퀀서

4 공기압실린더

공기압실린더를 그림 A－8에 표시하였다. 공기압실린더는 압축공기의 압력에너지를 기계적 에너지로 변환하여 직선운동, 회전운동, 요동운동 등을 하도록 하여 기계적인 일을 하는 기구로써 직선운동을 하는 공기압 실린더, 회전운동을 하는 공기압실린더 그리고 요동운동을 하는 요동 공기압 액추에이터 등이 있다. 공기압실린더를 구동시키기 위해서는 에어 컴프레서(그림 A－10 참조), 필터(압축공기 속의 먼지, 수분제거), 오일러(실린더내의 윤활과 녹 방지), 공기압 조정기 등의 외부장치가 필요하며, 그림 A－8과 같이 로드의 끝에 임의의 형상을 갖는 구동체를 부착시킨 후 운동시킨다.

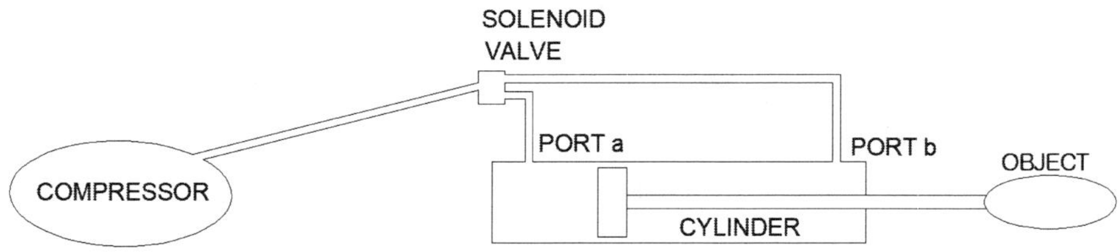

그림 A-8 공기압실린더의 내부구조

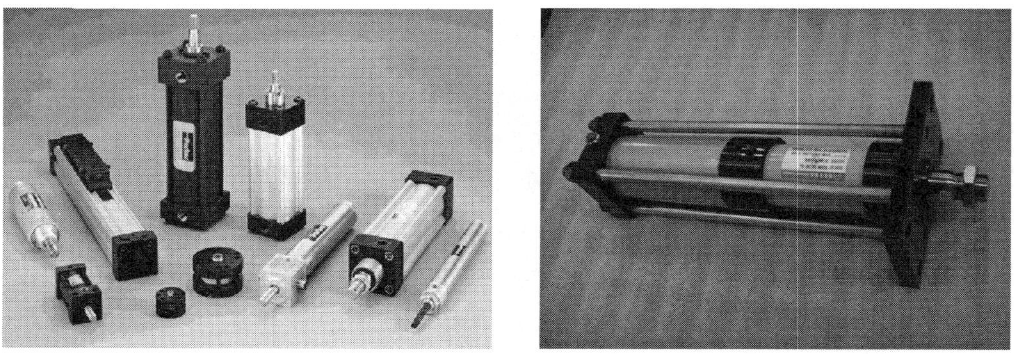

그림 A-9 공기압실린더: 공기의 힘을 이용하여 물체를 움직이는 액추에이터임.

그림 A-10 컴프레서

2 아날로그 계산기

디지털 컴퓨터(digital computer)는 키보드로부터의 수치적인 입력량을 받아, 덧셈, 뺄셈, 곱셈, 나눗셈 등의 연산작업을 계수장치 내의 반복적인 덧셈작업으로 변환하여 수행한다. 예를 들어 디지털 컴퓨터에서의 삼각함수의 계산은 삼각함수의 멱급수전개를 이용하여 덧셈작업으로 변환한 후 그 값을 구한다.

반면 아날로그 컴퓨터(analog computer)는 기구학적 링크장치를 이용하여, 입력량을 수의 형태로 받는 것이 아니라(즉, 순수한 수치 대신) 물리적 양을 입력량으로 다룬다. 이와 같은 아날로그 계산기의 메커니즘은 사격조준기, 비행기용 자동항법 장치, 공작기계, 공장 자동화장치 등 각종 기계장치에 응용되고 있다. 대표적인 아날로그 계산기구인 덧셈/뺄셈 계산기구, 곱셈 계산기구 그리고 삼각함수 계산기구에 대하여 알아보기로 한다.

1 덧셈, 뺄셈 계산기구

덧셈과 뺄셈에 사용되는 가장 일반적인 계산기구를 그림 B−1.a 및 그림 B−1.b 에 표시하였다. 이 기구는 기구 자체가 매우 단순하며, 다음과 같은 기본방정식에 의하여 계산이 이루어진다.

$$z = x \pm y \tag{1}$$

이 식에서 z는 출력, x와 y는 입력이다. 그림 B−1.a에서 링크 2는 x값, 링크 3은 y값을 나타내며, 링크 4은 z값을 나타낸다. 그리고 이들 링크는 롤러 위에서 수평방향으로 움직인다. 예를 들어 2개의 수를 더할 때에는, 링크 2를 어느 한 수까지 움직이고, 다음으로 링크 3을 다른 한 수까지 움직이면, 그 합계는 링크 4에 나타난다. 덧셈을 할 때는 링크를 오른쪽방향으로 움직이며, 뺄셈을 할 때는 링크를 왼쪽방향으로 움직인다.

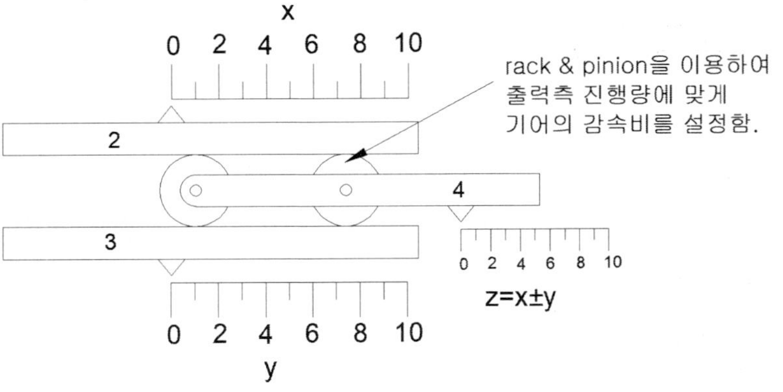

그림 B-1.a 덧셈, 뺄셈 계산기구

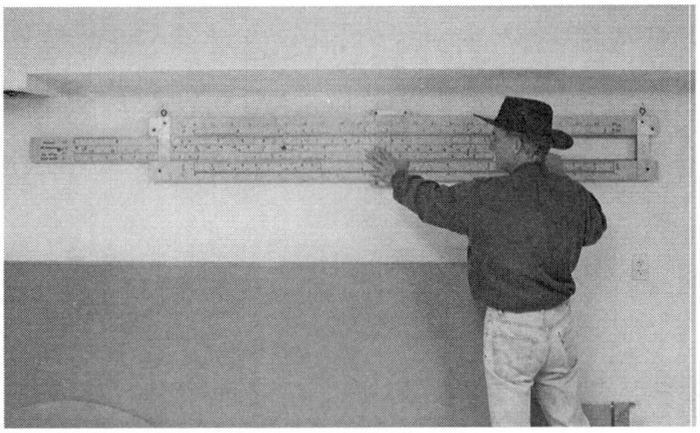

그림 B-1.b 덧셈, 뺄셈 계산기구의 실제모습

2 곱셈 계산기구

곱셈을 아날로그방식으로 기계화시키는데 있어서 가장 간편한 방법은 $y = cx$와 같이 임의의 변수 x에 상수 c를 곱하는 것이다. 곱셈기계는 그림 B−2과 같은 레버장치를 사용하여 설계하면 편리하다. 그림 B−2에서 $y = cx$이고, 여기서 $c = b/a$이다. 왜냐하면, 기구 내에 존재하는 삼각형으로부터 비례식 $x : y = a : b$ 이 성립한다. 이 비례식으로부터 다음과 같이 된다.

$$\frac{y}{x} = \frac{b}{a} \tag{2}$$

따라서

$$y = \frac{b}{a}x \tag{3}$$

그러므로

$$y = c\,x \text{ (단, 거리 } c\text{는 상수임)} \tag{4}$$

이 곱셈기구는 레버의 직선운동(linear motion)을 이용한 것이며, 각운동(angular motion)을 이용하는 방법도 있다. 각운동을 이용하는 경우에 있어서는 제9장 기어(gear)장치에서 다룬 기어비(gear ratio) c를 이용하여 설계하면 편리하다.

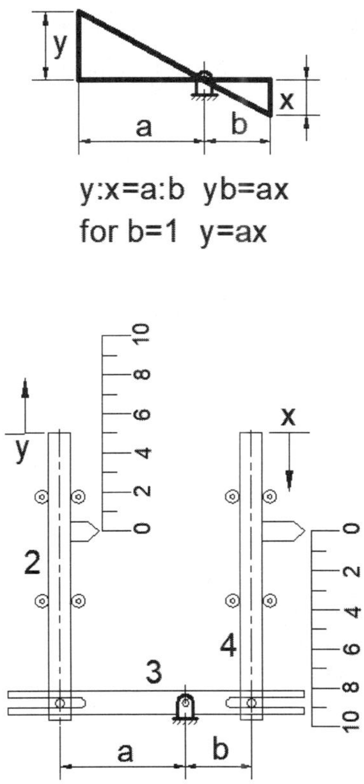

그림 B-2 곱셈 계산기구

3 삼각함수 계산기구

sine 함수와 cosine 함수를 계산할 수 있는 기구를 그림 B−3.a 및 그림 B−3.b에 표시하였다. 이 기구는 그림 B−3.a에서와 같이 2개의 스코치 요크(scotch yoke) 기구를 이용하여 구성된다. 이 기구에서 각도 θ값의 범위는 0°에서 360°이며, R값과 θ값을 설정하면 다음 식에 의하여 sine 함수와 cosine 함수를 산출할 수 있다.

$$y = R\sin\theta \tag{5}$$

$$y = R\cos\theta \tag{6}$$

다음으로 그림 B−4에 tangent값을 계산할 수 있는 기구를 표시하였다. 이 기구에서도 C값과 θ값을 설정하면 tangent값을 다음 식으로부터 매우 쉽게 구할 수 있다.

$$y = C\tan\theta \tag{7}$$

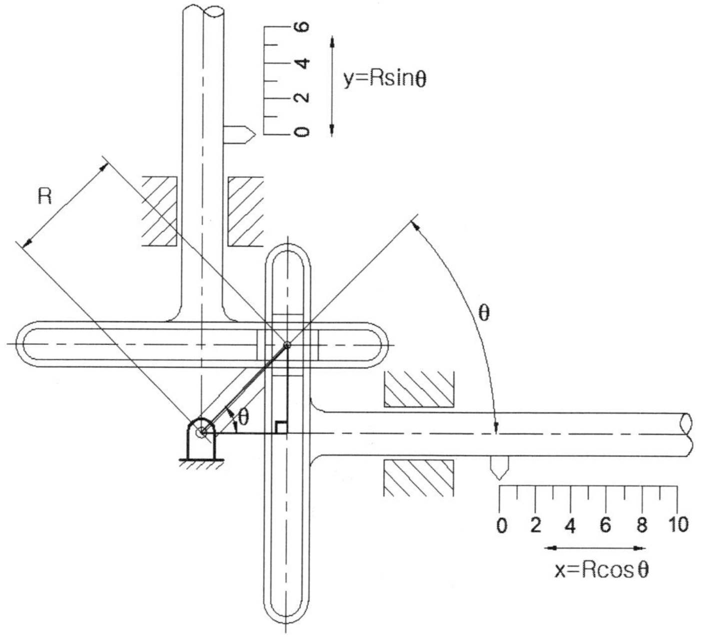

그림 B−3.a sine 함수와 cosine 함수 계산기구

그림 B-3.b 삼각함수 계산기구의 실제모습; 2개의 스코치 요크 기구를 이용하여 구성하였으며, R 및 θ값을 설정하면 $y=R\cos\theta$, $y=R\sin\theta$ 값이 나오게 된다.

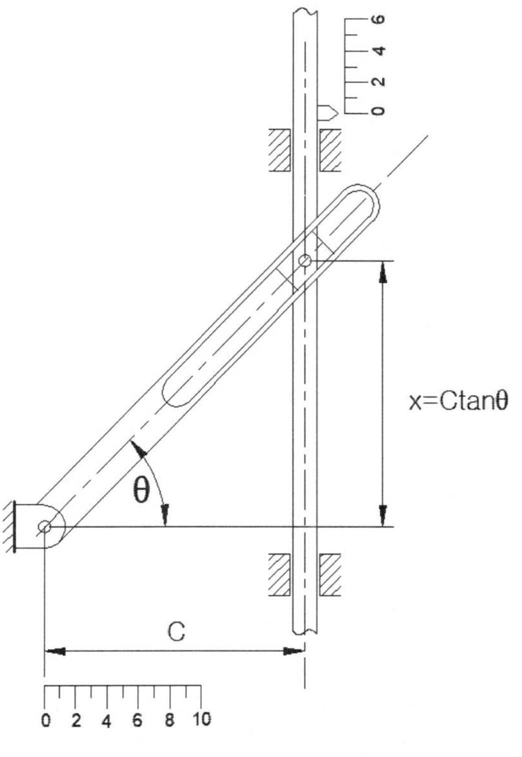

그림 B-4 tangent 값 계산기구

3 단위환산, 그리스문자, 심벌 및 승수, 관성모멘트, 스프링계수

표 1 미국 일반단위와 SI 단위의 환산

물리량	SI 단위	미국 일반단위
질 량	$1\ lb_f - s^2/ft$ (slug) $= 14.5939$ kg $= 32.174\ lb_m$ $1\ lb_m = 0.45359237$ kg	1 kg $= 2.204623\ lb_m$ $= 0.06852178$ slug $[lb_f - s^2/ft]$
길 이	1 in. = 0.0254 m 1 ft = 0.3048 m 1 mile = 5280 ft = 1.609344 km	1 m = 39.37008 in. = 3.28084 ft 1 km = 3280.84 ft = 0.621371 mile
면 적	$1\ in^2 = 0.00064516\ m^2$ $1\ ft^2 = 0.0929030\ m^2$	$1\ m^2 = 1550.0031\ in^2$ $= 10.76391\ ft^2$
부 피	$1\ in^3 = 16.3871 \times 10^{-6}\ m^3$ $1\ ft^3 = 28.3168 \times 10^{-3}\ m^3$ 1 US gallon = 3.7853 liters $= 3.7853 \times 10^{-3}\ m^3$	$1\ m^3 = 61.0237 \times 10^3\ in^3$ $= 35.3147\ ft^3$ $= 10^3$ liters = 0.26418 US gallon
힘	$1\ lb_f = 4.448222$ N	1 N $= 0.2248089\ lb_f$
모멘트	$1\ lb_f -$ in. $= 0.1129848$ N·m $1\ lb_f - ft = 1.355818$ N·m	1 N·m $= 8.850744\ lb_f -$ in. $= 0.737562\ lb_f - ft$
압력, 응력	$1\ lb_f/in^2$ (psi) $= 6894.757$ Pa $1\ lb_f/ft^2 = 47.88026$ Pa	1 Pa $= 1.450377 \times 10^{-4}\ lb_f/in^2$ (psi) $= 208.8543 \times 10^{-4}\ lb_f/fr^2$
일, 에너지	1 in.$- lb_f = 0.1129848$ J $1\ ft - 1lb_f = 1.355818$ J 1 Btu = 1055.056 J $1\ kWh = 3.6 \times 10^6$ J	1 J = 8.850744 in.$- lb_f$ $1\ J = 0.737562\ ft - lb_f$ $= 0.947817 \times 10^{-3}$ Btu = 0.277778 kWh
파워	1 in.$- lb_f/sec = 0.1129848$ W $1\ ft - 1lb_f/sec = 1.355818$ W = 0.0018182 hp 1 hp = 745.7 W	1 W = 8.850744 in.$- lb_f/s$ $1\ W = 0.737562\ ft - lb_f/s$ $= 1.34102 \times 10^{-3}$ hp
관성모멘트	$1\ in - lb_f - s^2 = 0.1129848\ m^2 \cdot kg$	$1\ m^2 \cdot kg = 8.850744$ in.$- lb_f - s^2$
스프링계수	$1\ lb_f$/in. $= 175.1268$ N/m $1\ lb_f/ft = 14.5939$ N/m 1 in.$- lb_f/rad = 0.1129848$ m·N/rad	$1\ N/m = 5.71017 \times 10^{-3}\ lb_f$/in. $= 68.5221 \times 10^{-3}\ lb_f/ft$ 1 m·N/rad $= 8.850744\ in - lb_f/rad$ $= 0.737562\ lb_f - ft/rad$

표 2 그리스문자

대문자	소문자	명칭
A	α	alpha
B	β	beta
Γ	γ	gamma
Δ	δ	delta
E	ϵ, ε	epsilon
Z	ζ	zeta
H	η	eta
Θ	θ, ϑ	theta
I	ι	iota
K	κ	kappa
Λ	λ	lambda
M	μ	mu
N	ν	nu
Ξ	ξ	xi
O	o	omicron
Π	π	pi
P	ρ	rho
Σ	σ, ς	sigma
T	τ	tau
Y	υ	upsilon
Φ	ϕ, φ	phi
X	χ	chi
Ψ	ψ	psi
Ω	ω	omega

표 3 심벌 및 승수

이 름	심 벌	승 수		
tera	T	1 000 000 000 000	=	10^{12}
giga	G	1 000 000 000	=	10^{9}
mega	M	1 000 000	=	10^{6}
kilo	k	1 000	=	10^{3}
hecto	h	100	=	10^{2}
deka	da	10	=	10^{1}
deci	d	0.1	=	10^{-1}
centi	c	0.01	=	10^{-2}
milli	m	0.001	=	10^{-3}
micro	μ	0.000 001	=	10^{-6}
nano	n	0.000 000 001	=	10^{-9}
pico	p	0.000 000 000 001	=	10^{-12}
femto	f	0.000 000 000 000 001	=	10^{-15}
atto	a	0.000 000 000 000 000 001	=	10^{-18}

표 4 관성모멘트

	기본형상	관성모멘트
실린더 (Cylinder)	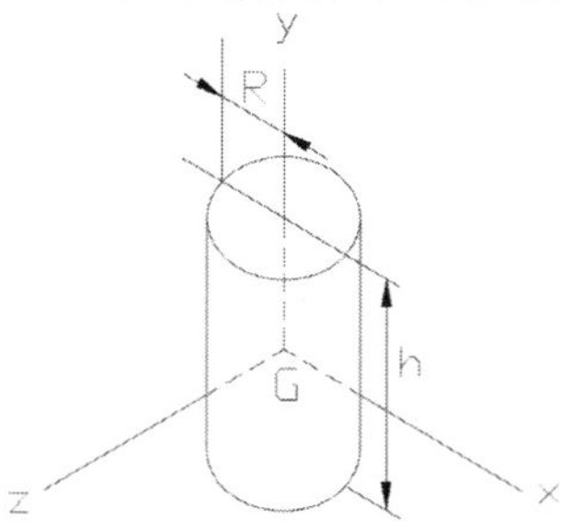	$I_x = I_z = \frac{m}{12}(3R^2 + h^2)$ $I_y = mR^2/2$
구 (Sphere)	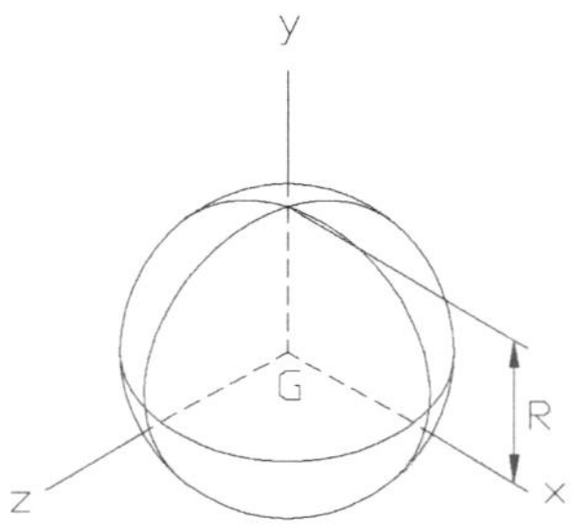	$I_x = I_y = I_z = 2mR^2/5$
육면체 (Hexahedron)	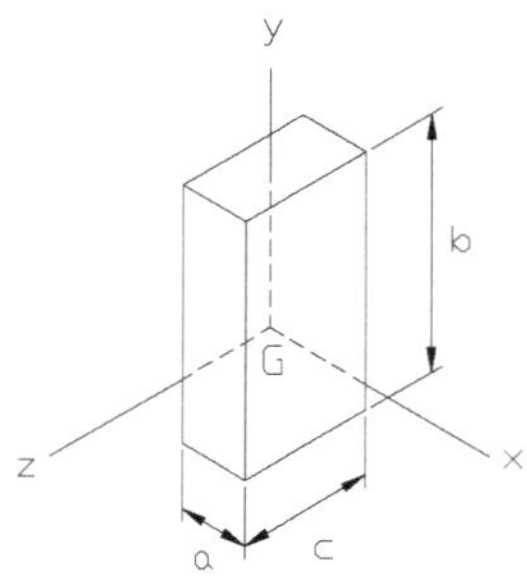	$I_x = m(b^2 + c^2)/12$ $I_y = m(c^2 + a^2)/12$ $I_z = m(a^2 + b^2)/12$
원추 (Cone)	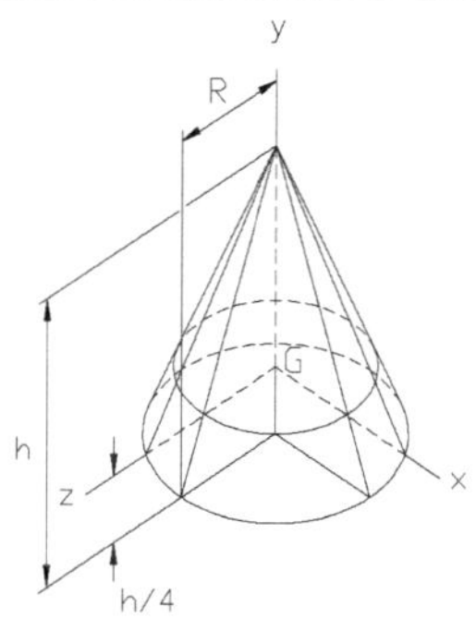	$I_x = I_z = 3m(h^2 + 4R^2)/80$ $I_y = 3mR^2/10$

표 4 관성모멘트(계속)

	기본형상	관성모멘트
실린더 (Cylinder)	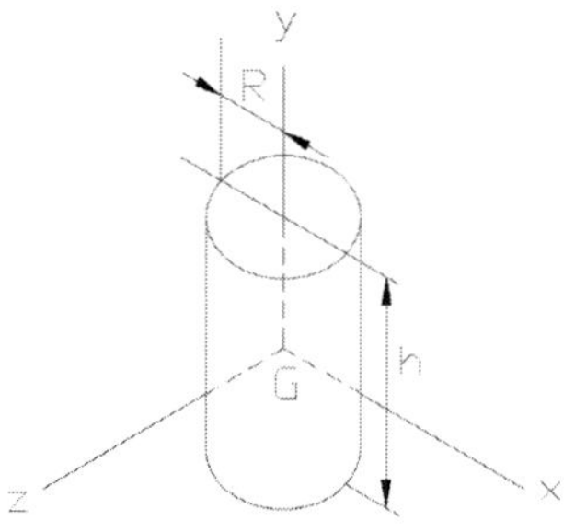	$I_x = I_z = \frac{m}{12}(3R^2 + h^2)$ $I_y = mR^2/2$
구 (Sphere)	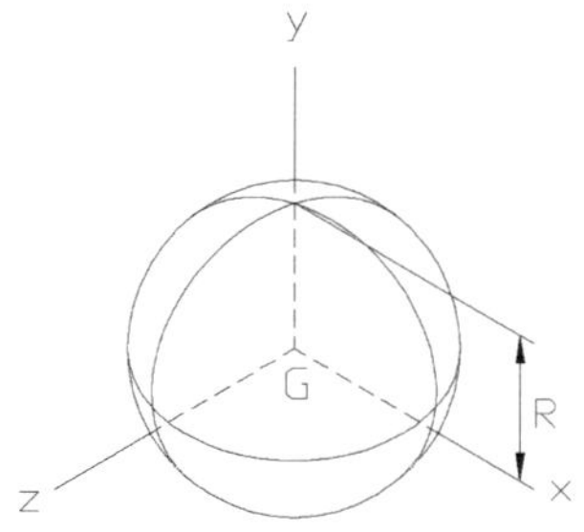	$I_x = I_y = I_z = 2mR^2/5$
육면체 (Hexahedron)	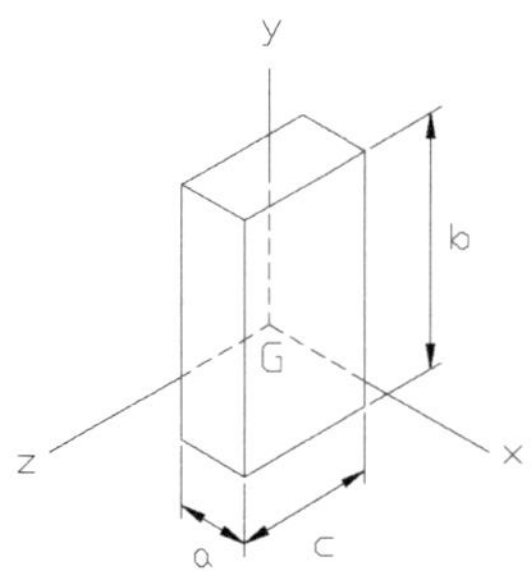	$I_x = m(b^2 + c^2)/12$ $I_y = m(c^2 + a^2)/12$ $I_z = m(a^2 + b^2)/12$
원추 (Cone)	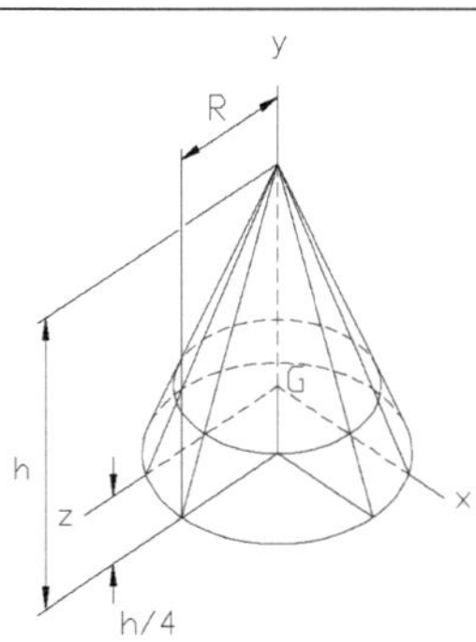	$I_x = I_z = 3m(h^2 + 4R^2)/80$ $I_y = 3mR^2/10$

표 5 스프링계수의 계산법

공 식	형 상
1. 직렬로 연결된 N개의 스프링 $k=\dfrac{1}{\dfrac{1}{k_1}+\dfrac{1}{k_2}+\cdots+\dfrac{1}{k_N}}$	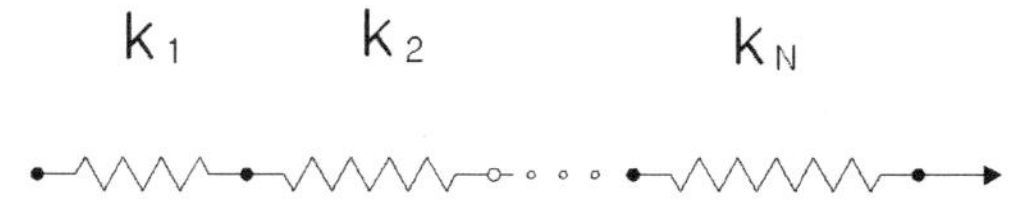
2. 병렬로 연결된 N개의 스프링 $k=k_1+k_2+\cdots+k_N$	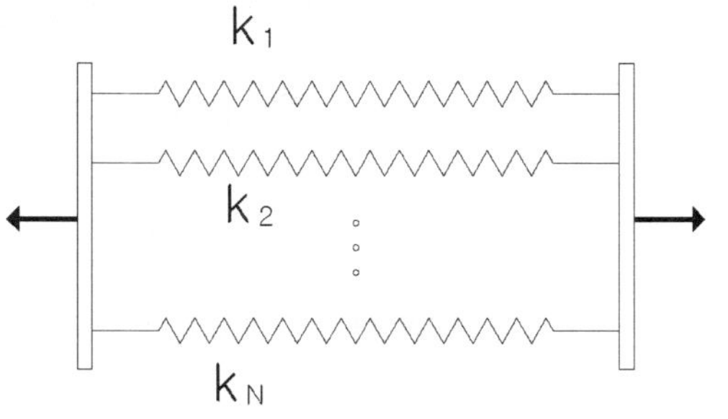
3. 축하중을 받는 균일한 두께의 바(bar) $k=\dfrac{EA}{L}$ A : 단면적 E : 영 계수 L : 축의 길이	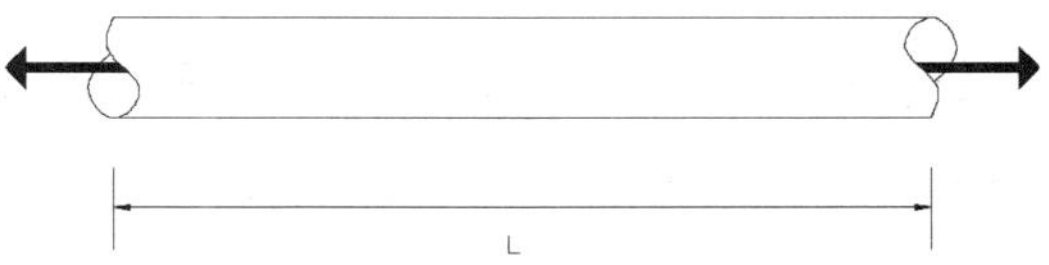
4. 축하중을 받는 경사진 바 $k=\dfrac{\pi ED_1D_2}{4L}$ D_1, D_2 : 양끝에서의 지름	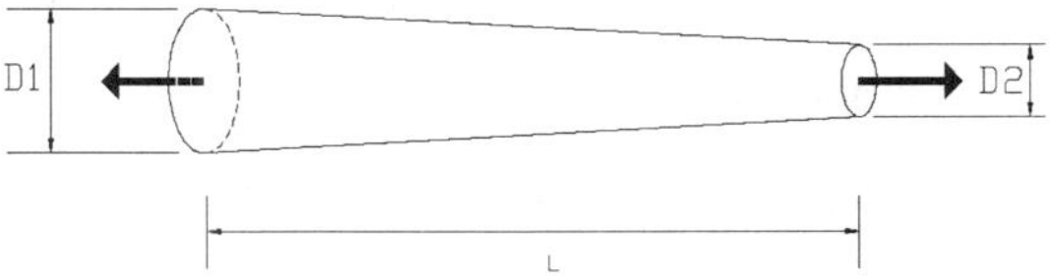
5. 끝단에 하중을 받는 외팔보 $k=\dfrac{3EI}{L^3}$ I : 관성모멘트	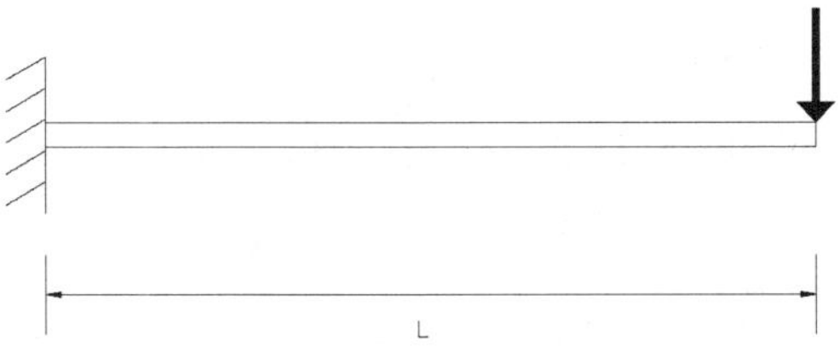
6. 비틀림하중을 받는 중공축 $k=\dfrac{\pi G}{32L}(D^4-d^4)$ D : 외경 d : 내경 G : 강도(stiffness)	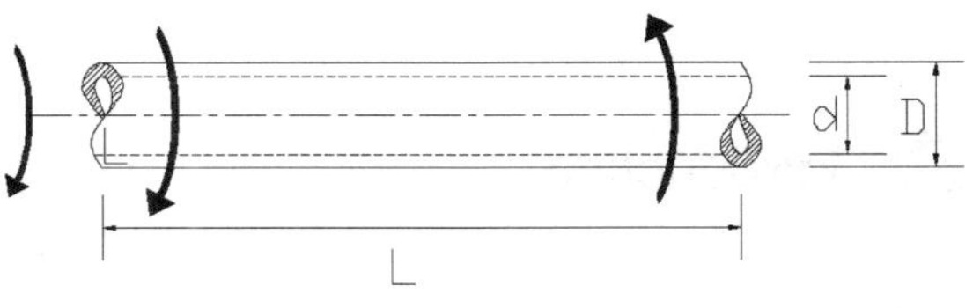

4 연구사례 1

An Intelligent CAD System for Research and Development of A New Product (Design of Magnetic Bearing)

Seung Ho Jang
College of Engineering, Kyung Hee University, Korea

ABSTRACT

The purpose of this study is to establish a CAD (Computer Aided Design) system for research and development(R&D) of a new product. In the R&D process of a new product, the design objects are frequently redesigned on the basis of experimental results obtained on prototypes. The CAD/CAE systems (which is based on computer simulations of physical phenomena) are effective in reducing the number of useless prototypes of a new product. These kinds of conventional CAD/CAE systems do not provide a function to reflect the experimental results to the redesign process, however. This paper proposes a methodology to establish the CAD system, which possesses the engineering model of a design object in the model database, and refines the model on the basis of experimental results of prototype. The blackboard inference model has been applied to infer the model refinement and the redesign counterplan by using insufficient knowledge of R&D process of new products.

1 Introduction

The purpose of this study is to establish a CAD (Computer Aided Design) system for research and development(R&D) of a new product. In the R&D process of a new product, the design objects are frequently redesigned on the basis of experimental results obtained on prototypes. The CAD/CAE system (which is based on computer simulations of physical phenomena) is effective to reduce the number of useless prototypes of a new product(Brown, 1985, Brown, et al., 1986).

These kinds of conventional CAD/CAE systems do not provide a function to reflect the experimental results to the redesign process rationally, however. That is, the usual CAD/CAE systems are not equipped with the function to infer the reason why the prototype does not satisfy the specifications in the experiments, even though the design result satisfies the specifications in the computer simulation. And these systems do not provide the function to infer the suggestions for redesign counterplans to improve the prototype so far.

Moreover, in these conventional CAD/CAE systems, the mathematical (engineering) model for simulating the design object has been treated as a perfect model which reflects the physical phenomena exactly, and treated as a fixed one. But it is not always easy to prepare the mathematical model that exactly reflects the physical behavior of the design object in the R&D process of new products, .

Therefore, the mathematical model which simulated the design object, should be improved gradually according to the experimental results of the failed prototype in R&D of new products. This paper proposes a methodology to establish the CAD system, which possesses the engineering model of a design object in the model database, and refines the model on the basis of experimental results of prototype.

The blackboard inference model has been applied to infer the model refinement and the redesign counterplan by using insufficient knowledge of R&D process of new products. The CAD system for R&D process have been implemented in personal computer. And the validity of the proposed methodology has been verified by developing a control circuit reduced type active magnetic bearing by using CAD system for R&D process.

2 Categorization of R&D process and configuration of the CAD system for assisting R&D process

In this study, the R&D process has been categorized and defined as three processes(Table 1). Process A, B, and C in Table 1 are the engineering model generation and design evaluation process, the verification process for designed machine by prototyping and experiments, and the model refinement and redesign process, respectively. Figure 1 is the flow chart of these processes. We propose the CAD system as seen in Fig. 2 And the assisting method of the CAD system to the R&D process is depicted in Fig.1 by curved lines. In this study, we define trouble as the situation in which the prototype of process B does not satisfy the design specifications.

In general, the design problems in R&D process can be categorized into two parts. One is the part to which we can apply the engineering analysis method. The other is the part to which the engineering analysis method is no longer applicable and, thus, we have to depend on the heuristic knowledge. In this system, the former has been realized as the analysis part(AP), and the latter has been realized as the consulting part(CP) of the CAD system for R&D. The main characteristic of data processing of the CP and AP as the component of CAD system for R&D process are described in Table 2.

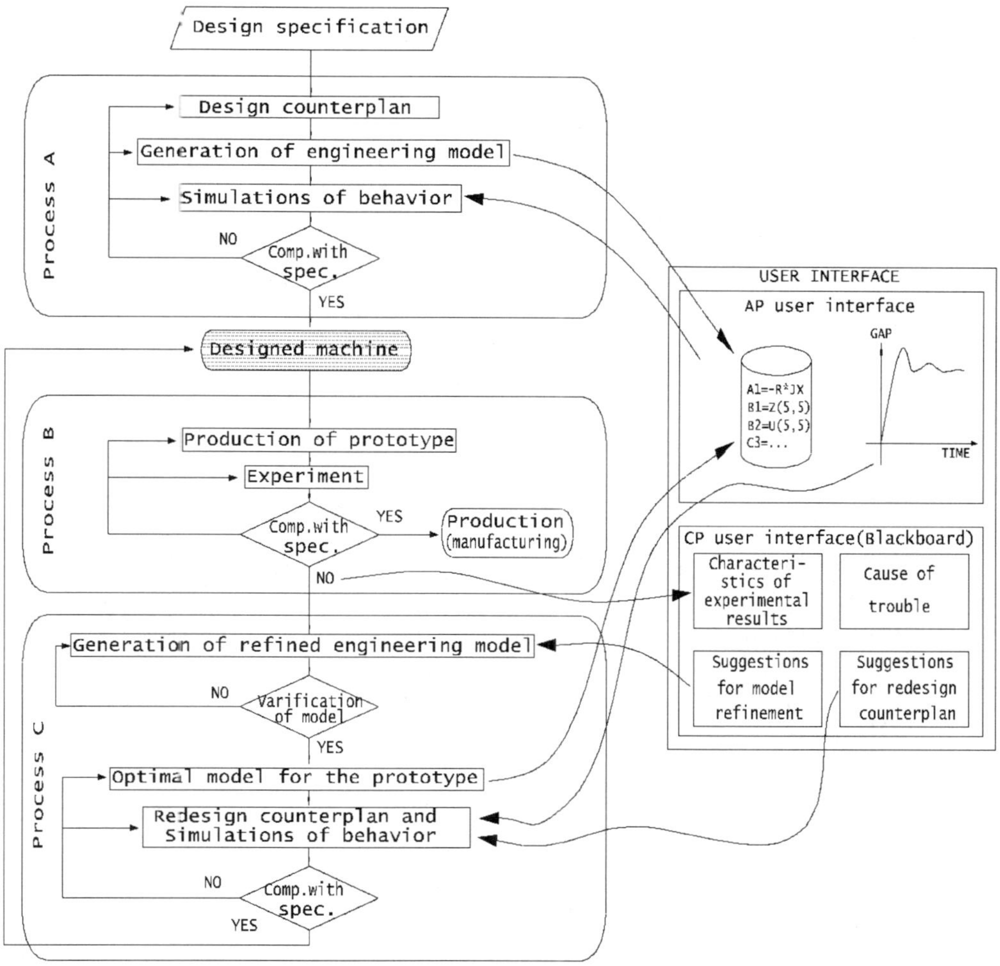

Fig. 1 R&D process and interface of CAD system for assisting R&D process

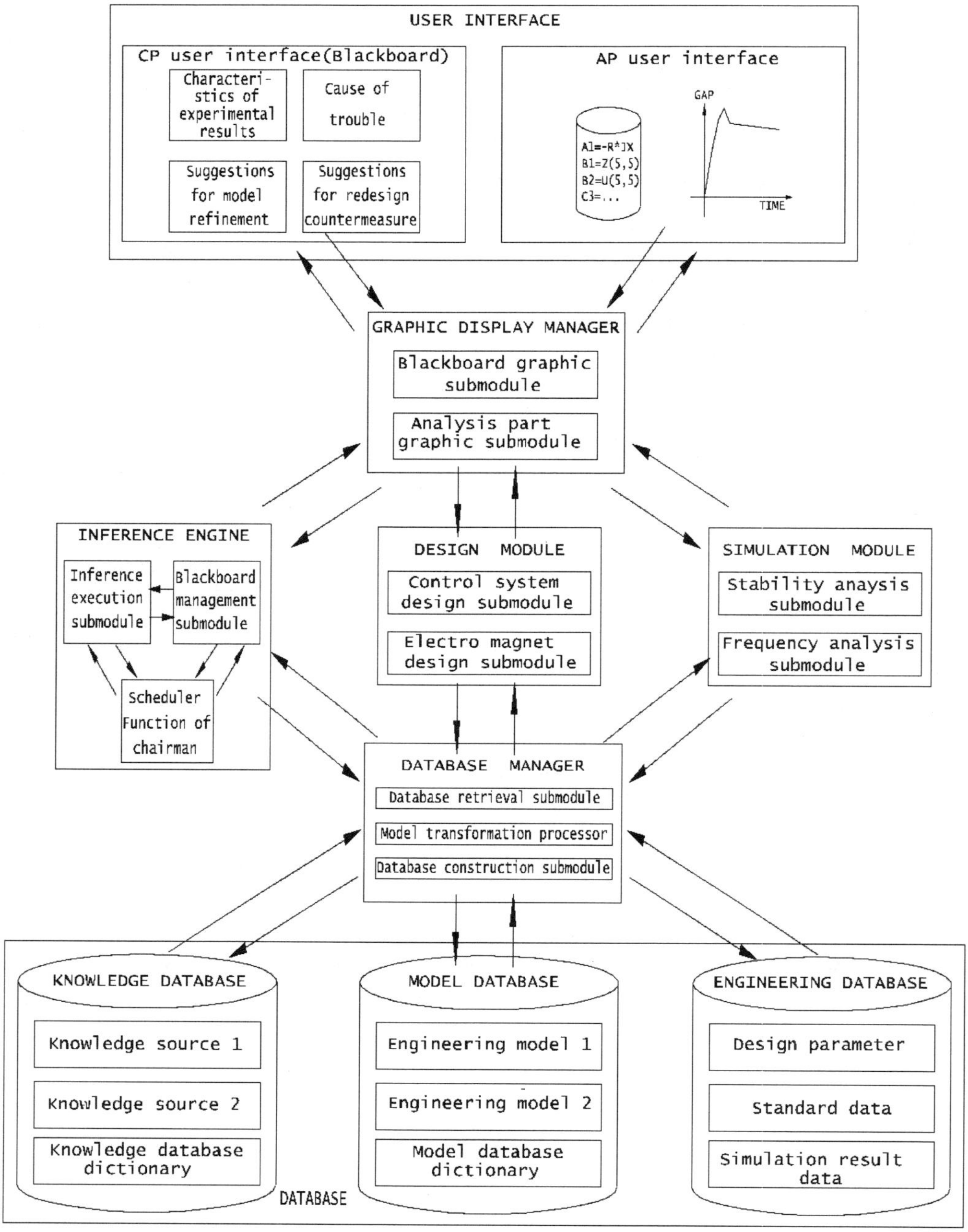

Fig. 2 Architecture of CAD system for assisting R&D process

Table 1 Categorization of R&D process

Process A	Engineering model generation and design evaluation process : This process first suggests a design counterplan based on the design specifications and second, evaluates this counterplan by simulating the model.
Process B	Verification process for designed machine by building prototype and conducting experiments : This is the process to judge if the design counterplan obtained from process A satisfies the specifications.
Process C	Model refinement and redesign process : This is the process that refines the engineering model on the basis of the analysis of experimental results obtained from process B, and redesigns the design object.

3 Required Functions in the CAD system for R&D process

The CAD system for assisting the R&D process must include the following functions :

a) To be able to infer 1) the cause of trouble and 2) the redesign counterplan using insufficient knowledge obtained from the R&D activities.

b) To be able to easily modify, add and delete knowledge in knowledge database. That is, the modularity of the knowledge database must be high.

c) To possess the engineering model of a design object in a model database which can evaluate the design counterplan. This evaluation includes the dynamic characteristic evaluation and control characteristic evaluation of the design objects.

Table 2 Configuration of CAD system for R&D process

Consulting Part(CP)	1. Ill−structured problem 2. Symbolic processing 3. Heuristic 4. Knowledge base(without model) 5. Knowledge engineering approach
Analysis Part(AP)	1. Well−structured problem 2. Numerical processing 3. Theoretical(Mathematical) 4. Model base(with model) 5. Engineering analysis approach

d) To be able to refine the engineering model based on the experimental result of the prototype of a new product.

4 Blackboard inference model and conformity of this model in the consulting part(CP) of CAD system for R&D process

In this study, the blackboard inference model(Erman, et al., 1980, Silverman, et al., 1989) has been applied to process the heuristic knowledge of R&D process. The blackboard inference model uses a common data domain(this domain is called blackboard) and the multiple knowledge sources in the knowledge database to solve given problems by communicating with each other. The blackboard inference model conforms to the CAD system for R&D process in the following ways.

a) In R&D process, the knowledge available to clarify the cause of trouble and to infer the redesign counterplan is insufficient. However, this problem can be solved using the cooperation and competition among the multiple knowledge sources in this model.

b) This model can offer knowledge processing ability for R&D process which originally has the cooperative characteristics.

c) Different kinds of knowledge representations and knowledge processing are available in each module.

d) The knowledge in the knowledge source can be easily modified, added, and deleted, since the modularity of this model is very high(In R&D process, the addition, deletion and modification of knowledge are frequently occurred).

1
2
3
4
5
6
7
8
9
부록

5 Architecture of the CAD system for R&D process

In this study, the CAD system for R&D process is composed of the following seven modules(see Fig.2).

(a) User interface(Blackboard and AP user interface)

This module is the interface of communication between the product developer and the CAD system. The product developer communicates with consulting part(CP) of the CAD system by using the blackboard(see Fig.1). The blackboard(CP user interface) is the common data domain which remembers the hypotheses and the solutions. In this system, the blackboard is composed of the following four domains(see Fig.2).

1) Characteristics of experimental results : The characteristics of experimental results are input in this domain by the product developer(see Fig. 6 as an example).
2) Cause of trouble
3) Suggestions for model refinement
4) Suggestions for redesign counterplan

2), 3) and 4) is the common data domain in which the results of inference by the knowl-edge sources are written(see Fig. 6 as an example).

And the product developer communicates with analysis part(AP) of the CAD system by using the AP user interface(see Fig.2).

(b) Inference engine

The inference engine is composed of the following three submodules.

1) Blackboard management submodule
   a) Initializing blackboard
   b) Monitoring blackboard

2) Inference execution submodule

a) Executing the inference according to each knowledge source.

3) Scheduler

a) Function of chairman

b) Function to fire the knowledge sources under the condition of blackboard

(c) Database manager

The database manager is composed of the following three submodules.

1) Database retrieval submodule

a) Retrieval of engineering model in model database

b) Retrieval of engineering data in engineering database

c) Retrieval of knowledge in knowledge database

d) Retrieval of dictionary of knowledge, model, and engineering database

2) Database construction submodule

a) Assist for addition, deletion, and modification of knowledge, engineering data, and engineering model

b) Generation of knowledge database dictionary

3) Model transformation processor

(d) Design module

This module designs the control system and the electro magnet based on the modern control theory using the model database and the engineering database.

(e) Simulation module

This module evaluates the design counterplans. The frequency response and the time response of control system are simulated by using numeric analysis packages. The results are stored in the engineering database.

(f) Graphic display manager

This module has the following two functions.

1) Blackboard graphic submodule
raphic display of the inference results(that is, the cause of trouble, the sugges–tions for model refinement and the suggestions for redesign counterplan)

2) Analysis part graphic submodule
Graphic display of the design objects
Graphic display of the simulation results

(g) Database

1) Engineering database
The engineering database contains the following three types of the data.

a) Simulation result data : time response data, frequency response data, stability analysis data of control system.

b) Design parameters : mass of rotor, rotary inertia, feedback coefficients, steady state current of the electro magnet, and so forth.

c) Standard data : standard data of enameled coil which is used in electro magnet design(these samples are from the example of R&D process in section 6).

2) Knowledge database
The knowledge database is composed of the following six knowledge sources and the knowledge database dictionary.

a) Knowledge sources(KS)
KS1 : Knowledge source for trouble cause of mechanical engineers
KS2 : Knowledge source for trouble cause of electrical engineers
KS3 : Knowledge source for model refinement of mechanical engineers
KS4 : Knowledge source for model refinement of electrical engineers

KS5 : Knowledge source for redesign counterplan of mechanical engineers

KS6 : Knowledge source for redesign counterplan of electrical engineers

b) Knowledge database dictionary

Reserving the management information of knowledge database

3) Model database

The model database contains the following two types of engineering model and the model database dictionary.

a) Engineering model

- Initial engineering model, which is generated by the initial design counterplan.
- Refined engineering model, which is refined by the experimental result of the prototype of a new product.

b) Model database dictionary

Reserving the management information of knowledge database

In this study, the CAD system for R&D process(R&D_CAD ver.1) has been implemented in the computer system. PC(PⅢ, 800MHz) is used as hardware, and as software FORTRAN and Common Lisp are used for AP and CP respectively.

6 R&D process of control circuit reduced type active magnetic bearing using R&D_CAD ver.1

The R&D process of an active magnetic bearing in which the number of control circuits is reduced when compared with conventional active magnetic bearing(AMB), and bears 80 000 rpm with stable rotation, will be explained in this section. This AMB will be used as the bearing of the turbo−molecular vacuum pump(TVP).

1
2
3
4
5
6
7
8
9
부록

6.1 Process A

(1) Design counterplan

(a) The control method of the AMB(5 axes control) is changed from the voltage control type to the current control type(in this case, the number of circuits can be reduced to 1/4)(Matsumura, et al., 1983).

(b) Cross circuits which are needed in the conventional AMB are removed(where the cross circuit is the control circuit in which the signal of GAP−1 in Fig.3 provides feedback to GAP−2 and GAP−3).

(c) An integral type optimal regulator is adopted in the control system to bear 80 000rpm.

With design counterplan a), b) and c), the 68−control circuit of the conventional AMB will be reduced to 15 circuits.

(2) Generation of initial engineering model

The engineering model describing the rotor motion represented in matrix form, has been stored in the model database(see Fig.3 and Table 3). The engineering model which represents the behavior of the electromagnet and state equation of the current control type AMB, have also been stored in the model database.

(3) Determination and evaluation of the design parameters

The feedback coefficients of the controller of AMB are determined and stored in en−gineering database. Figure 3 shows the control characteristics of the initially designed AMB(simulation result by AP). This simulation result shows the control character−istics(Lissajous′ figure) when the center of rotor is moved from the center of stator by a disturbance force. The rotational speed of rotor in this simulation is 80 000rpm and the control characteristics is very good as you see.

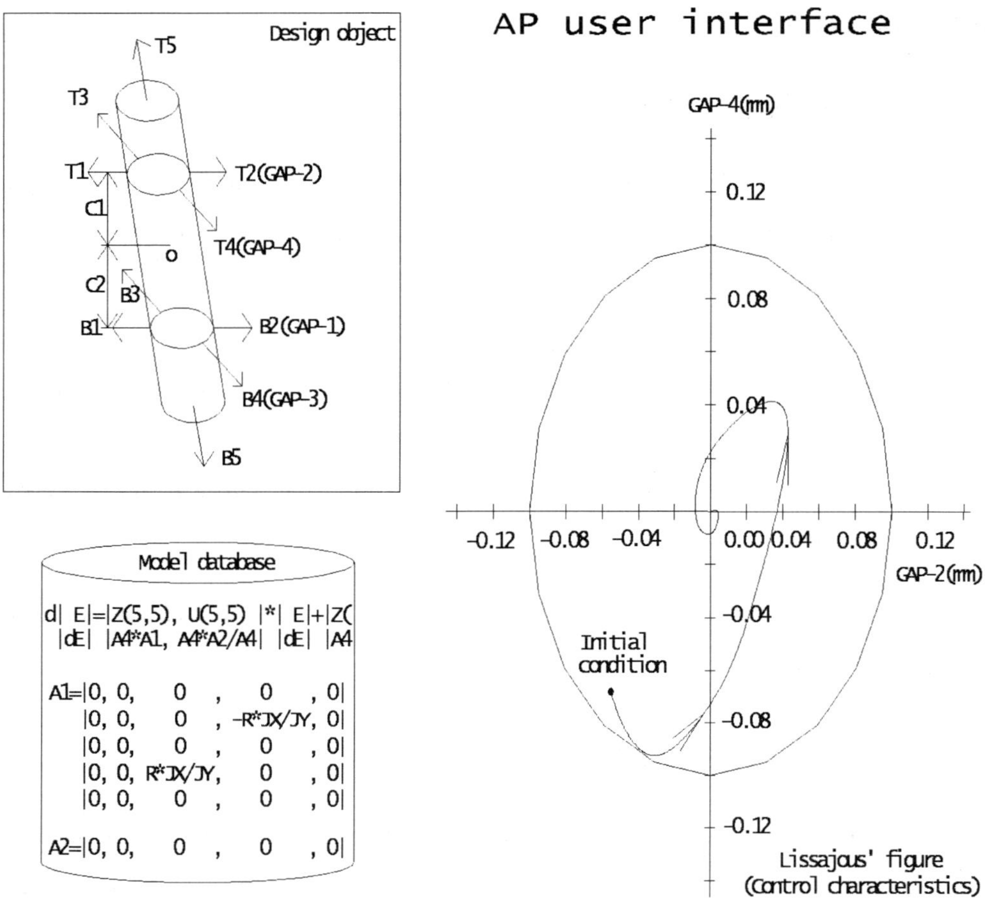

Fig. 3 Result of design of AMB in process A

6.2 Process B

Figure 4 shows the block diagram of experimental apparatus of AMB assembled in TVP. Figure 5 shows the experimental results. Up to 60 000rpm, the rotation of rotor supported by the AMB was very stable. However, the amplitude of vibration increased suddenly at 65 200 rpm, and the rotor touched the dry bearing. The vibrational frequency was 11 Hz at that time.

6.3 Process C

The experimental results obtained in process B, have been transferred to the domain of characteristics of experimental results in the CP user interface(blackboard). Figure 6 show the inference results of the CP (see the domain of cause of trouble, suggestions for model refinement, and suggestions for redesign counterplan).

Table 3 Nomenclature for engineering database

B1, ···, B5, T1, ···, T5	electro magnetic forces(N)
C1, C2	lengths from center to electro magnets(m)
d	time derivative (d/dt)
JX, JY	moment of inertia about X and Y axis (kg/m2)
R	rotational speed of rotor(rad/s)
U(m, m)	unit matrix of m by m
X, Y, Z	Cartesian coordinates
Z(m, m)	zero matrix of m by m
I	matrix expression

Figure 6 shows that the chairman(the scheduler in inference engine(Fig.2) has the chairman's functions) has summarized the cause of trouble as self–excited vibration caused by the gyroeffect with the possibility of 88.75% [=75+(100–75)*(55/100)],

a) for the opinion of mechanical engineer by whom the cause of trouble is assumed to be self–excited vibration with the possibility of 75%(This knowledge is fired from the knowledge source for trouble cause of mechanical engineers(KS1)), and

b) for the opinion of the electrical engineer by whom the cause of trouble is as–sumed to be self–excited vibration with the possibility of 55%(This knowledge is fired from the knowledge source for trouble cause of electrical en–gineers(KS2)).

This means that the unknown part 25(=100–75)% from the mechanical engineer's viewpoint has been supported by electrical engineer's viewpoint [13.75%(=25*(55/100)]

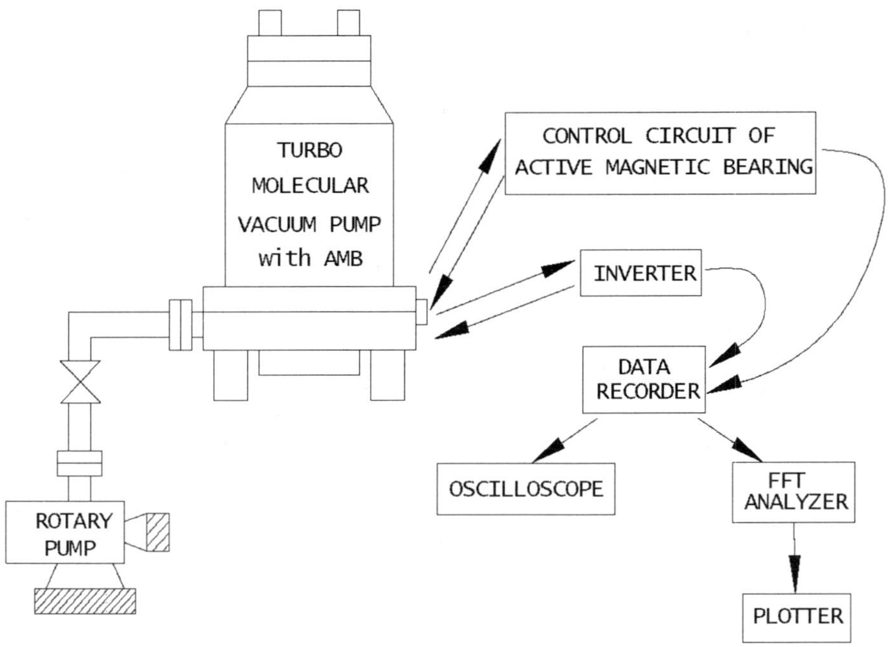

Fig. 4 Experimental apparatus of AMB

Further, the opinion a) is inferred by firing the following knowledge in the knowledge source for trouble cause of mechanical engineers(KS1).

IF Predominant_Frequency_of_Rotor_Vib.
(Lower_Multiples_of_Rotational_Freq.)
& Phase_Transition_of_Rotor_Vib.
(Unchanges)
& Location_of_Vib.
(Shaft)
& Amplitude_Response[1]_of_Rotor_Vib.
(Increase_Suddenly)
& Direction_of_Shaft_Vib.
(Radial)
THEN Self_Excited_Vibration_by_Gyroeffect (75%)

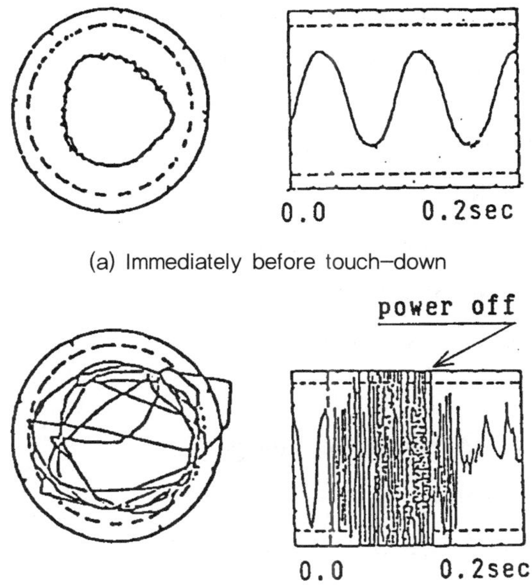

(a) Immediately before touch–down

(b) Immediately after touch–down

Fig. 5 Expe·imental result of AMB designed in process A (rotational speed=65 200 rpm)

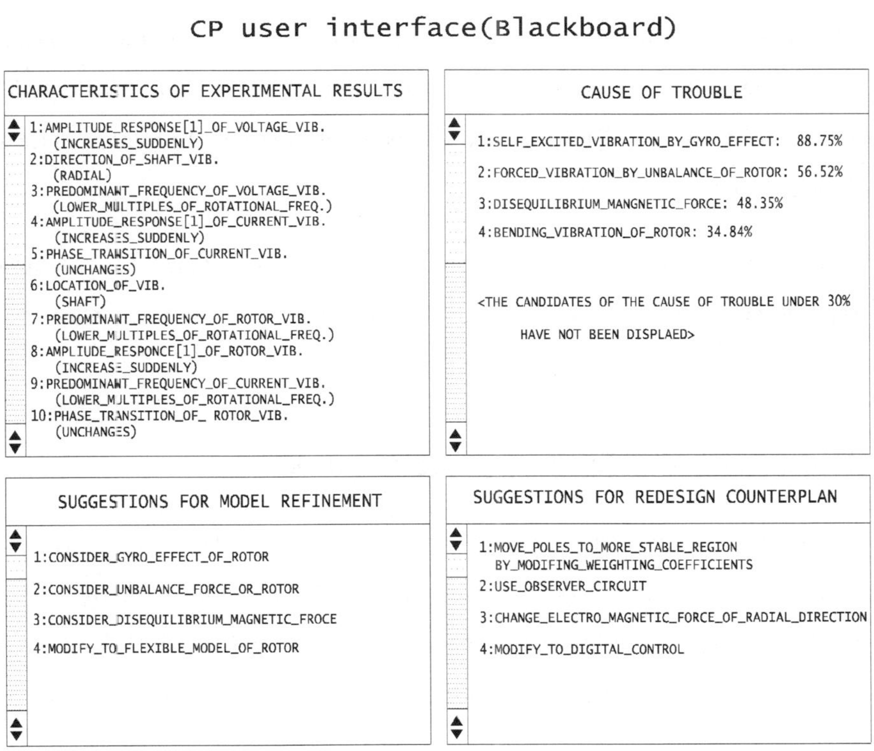

Fig. 6 Inference result by CP

And the opinion b) is inferred by firing the following knowledge in the knowledge source for trouble cause of electrical engineers(KS2).

IF Amplitude_Response[1]_of_Current_Vib.
(Increases_Suddenly)
& Predominant_Frequency_of_Current_Vib.
(Lower_Multiples_of_Rotational_Freq.)
& Phase_Transition_of_Current_Vib.
(Unchanges)
& Amplitude_Response[1]_of_Voltage_Vib.
(Increase_Suddenly)
& Predominant_Frequency_of_Voltage_Vib.
(Lower_Multiples_of_Rotational_freq.)
THEN Self_Excited_Vibration_by_Gyroeffect (55%)

The ability to clarify the cause of trouble is improved by the cooperation and competition among the knowledge sources, even though each knowledge source has only it's own viewpoint and thus has insufficient knowledge about the physical phenomena of the gyroeffect of the AMB.

The redesign counterplans in Fig.6 have been obtained by cooperative work among the knowledge sources to infer the cause of trouble(e.g., KS1, KS2) and knowledge sources to infer the redesign counterplan(e.g., KS5, KS6).

(1) Generation of refined engineering model

The initial engineering model should be modified based on the inference result of the CP. That is, the engineering model in which the gyroeffect is considered has been generated by the developer, and the results have been stored in the model database. Model database in Fig.7 shows the refined part of the engineering model(compare with the model database in Fig.3)

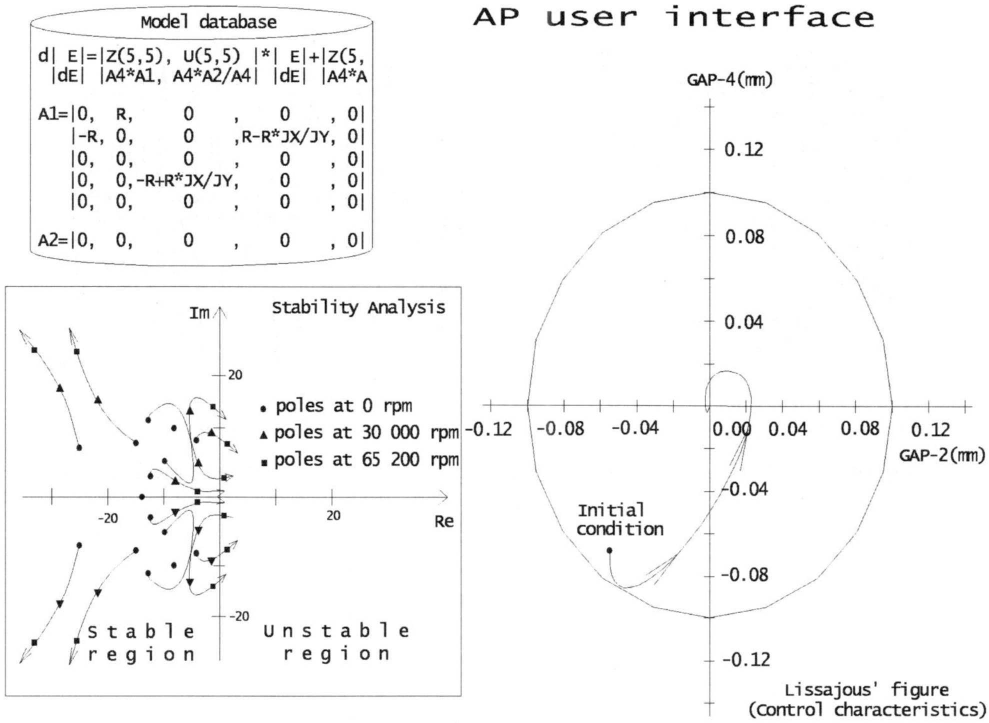

Fig. 7 Stability analysis and result of redesign of AMB according to the suggestion by CP

(2) Verification of model

a) Result of time response analysis

Figure 8 shows the simulation result of time response analysis by refined engineering model. The vibrational frequency of Fig.8 is 11 Hz and this frequency is the same as the experimental result(see Fig.5(b)).

b) Result of stability analysis of control system

Some of the poles of the control system of AMB designed in process A(initial design) move to the unstable region at 65 200 rpm(see the stability analysis in Fig.7). In this study, the rotational speed at which poles move to the unstable region is called the limit speed of the AMB. We found that the limit speed of the AMB is reduced by the gyroeffect.

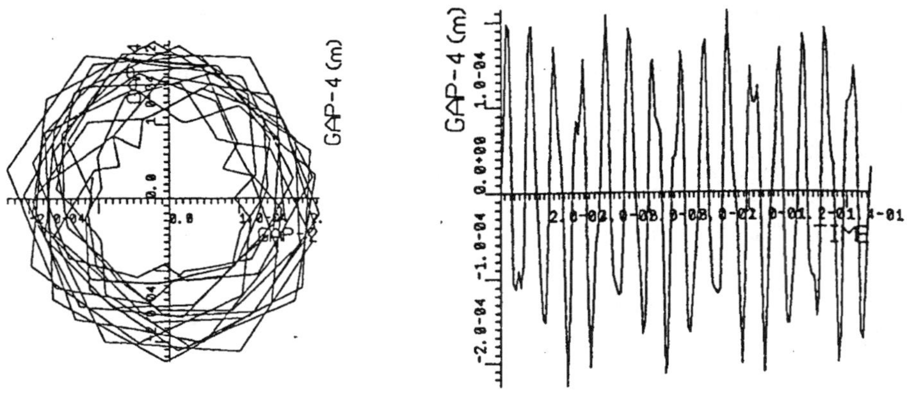

(a) Lissajous' figure (b) Time response

Fig. 8 Simulation result by refined engineering model(rotational speed=65 200rpm)

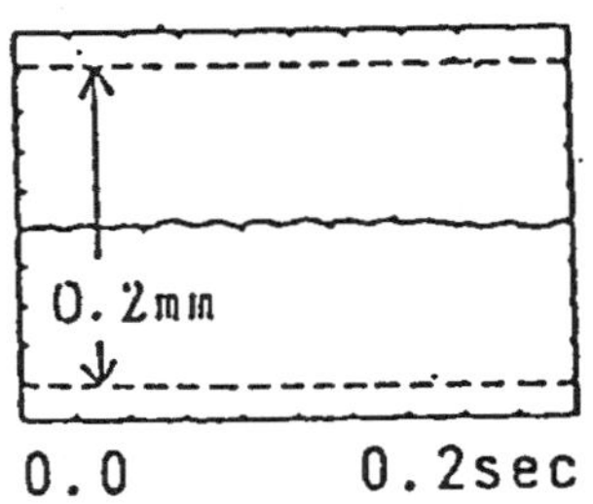

Fig. 9 Experimental result of AMB redesigned in process C(rotational speed=80 000 rpm)

(3) Redesign counterplan

The initial positions of poles of the AMB are designed to be in the more stable region by changing the weighting coefficients based on the inference result of the CP. Figure 7(Lissajous' figure) shows the simulation result of the redesigned AMB at 80 000 rpm. Figure 9 shows the experimental result for the redesigned prototype. There is no whirling motion even at 80 000 rpm.

Consequently, by using the R&D_CAD system, we succeeded in developing an AMB for TVP which satisfies the initial design specifications.

7 Results

The CAD system for assisting R&D process of new products, has been proposed. And the following results are obtained in this research.

(1) As the constituents of the CAD system for R&D process(R&D_CAD ver.1), a)the consulting part(CP) to consult the cause of trouble and redesign counter－plan and b)the analysis part(AP) to analyze the design object, have been proposed.

(2) The blackboard inference model has been utilized to the CP system to obtain a)the cause of trouble, b)suggestions for redesign counterplan and model re－finement by processing the insufficient knowledge of R&D process.

(3) The model database has been proposed to the AP system to save the engineer－ing model and to make this model gradually more precise based on the ex－perimental results obtained on prototypes. (4) The R&D_CAD ver.1 have been implemented in the computer system. And the validity of the proposed R&D_CAD system has been verified by developing a control circuit reduced type active magnetic bearing.

8 References

1. Brown, D. C., 1985, "Failure Handling in a Design Expert System," *Computer－Aided Design*, Vol. 17, No. 9, pp. 436－443.
2. Brown, D. C. and Chandrasekaran B., 1986, "Knowledge and Control for a Mechanical Design Expert System," *IEEE Computer*, Vol. 19, No. 7, pp. 92－101.
3. Erman, L. D., Hayes－Roth F., Lesser, V. R. and Reddy D. R., 1980, "The Hearsay－2 Speech－Understanding System : Integrating Knowledge to Resolve Uncertainty," *Computing Surveys*, Vol. 12, No. 12, pp. 213－221.

4. Matsumura, H. O., Kido, K., Tanaka, Y. M. and Takeda, T. H., 1983, "elations between the Design Method for Active Magnetic Bearing and the Obtained Experimental Characteristics," *The Transaction of Institute of the Electrical Engineering of Japan(in Japanese)*, Vol. 103, No. 6, C, pp. 145−152.
5. Silverman, B. G. and Chang, J. S., 1989, "Blackboard System Generator(BSG) : An Alternative Distributed Problem−Solving Paradigm," *IEEE Transactions on Systems, Man and Cybernetics*, Vol. 19, No. 2, pp. 334−341.
6. Ha, T. W. and Lee, A. S., 2000, "A Rotordynamic Analysis of Circumferentially−Grooved Pump Seals Based on a Three−Control−Volume Theory," *KSME I. Journal*, Vol. 14, No. 3, pp. 261−271.
7. Youn I., 2000, "Optimal Design of Discrete Time Preview Controllers for Semi−Active and Active Suspension Systems," *KSME I. Journal*, Vol. 14, No. 8, pp. 807−815.

5 연구사례 2

Development of Yarn Tension Measuring System Using Photo Interrupter

Seung Ho Jang
College of Engineering, Kyung Hee University, Korea

ABSTRACT

In the textile processes like spinning or winding processes, the tension of yarn is very important to increase the productivity. The yarn tension increases if the rotational speed of spindle increases to increase the productivity in a spinning process. This causes the damage of yarn or deterioration of yarn property. Some times this phenomenon causes the thread breakage of yarn. In this paper, the tension sensor with non−contact type is developed. The yarn tension is obtained from the frequency of yarn using the transformational equation, which is introduced in this study. The photo interrupter is used for detecting the frequency of yarn.

Key words : Yarn Tension, Vibration, Natural Frequency, Textile Process

1 Introduction

The yarn tension measuring systems are widely used in textile production process. In the textile processes like spinning or winding processes, the tension of yarn is very important to increase the productivity. The yarn tension increases if the rotational speed of spindle increases to increase the productivity in a spinning process. This causes the damage of yarn or deterioration of yarn property. Some times this phenomenon causes the thread breakage of yarn. Therefore the yarn tension monitoring system is absolutely needed to control the tension of yarn.

Many kinds of yarn tension measuring systems are developed according to the measuring objects or uses so far[1−3]. There are two types of tension measuring system, that is, mechanical and electrical measuring system[4−6]. The particular tension measuring systems to detect the tension in a small space (or in low−tension band) are also developed[7−9].

However, the sensors developed for yarn tension until now are mainly based on the principle of contact type. In these sensors the yarn tension is directly transmitted to the sensor by contact. However, the frictional heat between yarn and sensor may damage the yarn. That is, this frictional force causes bad effect to the quality of yarn.

The damage of spun yarn can be disappeared by using the non−contact type tension measuring system. In this paper, the tension sensor with non−contact type is developed. The yarn tension is obtained from the frequency of yarn using the transformational equation, which is introduced in this study. The photo interrupter is used for detecting the frequency of yarn.

2 Theoretical Analysis

Figure 1 is a yarn under tension P fixed at both ends. The frequency of yarn can be obtained using the Rayleigh's energy method [6]. The displacement at the center point of yarn is Y_0 for lateral vibration in Fig. 1 The mode shape of vibrating yarn is sine wave form($\chi(x) = \sin\frac{\pi x}{\ell}$) in this case, where, the length of yarn is ℓ, the weight per length of yarn is μ and the natural frequency of yarn is wn. Displacement of yarn at the arbitrary point for y−axis can be expressed as follows.

$$y = \chi(x)\, Y_0 \sin w_n t \tag{1}$$

The kinetic energy (dT) of small element (dx) of yarn can be expressed as follows.

$$\begin{aligned} dT &= \frac{1}{2}\frac{\mu}{g} y'^2 dx \\ &= \frac{1}{2}\frac{\mu}{g} Y_0^{\,2} w_n \cos w_n t \sin^2\frac{\pi x}{\ell} dx \end{aligned} \tag{2}$$

The total kinetic energy (T) can be obtained by integrating equation (2) from zero to yarn length l.

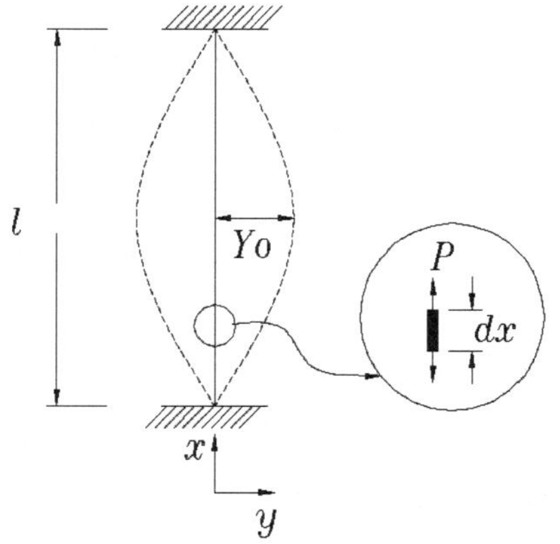

Fig. 1 Yarn fixed at both ends

$$T = \frac{1}{4}\frac{\mu}{g} l Y_0^2 w_n^2 \cos^2 w_n t \tag{3}$$

The potential energy (dV) of small element (dx) of yarn can be expressed as follows.

$$dV = P\sqrt{1+\left(\frac{dy}{dx}\right)^2}\, dx - Pdx \tag{4}$$

Equation (4) can be rearranged using the power series.

$$dV = \frac{P}{2}\left(\frac{dy}{dx}\right)^2 dx \tag{5}$$

By integrating equation (5) from zero to yarn length ℓ, The total potential energy (V) of yarn can be obtained as follows.

$$V = \frac{P}{2}\int_0^l \left(\frac{dy}{dx}\right)^2 dx = \frac{P}{4}\frac{\pi^2}{l} y_0^2 \sin^2 w_n t \tag{6}$$

Equation (3) is equal to equation (6) by the Rayleigh's energy method.

$$\frac{1}{4}\frac{\mu l}{g} Y^2 w_n^2 = \frac{P}{4}\frac{\pi^2}{l} Y_0^2 \tag{7}$$

$$w_n^2 = \pi^2 \frac{P}{\mu l^2} g \tag{8}$$

Equation (8) is the equation between frequency and tension when the yarn is vibrating. Equation (8) can be rearranged by tension (P) (where, $w_n = 2\pi f_n$).

$$P = (2\pi f_n)^2 \frac{\mu l^2}{\pi^2 g} \tag{9}$$

In this paper, the tension (P) of yarn will be obtained from equation (9) using the frequency of vibrating yarn (fn), which is counted by non-contact.

Table 1 Legend

f_n	Natural frequency of yarn
g	Gravitational acceleration
ℓ	Length of yarn
P	Tension of yarn
T	Kinetic energy
V	Potential energy
w_n	Natural circular frequency of yarn
Y_0	Displacement at the center of yarn
μ	Weight per length

3 Experiment

In this paper the photo interrupter is used to measure the frequency of yarn. Figure 2 is the circuit of photo interrupter, which is used in this experiment. Photo interrupter consists of two parts, that is, light emitting part and light receiving part as Fig. 2 The response time, minimum size of object and detecting range of the photo interrupter are 1ms, 0.2mm and 100mm respectively.

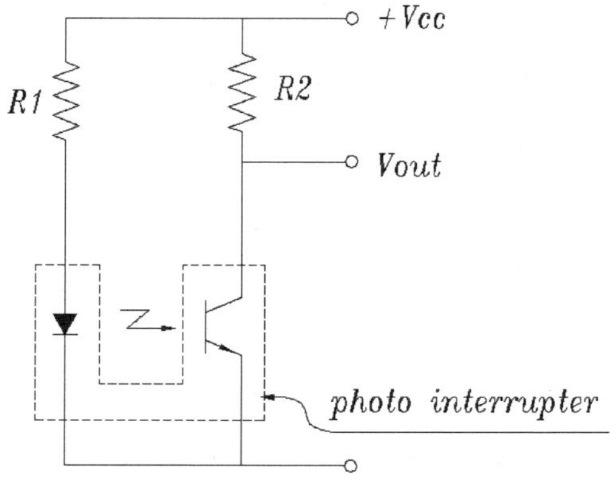

Fig. 2 Photo interrupter

The infrared light is emitted from the light emitting part of the sensor and the light receiving part receives the light. The output of the sensor is the constant voltage, which comes out from the amplifier of sensor. If the vibrating yarn intercepts the infrared light, the voltage changes repeatedly as output signal. We can get the frequency of vibrating yarn from this voltage change.

3.1 Experimental Apparatus

Figure 3 is the experimental apparatus. Photo interrupter is set at the upper side of yarn as Fig. 3 Both sides of yarn are fixed by pin to get the constant tension of yarn. If the vibrating yarn cuts the infrared light, the output voltage (which is constant at the normal condition) changes as mentioned above. The analog signal from the sensor is changed to the digital signal by A/D converter. This signal goes into the computer as input signal and the frequency of yarn is counted. A Filter is used to get the available signal.

Photo interrupter is a device detecting the object by using the infrared light.

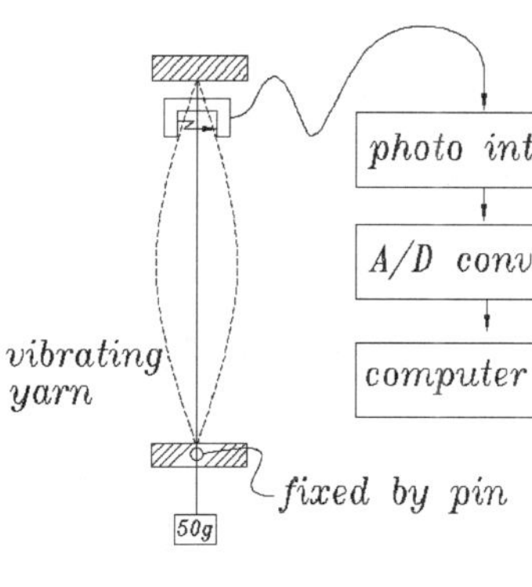

Fig. 3 Experimental apparatus

However, infrared light has the light scattering characteristics. Sometimes this scattering characteristic makes trouble when counting the frequency of yarn, since the cross section of yarn is very small. That is, if the yarn is too far from the light emitting part, the yarn can not cut the infrared light completely. To avoid this phenomenon, the experiment is conducted by maintaining the proper distance between yarn and sensor.

3.2 Experimental procedure

In this paper cotton yarns are used as materials. Tension of yarn is fixed at 50gf by set-ting 50g-weight on one end of yarn as Fig. 3 Experiment is conducted by changing the length of yarns and kinds of cotton yarns (weight per length). The yarns used in this ex-periment are 6.7tex and 10tex. The weight per length is 0.067 mg/m for 6.7tex yarn and the weight per length is 0.1 mg/m for 10.0tex yarn. The yarn tension is measured for yarn length 0.40, 0.45, 0.50 and 0.55m respectively.

The frequency of yarn is counted for each yarn by photo interrupter. The tension of yarn is computed from this data. Finally the converted tension values are compared with the original setting tension (50gf).

4 Experimental Result and Discussion

4.1 Frequencies of yarns

Figure 4 shows the output voltage signal of photo interrupter by the vibrating yarn for yarn length 0.40m and weight per length 0.067mg/m. The frequency of yarn can be obtained by counting the number of peaks for one second.

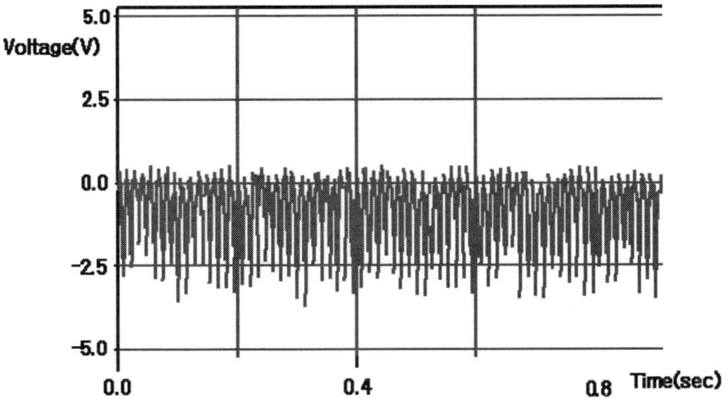

Fig. 4 Vibrational frequency of yarn (Length=0.4m, $\mu = 6.7 \times 10^{-2}$mg/m)

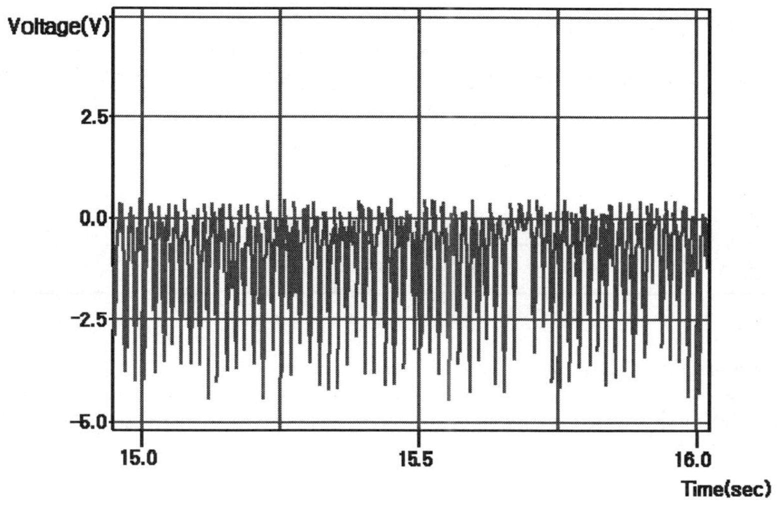

Fig. 5 Vibrational frequency of yarn (Length = 0.1 m, $\mu = 1.0 \times 10^{-1}$mg/m)

In this figure two peaks mean one cycle of vibration, since going and coming is one cycle of yarn vibration. The frequency of yarn is 4.75Hz for the yarn in Fig. 4

Figure 5 is the voltage change for the yarn length 0.40m and the weight per length 0.1mg/m. The frequency of yarn is 4.5Hz for Fig. 5

4.2 Transformation of frequency to yarn tension

The tension of yarn is computed from the frequency of yarn using the equation between frequency and tension, which is introduced from the Rayleigh's energy method in Chapter 2.

Table 2 is the converted tension values of the yarn. The weight per length is 0.067mg/m in this table. As table 2 the converted tension values are 50.4, 45.3, 42.9 and 51.8gf for the yarn length 0.40, 0.45, 0.50 and 0.55m respectively. The value of average error between the converted tension and the setting tension is 7%.

Table 3 is the measured frequency and the computed tension for the 10.0 tex yarn. The computed tensions are 41.5, 46.9, 51.3 and 54.5gf for the yarn length 0.40, 0.45, 0.50 and 0.55m respectively. The value of average error between the converted tension and the setting tension is 8.7%.

Table 2 Experimental results($\mu = 6.7 \times 10^{-2}$ mg)

Yarn length [cm]	Measured frequency [Hz]	Converted tension [gf]	Error [%]
40	4.75	50.4	0.8
45	4.00	45.3	9.4
50	3.50	42.9	14.2
55	3.50	51.8	3.6

Table 3 Experimental results ($\mu = 1.0 \times 10^{-1}$ mg)

Yarn length [cm]	Measured frequency [Hz]	Converted tension [gf]	Error [%]
40	4.50	41.5	17
45	3.75	46.9	6.2
50	4.00	51.3	2.6
55	3.75	54.5	9

5 Concluding Remarks

In this paper a method to measure the tension of yarn by non−contact is studied. This paper can be summarized as follows.

a) An equation to convert the tension from the frequency of yarn was introduced from the Rayleigh's energy method.

b) Photo interrupter was used to count the frequency of vibrating yarn by non−contact.

c) An experimental apparatus was composed to measure the tension of yarn by non−contact using the proposed method.

d) The validity of the tension measuring system was confirmed by experiment.

6 Reference

1. S. H. Jang, W. K. Song and M. J. Choi, *J. Korean Fiber Soc.*, 38, 171(2001).
2. J. W. Shin, Ph. D. Dissertation, University of Yeonsei, Seoul, 1993.
3. J. K. Choi, M. S. Dissertation, University of Dangook, Seoul, 1997.
4. H. M. Irvine and T. K. Caughey, "The Linear Theory of Free Vibration of a Suspended Cable", pp. 299−315, Proc. Royal Soc., London, 1974.
5. H. West, L. Geschwindner and J. Suhoski, *J. of the Sturctural Division*, 101, 2277(1975).
6. S. S. Rao, "Mechanical Vibrations", 2nd Ed., pp. 362−372, Addision Wesley Publishing Company, California, 2003.
7. R. B. Randall, "Frequency analysis", Bruel & Kjear Korea Ltd., Seoul, 2003.
8. S. H. Jang, S. N. Yoon and M. J. Choi, *J. Korean Fiber Soc.*, 37, 117(2000).
9. W. M. Henghold and J. J. Russell, *Computers & Structures*, 6, 267(1999).

6 용어해설

ㄱ

- **각주파수(angular frequency)** : 진동수 또는 주파수(cps, Hz)에 2π를 곱한 값, 단위 [rad/s].
- **가우스 효과(Gauss effect)** : 전도체는 자화되면 전기저항이 증가한다.
- **가청주파수(audio frequency)** : 정상적인 청력을 가진 사람이 들을 수 있는 주파수 16~2000 Hz.
- **개방 컬렉터(open collector)** : 내부 부하가 없는 출력회로. 컬렉터는 풀-다운 능력을 제공하기 위해 만들어짐.
- **게이트 배열 논리회로(GAL, gate array logic)** : 논리 게이트 소자를 일정한 패턴으로 칩에 배열한 것으로, 유저의 요구에 따라 이들 게이트 소자간에 소정의 접속 배선을 할 수 있게 되어 있는 제품을 이른다.
- **게이트 비용(gate cost)** : DBB 기능을 수행하는데 필요한 게이트의 수.
- **게이트 지연(gate delay)** : 전파지연 참조.
- **경영정보 시스템(Management Information System, MIS)** : 기업에서 행해지는 경영관리 및 의사결정에 필요한 정보를 조직적이고 종합적으로 제공하도록 하는 통합적인 경영지원 시스템을 말함.
- **결합음(combination tone)** : 2개 이상의 순음을 귀 또는 변환기에 가했을 때 그 비직선관계에 따라 생긴 음.
- **고주파(higher harmonic)** : 주기적 복합파의 각 성분 중 기본파 이외의 것으로 제 n고주파는 기본파의 n배 주파수를 갖는 것을 말함.
- **고유 임피던스(specific acoustic resistance)** : 음이 전파하는 매질의 밀도 ρ와 그 매질 중의 음의 전파속도 c의 곱. 이것은 평면진행파에서 음장 내의 임의의 1점의 음압과 입자속도의 비에 상당함.
- **고유진동수, 고유주파수(natural frequency)** : 자유진동의 진동수.
- **고급언어(high-level language)** : PASCAL, BASIC, FORTRAN 등과 같이 사용자 중심의 프로그래밍 언어를 말하며, 이러한 언어로 작성된 프로그램은 반드시 컴파일을 거쳐야만 컴퓨터 내부에서 실행이 가능하게 됨.
- **곱의 합(sum of products)** : 1을 출력하도록 모든 DBB 입력을 사용하는 불 방법.
- **공백(space)** : 직렬전송에서 low 레벨을 나타낸다.
- **공장자동화(Factory Automation, FA)** : 제조공장에 컴퓨터 시스템을 통합시켜 전체적인 자동화 혹은 무인화를 지향하는 제조 시스템을 말함.

- **공명(resonance)** : 진동계의 강제진동에서 외력의 크기를 일정하게 하고 주파수를 변화시키면, 계의 고유진동수 부근에서 변위, 속도 등이 극대치로 되는 현상.
- **공명진동수, 공명주파수(resonance frequency)** : 공명(공진)현상을 일으키는 진동수.
- **광대역(broadband)** : 많은 정보 캐리어가 사용되는 전송방식.
- **광전효과(photoelectric effect)** : 음극 금속판에 빛을 조사하면 전자가 방출되어 양극으로 끌려가고 결국 전류가 흐르게 된다. 광증배관(photomultiplier tube)의 동작은 이 효과에 기초함.
- **광전도 효과(photoconductive effect)** : 어떤 반도체의 표면에 빛이 조사되면 물체의 저항이 낮아진다. 광전쌍 센서로 많이 사용되는 포토다이오드는 이 효과를 이용하여 개발됨.
- **광기전력효과(photovoltaic effect)** : 금속판에 접합된 반도체에 빛을 조사하면 전압이 발생한다. 태양전지는 이 효과를 이용하고 있다.
- **교환기(switch)** : 지정된 장소로 패킷을 전달하는 네트워크 장비.
- **구문론(syntax)** : 명령어들을 작성할 때 준수해야 하는 규칙을 말함.
- **국제표준화기구(International Organization for Standardization, ISO)** : 상품 및 서비스의 국제적인 교환을 용이하게 하기 위해 설립된 국제표준화 기구를 의미함.
- **그래픽 태블릿(graphic tablet)** : CAD/CAM 시스템에 사용되는 입력장치의 하나로서, 도형이나 위치 명령을 입력하거나 menu tablet으로 사용된다.
- **근저리통신망(LAN, Local Area Network)** : 가까운 지역 내의 한정된 데이터 통신 시스템으로서, 전송 속도가 고속이라는 특징을 가지며 근거리 정보통신망, 지역 내 정보통신망이라고도 함.
- **글래드스톤-데일의 법칙(Gladstone-Dale's law)** : 물체의 굴절지수는 밀도에 관계된다.
- **금속산화물 반도체(Metal Oxide Semiconductor, MOS)** : 반도체 장치의 용어. 금속-금속산화물-반도체의 접합구조를 이르는 것으로, MIS(금속-절연체-반도체) 구조 중에서 가장 널리 이용됨. 실제로는 실리콘 기판상에 SiO_2 박막을 형성하고 그 위에 금속전극을 배치함. MOS는 metal oxide semiconductor의 약어. 이 구조를 접합구조로 한 MOS 다이오드, 전계효과 트랜지스터(FET)의 게이트에 사용한 MOSFET 등의 장치에 응용됨.
- **기저대역(baseband)** : 하나의 정보 캐리어만이 사용되는 전송방식.
- **기계 임피던스(mechanical impedance)** : 진동하는 물체의 1점 또는 동일 속도, 동일 위상으로 진동하는 1개의 면에 가하는 진동방향의 힘과 그 점 또는 그 면의 속도와의 복소수비.
- **기계어(machine language)** : 컴퓨터가 직접 실행할 수 있는 low-level language를 의미함.
- **기본음(fundamental tone)** : 주기적 복합음의 경우는 그 주기에 상당하는 진동수(주파수)의 순음, 주기적이 아닌 경우는 그 성분 중 진동수의 최소의 것.

- 기본진동(fundamental vibration) : 주기적인 진동을 하는 경우는 그 주기에 상당하는 진동, 주기적이 아닌 경우는 그 성분 중 진동수의 최소의 것.
- 기수(radix) : 수체계의 기수.
- 기능키(function key) : 임의의 key를 누르면 이에 대응하는 미리 정의되어 있는 기능이나 명령어가 수행되도록 만들어 놓은 입력장치를 말함.
- 기호분석(signature analysis) : 디지털 회로에서 패턴을 검사하는 전자적 방법.
- 그리드(grid) : 도면상에 일정한 간격으로 나열한 점이나 선의 집합을 말함.

ㄴ

- 나비 효과(butterfly effect) : 혼란한(Chaotic) 비선형 시스템은 초기조건에 민감하게 반응함.
- 네른스트 효과(nernst effec) : 자기장을 가로질러 흐르는 열류(heat flow)는 전압을 발생시킨다.
- 논리분석기(logic analyzer) : 적어도 8개와 종종 100개 이상의 채널 데이터를 표본화할 수 있는 다채널 분석장비. 각각의 채널은 추후 관측을 위해 메모리에 많은 표본을 저장할 수 있음.
- 논리합 게이트(or gate) : 어떤 입력에 논리 1이 주어질 때 논리 1을 출력하는 논리 게이트.
- 누산기(accumulator) : 산술과 논리연산의 결과를 내장하고 있는 컴퓨터 내의 레지스터.
- 누산기(butterfly effectx) : 혼란한(Chaotic) 비선형 시스템은 초기조건에 민감하게 반응함.
- 뉴턴의 법칙(newton's law) : 물체의 가속도는 물체에 가해지는 힘에 비례함.
- 니블(nibble) : 4비트의 단위. 즉, 1바이트의 반을 말함.

ㄷ

- 단계 폭(step size) : D/A 변환기의 LSB에 의해 제어되는 전압의 양.
- 단방향(simplex) : 단지 한 방향으로만 데이터를 전송하는 방법.
- 달랑베르 원리(d'Alembert's principle) : 질량이 갖는 가속도는 같은 방향과 반대방향으로 작용하는 힘과 동등하다.
- 단일 직렬 메모리 모듈(Single Inline Memory Module, SIMM) : PC에서 사용되는 표준 메모리.
- 대역 음압 레벨(band pressureal level) : 어떤 주파수대역 내에 포함되는 음의 음압 레벨.
- 대역폭(band width) : 필터 등의 통과대역을 의미함. 필터의 경우에는 2개의 차단주파수의 차 또는 비로 나타냄.

- 데시벨(decibel) : 파워(전력, 음향출력 등), 음의 세기를 비교하는데 사용되는 단위 [dB]로서 차원이 없음.
- 데이터 단말기(data terminal) : 컴퓨터와 통신하기 위해 사용되는 전자장치. 단말기는 프린터, TV 화면 또는 상용의 표시장치가 될 수 있음.
- 데이터 버스(data bus) : CPU로부터의 정보를 컴퓨터의 다른 부분으로 보내는 병렬 전송 경로.
- 데이터 연결(data link) : 단말기와 컴퓨터 사이의 연결. 데이터 선, 전화기, 위성, 레이저 또는 광섬유 등.
- 데이터 선택기(data selector) : 선택기 참조.
- 데이터베이스(DB, Data Base) : 각종 프로그램에서 공동으로 사용할 수 있도록 통합된 데이터들의 집합을 말하며, CAD 시스템에서 사용되는 데이터베이스로는 부품 library, 도형 및 비도형 정보 등이 있음.
- 데이터베이스 관리 시스템(Data Base Management System, DBMS) : 데이터베이스를 효율적으로 사용할 수 있도록 관리해 주는 소프트웨어를 말함.
- 도트매트릭스(dot-matrix) : 5×7, 7×9, 9×11 또는 11×13의 격자 도트로 표시장치에 표시되는 문자로서, 점(dot)을 행렬형태로 2차원상에 배치하여 이 점의 유무로서 글자나 그림을 나타내는 방식을 말함.
- 도플러 효과(Doppler effect) : 파동의(음파 또는 빛) 소스에서 전달받은 주파수는 소스의 속도에 따라 바뀜. 레이저 도플러 속도계(LDV)는 유속을 측정하기 위하여 유체내의 입자에 반사되어 오는 레이저광의 주파수 변화를 이용.
- 대규모 집적회로(Large-Scale Integration Circuit, LSI) : 하나의 패킷에 1,000~10만 개의 소자가 집적된 것. 고밀도 집적회로. 이에 대하여 100~1,000개의 소자가 집적된 것을 중규모 집적회로(MSI), 100개 이하의 소자가 집적된 것을 소규모 집적회로(SSI). 넓은 의미로는 MSI도 포함하여 LSI라 함.
- 동기(synchronous) : 동작을 일으키기 위해 클록 펄스를 요구하는 방법. 이러한 입력은 자기 스스로 동작할 수 없음.
- 동기전송(synchronous transmission) : 개별적인 클록 신호를 필요로 하는 데이터의 직렬전송.
- 동기회로(synchronous logic) : 메모리를 포함하고 다음 상태를 결정하기 위해 현재 상태와 입력을 사용하는 회로. 하나의 클록이 인가될 때 상태가 변화함.
- 동기식 카운터(synchronous counter) : 모든 플립플롭이 하나의 클록에 연결되어 동시에 동작하는 카운터. 출력은 하나의 전파지연시간 후에 유효함.

- **동적 메뉴(dynamic menu)** : 화면상에 menu를 표시하고, 이를 cursor에 의하여 지정함으로써 특정한 명령이나 작업을 수행할 수 있도록 하는 menu 방식을 말함.
- **동적 메모리(dynamic memory)** : 충방전 커패시터를 가지고 있는 메모리 셀로 충전상태를 유지하기 위해 반드시 리프레시되어야 함.
- **드럼 플로터(drum plotter)** : pen plotter의 일종으로 pen은 좌우방향으로 움직이고, 드럼에 감긴 용지가 회전함으로써 도면을 작성하는 plotter를 말함.
- **드모르간의 정리(Demorgan's theorem)** : 회로가 구성될 수 있도록 허용하는 게이트 대치법칙 ($A\ B = \overline{\overline{A}+\overline{B}}$ 와 $\overline{A\ B} = \overline{A}+\overline{B}$).
- **디스켓(diskette)** : 5 또는 8인치의 지름을 갖고 있는 유연한 자기 디스크 메모리.
- **디스크(disk)** : 레코드판과 같은 자기원판을 사용하여 정보를 써 넣거나 읽어내는 대용량의 보조기억장치를 말함.
- **디멀티플렉서(demultilplexer)** : 2진(병렬)신호를 몇 개의 선으로 변환하는 회로.
- **디버깅(debugging)** : 소프트웨어나 하드웨어상에서 bug를 찾아내어 이를 수정하는 일을 말함.
- **디지타이저(digitizer)** : 제도판과 같은 판과 puck, stylus pen으로 구성되며, CAD 시스템의 입력 기기로 사용됨.
- **디지타이즈(digitize)** : 기계도면을 데이터베이스에 보관하기 위하여 좌표계상의 좌표값으로 변환하는 작업을 말함.
- **디지털(digital)** : 어떤 현상이나 데이터를 불연속적인 이산값으로 표시하는 방식을 말함.
- **디코더(decoder)** : 주소가 주어졌을 때, 메모리 IC 중의 하나를 선택하기 위해 사용되는 회로.
- **디코드 주기(decode cycle)** : CPU를 다음 주기로 안내하여 주기 위해, 기억장치로부터 페치된 명령어가 디코드 되는 CPU 동작.
- **디폴트(default)** : 어떤 변수에 대한 입력값에 대하여 특정한 값을 입력하지 않을 경우, 프로그램이나 시스템이 미리 결정하여 보관하고 있는 값으로 대치하도록 한 것을 말함.

ㄹ

- **라벨(label)** : 도면상의 부품, file 등에 대한 간단한 설명이나 표시를 의미함.
- **라이브러리(library)** : 자주 사용되는 프로그램이나 부품, 심벌, 기기 등의 집합을 의미하며, 반복작업을 줄이고 생산성을 향상시킴.
- **라이트 펜(light-pen)** : cursor 위치조절 기기의 일종으로서 refresh형 CRT에서 사용됨.

- 람베르트의 코사인 법칙(Lambert's cosine law) : 표면의 반사된 휘도(luminance)는 투사각의 코사인에 따라 바뀜.
- 래치(latch) : 플립플롭과 2진 저장장치에 필수적인 기능.
- 레이놀즈 효과(Raoult's effect) : 전도체의 저항은 길이가 변화하면 바뀐다. 이 효과는 부분적으로 스트레인 게이지의 응답에 관련됨.
- 레이리 기준(Rayleigh criteria) : 유체의 가속도와 거품 형성이 관계됨.
- 레이어(layer) : 도면을 몇 개의 층으로 나누어 관리하는 방식을 말함.
- 레이어 판별(layer discrimination) : 특정 layer에서 사용하는 선의 두께, 색 등을 지정하여, 도면상에서 다른 layer와 구분하는 기법을 말함.
- 레지스터(register) : CPU의 연산에 사용되는 데이터를 일시적으로 보관하는 특수기능을 가진 일종의 버퍼장치를 말하며, 주기억장치의 일부분임.
- 렌츠의 법칙(Lenz's law) : 자기장에 놓인 전류가 흐르고 있는 도체는 힘을 받음.
- 레코드(record) : 연관성이 있는 데이터들의 집합으로, 이 record들이 모여 하나의 파일(file)을 구성하게 됨.
- 롱 워드(long word) : 4바이트(32비트)의 정보.
- 로렌츠의 법칙(Lorentz's law) : 자기장에서 움직이는 전하를 띤 입자는 힘을 받음.
- 루틴(routine) : 임의의 순서로 정렬하여, 기능적으로 연관성이 있는 부호화된 명령들의 집합을 말함.
- 리셋(reset) : 리싯 플립플롭은 $Q=0$을 나타냄.
- 리스프(List Processor, LISP) : 인공지능 프로그래밍 언어의 일종으로서 list들로 구성된 데이터를 처리하기 위하여 고안되었음.
- 리프레시(refresh) : 작은 용량성 요소로 구성된 동적 메모리는 재충전되거나 리프레시되어야 함. •리프레시• 명령은 재충전을 트리거함.
- 리플 카운터(ripple counter) : 각 플립플롭의 출력이 다음 단 플립플롭의 클록으로 사용되는 카운터. 카운터의 출력은 모든 플립플롭의 전파지연시간이 소요될 때까지 유효하지 않음.

ㅁ

- 마이스너 효과(meissner effect) : 자기장 내의 초전도체(superconducting)는 자기장을 차단하고 내부에 자기장이 없음.
- 마이크로코드(microcode) : 마이크로프로세서 내부에서 동작을 제어하는 ROM 기반의 데이터.

- 마이크로폰(microphone) : 음향계를 전기로 변환하는 전기음향 변환기.
- 마이크로프로세서(microprocessor) : 1개 또는 여러 개의 칩(chip)으로 구성된 제어 및 연산처리장치를 말함.
- 매그너스 효과(magnus effect) : 회전하는 물체로 유체가 흘러가면 물체는 흐름의 수직방향으로 힘을 받음.
- 매질(medium) : 파가 물질에 따라 전파되는 경우의 그 물질을 말함.
- 맨체스터 부호화(manchester encoding) : 이더넷상에 0과 1들을 부호화하는 기법. 0은 상승 에지로 1은 하강 에지로 부호화 됨.
- 매초당 인치(IPS, Inch Per Second) : 자기 테이프의 초당 진행속도를 의미함.
- 매크로(macro) : 일련의 명령어 집합으로서, 반복적으로 사용되는 여러 작업을 하나의 지시로 컴퓨터가 직접 실행할 수 있도록 만들어 놓은 것을 말함.
- 명령 패치(instruction fetch) : 메모리로부터 명령어로 해석되기 위하여 워드를 페치하는데 사용되는 CPU 동작.
- 명령 포인터(instruction pointer : 프로그램 카운터 참조.
- 무관항(don't care) : 기호 •X•로 표시되는 상태로 회로설계과정에서 영향을 미치지 않음. 회로에 아무 영향도 주지 않아 high 또는 low일 수 있음.
- 무지향성 마이크로폰(non-directional microphone) : 음파의 입사방향에 대해 감도가 일정한 마이크로폰.
- 문서화(documentation) : 설계에서 제조에 이르는 모든 단계에서 작성한 보고서나 설명 등을 말함.
- 문자발생기(character generator) : ASCII 코드를 도트 매트릭스 형식으로 변환하는 테이블로 구성된 ROM.
- 머지(merge) : 서로 연관성 있는 file이나 data 들을 하나로 합치는 것을 말함.
- 머피의 법칙(Murphy's law) : 잘못될 수 있는 일은 결국 최악의 시기에 최악의 장소에서 잘못됨. 실험실에서 실험을 하다보면 종종 이러한 경우가 발생됨.
- 멀티프로세싱(multiprocessing, multi-processing) : 하나의 프로그램을 여러 부분으로 나누어 병렬처리하거나, 여러 개의 CPU를 병렬로 연결하여, 다수의 프로그램을 동시에 병렬처리하는 기법을 말함.
- 멀티플렉서(multiplexer) : 두 입력 중에 하나(4개 중에 하나, 8개 중에 하나)를 선택하여 출력으로 전달하는 논리 게이트. 디코더는 많은 논리신호를 볼 때 매우 유용함.

- **멀티플렉싱(muitiplexing)** : 통신선로의 전송효율을 높이고 다수의 사용자가 공동으로 이용할 수 있도록 구성한 다중전송방식을 말함. 하나의 데이터 통로를 다수의 송수신장치가 시분할, 주파수 분할방식으로 공유함.
- **메모리 I/O(memory-mapped I/O)** : 포트 대신 디코드된 메모리 주소를 사용하는 입-출력 변환.
- **메모리 맵(memory map)** : 메모리의 어떤 부분이 사용되고(즉, ROM과 RAM이 어느 번지에 위치하는지) 사용되지 않는지를 나타내는 표시방법.
- **모뎀(modulator demodulator, modem)** : 전화회선과 같은 회선을 데이터 통신에 사용하기 위해서, 디지털형태의 데이터 신호를 전송용으로 변조하고, 이를 다시 수신측에서 복조하는 데이터 통신용 장치를 말함.
- **모듈로-N 카운터(modulo-N counter)** : N개의 상태를 포함하는 카운터. 일반적으로 0에서 N-1까지 계수함.
- **모조-무작위 펄스 발생기(pseudo-random pulse generator)** : 임의의 비트열을 발생하는데 사용되는 시프트 레지스터 회로.
- **무어의 법칙(Moore's law)** : 매 18개월마다 IC에 집적될 수 있는 트랜지스터 수는 2배가 된다.
- **문서 편집기(text editor)** : text file을 편집하거나 수정하는데 사용되는 작업지원용 소프트웨어를 말함.
- **미국 전기전자학회(Institute of Electrical and Electronics Engineers, IEEE)** : 전기전자기술자협회를 말함.
- **미국 표준협회(American National Standards Institute, ANSI)** : 미국 정부와 산업계로 구성된 설계 및 제도에 관한 규격 및 표준화 협회를 말함.
- **미러링(mirroring)** : 도형요소들을 한 직선에 대칭으로 거울에 비친 상처럼 이동 또는 복사하는 것을 말함.
- **밉스(Million Instructions Per Second, MIPS)** : 컴퓨터의 자료처리속도를 나타내는 단위로서, 1초에 백만 개의 명령어를 실행할 수 있는 능력을 말함.

ㅂ

- **바이트(byte)** : 문자, 숫자, 특수문자 등 하나의 의미를 가지는 정보의 기본단위로서 ASCII 코드에서는 8개의 비트(bit)가 1바이트(byte)로 구성됨.
- **반공진(anti-resonance)** : 진동계의 강제진동에 있어서 외력의 크기를 일정하게 하고 주파수를 변화시킬 때 구동점의 변위, 속도 등이 극소로 되는 상태, 그때의 주파수를 반공진주파수라고 함.

- **반가산기(half adder)** : 2개의 논리 레벨을 더하여 캐리와 합을 출력하는데 사용되는 2진 가산기.
- **반사(reflection)** : 음파가 1개의 매질 속을 진행하여 타매질과의 경계면에 달할 때, 진행방향이 바뀌어 원래의 매질 속으로 다시 돌아오는 현상.
- **반이중(half duplex)** : 양 방향으로 데이터를 전송하지만 한 번에 한 방향으로만 데이터를 전송.
- **반전기(inventer)** : 논리 레벨을 전환하는데 사용되는 소자. 반전기는 논리 •0•을 1로, •1•을 0으로 변환시킬 때 진행방향이 바뀌어 원래의 매질 속으로 다시 돌아오는 현상.
- **발신(originate)** : 전화선을 통해 컴퓨터를 호출하는 사람에 의해 사용되는 모뎀의 이름.
- **방사(radiation)** : 파동 에너지가 파동원으로부터 나오는 현상.
- **방사 임피던스(radiation impedence)** : 매질에 접해 있는 방사면상의 음압의 적분을 방사면의 평균속도로 나눈 것.
- **방사압(radiation pressure)** : 음장에 설치된 물체에 작용하는 일방향의 압력.
- **배관계측 프로그램(Piping and Instrumentation Diagram, P&ID)** : 2차원의 배관 구성도로서 주요 기기들 사이의 배관의 구성상황을 표시함.
- **배치(batch)** : 하나의 단위작업을 시스템의 자체적인 제어 하에서 일괄적으로 처리하는 방식으로서, 서로 관련이 있는 작업들을 하나의 관리단위로 묶어 한꺼번에 처리하는 데이터 처리기법을 말함.
- **배타적 OR 게이트(exclusive OR gate)** : 입력 중에 단지 하나의 1이 있는 경우에 1을 출력하는 수정된 OR 게이트.
- **버그(bug)** : 기계장치나 컴퓨터 프로그램에 있어서 오동작을 일으키게 하는 자체적인 결함을 말함.
- **버블 기억장치(bubble memory)** : 자기 원리를 이용하여 2진 데이터를 저장하는 기억장치.
- **버스(bus)** : 고속으로 데이터를 전송하는데 사용되는 병렬경로로서, 컴퓨터 내부의 각종 장치(CPU, 메모리, CD 드라이버 등) 사이를 연결하는 대용량의 데이터 통로를 말함.
- **버퍼(buffer)** : 다른 여러 게이트를 구동하기 위해 사용하는 높은 팬-아웃을 갖는 논리 게이트로, 하나의 장치로부터 다른 장치로 정보를 전송하는 경우에 있어서 전송되는 정보를 일시적으로 보관하기 위하여 기억장치 내에 할당한 일정 영역을 말함.
- **범용 비동기 송수신기(Universal Asynchronous Receiver Transmitter, UART)** : 컴퓨터의 비동기 직렬 통신을 처리하는 프로그램. 보통 마이크로칩으로 실현되며, RS-232C DTE 인터페이스를 제공하여, 모뎀이나 기타 다른 직렬장치들과 통신하거나 데이터를 주고받을 수 있게 함.
- **베르누이의 방정식(Bernoulli's law)** : 유체에 에너지 보존법칙을 적용하면 압력과 유체의 속도간의 관계식을 얻을 수 있다. 피토관(pitot tube)은 이 원리를 이용하여 항공기의 속도를 측정한다.

- 베이직(Beginner's All-purpose Symbolic Instruction Code-BASIC) : 전산 전문요원이 아니더라도 손쉽게 프로그램을 작성할 수 있도록 개발된 컴퓨터 프로그래밍 언어를 말함.
- 벤치마크(benchmark) : 특정 프로그램이나 업무를 선정하여 서로 비교 검토함으로써 성능을 평가하는 기법을 말함.
- 변조(modulation) : 어떤 파동의 성질(진동, 주파수 또는 위상)이 다른 파동의 성질에 따라 변화하는 현상.
- 병렬(parallel) : 모든 비트의 정보를 동시에 동일한 수의 선으로 표현.
- 보(baud) : 직렬정보가 전송되는 비율.
- 보일의 법칙(Boyle's law) : 이상기체의 압력-부피의 곱은 해당 온도에 대하여 일정하다.
- 부논리(Negative logic) : 최소 양의 값이 논리 •1•인 논리.
- 부가가치통신망(Value Added Network, VAN) : 부가가치통신망이라고도 하며, 통신사업자로부터 회선을 빌려, 이 회선에 컴퓨터를 접속하여 통신망을 구축하고, 공중통신사업자가 제공하지 않는 새로운 기능(부가가치, 즉, 코드 변환, 속도변환, 메시지 변환 기능 등)을 사용자에게 제공하는 서비스 네트워크를 말함.
- 부르스터의 법칙(Brewster's law) : 물체의 굴절지수(index of refraction)는 편광의 반사나 투과각도에 관계된다. 레이저 관의 부루스터 창은 레이저 관선의 형태로 파워를 방출하는데 사용한다. 이 레이저 광선은 계측 시스템에 널리 사용되고 있다.
- 부분음(partial tone) : 복합음을 구성하는 각 순음.
- 분산(dispersion) : 파가 많은 방향으로 반사 또는 회전하는 현상.
- 분산처리(distributed processing) : 업무의 분산처리 및 자원의 공동이용을 가능하게 하기 위하여, 다수의 프로세서를 network로 결합시키는 컴퓨터와 통신망의 결합기술을 말함.
- 복합음(complex sound) : 순음 이외의 음.
- 부호 비트(sign bit) : 부호화 수를 표현할 때 최상위에 위치한 비트.
- 부호 없는 수(unsigned number) : 0에서 시작하여 음이 되지 않는 수의 범위, 단지 양수만 허용됨.
- 부호화 수(signed number) : 양수와 음수를 포함하는 수의 범위.
- 불 간략화(boolean reduction) : 논리함수를 수행하는데 필요한 논리 게이트의 수를 축소하는데 사용되는 대수적 방법.
- 불 대수(boolean algebra) : 디지털 회로설계에 사용되는 기호화 논리(대수).
- 브래그의 법칙(Bragg's law) : 결정격자의 의하여 회절(diffracted)된 X레이 광선의 강도는 결정면의 간격과 광선의 파장에 관계된다. X선 회절 시스템은 이 원리를 이용하여 결정체 시편의 결정격

자(crystal lattice)의 기하학적 구조를 계측한다.

- 블래그데노의 법칙(Blagdeno's law) : 액체방울의 빙점과 비등점은 이 액체 속의 불순물의 농도에 의하여 올라간다.
- 비데만 프란츠의 법칙(Wiedemann-Franz's law) : 어떤 물질의 열전도도와 전기전도도의 비율은 이 물체의 절대온도에 비례한다.
- 비동기 통신접속변환기(acia) : 수신/송신 집적회로의 한 종류.
- 비오-사바르의 법칙(Biot-Savart's law) : 전류가 흐르는 도체 주위에 자기장이 형성된다. 마그네틱 픽업(magnetic pickup)은 이 원리를 이용하여 도체 내의 전류를 계측한다.
- 비오의 법칙(Biot's law) : 어떤 매체를 통한 열전도량은 매체 양단의 온도차에 직접 비례. 온도변환기(temperature transducer)의 시상수(time constant)는 이 원리가 기본.
- 비조화성분(non-harmonic component) : 어떤 음의 성분에서 조화성분이 아닌 성분.
- 비트(bit-binary digit) : 컴퓨터 내부에 보관되어 처리되는 정보의 최소단위로서, 0과 1로 구성된 2진수의 한 자리를 말함.
- 비트멥(bit map) : 영상을 만드는데 사용되며, 메모리상에 구성된 각 비트들의 격자형 구조로, 각 비트는 화면상의 각 화점(pixel)과 일 대 일로 대응하게 됨.
- 빈 효과(Wien effect) : 전해질의 전기전도도는 전압인가에 따라 증가한다(전기저항이 감소한다).
- 빈의 변위법칙(Wien's displacement law) : 백열물질의 온도가 증가함에 따라 방사하는 빛의 스펙트럼이 청색으로 이동한다.

ㅅ

- 사이클(cycle) : 1주기 간에 일어나는 변화의 전 과정.
- 사무자동화(Office Automation, OA) : 컴퓨터와 통신망을 이용하여 사무의 자동화와 효율화를 이룩하는 기술을 말함.
- 산란(scattering) : 파가 많은 방향으로 반사 또는 회절하는 현상.
- 산술논리장치(Arithmetic Logic Unit, ALU) : 산술과 논리연산을 수행하는 컴퓨터의 일부분.
- 상보성 금속산화물 반도체(Complementary Symmetry Metal Mxide Semiconductor, CMOS) : 소비 전력이 매우 적다는 이점을 가지며 휴대용 계산기, 전자시계, 소형 컴퓨터 등에 널리 채용되고 있다.
- 상승시간(rise time) : 펄스 해석에서 high 레벨의 10%에서 90%까지 도달하는데 걸리는 시간.

- 상태 기계(state machine) : 동시에 발생하는 상태 변화로 각자 도달할 수 있는 몇 가지 다른 상태를 포함하고 있는 회로.
- 상태 다이어그램(state diagram) : 상태 기계의 동작을 표현하는 그래프적인 방법.
- 상태 천이표(state transition table) : 상태 다이어그램으로부터 모든 정보를 포함하는 데이터 표.
- 쌍안정 플립플롭(bistable flip-flop) : 두 상태를 갖는 플립플롭의 다른 이름.
- 쓰기 방지(write protect) : 데이터가 수록된 파일이나 데이터베이스를 수정하거나 지우지 못하도록 설치한 보안장치를 말함.
- 샤를르의 법칙(Charles's law) : 이상 기체는 압력-온도의 곱은 해당 부피에 대하여 일정하다.
- 서브-피규어(sub-figure) : 반복적으로 사용되는 부품이나 기기 등과 같이 이용과 관리가 편리하도록 CAD 시스템의 library에 보관된 형상 모델을 말함.
- 선택기(selector) : 여러 신호로부터 하나의 신호를 선택하는 논리요소. 디코더와 같음.
- 설계자동화(Design Automation, DA) : 설계공정에서 가능한 한 사람의 개입을 최소화시키는 기술을 말함.
- 성질(property) : 특정의 부품 등의 규격, 성능, 색상, 가격, 생산자 등 각종 속성정보를 말함.
- 세트(set) : 세트 플립플롭은 Q=1의 출력을 가짐.
- 소스(source) : FORTRAN, PASCAL, C 등의 컴퓨터 언어로 작성한 프로그램을 의미함.
- 소음(noise) : 바람직하지 않은 음. 예를 들면 음성, 음악 등의 전달을 방해하고 귀에 고통, 상해를 주는 음.
- 소음 레벨(noise level) : 청감보정회로로 측정된 음압 레벨.
- 속성(attribute) : 부품과 관련된 비도형정보를 말함.
- 수열(sequence) : 임의의 규칙에 따라 정보나 데이터를 연속적으로 배열한 것을 의미함.
- 수치(figure) : 기본 도형요소로 구성된 심벌이나 부품을 말하며, 재질, 속성, 크기 등의 비도형정보도 함께 가질 수 있다.
- 순음(pure tone) : 순시음압이 시간의 정현함수인 음.
- 스냅(snap) : cursor를 사용하여 위치를 입력하고자 할 경우, 도면이나 형상 모델상의 어떤 위치를 좌표값에 의하지 않고, 실물상의 위치나 grid상의 위치를 찾아가게 하는 기법을 말함.
- 스넬의 법칙(Snell's law) : 광학적 접합부에서 광선의 반사와 굴절은 입사각에 관계된다.
- 스캔(scan) : 전기적 또는 광학적인 방법을 이용하여 기호나 문자 등을 식별하여, 컴퓨터가 처리할 수 있는 데이터르 구성하는 일련의 작업을 말함.

- 스크롤(scroll) : 컴퓨터 화면상에 새로운 부분을 추가적으로 표시하기 위하여 기존의 화면을 특정 방향으로 이동시키는 것을 말함.
- 스타크 효과(stark effect) : 전자기장 소스의 빛띠선(Spectral line)은 소스가 강력한 전기장에 있을 때 분리된다.
- 스테판-볼츠만 법칙(Stefan-Boltzman law) : 흑체로부터 방사되는 열은 흑체 온도의 4제곱에 비례. 고온계(pyrometer)의 설계는 이 법칙을 응용.
- 스토크스 법칙(Stoke's law) : 형광물질로부터 방사되는 빛의 파장은 흡수되는 광자의 파장보다 길음.
- 시뮬레이션(simulation) : 어떤 자연현상(기계적인 공정포함)에 대한 모형(model)을 사용하여 컴퓨터로 임의의 현상을 모사하는 과정을 말함. 수식적으로 정형화된 하나의 논리적인 모델이 사용됨.
- 시벡 효과(seebeck effect) : 상이한 금속이 접합되었을 때 온도에 따라 접합부에 전압차가 발생한다. 열전대의 동작원리를 설명하는 중요한 효과이다.
- 시분할(time sharing) : CPU의 사용시간을 시분할방식으로 나누어 여러 개의 업무를 동시에 수행하는 방식을 말함. 사용자의 입장에선 보면 하나의 CPU가 여러 개의 업무를 동시에 처리하고 있는 것처럼 보임.
- 시분할 다중화(Time Division Multiplexing, TDM) : 다중 데이터 신호가 연속적으로 표본화되고 하나의 선을 통해 직렬로 전송되는 디지털 멀티플렉싱 기술.
- 시작 비트(start bit) : 새로운 정보의 시작을 알리기 위해 직렬전송에서 사용되는 신호 및 비트.
- 시큐리티(security) : 파일이나 데이터베이스에 허가되지 않은 다른 사용자가 접근하지 못하도록 보호하는 기능을 말함.
- 신뢰도(reliability) : 시스템의 안정성을 표시하는 정도를 의미하며, 신뢰도라고도 함.
- 실린더(cylinder) : 자기 디스크에 있어서 동일한 수직열상에 위치한 track들의 집합을 말함.
- 실행(execute) : 컴퓨터가 지시받은 명령어(command)나 작업(work)을 수행하는 것을 말함. 또한 일련의 명령어로 구성된 file을 execute file이라고 함.
- 실행 주기(execute cycle) : CPU가 내부 레지스터, 외부 메모리 위치 또는 I/O 장치에서 연산을 수행하는데 필요한 시간주기.
- 십진법(Binary-Coded Decimal, BCD) : 2진 부호화 10진수(8421 부호화 2진수).

ㅇ

- **아날로그(analog)** : 시간의 변화에 따라 연속적으로 변화하는 물리량으로 표시되는 데이터를 말함. 단, 특정 순간의 이산값으로 표시되는 데이터는 digital이라고 함.
- **아르키메데스의 원리(Archimedes)** : 잠겨 있거나 떠 있는 물체의 부력은 밀려나간 만큼의 액체의 중량과 같다. 빠져나간 액체의 중량은 액체의 밀도에 따라 달라진다. 볼 침수형 비중계(hydrometer)는 이 원리를 이용하여 유체(자동차의 냉각수 등)의 밀도를 측정할 수 있다.
- **아스키(American Standard Code for Information Interchange, ASCI)** : 미국표준협회가 데이터 처리 및 통신 시스템 상호간의 정보 교환용으로 제정한 표준 코드 체계를 말함. 1바이트(byte)는 8비트(bit)로 구성되며, 에러(error)를 검출하기 위한 등가비트(parity bit)를 제외한 7비트를 사용함으로써 128(=27)개의 코드로 구성됨.
- **알고리즘(algorithm)** : 어떤 문제를 풀거나 결과를 얻기 위하여 만들어진, 잘 정리한 규칙이나 문제 해결의 절차를 말함.
- **알파메릭(Alphameric)** : 각종 명령어나 비도형정보의 조작 및 처리에 사용되며, 영문자 A-Z, 숫자 0-9와 특수문자 *,/,.,(,),+,- 등으로 구성되는 기호를 말함.
- **암소음(back ground noise)** : 어떤 음을 대상으로 할 때 그 음이 아니면서 그 장소에 있는 소음을 대상음에 대한 암소음이라고 함.
- **암페어의 법칙(Ampere's law)** : 자기장에 놓인 전류가 흐르고 있는 도체는 힘을 받는다. 이 법칙에 의하여 검류계(galvanometer)는 영구자석에 의한 자기장에 놓인 회전 가능한 코일의 회전각도로 전류를 측정할 수 있다.
- **압저항효과(piezoresistive effect)** : 물체의 전기저항은 물체에 인가된 응력(stress)에 비례한다. 이 효과는 부분적으로 스트레인 게이지의 응답에 관련된다.
- **압전효과(piezoelectric effect)** : 변형을 받고 있는 결정의 전하가 빠져나간다. 압전형 가속도계는 질량의 관성에 의한 압전 결정의 변형에 의한 전하의 분극현상을 측정하는 것이다. 압전 마이크는 음압의 파동을 전압의 신호로 변환하는데 이 원리를 적용한 것이다.
- **양 논리(positive logic)** : 대부분의 양 전압신호는 논리 1을 나타냄.
- **양 레벨(positive level)** : 양 전압과 신호로 도작하는 집적회로의 계열을 나타냄.
- **양방향 버스(bidirectional bus)** : 양쪽 방향으로 신호를 전송할 수 있는 선들의 병렬 그룹. 양방향 데이터 버스는 정보를 송신하고 수신할 수 있음.
- **에미터 결합 논리회로(Emitter-Coupled Logic, ECL)** : 2개의 양극성 트랜지스터의 이미터를 결합해 디지털 회로를 구성하는 논리로써, 두 트랜지스터가 포화영역에 들어가지 않으므로 온(on)/오프(off) 스위칭 시간이 적게 걸려 양극성 디지털 회로 중에서 가장 빠르다.

- 에디슨 효과(Edison effect) : 진공 내에서 금속이 가열될 때 전하를 띤 입자를 방출하며 그 양은 온도에 관계됨. 진공관 증폭기는 이 원리를 이용하고 있는데 방출되는 전자의 양을 제어함으로써 전류 증폭량을 결정.
- 에지 트리거링(edge triggering) : 대부분의 플립플롭은 변이(에지)에서 토글됨(0에서 1로, 1에서 0으로). 펄스가 한 상태에서 다른 상태로 변화할 때 토글은 에지에 의해 야기(트리거링)됨.
- 엔드 게이트(and gate) : 모든 입력이 논리 1일 때만 1을 출력하는 논리 게이트.
- 엔티티(entity) : 점, 선, 직사각형, 원, 원호 등 도형을 구성하는 기본요소를 말함.
- 여기표(excitation table) : 플립플롭의 진리표를 표현하는 또 다른 방법. Q 출력에서 특정 변이를 일으키는 것을 강조함.
- 역논리 게이트(NAND gate) : 반전된 출력을 갖는 AND 게이트.
- 역논리합 게이트(NOR gate) : 반전된 출력을 갖는 OR 게이트.
- 연속근사 레지스터(successive approximation register) : 고정된 변환시간을 갖는 특별한 A/D 변환기.
- 연결 OR(wired OR) : 많은 게이트가 출력에서 공통적으로 서로 연결되어 입력에 영향을 주거나 결과를 출력하는 기능.
- 오디오 미터(audio meter) : 청력을 측정하는 장치.
- 오프라인(off-line) : 주변장치가 CPU와 연결되지 않은 상태에서 작동하는 것을 의미함.
- 온라인(on-line) : 주변장치가 CPU와 전기적으로 접속된 상태에서 작동하는 것을 의미함.
- 옴의 법칙(Ohm's law) : 저항을 통하여 흐르는 전류는 저항 양단의 전압차에 비례한다.
- 와이어 프레임 모델(wire frame model) : 3차원 모델의 가장 기본적인 표현방식으로서 컴퓨터 화면에 표시하고자 하는 대상물을 능선, 윤곽선, 교선 등의 특징 선을 사용하여 입체모델을 표시하는 기법을 말함.
- 운압(warble tone) : 주파수가 어떤 범위 내를 연속적 주기적으로 변화하는 음.
- 운영체계(Operating System, OS) : 제어 프로그램과 처리 프로그램으로 구성되며, 시스템 자체의 성능을 향상시키고 처리능력을 높이기 위한 시스템으로서 하드웨어의 효율적인 운영을 위한 기본적인 소프트웨어를 말함.
- 워드(word) : 2바이트(16비트)의 정보로, 일반적으로 1워드는 32비트 또는 64비트로 구성되며, 연산이나 데이터 전송 등에서 사용되는 정보의 기본단위를 말함.
- 원심력(centrifugal force) : 곡선 궤도를 움직이는 물체는 곡률반지름과 일치하는 선상의 바깥방향으로 힘을 받는다.

- **원주파**(cylindrical wave) : 파면이 원주형인 파.
- **웨이퍼**(wafer) : 원통형의 실리콘 단결정을 잘라 얇은 원판으로 만든 것을 말하며, 이 원판 상에 여러 개의 소자(저항, 콘덴서, 트랜지스터, 다이오드 등)가 적층됨.
- **위상**(phase) : 주기적인 현상이 있는 사이클 위치를 표시하는 양.
- **위상정수**(attenuation constant) : 전파정수의 허수부.
- **위상차**(phase difference) : 동일진동수의 2개의 주기적 현상의 동일 시각에 있어서의 위상의 차.
- **유한요소법**(Finite Element Method, FEM) : 기계나 기계에 사용되는 각종 부품을 여러 개의 사각요소 또는 삼각요소 등으로 분할하여 재료역학, 열역학, 유체역학 등의 해석을 하는 방법을 말함.
- **음선**(sound ray) : 음파의 파면과 직교하는 선을 말하며 음파의 진행방향을 나타냄.
- **음압**(sound pressure) : 음의 존재하면 매질의 압력이 변화하는데 그 평균값으로부터의 변화부분을 말함.
- **음원**(sound source) : 음을 발생시키는 것.
- **음의 세기**(sound intensity) : 음장 중의 한 점에서 음의 진행방향에 수직한 단위면적을 단위시간에 통과하는 음의 에너지.
- **음의 크기**(loudness) : 음의 세기에 관한 청각상의 성에 따라 적은 것부터 큰 것 까지를 나타내는 척도상의 배분.
- **음의 크기 레벨**(loudness level) : 어떤 음에 대해 정상청력을 가진 사람이 그 음과 동일크기로 들어 판단하는 1000 Hz 순음의 음압 레벨 수치, 단위 [phon].
- **음장**(sound field) : 음파가 존재하는 공간.
- **음향**(sound) : 탄성파로 정상청력을 갖는 사람이 청각적 감각을 일으키는 주파수범위의 것.
- **음향 임피던스**(acoustic impedance) : 음장에 있어서 파면에 평행한 유한한 면을 생각할 때 그 면에 들어오는 음압을 그 면을 통과하는 체적속도로 나눈 복소수비.
- **음향저항**(acoustic resistance) : 음향 임피던스의 실수부.
- **음향출력**(sound power of a source) : 단위시간에 음원에서 방사되는 음의 전에너지.
- **음향학**(acoustics) : 음에 관한 과학.
- **응답**(answer) : 요청되었을 때 사용자와 통신하기 위해 컴퓨터에 의해 사용되는 모뎀의 이름.
- **윈도**(window) : 화면상에 직사각형의 특정 영역을 지정하여 그 속의 도형요소만 묶어서 수정 및 삭제 등 각종 작업을 수행할 수 있도록 한 창을 말함.
- **이더넷**(ethernet) : CSMA/CD 방식을 이용하여 0과 1의 기저 밴드를 기반으로 하는 통신방식.

- **이이피롬(Electrically Erasable and Programmable Read-only Memory, EEPROM)** : 전기적으로 지울 수 있는 PROM. 자외선 대신에 전기적 신호로 지우는 것이 가능한 PROM. 메모리의 데이터를 변경하는데 자외선이 필요하지 않음.
- **이피롬(Erasable Programmable Read Anly Memory, EPROM)** : 전기적으로 전환.
- **이피롬 굽기(an EPROM burning)** : ROM에 데이터를 프로그램하는 과정.
- **이중 직렬 패키지(Dual Inline Package, DIP)** : 집적회로(IC) 칩을 고정시키는 패키지의 하나. 전극핀을 세로 방향으로 두 줄로 나란히 배열하는데, 보통 핀 배열 간격은 2.54 mm. 이 핀들을 회로기판의 구멍에 꽂고 구리로 된 패턴과 납땜하여 전기적으로 연결. 한편 핀이 한 줄로 배열된 패키지를 SIP(single in-line package)라 하고, 패키지 4변 모두 핀으로 배열된 것을 QIP(quadruple in-line package)라고 함.
- **인공지능(Artificial Intelligence, AI)** : 각종 지식을 저장하는 지식 데이터베이스(knowledge Data Base)와 이를 바탕으로 추론하여 의사 결정을 수행하는 추론 엔지(inference engine)의 두 부분으로 구성되어 있으며, 컴퓨터가 마치 사람과 같이 지능을 필요로 하는 일을 수행할 수 있도록 개발한 컴퓨터 응용의 한 분야를 말함.
- **인치당 비트 수(Bits Per Inch, BPI)** : 자기 테이프의 데이터 보관 용량을 나타내는 단위로서 자기 테이프상의 1인치에 기록 가능한 정보(bit)의 수를 말함.
- **인터페이스(interface)** : 기계와 기계, 혹은 기계와 사람 사이에서 정보를 주고받으며 이들을 연결하는 하드웨어나 소프트웨어적인 결합을 말함.
- **인터럽트(interrupt)** : 컴퓨터의 현재 동작을 즉각적으로 중지시키고 특정 업무를 수행시키는 외부 신호(조건 또는 조건들의 집합).
- **읽기/쓰기(read/write)** : 데이터를 읽고 쓰는 메모리 동작.
- **읽기용 기억장치(Read Only Memory, ROM)** : 전원이 꺼져도 기억내용이 소멸되지 않으며, 기억된 프로그램을 지우거나 변경할 수 없는 비휘발성의 기억소자를 말함. 제어용이나 특수목적인 프로그램을 보관하기 위해 주로 사용됨.
- **임의-접근 메모리 읽기/쓰기(Random-Access Memory Read/Write, RAM)** : 일반적으로 전원이 끊어지면 보관된 내용이 소멸되기 때문에 휘발성 기억소자에 해당하며, 데이터를 써 넣거나 읽어낼 수 있는 기억소자를 말함.
- **입자속도(particle velocity)** : 매질의 미소부분의 운동속도로 음파에 기인하는 성분.
- **인쇄회로기판(Printed Circuit Board, PCB)** : 플라스틱판 위에 마치 인쇄하듯이 배치한 동판배선의 회로기판으로, 인쇄배선회로라고도 하며, IC나 저항 등의 각종 회로부품들이 보드상에 배치됨.

ㅈ

- **자유음장(free field)** : 등질의 매질 중에서 경계의 영향을 무시한 음장.
- **자유진동(free vibration)** : 외력이 제거된 후에 일어나는 진동으로 계의 성질에 따라 결정되는 진동수를 갖는 진동을 말함.
- **자유진행파(free progressive wave)** : 자유공간을 진행하는 파.
- **자이로스코프 효과(Gyroscope effect)** : 한 축에 대하여 회전하는 물체는 다른 축에 대한 회전에 저항한다. 항법용 자이로스코프는 짐발구조에서 일정한 자세로 회전하는 플라이휠을 이용하여 비행체의 자세를 추정한다.
- **잡음 여유(noise margin)** : TTL 최소 출력 •1•과 최소 입력 •1• 사이의 전압차(2.4 – 2.0 = 0.4 V). 또한 출력 최소 •1•과 입력 최소 •1• 사이의 차이.
- **짝수 패리티(even parity)** : 특정 워드로 전송하는데 1의 숫자가 짝수이어야 함.
- **재시작(restart)** : 작업도중 중단시켰던 프로그램을 중단된 지점에서 다시 시작하도록 하는 것을 말함.
- **저급언어(low-level language)** : 기계어 중심의 프로그래밍 언어로서 assembler 등이 이에 해당함.
- **적재(load)** : 레지스터나 카운터에 병렬로 2진수를 입력시키는 신호 라인으로, CD, HD, DVD 등에 보관된 프로그램이나 데이터가 주기억장치 등으로 이동되는 것을 말함.
- **적재/재순환(load/recirculate)** : 시프트 레지스터에 데이터가 먼저 적재되고 그 다음에 데이터를 재순환하는 명령.
- **전가산기(full adder)** : 수정된 반가산기. 전가산기는 전단의 캐리 신호를 더함.
- **전계효과 트랜지스터(Field Effect Transistor, FET)** : 채널의 저항을 변화시키며 다수 캐리어의 흐름을 제어하는 트랜지스터로 단극 트랜지스터 혹은 FET라고 함. 보통의 트랜지스터에 비해 입력이나 출력의 두 저항이 매우 크다는 특징이 있음.
- **전류 루프(current loop)** : 전압이 아닌 전류 펄스를 전선에 보내는 직렬 통신 전송방식.
- **전문가 시스템(expert system)** : 특정 영역의 전문가가 가지고 있는 것과 같은 고도의 문제해결 능력을 컴퓨터에 부여한 시스템을 말함. 주로 지식 베이스와 추론 엔진을 사용함.
- **전미전자산업협회(Education Industries Association, EIA)** : 전자산업 분야의 모든 제조자를 대표하는 국가무역협회(더 많은 정보를 얻기 위해서는 전자산업협회에 접촉하기 바람).
- **접근시간(access time)** : 주소가 지정되고 난 후에 데이터를 생성하는데 필요한 메모리 요구 시간.
- **접촉 바운스(contact bounce)** : 기계적인 스위치의 개폐로 발생되는 잡음.
- **정도(accuracy)** : 측량된 값의 정확도를 의미하며, 일반적으로 프로그램이나 알고리즘, 혹은 시스템이 제공하는 절대적 의미의 정확도를 의미함.

- 정렬(sort) : 데이터 정렬에 있어서 item이나 record들을 특정한 규칙에 따라 차례로 배열하는 작업을 말함.
- 정밀도(precision) : 정밀도를 말하며, 일반적으로 소수점 이하의 유효숫자의 자릿수를 의미함.
- 정압(static pressure) : 음파가 존재하지 않을 때의 유체매질 내의 압력.
- 정재파(standing wave) : 동일 주파수 진행파의 간섭에 따라 발생한 공간적인 진폭분포의 파. 전기를 이용하여 복사기와 같은 원리로 복사하듯 도면을 출력하는 정전방식의 도면작성장치를 말함.
- 정적 메모리(static memory) : 각 메모리 셀이 플립플롭인 소자.
- 정전 플로터(electrostatic plotter) : 정전기를 이용하여 복사기와 같은 원리로 복사.
- 정지 비트(stop bit) : 직렬 통신의 끝을 알리는데 사용되는 비트 또는 신호.
- 제어 버스(control bus) : 컴퓨터의 모든 부분을 제어하는데 사용되는 CPU 버스.
- 제어 워드(control word) : 2진 승산을 하는 동안에 누산기에 더해져 제어하는 비트의 그룹.
- 조이스틱(joystick) : X축과 Y축 방향으로 상호 결합된 2개의 가변저항기와 이 가변저항기를 조정하는 막대로 구성되어 있으며, 컴퓨터에서 cursor의 위치를 조정하는 입력기기임.
- 조파(harmonic) : 주기적 복합파의 각 성분, 기본파를 갖는 것, 기본파의 주파수의 정수배의 주파수를 갖는 것.
- 조화성분(harmonic component) : 어떤 음의 성분에서 그 진동수가 배음관계가 있는 것.
- 존슨-라벡 효과(Johnsen-Rahbek effect) : 전도체, 반도체, 부도체들 사이의 마찰은 접촉면 양단의 전위차에 의하여 증가된다.
- 종속연결(cascade) : 작은 상태의 카운터를 출력에서 입력으로 서로 연결하여 보다 큰 상태를 갖는 계수기로 만드는 방법.
- 주기(period) : 주기적 현상에서 동일상태가 재현할 때까지에 경과한 최소시간.
- 주기억장치(main memory) : CPU가 처리할 프로그램과 데이터를 보관하는 기억장치를 말함.
- 주문형 반도체(Application-Specific Integrated Circuit, ASIC) : 대용량 메모리 고밀도 집적회로(LSI)나 마이크로프로세서 LSI 등 일반 시장에서 판매하는 흔히 쓰이는 LSI와 달리 특정 고객 또는 특정 기기용으로 개발 판매되는 LSI. 특별한 용도를 위해 설계된 주문형 반도체 칩.
- 주소(address) : 데이터가 저장되어 있는 메모리의 위치를 지정하는 수.
- 주소 버스(address bus) : CPU로부터의 2진 메모리 주소가 메모리 부분으로 전달되는 병렬경로.
- 주파수분석(frequency analysis) : 복잡한 음 또는 진동에서 어떤 성분의 크기를 주파수의 변화에 따라 분석하는 것을 의미함.

- 줄의 법칙(Joule's law) : 저항에 전류를 흘리면 열이 발생한다. 열선식 풍속계는 이 법칙을 이용하여 설계함.
- 중규모 집적회로(Medium-Scale Integration Circuit, MSI) : 중간규모의 집적회로)를 말하는데 보통, 소자수 100~1000(10~100 게이트) 정도의 것을 가리킨다. 이 이상의 규모의 집적회로를 LSI라고 함.
- 중앙처리장치(Central Processing Unit, CPU) : 모든 산술과 논리연산을 수행하는 컴퓨터의 핵심부분.
- 지식공학(knowledge engineering) : 지식 데이터베이스(knowledge database), 인공지능 등을 이용하여 고도의 응용 프로그램을 개발하는 공학체계를 의미함.
- 지향성(directivity) : 방향에 따라 응답의 변화가 있는 것.
- 지향계수(directivity factor) : 음을 방사하는 변환기에 있어서 자유음장 내의 변환기의 음향 중심에서 그 주측방향으로 충분히 떨어진 점의 음의 세기를 동거리의 모든 점에서 측정한 음의 세기의 평균으로 나눈 값.
- 지향성 마이크로폰(directional microphone) : 음파의 입사방향에 따라 감도가 다른 마이크로폰.
- 직렬(serial) : 하나의 선에서 한 번에 하나의 비트를 표현하는 방법.
- 직접 메모리 접근(DMA) : 외부 소자가 컴퓨터의 버스를 장악하여 컴퓨터 메모리의 동작을 수행하는 과정.
- 진단(diagnostics) : 시스템의 주요 기능과 오류를 진단하고 찾아내는 프로그램을 말함.
- 진동(vibration) : 어떤 양의 크기가 시간에 따라 어떤 기준값보다 크거나 적게 변화하는 현상.
- 진동수, 주파수(frequency) : 주기적 현상이 매초당 되풀이되는 횟수.
- 진동픽업(vibration pick-up) : 진동량을 측정하기 위한 변환기.
- 진리표(truth table) : 집적회로의 논리동작에 대한 주요사항을 포함하는 표. 이는 디지털 회로의 입력과 출력의 조합을 나타내는 구조로 표현됨.
- 진폭(amplitide) : 정현적으로 변화하는 양에서는 그 최대값.
- 집적회로(Integrated Circuit, IC) : 각종 회로소자(transistor, capacitor, diode, register 등)를 하나의 회로기판 속에 집적시킨 소형의 회로소자 및 배선의 집합체를 말함.

ㅊ

- 채널(channel) : 컴퓨터 내부의 CPU와 각종 주변장치 사이의 데이터의 전송 및 제어를 하는 통로를 말함.

- **초고속 집적회로(Very-High Speed Integrated Circuits, VHSIC)** : 매우 빠르게 동작하는 집적회로를 개발하기 위하여 사용한 프로그램.
- **초당 문자수(Characters Per Second, CPS)** : 프린터가 1초당 프린트할 수 있는 문자의 수를 말함.
- **초당 전송 비트 수(Bits Per Second, BPS)** : 데이터 전송속도의 기본단위로서 통신선로를 통하여 전송되는 1초당의 총 비트수를 말함.
- **초대규모 집적회로(Very-Large Scale Integration, VLSI)** : LSI의 집적도를 더욱 높여 10만-100만개 이상의 소자가 집적된 IC를 말함. IC의 집적도를 높이기 위해서는 IC를 사용하는 기기의 소형화, 고성능화가 실현됨.
- **초음파(ultrasonic wave)** : 탄성파로 정상청력을 갖는 사람이 청감각을 일으키지 않는 매우 큰 주파수.
- **초저주파(ultrasonic frequency)** : 가청주파수보다 낮은 주파수.
- **최상위 비트(Most Significant Bit, MSB)** : 임의의 수에서 가장 왼쪽 위치에 있는 문자. 가장 높은 가중치를 가짐.
- **최하위 비트(Least Significant Bit, LSB)** : 임의의 수에서 가장 오른쪽 위치에 있는 문자. 가장 낮은 가중치를 가짐.
- **충격식 프린터(impact printer)** : 핀(pin)을 사용하여 기계적인 충격을 용지에 가함으로써 인쇄하는 방식으로, dot-matrix 방식의 프린터가 이에 속함.
- **칩(chip)** : IC 제조공정에서 wafer를 절단하여 하나의 소자로 분리한 조각을 말하며, 이 chip에 다리를 접속하고 절연물질 등으로 포장(packaging)을 하면 하나의 IC가 완성됨.
- **칩 선택 또는 칩 허가(chip select or chip enable)** : 데이터 라인을 데이터 버스로 연결하기 위한 메모리로의 입력신호, 즉 칩을 활성화하는 입력신호.

ㅋ

- **카운터(counter)** : 단일 펄스로 2진 계수를 하는 연결된 플립플롭 회로.
- **캐리 비트(carry bit)** : 2개의 MSB 비트를 더한 결과로 세트 또는 리셋 되는 MSB +1 위치의 비트.
- **캐리 룩어헤드 가산기(carry lookahead adder)** : 모든 합과 캐리 비트를 동시에 발생하는 가산기.
- **커서(cursor)** : 현재의 입력기준점을 표시하는 것으로서 화면상에 밑줄이나 십자로 나타낸 작업위치를 표시하는 기호를 말함.
- **컬의 법칙(Kerr effect)** : 물체의 양단에 인가한 전압이 광학적 편광현상을 일으킴. LCD 디스플레이는 이 원리로 동작.

- **컴파일러(compiler)** : BASIC, FORTRAN, PASCAL 등으로 작성된 컴퓨터 프로그램을 컴퓨터가 작업을 수행할 수 있도록 기계어로 번역하는 프로그램을 말함.
- **컴퓨터 수치제어(Computer Numerical Control, CNC)** : 마이컴(micro computer, 마이크로프로세서)을 내장한 NC 공작기계를 말함.
- **컴퓨터 이용검사(computer Aided Testing, CAT)** : 개발된 제품의 품질, 성능 등을 검사하는데 컴퓨터를 활용하는 기법을 말함.
- **컴퓨터 마이크로필름 출력장치(Computer Output Microfilm, COM)** : CAD 도면을 마이크로필름(microfilm)으로 출력하는 장치를 말함.
- **컴퓨터 통합생산(Computer Integrated Manufacturing, CIM)** : 생산성을 극대화시키기 위하여, CAD/CAM/CAE/CAT 시스템을 적극 이용하여 모든 제조공정을 하나로 통합한 완전 자동화공정을 말함.
- **코리올리 효과(Coliolis effect)** : 기준좌표계에 대하여 회전하고 있는 프레임상에서 상대운동을 하고 있는 물체는 이 프레임에 상대적인 힘을 받는다. 회전진동을 하고 있는 U자관 내의 질량흐름(mass flow)을 계측할 때 코리올리 유량계를 사용한다.
- **코어 기억장치(core memory)** : 도넛 형태의 자기 메모리. 자력선이 시계방향인 경우 1의 값을, 자력선이 반시계방향인 경우 0의 값을 나타냄.
- **콜라우시의 법칙(Kohlrausch's law)** : 전해질은 한계전도도를 가지고 있다(최소저항).
- **콜비노 효과(Colbino Effect)** : 자기장 내에서 회전하는 원반은 전류의 흐름이 유도된다.
- **쿨롱의 법칙(Coulomb's law)** : 전하를 띤 두 물체는 서로 힘을 받음.
- **퀴리-바이스의 법칙(Curie-Weiss law)** : 강자성체(ferromagnetic)가 상자성(paramagnetic) 특성을 갖게 되는 전이온도(퀴리 온도)가 존재.
- **퀸-맥클러스키 방법(Quine-McCluskey method)** : 비교항에 의해 논리함수를 최소화하기 위해 사용하는 방법.
- **큐(queue)** : 실행되기를 기다리는 항목들을 말하며, 처리 우선순위는 항목들의 정돈순서에 따라 정해짐.
- **크리스찬센의 효과(Christiansen effect)** : 액체 속에 떠다니는 분말(콜로이드 용액)은 이 액체의 굴절(refraction) 특성을 변화시킨다.
- **클록(clock)** : 플립플롭의 출력을 반전시키거나, 카운터를 계수하거나, 시프트 레지스터를 시프트하는데 사용되는 입력 라인 또는 신호.
- **키워드(keyword)** : 핵심이 되는 단어, 약어 등을 의미함.

ㅌ

- **타이밍도(timing diagram)** : 다양한 상태로 진행되는 카운터, 시프트 레지스터와 같은 소자에 있는 동시 파형의 그림.
- **태그(tag)** : 각각의 설계요소에 부가된 번호나 이름 등의 식별용 꼬리표를 말함.
- **태블릿(tablet)** : 도면의 좌표값이나 위치정보를 입력하는 소형 판을 말하며, stylus나 puck과 함께 사용됨.
- **태스크(task)** : 처리하고자 하는 하나의 단위 업무를 말함.
- **터미널(terminal)** : 네트워크, 컴퓨터 등에서 데이터를 입력하거나 그 처리 결과를 출력시키는 단말 장치를 말함.
- **턴키 시스템(turnkey system)** : 공급자가 장비설치, 하드웨어, 소프트웨어, 시험 및 사용자 교육 등을 포함한 모든 지원을 제공하는 시스템 공급방식을 말함.
- **테입 메모리(tape memory)** : 장기간 프로그램의 저장을 위한 저속 메모리.
- **토글(toggle)** : 플립플롭이 세트에서 리셋으로 변화할 때, 이를 토글이라 함.
- **툴패스(tool path)** : 부품을 NC 공작기계로 가공하기 위해 작성한 공구의 이동궤적을 말함.
- **트랙볼(track ball)** : 볼을 손으로 회전시킴으로써 cursor의 위치를 조정하는 위치정보입력기구를 말함.
- **트랜시버(transceiver)** : 두 방향 중의 하나로 데이터를 이동시키기 위해 고안된 스위치 회로.
- **트랜지스터-트랜지스터 논리(Transistor Transistor Logic, TTL)** : 디지털 논리회로의 일종으로서 AND, NAND, OR, XOR gate 등을 트랜지스터를 이용하여 구성한 로직을 말함.

ㅍ

- **파동(wave motion)** : 어떤 점에서 변위가 시간의 함수일 때 어느 시각에 변위가 공간좌표의 함수로 전파되는 현상.
- **파면(wave front)** : 진행파에 있어서 동시각에 일어난 변동이 동위상에 있는 연속면.
- **파이로 전기효과(pyroelectric effect)** : 온도가 변하면 결정에 분극(polarized)이 일어난다.
- **파이프라인(pipeline)** : 병렬로 명령어 열을 수행하기 위한 다단계 레지스터-논리 하드웨어.
- **파일(file)** : 컴퓨터 내부에 보관되는 연관성 있는 정보(record)의 집합을 말함.
- **파킨슨의 법칙(Parkinson's law)** : 인간의 작업은 할당된 시간을 채우기 위하여 늘어난다.
- **파장(wave length)** : 등방성 매질 중을 진행하는 정현파에서 1주기 위상차가 있는 두 파면의 수직 거리.

- **파트(part)** : CAD 시스템 상에 구축한, 도형 및 비도형의 표시를 통한 기계부품이나 형상의 모델을 의미하며, 보통 하나의 완성된 부품이나 기계를 나타내게 된다.
- **파트 프로그램(part program)** : 제작할 부품의 형상과 이를 가공할 공구의 동작 및 가공순서를 자동 프로그래밍 언어(NC language)를 사용하여 기술한 program을 말함.
- **패러데이의 유도법칙(Faraday's law of induction)** : 자기장을 자르는 코일에는 자기장의 변화에 저항하는 기전력(electro-motive force)이 유도. 선형 차동변압기(LVDT)의 2차 코일에 전압이 유도되는 것은 이 법칙을 이용함.
- **패러데이의 전해법칙(Faraday's law of electrolysis)** : 이온의 침착과 탈착속도는 전해전류에 비례.
- **패리티(parity)** : 오류를 검출하는데 사용되는 방법(데이터를 송신하거나 수신하는 동안).
- **패리티 검사(parity check)** : 하나 혹은 2개의 비트(bit)를 이용하여 이송되거나 보관된 정보 속에 내재하는 에러를 판별하는 기법을 말함.
- **패키지 비용(package cost)** : DBB 기능을 수행하는데 요구되는 IC의 수. 보통 게이트 비용보다 작음.
- **팬 아웃(fan out)** : 게이트의 출력이 구동할 수 있는 입력 게이트의 수.
- **퍽(puck)** : table, digitizer 등의 위에서 위치 정보를 입력하거나 cursor의 위치를 조절하는데 사용되는 입력장치를 말함.
- **펠티에 효과(Peltier effect)** : 전류가 두 금속의 접합부(junction)를 흐를 때 이 접합부에서 열이 흡수되거나 방출. 열전대(thermocouple)에 의한 측정에 이 효과가 부정적인 영향을 미침.
- **평면파(plane wave)** : 파면이 평면인 파.
- **포맷(format)** : 보고서, 리스트 등에서 데이터를 표시하고 나열하는 양식을 말함.
- **포스트프로세서(post-processor, CAD)** : 시스템으로 만들어진 부품에 대하여, 설계해석 프로그램의 계산결과에 따라 응력·온도·변형도 등을 화면에 표시하기 위한 소프트웨어나 프로그램을 말함.
- **푸아송 효과(Poisson effect)** : 물체는 인가된 응력(stress)에 수직한 방향으로 변형된다. 이 효과는 부분적으로 스트레인 게이지의 응답에 관련된다.
- **포트(port)** : 컴퓨터와 외부세계 사이의 정보를 교환하는데 사용되는 컴퓨터 내의 전자장치.
- **포트란(fortran)** : 설계계산작업의 전산화에 광범위하게 사용되는 컴퓨터 언어의 일종으로서 high-level language임.
- **포화논리(saturated logic)** : TR이 과구동되어 동작속도가 저하되는 논리형태.
- **폰트(font)** : 문자를 여러 가지 스타일로 미리 작성하여 보관해 놓은 일종의 library를 말함.
- **표본간격(sample interval)** : 샘플간의 시간(표본비율의 역수).

- **표본율(sample rate)** : 데이터를 획득하는 비율.
- **표시(mark)** : 직렬전송에서 high 레벨을 나타냄.
- **풀업 저항(pullup resistor)** : 입력을 1의 논리 레벨로 풀업시키는데 사용되는 저항.
- **품질관리(Quality Control, QC)** : 일정 수준 이상의 제품을 생산할 수 있도록 품질을 제어하고 관리하는 활동을 말함.
- **프로그램(program)** : 임의의 절차에 따라 어떤 문제를 해결하기 위하여 만들어 놓은 명령어의 집합을 의미함.
- **프로그램 가능 판독 전용 메모리(Programmable Read-Only Memory, PROM)** : 사용자에 의해 단지 한번만 프로그램 되는 읽기 전용 메모리.
- **프로그램 가능한 논리배열(Programmable Logic Array, PLA)** : 논리곱과 논리합의 기능을 배열한 장치. 복잡한 논리함수를 실현하기 위해 만든 대규모 집적회로(LSI) 칩. 입력변수가 많은 논리회로를 만들 경우 상당히 큰 용량의 읽기용 기억장치(ROM)가 필요하므로 프로그램 가능 논리배열(PLA)은 이런 단점을 개선하여 ROM보다 더 많은 데이터 입력을 다룰 수 있게 함.
- **프로그램 가능한 배열논리(Programmable Array Logic, PAL)** : 논리곱과 논리합의 기능을 배열한 장치. 복잡한 논리함수를 실현하기 위해 만든 대규모 집적회로(LSI) 칩. 입력변수가 많은 논리회로를 만들 경우 상당히 큰 용량의 읽기용 기억장치(ROM)가 필요하므로 프로그램 가능 논리배열(PLA)은 이런 단점을 개선하여 ROM보다 더 많은 데이터 입력을 다룰 수 있게 함.
- **프로그램 카운터(program counter)** : 메모리에서 현재 수행되고 있는 명령어 주소를 포함하고 있는 CPU 레지스터.
- **프로세서(processor)** : 소프트웨어적인 의미로는 사용자가 작성한 프로그램을 기계어로 번역하는 언어 번역기 등을 의미하며, 하드웨어적인 의미로는 CPU(중앙연산 처리장치) 등을 의미함.
- **프롬프트(prompt)** : CRT 화면에 표시하는 특수한 심벌, 메시지 등을 의미하며, 작업절차나 명령어상의 에러 등을 지시하기도 함.
- **프리미티브(primitive)** : 도면이나 형상 모델을 구성하는 가장 기본적인 도형요소를 말하며, 일반적으로. entity 또는 element라고도 함. 3차원 형상 모델링의 CSG(Constructive Solid Geometry)에서 주로 사용함.
- **플라스마 패널(plasma panel)** : 2개의 유리판 사이에 샌드위치 형태로 구성된 네온가스의 층을 이용한 화면표시장치를 말함.
- **플래그(flags)** : 문자의 송수신을 결정하기 위해 핸드셰이킹 하는 동안에 사용되는 신호 또는 비트.
- **플로터(plotter)** : CAD를 이용하여 그린 도형을 출력하기 위한 장치로서, 출력방식에 따라 기계식과 정전식이 있음.

- 플립플롭(flip-flop) : SET 또는 RESET될 수 있는 1비트 메모리 소자.
- 부동소수점장치(floating-point unit) : 고속 산술연산을 수행하는 전용의 하드웨어.
- 픽셀(picture element, pixel) : 화면상에 가로 및 세로로 등 간격으로 위치하며, 화면상에서 도형이나 화상을 구성하는 화점요소를 말함.
- 핀치 효과(pinch effect) : 액상의 전도체의 단면은 전류에 따라 줄어든다.
- 필렛(fillet) : 두 선분이 만나는 모서리 부분을 원호로 처리하는 모서리 처리방식을 말함.
- 필터(filter) : 특정 주파수대역의 에너지는 통과시키지만, 타 주파수 에너지는 저지하는 변환기.

ㅎ

- 하드웨어(hardware) : 실질적인 전자소자(트랜지스터, 저항, 커패시터, 집적회로, LED 등).
- 한정자(qualifier) : 논리분석기가 데이터를 획득하기 시작하는데 필요한 조건. 트리거워드와 AND하여 사용.
- 합의 곱(product of sums) : 0을 출력하도록 모든 DBB 입력을 사용하는 불 방법.
- 해상도(resolution) : 인접 요소와의 간격으로서, CRT에서는 식별이 가능한 두 점사이의 간격을 의미하며, 프린터에서는 도면을 구성하는 1인치당의 dot의 수를 의미함.
- 핸드셰이킹(handshaking) : 컴퓨터와 단말기 사이에 정보의 흐름을 제어하는데 사용되는 신호.
- 행/분(Lines Per Minute, LPM) : 1분간에 인쇄되는 행의 수로서 주로 line printer에서 사용됨.
- 허가(enable) : 회로의 동작을 허가하는 신호 라인.
- 허프만 코드(huffman code) : 2진 패턴이 유일하고 최소 길이로 표현되는 코드.
- 헤르츠 효과(Hertz effect) : 자외선은 간극 사이의 불꽃방전에 영향을 미친다.
- 헤르츠(Hertz, Hz) : 진동 등 주기운동에 있어서 1초당 발생한 cycle의 수를 말함.
- 형상기억효과(shape memory effect) : 변형된 금속에 열을 가하면 원래 모양으로 되돌아가는 현상이다.
- 홀 효과(hall effect) : 자기장에 놓인 평판에 전류를 흘리면 이와 수직한 방향으로 전압이 유도됨. 홀 효과 근접 센서는 금속물체의 근접에 의한 자기장의 변화를 감지하여 물체를 감지함.
- 홀수 패리티(odd parity) : 특정 워드로 전송하는데 1의 숫자가 홀수이어야 함.
- 확대·축소(zooming) : 화면의 확대 또는 축소 기능을 의미하며, 화면상의 특정부분 또는 화면 전체를 확대하거나 축소하는 행위를 말함.

- **확산음**(diffuse sound) : 어떤 구역 내에서 에너지 밀도가 일정하고 어느 방향에서나 에너지 흐름이 동일 비율로 분포되는 음.
- **화상처리**(image processing) : 화상이나 도면 데이터를 컴퓨터로 처리하는 기술을 말함.
- **흡수**(absorption) : 파동 에너지가 다른 형태의 에너지로 비가역적으로 전환되는 것.
- **회색도**(gray level) : 단색의 화면표시장치에서 서로 다른 부품의 구분을 위하여 각기 다르게 표시되는 밝기의 정도를 말함.
- **회절**(diffraction) : 전파속도가 장소에 따라 변하고, 파의 진행방향이 변하는 현상.
- **횡파**(transverse wave) : 매질 중 각 점의 입자변위의 방향이 전파방향에 대해 수직인 파.

숫자

- **1의 보수**(complement,1's) : 2진 워드에서 각 비트의 값을 변환하는 표현방법.
- **2진 카운터**(binary counter) : 2^N의 상태를 갖는 카운터. 여기서 N은 카운터에 있는 플립플롭의 수.
- **2의 보수**(complement,2's) : 1의 보수 더하기 1·2진 감산에 가장 일반적으로 사용됨.
- **2진수**(binary) : 2를 가수로 하는 수체계.
- **3-상태**(three-state) : 선으로부터 게이트의 출력을 전기적으로 분리시키는 것.
- **3-상태 논리**(three-state logic) : 선으로부터 전기적으로 분리시킬 수 있는 논리 게이트.
- **8비트 아스키**(eight-bit ASCII) : 패리티 비트를 부가한 ASCII 코드.
- **8진 래치**(octal latch) : 8비트 D형 래치.
- **9의 보수**(complement,9's) : 원래의 워드가 9로부터 감산되는 BCD 워드의 표현.
- **10의 보수**(complement,10's) : 9의 보수에 1을 더한 결과. 일반적으로 BCD 감산에 사용됨.
- **10진 카운터**(decade counter) : 모듈로-10 카운터보다 더 일반적인 용어. 계수열은 0에서 9까지임.
- **10진수**(decimal) : 0에서 시작하여 9로 끝나는 10개의 숫자를 사용하는 수체계.
- **11비트 전송 코드**(eleven-bit transmission code) : 직렬 데이터를 송수신하기 위해 사용되는 범용 코드.
- **16진수**(hexadecimal) : 16을 기수로 하는 수체계.

A

- **absorption(흡수)** : 파동 에너지가 다른 형태의 에너지로 비가역적으로 전환되는 것.
- **access time(접근시간)** : 주소가 지정되고 난 후에 데이터를 생성하는데 필요한 메모리 요구 시간.
- **accumulator(누산기)** : 산술과 논리연산의 결과를 내장하고 있는 컴퓨터 내의 레지스터.
- **accuracy(정도)** : 측량된 값의 정확도를 의미하며, 일반적으로 프로그램이나 알고리즘, 혹은 시스템이 제공하는 절대적 의미의 정확도를 의미함.
- **acia(비동기 통신접속변환기)** : 수신/송신 집적회로의 한 종류.
- **acoustics(음향학)** : 음에 관한 과학.
- **acoustic impedance(음향 임피던스)** : 음장에 있어서 파면에 평행한 유한한 면을 생각할 때 그 면에 들어오는 음압을 그 면을 통과하는 체적속도로 나눈 복소수비.
- **acoustic resistance(음향저항)** : 음향 임피던스의 실수부.
- **address(주소)** : 데이터가 저장되어 있는 메모리의 위치를 지정하는 수.
- **address bus(주소 버스)** : CPU로부터의 2진 메모리 주소가 메모리 부분으로 전달되는 병렬경로.
- **alu(산술논리장치)** : 산술과 논리연산을 수행하는 컴퓨터의 일부분.
- **AI(Artificial Intelligence, 인공지능)** : 각종 지식을 저장하는 지식 데이터베이스(knowledge Data Base)와 이를 바탕으로 추론하여 의사 결정을 수행하는 추론 엔지(inference engine)의 두 부분으로 구성되어 있으며, 컴퓨터가 마치 사람과 같이 지능을 필요로 하는 일을 수행할 수 있도록 개발한 컴퓨터 응용의 한 분야를 말함.
- **algorithm(알고리즘)** : 어떤 문제를 풀거나 결과를 얻기 위하여 만들어진, 잘 정리한 규칙이나 문제 해결의 절차를 말함.
- **alpha-numeric(alphameric, 알파메릭)** : 각종 명령어나 비도형정보의 조작 및 처리에 사용되며, 영문자 A-Z, 숫자 0-9와 특수문자 *,/,.,(,),+,- 등으로 구성되는 기호를 말함.
- **Ampere's law(암페어의 법칙)** : 자기장에 놓인 전류가 흐르고 있는 도체는 힘을 받는다. 이 법칙에 의하여 검류계(galvanometer)는 영구자석에 의한 자기장에 놓인 회전 가능한 코일의 회전각도로 전류를 측정할 수 있다.
- **amplitide(진폭)** : 정현적으로 변화하는 양에서는 그 최대값.
- **analog(아날로그)** : 시간의 변화에 따라 연속적으로 변화하는 물리량으로 표시되는 데이터를 말함. 단, 특정 순간의 이산값으로 표시되는 데이터는 digital이라고 함.
- **analog-to-Digital converter(A/D 변환기)** : 아날로그 전압 또는 전류를 이에 상응하는 2진수로 변환하는 소자.

- angular frequency(각주파수) : 진동수 또는 주파수(cps, Hz)에 2π를 곱한 값, 단위 [rad/s].
- anti-resonance(반공진) : 진동계의 강제진동에 있어서 외력의 크기를 일정하게 하고 주파수를 변화시킬 때 구동점의 변위, 속도 등이 극소로 되는 상태, 그때의 주파수를 반공진주파수라고 함.
- and gate(엔드 게이트) : 모든 입력이 논리 1일 때만 1을 출력하는 논리 게이트.
- answer(응답) : 요청되었을 때 사용자와 통신하기 위해 컴퓨터에 의해 사용되는 모뎀의 이름.
- ANSI(American National Standards Institute, 미국 표준협회) : 미국 정부와 산업계로 구성된 설계 및 제도에 관한 규격 및 표준화 협회를 말함.
- Archimedes(아르키메데스의 원리) : 잠겨 있거나 떠 있는 물체의 부력은 밀려나간 만큼의 액체의 중량과 같음. 빠져나간 액체의 중량은 액체의 밀도에 따라 달라진다. 볼 침수형 비중계(hydrometer)는 이 원리를 이용하여 유체(자동차의 냉각수 등)의 밀도를 측정함.
- ASCI(American Standard Code for Information Interchange, 아스키) : 미국표준협회가 데이터 처리 및 통신 시스템 상호간의 정보 교환용으로 제정한 표준 코드 체계를 말함. 1바이트(byte)는 8비트(bit)로 구성되며, 에러(error)를 검출하기 위한 등가비트(parity bit)를 제외한 7비트를 사용함으로서 128(=27)개의 코드로 구성됨.
- ASIC(Application-specific Integrated Circuit, 주문형 반도체) : 대용량 메모리 고밀도 집적회로(LSI)나 마이크로프로세서 LSI 등 일반 시장에서 판매하는 흔히 쓰이는 LSI와 달리 특정 고객 또는 특정 기기용으로 개발 판매되는 LSI. 특별한 용도를 위해 설계된 주문형 반도체 칩.
- asynchronous input(비동기입력) : 스스로 즉각적인 응답을 일으키게 하는 입력.
- asynchronous transmission(비동기전송) : 시작 비트가 수신 클록을 동기화하기 위해 사용되는 데이터의 직렬전송방식.
- attenuation constant(위상정수) : 전파정수의 허수부.
- attribute(속성) : 부품과 관련된 비도형정보를 말함.
- audio frequency(가청주파수) : 정상적인 청력을 가진 사람이 들을 수 있는 주파수 16~2000 Hz.
- audio meter(오디오 미터) : 청력을 측정하는 장치.
- auxiliary storage(보조기억장치) : 자기 디스크, 자기 테이프, USB 메모리 등이 이에 해당함.

B

- B-spline(B-스플라인 곡선) : 자유곡선의 일종으로서 다항식을 사용하여 3차원 공간상의 여러 개의 점을 지나는 근사곡선을 유도하는 기법을 말함.
- back ground noise(암소음) : 어떤 음을 대상으로 할 때 그 음이 아니면서 그 장소에 있는 소음을

대상음에 대한 암소음이라고 함.

- band pressureal level(대역 음압 레벨) : 어떤 주파수대역 내에 포함되는 음의 음압 레벨.
- band width(대역폭) : 필터 등의 통과대역을 의미함. 필터의 경우에는 2개의 차단주파수의 차 또는 비로 나타냄.
- baseband(기저대역) : 하나의 정보 캐리어만이 사용되는 전송방식.
- BASIC(Beginner's All-purpose Symbolic Instruction Code, 베이직) : 전산 전문요원이 아니더라도 손쉽게 프로그램을 작성할 수 있도록 개발된 컴퓨터 프로그래밍 언어를 말함.
- batch(배치) : 하나의 단위작업을 시스템의 자체적인 제어 하에서 일괄적으로 처리하는 방식으로서, 서로 관련이 있는 작업들을 하나의 관리단위로 묶어 한꺼번에 처리하는 데이터 처리기법을 말함.
- baud(보) : 직렬정보가 전송되는 비율.
- BCD(Binary-Coded Decimal, 십진법) : 2진 부호화 10진수(8421 부호화 2진수).
- benchmark(벤치마크) : 특정 프로그램이나 업무를 선정하여 서로 비교 검토함으로써 성능을 평가하는 기법을 말함.
- Bernoulli's law(베르누이의 방정식) : 유체에 에너지 보존법칙을 적용하면 압력과 유체의 속도간의 관계식을 얻을 수 있다. 피토관(pitot tube)은 이 원리를 이용하여 항공기의 속도를 측정한다.
- bidirectional bus(양방향 버스) : 양쪽 방향으로 신호를 전송할 수 있는 선들의 병렬 그룹. 양방향 데이터 버스는 정보를 송신하고 수신할 수 있음.
- binary(2진수) : 2를 가수로 하는 수체계.
- binary counter(2진 카운터) : 2^N 의 상태를 갖는 카운터. 여기서 N은 카운터에 있는 플립플롭의 수.
- Biot-Savart law(비오-사바르의 법칙) : 전류가 흐르는 도체 주위에 자기장이 형성. 마그네틱 픽업(magnetic pickup)은 이 원리를 이용하여 도체 내의 전류를 계측.
- Biot's law(비오의 법칙) : 어떤 매체를 통한 열전도량은 매체 양단의 온도차에 직접 비례한다. 온도변환기(temperature transducer)의 시상수(time constant)는 이 원리가 기본이다.
- bistable flip-flop(쌍안정 플립플롭) : 두 상태를 갖는 플립플롭의 다른 이름.
- bit(binary digit)(비트) : 컴퓨터 내부에 보관되어 처리되는 정보의 최소단위로서, 0과 1로 구성된 2진수의 한 자리를 말함.
- bit map(비트멥) : 영상을 만드는데 사용되며, 메모리상에 구성된 각 비트들의 격자형 구조로, 각 비트는 화면상의 각 화점(pixel)과 일대일로 대응하게 됨.

- **Blagdeno's law(블래그데노의 법칙)** : 액체방울의 빙점과 비등점은 이 액체 속의 불순물의 농도에 의하여 올라간다.
- **Boolean algebra(불 대수)** : 디지털 회로설계에 사용되는 기호화 논리(대수).
- **Boolean reduction(불 간략화)** : 논리함수를 수행하는데 필요한 논리 게이트의 수를 축소하는데 사용되는 대수적 방법.
- **Boyle's law(보일의 법칙)** : 이상기체의 압력-부피의 곱은 해당 온도에 대하여 일정하다.
- **BPI(Bits Per Inch, 인치당 비트 수)** : 자기 테이프의 데이터 보관 용량을 나타내는 단위로서 자기 테이프상의 1인치에 기록 가능한 정보(bit)의 수를 말함.
- **BPS(Bits Per Second, 초당 전송 비트 수)** : 데이터 전송속도의 기본단위로서 통신선로를 통하여 전송되는 1초당의 총 비트 수를 말함.
- **Bragg's law(브래그의 법칙)** : 결정격자의 의하여 회절(diffracted)된 X레이 광선의 강도는 결정면의 간격과 광선의 파장에 관계된다. X선 회절 시스템은 이 원리를 이용하여 결정체 시편의 결정격자(crystal lattice)의 기하학적 구조를 계측한다.
- **Brewster's law(부르스터의 법칙)** : 물체의 굴절지수(index of refraction)는 편광의 반사나 투과각도에 관계된다. 레이저 관의 부루스터 창은 레이저 관선의 형태로 파워를 방출하는데 사용한다. 이 레이저 광선은 계측 시스템에 널리 사용되고 있다.
- **broadband(광대역)** : 많은 정보 캐리어가 사용되는 전송방식.
- **bubble memory(버블 기억장치)** : 자기 원리를 이용하여 2진 데이터를 저장하는 기억장치.
- **buffer(버퍼)** : 다른 여러 게이트를 구동하기 위해 사용하는 높은 팬-아웃을 갖는 논리 게이트로, 하나의 장치로부터 다른 장치로 정보를 전송하는 경우에 있어서 전송되는 정보를 일시적으로 보관하기 위하여 기억장치 내에 할당한 일정 영역을 말함.
- **bug(버그)** : 기계장치나 컴퓨터 프로그램에 있어서 오동작을 일으키게 하는 자체적인 결함을 말함.
- **bus(버스)** : 고속으로 데이터를 전송하는데 사용되는 병렬경로로써, 컴퓨터 내부의 각종 장치(CPU, 메모리, CD 드라이버 등) 사이를 연결하는 대용량의 데이터 통로를 말함.
- **burning(an EPROM, 이프롬 굽기)** : ROM에 데이터를 프로그램하는 과정.
- **butterfly effect(나비 효과)** : 혼란한(Chaotic) 비선형 시스템은 초기조건에 민감하게 반응한다.
- **byte(바이트)** : 문자, 숫자, 특수문자 등 하나의 의미를 가지는 정보의 기본단위로서 ASCII 코드에서는 8개의 비트(bit)가 1바이트(byte)로 구성됨.

C

- carry bit(캐리 비트) : 2개의 MSB 비트를 더한 결과로 세트 또는 리셋 되는 MSB +1 위치의 비트.
- carry lookahead adder(캐리 룩어헤드 가산기) : 모든 합과 캐리 비트를 동시에 발생하는 가산기.
- cascade(종속연결) : 작은 상태의 카운터를 출력에서 입력으로 서로 연결하여 보다 큰 상태를 갖는 계수기로 만드는 방법.
- CAT(computer Aided Testing, 컴퓨터 이용검사) : 개발된 제품의 품질, 성능 등을 검사하는데 컴퓨터를 활용하는 기법을 말함.
- centrifugal force(원심력) : 곡선궤도를 움직이는 물체는 곡률반지름과 일치하는 선상의 바깥방향으로 힘을 받는다.
- channel(채널) : 컴퓨터 내부의 CPU와 각종 주변장치 사이의 데이터의 전송 및 제어를 하는 통로를 말함.
- character generator(문자발생기) : ASCII 코드를 도트 매트릭스 형식으로 변환하는 테이블로 구성된 ROM.
- charles's law(샤를르의 법칙) : 이상 기체는 압력-온도의 곱은 해당 부피에 대하여 일정하다.
- chip(칩) : IC 제조공정에서 wafer를 절단하여 하나의 소자로 분리한 조각을 말하며, 이 chip에 다리를 접속하고 절연물질 등으로 포장(packaging)을 하면 하나의 IC가 완성됨.
- chip select or chip enable(칩 선택 또는 칩 허가) : 데이터 라인을 데이터 버스로 연결하기 위한 메모리로의 입력신호, 즉 칩을 활성화하는 입력신호.
- Christiansen effect(크리스찬센의 효과) : 액체 속에 떠다니는 분말(콜로이드 용액)은 이 액체의 굴절(refraction) 특성을 변화시킨다.
- CIM(Computer Integrated Manufacturing, 컴퓨터 통합생산) : 생산성을 극대화시키기 위하여, CAD/CAM/CAE/CAT 시스템을 적극 이용하여 모든 제조공정을 하나로 통합한 완전 자동화 공정을 말함.
- clock(클록) : 플립플롭의 출력을 반전시키거나, 카운터를 계수하거나, 시프트 레지스터를 시프트하는데 사용되는 입력 라인 또는 신호.
- CMOS(Complementary symmetry Metal Mxide Semiconductor - 상보성 금속산화물 반도체) : 소비 전력이 매우 적다는 이점을 가지며 휴대용 계산기, 전자시계, 소형 컴퓨터 등에 널리 채용되고 있다.
- CNC(Computer Numerical Control, 컴퓨터 수치제어) : 마이컴(micro computer, 마이크로프로세서)을 내장한 NC 공작기계를 말함.

- COM(Computer Output Microfilm, 컴퓨터 마이크로필름 출력장치) : CAD 도면을 마이크로필름(microfilm)으로 출력하는 장치를 말함.
- combination tone(결합음) : 2개 이상의 순음을 귀 또는 변환기에 가했을 때 그 비직선관계에 따라 생긴 음.
- comparator(비교기) : 2개의 아날로그 EH는 디지털 신호를 비교하는 소자.
- compiler(컴파일러) : BASIC, FORTRAN, PASCAL 등으로 작성된 컴퓨터 프로그램을 컴퓨터가 작업을 수행할 수 있도록 기계어로 번역하는 프로그램을 말함.
- complex sound(복합음) : 순음 이외의 음.
- complement, 1's(1의 보수) : 2진 워드에서 각 비트의 값을 변환하는 표현방법.
- complement, 2's(2의 보수) : 1의 보수 더하기 1; 2진 감산에 가장 일반적으로 사용됨.
- complement, 9's(9의 보수) : 원래의 워드가 9로부터 감산되는 BCD 워드의 표현.
- complement, 10's(10의 보수) : 9의 보수에 1을 더한 결과. 일반적으로 BCD 감산에 사용됨.
- contact bounce(접촉 바운스) : 기계적인 스위치의 개폐로 발생되는 잡음.
- control bus(제어 버스) : 컴퓨터의 모든 부분을 제어하는데 사용되는 CPU 버스.
- control word(제어 워드) : 2진 승산을 하는 동안에 누산기에 더해져 제어하는 비트의 그룹.
- core memory(코어 기억장치) : 도넛 형태의 자기 메모리. 자력선이 시계방향인 경우 1의 값을, 자력선이 반시계방향인 경우 0의 값을 나타냄.
- colbino effect(콜비노 효과) : 자기장 내에서 회전하는 원반은 전류의 흐름이 유도된다.
- Coliolis effect(코리올리 효과) : 기준좌표계에 대하여 회전하고 있는 프레임상에서 상대운동을 하고 있는 물체는 이 프레임에 상대적인 힘을 받는다. 회전진동을 하고 있는 U자관 내의 질량흐름(mass flow)을 계측할 때 코리올리 유량계를 사용한다.
- Coulomb's law(쿨롱의 법칙) : 전하를 띤 두 물체는 서로 힘을 받는다.
- counter(카운터) : 단일 펄스로 2진 계수를 하는 연결된 플립플롭 회로.
- CPS(Characters Per Second, 초당 문자수) : 프린터가 1초당 프린트할 수 있는 문자의 수를 말함.
- CPU(Central Processing Unit, 중앙처리장치) : 모든 산술과 논리연산을 수행하는 컴퓨터의 핵심 부분.
- curie-weiss law(퀴리-바이스의 법칙) : 강자성체(ferromagnetic)가 상자성(paramagnetic) 특성을 갖게 되는 전이온도(퀴리 온도)가 존재한다.
- current loop(전류 루프) : 전압이 아닌 전류 펄스를 전선에 보내는 직렬 통신 전송방식.

- cursor(커서) : 현재의 입력기준점을 표시하는 것으로서 화면상에 밑줄이나 십자로 나타낸 작업위치를 표시하는 기호를 말함.
- cycle(사이클) : 1주기 간에 일어나는 변화의 전 과정.
- cylinder(실린더) : 자기 디스크에 있어서 동일한 수직열상에 위치한 track 들의 집합을 말함.
- cylindrical wave(원주파) : 파면이 원주형인 파.

D

- D-C latch(래치) : 플립플롭. 1비트의 기억장치.
- D-type flip-flop(D형 플립플롭) : 데이터 입력을 갖는 플립플롭. 데이터는 클록 신호에 의해 플립플롭에 동기 입력됨(비동기인 preset과 set 입력을 가지고 있다).
- DA(Design Automation, 설계자동화) : 설계공정에서 가능한 한 사람의 개입을 최소화시키는 기술을 말함.
- d'Alembert's principle(달랑베르 원리) : 질량이 갖는 가속도는 같은 방향과 반대방향으로 작용하는 힘과 동등하다.
- data bus(데이터 버스) : CPU로부터의 정보를 컴퓨터의 다른 부분으로 보내는 병렬전송 경로.
- data link(데이터 연결) : 단말기와 컴퓨터 사이의 연결. 데이터 선, 전화기, 위성, 레이저 또는 광섬유 등.
- data selector(데이터 선택기) : 선택기 참조.
- data terminal(데이터 단말기) : 컴퓨터와 통신하기 위해 사용되는 전자장치. 단말기는 프린터, TV 화면 또는 상용의 표시장치가 될 수 있음.
- DB(Data Base, 데이터베이스) : 각종 프로그램에서 공동으로 사용할 수 있도록 통합된 데이터들의 집합을 말하며, CAD 시스템에서 사용되는 데이터베이스로는 부품 library, 도형 및 비도형 정보 등이 있음.
- DBMS(Data Base Management System, 데이터베이스 관리 시스템) : 데이터베이스를 효율적으로 사용할 수 있도록 관리해 주는 소프트웨어를 말함.
- DB25 : DB25P는 표준 플러그이고 DB25S는 소켓 커넥터로 직렬 데이터 통신시설에 사용됨.
- debugging(디버깅) : 소프트웨어나 하드웨어상에서 bug를 찾아내어 이를 수정하는 일을 말함.
- decade counter(10진 카운터) : 모듈로-10 카운터보다 더 일반적인 용어. 계수열은 0에서 9까지임.
- decibel(데시벨) : 파워(전력, 음향출력 등), 음의 세기를 비교하는데 사용되는 단위 [dB]로서 차원이 없음.

- decimal(10진수) : 0에서 시작하여 9로 끝나는 10개의 숫자를 사용하는 수체계.
- decode cycle(디코드 주기) : CPU를 다음 주기로 안내하여 주기 위해, 기억장치로부터 페치된 명령어가 디코드 되는 CPU 동작.
- decoder(디코더) : 주소가 주어졌을 때, 메모리 IC 중의 하나를 선택하기 위해 사용되는 회로.
- dedicate microcomputer(전용 마이크로컴퓨터) : 단지 하나의 업무만을 수행하기 위해 프로그램된 마이크로컴퓨터.
- default(디폴트) : 어떤 변수에 대한 입력값에 대하여 특정한 값을 입력하지 않을 경우, 프로그램이나 시스템이 미리 결정하여 보관하고 있는 값으로 대치하도록 한 것을 말함.
- Demorgan's theorem(드모르간의 정리) : 회로가 구성될 수 있도록 허용하는 게이트 대치법칙 : ($A\ B = \overline{\overline{A} + \overline{B}}$ 와 $\overline{A\ B} = \overline{A} + \overline{B}$).
- demultilplexer(디멀티플렉서) : 2진(병렬)신호를 몇 개의 선으로 변환하는 회로.
- diagnostics(진단) : 시스템의 주요 기능과 오류를 진단하고 찾아내는 프로그램을 말함.
- diffraction(회절) : 전파속도가 장소에 따라 변하고, 파의 진행방향이 변하는 현상.
- diffuse sound(확산음) : 어떤 구역 내에서 에너지 밀도가 일정하고 어느 방향에서나 에너지 흐름이 동일 비율로 분포되는 음.
- digital(디지털) : 어떤 현상이나 데이터를 불연속적인 이산값으로 표시하는 방식을 말함.
- digitize(디지타이즈) : 기계도면을 데이터베이스에 보관하기 위하여 좌표계상의 좌표값으로 변환하는 작업을 말함.
- digitizer(디지타이저) : 제도판과 같은 판과 puck, stylus pen으로 구성되며, CAD 시스템의 입력 기기로 사용됨.
- digital-to-analog converter(D/A 변환기) : 2진수를 이에 상응하는 아날로그 전압 또는 전류로 변환하는 회로.
- DIP(Dual inline package, 이중직렬 패키지) : 집적회로(IC) 칩을 고정시키는 패키지의 하나. 전극핀을 세로 방향으로 두 줄로 나란히 배열하는데, 보통 핀 배열 간격은 2.54 mm이다. 이 핀들을 회로기판의 구멍에 꽂고 구리로 된 패턴과 납땜하여 전기적으로 연결한다. 한편 핀이 한 줄로 배열된 패키지를 SIP(single in-line package)라 하고, 패키지 4변 모두 핀으로 배열된 것을 QIP(quadruple in-line package)라고 한다.
- directional microphone(지향성 마이크로폰) : 음파의 입사방향에 따라 감도가 다른 마이크로폰.
- directivity(지향성) : 방향에 따라 응답의 변화가 있는 것.

- **directivity factor(지향계수)** : 음을 방사하는 변환기에 있어서 자유음장 내의 변환기의 음향 중심에서 그 주축방향으로 충분히 떨어진 점의 음의 세기를 동거리의 모든 점에서 측정한 음의 세기의 평균으로 나눈 값.
- **disk(디스크)** : 레코드판과 같은 자기원판을 사용하여 정보를 써 넣거나 읽어내는 대용량의 보조기억장치를 말함.
- **diskette(디스켓)** : 5 또는 8인치의 지름을 갖고 있는 유연한 자기 디스크 메모리.
- **dispersion(분산)** : 파가 많은 방향으로 반사 또는 회전하는 현상.
- **distributed processing(분산처리)** : 업무의 분산처리 및 자원의 공동이용을 가능하게 하기 위하여, 다수의 프로세서를 network로 결합시키는 컴퓨터와 통신망의 결합기술을 말함.
- **DMA(직접 메모리 접근)** : 외부 소자가 컴퓨터의 버스를 장악하여 컴퓨터 메모리의 동작을 수행하는 과정.
- **documentation(문서화)** : 설계에서 제조에 이르는 모든 단계에서 작성한 보고서나 설명 등을 말함.
- **don's care(무관항)** : 기호 •X•로 표시되는 상태로 회로설계과정에서 영향을 미치지 않음. 회로에 아무 영향도 주지 않아 high 또는 low일 수 있음.
- **Doppler effect(도플러 효과)** : 파동의(음파 또는 빛) 소스에서 전달받은 주파수는 소스의 속도에 따라 바뀐다. 레이저 도플러 속도계(LDV)는 유속을 측정하기 위하여 유체내의 입자에 반사되어 오는 레이저광의 주파수 변화를 이용한다.
- **dot-matrix(도트매트릭스)** : 5×7, 7×9, 9×11 또는 11×13의 격자 도트로 표시장치에 표시되는 문자로써, 점(dot)을 행렬 형태로 2차원상에 배치하여 이 점의 유무로서 글자나 그림을 나타내는 방식을 말함.
- **drum plotter(드럼 플로터)** : pen plotter의 일종으로 pen은 좌우방향으로 움직이고, 드럼에 감긴 용지가 회전함으로써 도면을 작성하는 plotter를 말함.
- **dynamic menu(동적 메뉴)** : 화면상에 menu를 표시하고, 이를 cursor에 의하여 지정함으로써 특정한 명령이나 작업을 수행할 수 있도록 하는 menu 방식을 말함.
- **dynamic memory(동적 메모리)** : 충방전 커패시터를 가지고 있는 메모리 셀로 충전상태를 유지하기 위해 반드시 리프레시 되어야 함.

E

- **EAPROM(Erasable Programmable Read Only Memory, 이프롬)** : 전기적으로 전환 가능한 PROM. 메모리의 데이터를 변경하는데 자외선이 필요하지 않음.

- EBCDIC(Extended Binary Coded Decimal Interchanged Code, 8비트 확장 2진화 10진수 코드) : 8자리의 2진수를 사용하여 문자, 숫자, 구두점 등을 부호화하는 IBM의 시스템. 7자리의 2진수를 사용하는 ASCII 코드에 비해 두배의 기호와 제어기능을 표현함.
- echo(반향) : 1개의 관측점에서 직접파와 구별되는 파로서 시각적으로 지연된 반사파.
- ECL(Emitter-Coupled Logic : 에미터 결합논리회로) : 2개의 양극성 트랜지스터의 이미터를 결합해 디지털 회로를 구성하는 논리로써, 두 트랜지스터가 포화영역에 들어가지 않으므로 온(on)/오프(off) 스위칭 시간이 적게 걸려 양극성 디지털 회로 중에서 가장 빠르다.
- edge triggering(에지 트리거링) : 대부분의 플립플롭은 변이(에지)에서 토글됨(0에서 1로, 1에서 0으로). 펄스가 한 상태에서 다른 상태로 변화할 때 토글은 에지에 의해 야기(트리거링)됨.
- Edison effect(에디슨 효과) : 진공 내에서 금속이 가열될 때 전하를 띤 입자를 방출하며 그 양은 온도에 관계된다. 진공관 증폭기는 이 원리를 이용하고 있는데 방출되는 전자의 양을 제어함으로써 전류 증폭량을 결정한다.
- EEPROM(Electrically Erasable and Programmable Read-Only Memory, 이이피롬) : 전기적으로 지울 수 있는 PROM. 자외선 대신에 전기적 신호로 지우는 것이 가능함.
- EIA(Education Industries Association, 전미전자산업협회) : 전자산업분야의 모든 제조자를 대표하는 국가무역협회(더 많은 정보를 얻기 위해서는 전자산업협회에 접촉하기 바람).
- eight-bit ASCII(8비트 ACCII) : 패리티 비트를 부가한 ASCII 코드.
- electrostatic plotter(정전 플로터) : 정전기를 이용하여 복사기와 같은 원리로 복사하듯 도면을 출력하는 정전방식의 도면작성장치를 말함.
- eleven-bit transmission code(11비트 전송 코드) : 직렬 데이터를 송수신하기 위해 사용되는 범용 코드.
- enable(허가) : 회로의 동작을 허가하는 신호 라인.
- entity(엔티티) : 점, 선, 직사각형, 원, 원호 등 도형을 구성하는 기본요소를 말함.
- EPRO(Merasable Programmable Read Only Memory, 이프롬) : 지울 수 있는 PROM로서, 사용자에 의해 프로그램 되고 자외선에 의해 지워짐.
- ethernet(이더넷) : CSMA/CD 방식을 이용하여 0과 1의 기저 밴드를 기반으로 하는 통신 방식.
- even parity(짝수 패리티) : 특정 워드로 전송하는데 1의 숫자가 짝수이어야 함.
- excitation table(여기표) : 플립플롭의 진리표를 표현하는 또 다른 방법. Q 출력에서 특정 변이를 일으키는 것을 강조함.
- exclusive OR gate(배타적 OR 게이트) : 입력 중에 단지 하나의 1이 있는 경우에 1을 출력하는 수정된 OR 게이트.

• execute(실행) : 컴퓨터가 지시받은 명령어(command)나 작업(work)을 수행하는 것을 말함. 또한 일련의 명령어로 구성된 file을 execute file이라고 함.

• execute cycle(실행 주기) : CPU가 내부 레지스터, 외부 메모리 위치 또는 I/O 장치에서 연산을 수행하는데 필요한 시간주기.

• expert system(전문가 시스템) : 특정 영역의 전문가가 가지고 있는 것과 같은 고도의 문제해결 능력을 컴퓨터에 부여한 시스템을 말함. 주로 지식 베이스와 추론 엔진을 사용함.

F

• FA(Factory Automation, 공장자동화) : 제조공장에 컴퓨터 시스템을 통합시켜 전체적인 자동화 혹은 무인화를 지향하는 제조 시스템을 말함.

• fan out(팬 아웃) : 게이트의 출력이 구동할 수 있는 입력 게이트의 수.

• Faraday's law of electrolysis(패러데이의 전해법칙) : 이온의 침착과 탈착속도는 전해전류에 비례한다.

• Faraday's law of induction(패러데이의 유도법칙) : 자기장을 자르는 코일에는 자기장의 변화에 저항하는 기전력(electro-motive force)이 유도된다. 선형 차동변압기(LVDT)의 2차 코일에 전압이 유도되는 것은 이 법칙을 이용한 것이다.

• FEM(Finite Element Method, 유한요소법) : 기계나 기계에 사용되는 각종 부품을 여러 개의 사각요소 또는 삼각요소 등으로 분할하여 재료역학, 열역학, 유체역학 등의 해석을 하는 방법을 말함.

• FET(Field Effect Transistor, 전계효과 트랜지스터) : 채널의 저항을 변화시키며 다수 캐리어의 흐름을 제어하는 트랜지스터로 단극 트랜지스터 혹은 FET라고도 한다. 보통의 트랜지스터에 비해 입력이나 출력의 두 저항이 매우 크다는 특징이 있다.

• figure(수치) : 기본 도형요소로 구성된 심벌이나 부품을 말하며, 재질, 속성, 크기 등의 비도형정보도 함께 가질 수 있다.

• file(파일) : 컴퓨터 내부에 보관되는 연관성 있는 정보(record)의 집합을 말함.

• fillet(필렛) : 두 선분이 만나는 모서리 부분을 원호로 처리하는 모서리 처리방식을 말함.

• filter(필터) : 특정 주파수대역의 에너지는 통과시키지만, 타 주파수 에너지는 저지하는 변환기.

• flags(플래그) : 문자의 송수신을 결정하기 위해 핸드셰이킹 하는 동안에 사용되는 신호 또는 비트.

• flip-flop(플립플롭) : SET 또는 RESET될 수 있는 1비트 메모리 소자.

• floating-point unit(부동소수점장치) : 고속 산술연산을 수행하는 전용의 하드웨어.

• font(폰트) : 문자를 여러 가지 스타일로 미리 작성하여 보관해 놓은 일종의 library를 말함.

- forced vibration(강제진동) : 주기적인 외력에 의해 지속적으로 일어나는 진동.
- format(포맷) : 보고서, 리스트 등에서 데이터를 표시하고 나열하는 양식을 말함.
- fortran(포트란) : 설계계산작업의 전산화에 광범위 하게 사용되는 컴퓨터 언어의 일종으로서 high-level language임.
- free field(자유음장) : 등질의 매질 중에서 경계의 영향을 무시한 음장.
- free progressive wave(자유진행파) 자유공간을 진행하는 파.
- free vibration(자유진동) : 외력이 제거된 후에 일어나는 진동으로 계의 성질에 따라 결정되는 진동수를 갖는 진동을 말함.
- frequency(진동수, 주파수) : 주기적 현상이 매초당 되풀이되는 횟수.
- frequency analysis(주파수분석) : 복잡한 음 또는 진동에서 어떤 성분의 크기를 주파수의 변화에 따라 분석하는 것을 의미함.
- function key(기능키) : 임의의 key를 누르면 이에 대응하는 미리 정의되어 있는 기능이나 명령어가 수행되도록 만들어 놓은 입력장치를 말함.
- full adder(전가산기) : 수정된 반가산기. 전가산기는 전단의 캐리 신호를 더함.
- full duplex(전이중) : 양 방향으로 데이터의 동시 전송.
- fundamental tone(기본음) : 주기적 복합음의 경우는 그 주기에 상당하는 진동수(주파수)의 순음, 주기적이 아닌 경우는 그 성분 중 진동수의 최소의 것.
- fundamental vibration(기본진동) : 주기적인 진동을 하는 경우는 그 주기에 상당하는 진동, 주기적이 아닌 경우는 그 성분 중 진동수의 최소의 것.

G

- gal(게이트 배열 논리회로) : gate array logic.
- gate cost(게이트 비용) : DBB 기능을 수행하는데 필요한 게이트의 수.
- gate delay(게이트 지연) : 전파지연 참조.
- Gauss effect(가우스 효과) : 전도체는 자화되면 전기저항이 증가한다.
- Gladstone-Dale law(글래드스톤-데일의 법칙) : 물체의 굴절지수는 밀도에 관계된다.
- grid(그리드) : 도면상에 일정한 간격으로 나열한 점이나 선의 집합을 말함.
- graphic tablet(그래픽 태블릿) : CAD/CAM 시스템에 사용되는 입력장치의 하나로서, 도형이나 위치 명령을 입력하거나 menu tablet으로 사용된다.

- gray level(회색도) : 단색의 화면표시장치에서 서로 다른 부품의 구분을 위하여 각기 다르게 표시되는 밝기의 정도를 말함.
- Gyroscope effect(자이로스코프 효과) : 한 축에 대하여 회전하는 물체는 다른 축에 대한 회전에 저항한다. 항법용 자이로스코프는 짐발구조에서 일정한 자세로 회전하는 플라이휠을 이용하여 비행체의 자세를 추정한다.

H

- harmonic(조파) : 주기적 복합파의 각 성분, 기본파를 갖는 것, 기본파의 주파수의 정수배의 주파수를 갖는 것.
- harmonic component(조화성분) : 어떤 음의 성분에서 그 진동수가 배음관계가 있는 것.
- half adder(반가산기) : 2개의 논리 레벨을 더하여 캐리와 합을 출력하는데 사용되는 2진 가산기.
- half duplex(반이중) : 양 방향으로 데이터를 전송하지만 한 번에 한 방향으로만 데이터를 전송.
- hall effect(홀 효과) : 자기장에 놓인 평판에 전류를 흘리면 이와 수직한 방향으로 전압이 유도된다. 홀 효과 근접 센서는 금속물체의 근접에 의한 자기장의 변화를 감지하여 물체를 감지한다.
- handshaking(핸드셰이킹) : 컴퓨터와 단말기 사이에 정보의 흐름을 제어하는데 사용되는 신호.
- hardware(하드웨어) : 실질적인 전자소자(트랜지스터, 저항, 커패시터, 집적회로, LED 등).
- Hertz effect(헤르츠 효과) : 자외선은 간극 사이의 불꽃방전에 영향을 미친다.
- hexadecimal(16진수) : 16을 기수로 하는 수체계.
- hidden line removal(은선제거) : 3차원의 형상을 컴퓨터에 표시할 때, 가려서 보이지 않는 선분을 화면상에서 제거함으로써 조금 더 알아보기 쉽도록 표시하는 3차원의 도형표시기법을 말함.
- high-level language(고급언어) : PASCAL, BASIC, FORTRAN 등과 같이 사용자 중심의 프로그래밍 언어를 말하며, 이러한 언어로 작성된 프로그램은 반드시 컴파일을 거쳐야만 컴퓨터 내부에서 실행이 가능하게 됨.
- higher harmonic(고주파) : 주기적 복합파의 각 성분 중 기본파 이외의 것으로 제n고주파는 기본파의 n배 주파수를 갖는 것을 말함.
- huffman code(허프만 코드) : 2진 패턴이 유일하고 최소 길이로 표현되는 코드.
- Hz(Hertz, 헤르츠) : 진동 등 주기운동에 있어서 1초당 발생한 cycle의 수를 말함.

I

- IC(Integrated Circuit, 집적회로) : 각종 회로소자(transistor, capacitor, diode, register 등)를 하나의 회로기판 속에 집적시킨 소형의 회로소자 및 배선의 집합체를 말함.
- IEEE(Institute of Electrical and Electronics Engineers, 미국 전기전자학회) : 전기전자기술자협회를 말함.
- image processing(화상처리) : 화상이나 도면 데이터를 컴퓨터로 처리하는 기술을 말함.
- impact printer(충격식 프린터) : 핀(pin)을 사용하여 기계적인 충격을 용지에 가함으로써 인쇄하는 방식으로, dot-matrix 방식의 프린터가 이에 속함.
- instruction fetch(명령 패치) : 메모리로부터 명령어로 해석되기 위하여 워드를 페치하는데 사용되는 CPU 동작.
- instruction pointer(명령 포인터) : 프로그램 카운터 참조.
- interface(인터페이스) : 기계와 기계, 혹은 기계와 사람 사이에서 정보를 주고받으며 이들을 연결하는 하드웨어나 소프트웨어적인 결합을 말함.
- interference(간섭) : 동일 장소에 동시에 도착되는 동일 주파수의 2개 이상 음파가 상호작용에 의하여 강하거나 약하게 되는 현상.
- interrupt(인터럽트) : 컴퓨터의 현재 동작을 즉각적으로 중지시키고 특정 업무를 수행시키는 외부 신호(조건 또는 조건들의 집합).
- inventer(반전기) : 논리 레벨을 전환하는데 사용되는 소자. 반전기는 논리 •0•을 1로, •1•을 0으로 변환시킴.
- I/O ports(I/O 포트) : 프로세서와 외부세계 사이에서 8비트 EH는 그 이상의 비트 정보가 교환되도록 고안된 하드웨어 장치.
- IPS(Inch Per Second, 매초당 인치) : 자기 테이프의 초당 진행속도를 의미함.
- ISO(International Organization for Standardization, 국제표준화기구) : 상품 및 서비스의 국제적인 교환을 용이하게 하기 위해 설립된 국제표준화 기구를 의미함.

J

- J-K flip-flop(J-K 플립플롭) : 동기입력인 J와 K 입력과 비동기입력인 clear와 때로 preset을 갖는 플립플롭.
- Johnsen-Rahbek effect(존슨-라벡 효과) : 전도체, 반도체, 부도체들 사이의 마찰은 접촉면 양단의 전위차에 의하여 증가된다.

- Joule's law(줄의 법칙) : 저항에 전류를 흘리면 열이 발생한다.
- 열선식 풍속계는 이 법칙을 이용하여 설계되었다.
- joystick(조이스틱) : X축과 Y축 방향으로 상호 결합된 2개의 가변저항기와 이 가변저항기를 조정하는 막대로 구성되어 있으며, 컴퓨터에서 cursor의 위치를 조정하는 입력기기임.

K

- Kerr effect(컬의 법칙) : 물체의 양단에 인가한 전압이 광학적 편광현상을 일으킬 수 있다. LCD 디스플레이는 이 원리로 동작한다.
- keyword(키워드) : 핵심이 되는 단어, 약어 등을 의미함.
- knowledge engineering(지식공학) : 지식 데이터베이스(knowledge database), 인공지능 등을 이용하여 고도의 응용 프로그램을 개발하는 공학체계를 의미함.
- Kohlrausch's law(콜라우시의 법칙) : 전해질은 한계전도도를 가지고 있다(최소저항).

L

- label(라벨) : 도면상의 부품, file 등에 대한 간단한 설명이나 표시를 의미함.
- LAN(Local Area Network, 근저리통신망) : 가까운 지역 내의 한정된 데이터 통신 시스템으로서, 전송 속도가 고속이라는 특징을 가지며 근거리 정보통신망, 지역 내 정보통신망이라고도 함.
- Lambert's cosine law(람베르트의 코사인 법칙) : 표면의 반사된 휘도(luminance)는 투사각의 코사인에 따라 바뀐다.
- latch(래치) : 플립플롭과 2진 저장장치에 필수적인 기능.
- layer(레이어) : 도면을 몇 개의 층으로 나누어 관리하는 방식을 말함.
- layer discrimination(레이어 판별) : 특정 layer에서 사용하는 선의 두께, 색 등을 지정하여, 도면상에서 다른 layer와 구분하는 기법을 말함.
- legal character(적법적인 문자) : 특정 수체계에 속하는 임의의 문자.
- lenz's law(렌츠의 법칙) : 자기장에 놓인 전류가 흐르고 있는 도체는 힘을 받는다.
- library(라이브러리) : 자주 사용되는 프로그램이나 부품, 심벌, 기기 등의 집합을 의미하며, 반복작업을 줄이고 생산성을 향상시킬 수 있다.
- light-pen(라이트 펜) : cursor 위치조절 기기의 일종으로서 refresh형 CRT에서 사용됨.
- LISP(List Processor, 리스프) : 인공지능 프로그래밍 언어의 일종으로서 list들로 구성된 데이터를 처리하기 위하여 고안되었음.

- load(적재) : 레지스터나 카운터에 병렬로 2진수를 입력시키는 신호 라인으로, CD, HD, DVD 등에 보관된 프로그램이나 데이터가 주기억장치 등으로 이동되는 것을 말함.
- load/recirculate(적재/재순환) : 시프트 레지스터에 데이터가 먼저 적재되고 그 다음에 데이터를 재순환하는 명령.
- logic analyzer(논리분석기) : 적어도 8개와 종종 100개 이상의 채널 데이터를 표본화할 수 있는 다채널 분석장비. 각각의 채널은 추후 관측을 위해 메모리에 많은 표본을 저장할 수 있음.
- long word(롱 워드) : 4바이트(32비트)의 정보.
- lorentz's law(로렌츠의 법칙) : 자기장에서 움직이는 전하를 띤 입자는 힘을 받는다.
- loudness(음의 크기) : 음의 세기에 관한 청각상의 성에 따라 적은 것부터 큰 것 까지를 나타내는 척도상의 배분.
- loudness level(음의 크기 레벨) : 어떤 음에 대해 정상청력을 가진 사람이 그 음과 동일크기로 들어 판단하는 1000 Hz 순음의 음압 레벨 수치, 단위 [phon].
- low-level language(저급언어) : 기계어 중심의 프로그래밍 언어로서 assembler 등이 이에 해당함.
- LPM(Lines Per Minute, 행/분) : 1분간에 인쇄되는 행의 수로서 주로 line printer에서 사용됨.
- LSB(least significant bit, 최하위 비트) : 임의의 수에서 가장 오른쪽 위치에 있는 문자. 가장 낮은 가중치를 가짐.
- LSI(Large-scale Integration Circuit, 대규모 집적회로) : 하나의 패킷에 1,000~10만 개의 소자가 집적된 것. 고밀도 집적회로라고도 한다. 이에 대하여 100~1,000개의 소자가 집적된 것을 중규모 집적회로(MSI), 100개 이하의 소자가 집적된 것을 소규모 집적회로(SSI)라고 한다. 넓은 의미로는 MSI도 포함하여 LSI라 부르기도 한다.

M

- machine language(기계어) : 컴퓨터가 직접 실행할 수 있는 low-level language를 의미함.
- macro(매크로) : 일련의 명령어 집합으로서, 반복적으로 사용되는 여러 작업을 하나의 지시로 컴퓨터가 직접 실행할 수 있도록 만들어 놓은 것을 말함.
- magnus effect(매그너스 효과) : 회전하는 물체로 유체가 흘러가면 물체는 흐름의 수직방향으로 힘을 받는다.
- main memory(주기억장치) : CPU가 처리할 프로그램과 데이터를 보관하는 기억장치를 말함.
- manchester encoding(맨체스터 부호화) : 이더넷상에 0과 1들을 부호화하는 기법. 0은 상승 에지로 1은 하강 에지로 부호화 됨.

- mark(표시) : 직렬전송에서 high 레벨을 나타냄.
- mechanical impedance(기계 임피던스) : 진동하는 물체의 1점 또는 동일 속도, 동일 위상으로 진동하는 1개의 면에 가하는 진동방향의 힘과 그 점 또는 그 면의 속도와의 복소수비.
- medium(매질) : 파가 물질에 따라 전파되는 경우의 그 물질을 말함.
- meissner effect(마이스너 효과) : 자기장 내의 초전도체(superconducting)는 자기장을 차단하고 내부에 자기장이 없다.
- memory map(메모리 맵) : 메모리의 어떤 부분이 사용되고(즉, ROM과 RAM이 어느 번지에 위치하는지) 사용되지 않는지를 나타내는 표시방법.
- memory-mapped I/O(메모리 I/O) : 포트 대신 디코드된 메모리 주소를 사용하는 입-출력 변환.
- merge(머지) : 서로 연관성 있는 file이나 data 들을 하나로 합치는 것을 말함.
- microcode(마이크로코드) : 마이크로프로세서 내부에서 동작을 제어하는 ROM 기반의 데이터.
- microphone(마이크로폰) : 음향계를 전기로 변환하는 전기음향 변환기.
- microprocessor(마이크로프로세서) : 1개 또는 여러 개의 칩(chip)으로 구성된 제어 및 연산처리장치를 말함.
- MIPS(Million Instructions Per Second, 밉스) : 컴퓨터의 자료처리속도를 나타내는 단위로서, 1초에 백만 개의 명령어를 실행할 수 있는 능력을 말함.
- mirroring(미러링) : 도형요소들을 한 직선에 대칭으로 거울에 비친 상처럼 이동 또는 복사하는 것을 말함.
- MIS(Management Information System, 경영정보 시스템) : 기업에서 행해지는 경영관리 및 의사결정에 필요한 정보를 조직적이고 종합적으로 제공하도록 하는 통합적인 경영지원 시스템을 말함.
- modem(modulator demodulator, 모뎀) : 전화회선과 같은 회선을 데이터 통신에 사용하기 위해서, 디지털형태의 데이터 신호를 전송용으로 변조하고, 이를 다시 수신측에서 복조하는 데이터 통신용 장치를 말함.
- modulation(변조) : 어떤 파동의 성질(진동, 주파수 또는 위상)이 다른 파동의 성질에 따라 변화하는 현상.
- modulo-N counter(모듈로-N 카운터) : N개의 상태를 포함하는 카운터. 일반적으로 0에서 N-1까지 계수함.
- Moore′s law(무어의 법칙) : 매 18개월마다 IC에 집적될 수 있는 트랜지스터 수는 2배가 된다.
- MOS(Metal Oxide Semiconductor, 금속산화물 반도체) : 반도체 장치의 용어. 금속-금속산화물-반도체의 접합구조를 이르는 것으로, MIS(금속-절연체-반도체) 구조 중에서 가장 널리 이용된

다. 실제로는 실리콘 기판상에 SiO_2 박막을 형성하고 그 위에 금속전극을 배치한다. MOS는 metal oxide semiconductor의 약어. 이 구조를 접합구조로 한 MOS 다이오드, 전계효과 트랜지스터(FET)의 게이트에 사용한 MOSFET 등의 장치에 응용되고 있다.

- **MSB(Most Significant Bit, 최상위비트)** : 임의의 수에서 가장 왼쪽 위치에 있는 문자. 가장 높은 가중치를 가짐.
- **MSI(Medium-Scale Integration Circuit, 중규모 집적회로)** : 중간규모의 집적회로를 말하는데 보통, 소자수 100~1000(10~100 게이트) 정도의 것을 가리킨다. 이 이상의 규모의 집적회로를 LSI라고 한다.
- **muitiplexing(멀티플렉싱)** : 통신선로의 전송효율을 높이고 다수의 사용자가 공동으로 이용할 수 있도록 구성한 다중전송방식을 말함. 하나의 데이터 통로를 다수의 송수신장치가 시분할, 주파수 분할방식으로 공유함.
- **multiprocessing(multi-processing, 멀티프로세싱)** : 하나의 프로그램을 여러 부분으로 나누어 병렬처리 하거나, 여러 개의 CPU를 병렬로 연결하여, 다수의 프로그램을 동시에 병렬처리하는 기법을 말함.
- **multiplexer(멀티플렉서)** : 두 입력 중에 하나(4개 중에 하나, 8개 중에 하나)를 선택하여 출력으로 전달하는 논리 게이트. 디코더는 많은 논리신호를 볼 때 매우 유용함.
- **Murphy's law(머피의 법칙)** : 잘못될 수 있는 일은 결국 최악의 시기에 최악의 장소에서 잘못된다. 실험실에서 실험을 하다보면 종종 이러한 경우가 발생된다.

N

- **NAND gate(역논리 게이트)** : 반전된 출력을 갖는 AND 게이트.
- **natural frequency(고유진동수, 고유주파수)** : 자유진동의 진동수.
- **Negative level(음 레벨)** : 음 전압과 신호로 동작하는 집적회로의 계열을 나타냄.
- **Negative logic(부논리)** : 최소 양의 값이 논리 •1•인 논리.
- **Nernst effec(네른스트 효과)** : 자기장을 가로질러 흐르는 열류(heat flow)는 전압을 발생시킨다.
- **network(통신망)** : 다수의 컴퓨터를 서로 연결하기 위한 통신 선로용 데이터망을 말함.
- **Newton's law(뉴턴의 법칙)** : 물체의 가속도는 물체에 가해지는 힘에 비례한다.
- **Nibble(니블)** : 4비트의 단위. 즉, 1바이트의 반을 말함.
- **non-directional microphone(무지향성 마이크로폰)** : 음파의 입사방향에 대해 감도가 일정한 마이크로폰.

- non-harmonic component(비조화성분) : 어떤 음의 성분에서 조화성분이 아닌 성분.
- noise(소음) : 바람직하지 않은 음. 예를 들면 음성, 음악 등의 전달을 방해하고 귀에 고통, 상해를 주는 음.
- noise level(소음 레벨) : 청감보정회로로 측정된 음압 레벨.
- noise margin(잡음 여유) : TTL 최소 출력 •1•과 최소 입력 •1• 사이의 전압차(2.4 – 2.0 = 0.4 V). 또한 출력 최소 •1•과 입력 최소 •1••사이의 차이.
- NOR gate(역논리합 게이트) : 반전된 출력을 갖는 OR 게이트.

O

- OA(Office Automation, 사무자동화) : 컴퓨터와 통신망을 이용하여 사무의 자동화와 효율화를 이룩하는 기술을 말함.
- octal(8진수) : 8을 기수로 하는 수체계.
- octal latch(8진 래치) : 8비트 D형 래치.
- odd parity(홀수 패리티) : 특정 워드로 전송하는데 1의 숫자가 홀수이어야 함.
- off-line(오프라인) : 주변장치가 CPU와 연결되지 않은 상태에서 작동하는 것을 의미함.
- Ohm's law(옴의 법칙) : 저항을 통하여 흐르는 전류는 저항 양단의 전압차에 비례한다.
- on-line(온라인) : 주변장치가 CPU와 전기적으로 접속된 상태에서 작동하는 것을 의미함.
- open collector(개방 컬렉터) : 내부 부하가 없는 출력회로. 컬렉터는 풀-다운 능력을 제공하기 위해 만들어짐.
- or gate(논리합 게이트) : 어떤 입력에 논리 1이 주어질 때 논리 1을 출력하는 논리 게이트.
- originate(발신) : 전화선을 통해 컴퓨터를 호출하는 사람에 의해 사용되는 모뎀의 이름.
- OS(Operating System, 운영체계) : 제어 프로그램과 처리 프로그램으로 구성되며, 시스템 자체의 성능을 향상시키고 처리능력을 높이기 위한 시스템으로서 하드웨어의 효율적인 운영을 위한 기본적인 소프트웨어를 말함.

P

- P&ID(Piping and Instrumentation Diagram, 배관계측 프로그램) : 2차원의 배관 구성도로서 주요 기기들 사이의 배관의 구성상황을 표시함.
- package cost(패키지 비용) : DBB 기능을 수행하는데 요구되는 IC의 수. 보통 게이트 비용보다 작음.

- **PAL(Programmable Array Logic, 프로그램 가능한 배열논리)** : 논리곱과 논리합의 기능을 배열한 장치. 복잡한 논리함수를 실현하기 위해 만든 대규모 집적회로(LSI) 칩이다. 입력변수가 많은 논리회로를 만들 경우 상당히 큰 용량의 읽기용 기억장치(ROM)가 필요하므로 프로그램 가능 논리배열(PLA)은 이런 단점을 개선하여 ROM보다 더 많은 데이터 입력을 다룰 수 있게 하였다.
- **parallel(병렬)** : 모든 비트의 정보를 동시에 동일한 수의 선으로 표현.
- **parity(패리티)** : 오류를 검출하는데 사용되는 방법(데이터를 송신하거나 수신하는 동안).
- **parity check(패리티 검사)** : 하나 혹은 2개의 비트(bit)를 이용하여 이송되거나 보관된 정보 속에 내재하는 에러를 판별하는 기법을 말함.
- **Parkinson's law(파킨슨의 법칙)** : 인간의 작업은 할당된 시간을 채우기 위하여 늘어난다.
- **part(파트)** : CAD 시스템 상에 구축한, 도형 및 비도형의 표시를 통한 기계부품이나 형상의 모델을 의미하며, 보통 하나의 완성된 부품이나 기계를 나타내게 된다.
- **part program(파트 프로그램)** : 제작할 부품의 형상과 이를 가공할 공구의 동작 및 가공순서를 자동 프로그래밍 언어(NC language)를 사용하여 기술한 program을 말함.
- **partial tone(부분음)** : 복합음을 구성하는 각 순음.
- **partial vibration(부분진동)** : 2개 이상의 진동수성분에서 진동에 미치는 각각의 성분.
- **particle velocity(입자속도)** : 매질의 미소부분의 운동속도로 음파에 기인하는 성분.
- **PCB(Printed Circuit Board, 인쇄회로기판)** : 플라스틱판 위에 마치 인쇄하듯이 배치한 동판배선의 회로 판으로, 인쇄배선회로라고도 하며, IC나 저항 등의 각종 회로부품들이 보드상에 배치됨.
- **Peltier effect(펠티에 효과)** : 전류가 두 금속의 접합부(junction)를 흐를 때 이 접합부에서 열이 흡수되거나 방출된다. 열전대(thermocouple)에 의한 측정에 이 효과가 부정적인 영향을 미친다.
- **period(주기)** : 주기적 현상에서 동일상태가 재현할 때까지에 경과한 최소시간.
- **phase(위상)** : 주기적인 현상이 있는 사이클 위치를 표시하는 양.
- **phase difference(위상차)** : 동일진동수의 2개의 주기적 현상의 동일 시각에 있어서의 위상의 차.
- **photoconductive effect(광전도효과)** : 어떤 반도체의 표면에 빛이 조사되면 물체의 저항이 낮아진다. 광전쌍 센서로 많이 사용되는 포토다이오드는 이 효과를 이용하여 개발되었다.
- **photoelectric effect(광전효과)** : 음극 금속판에 빛을 조사하면 전자가 방출되어 양극으로 끌려가고 결국 전류가 흐르게 된다. 광증배관(photomultiplier tube)의 동작은 이 효과에 기초하고 있다.
- **photovoltaic effect(광기전력효과)** : 금속판에 접합된 반도체에 빛을 조사하면 전압이 발생한다. 태양전지는 이 효과를 이용하고 있다.

- piezoelectric effect(압전효과) : 변형을 받고 있는 결정의 전하가 빠져나간다. 압전형 가속도계는 질량의 관성에 의한 압전 결정의 변형에 의한 전하의 분극현상을 측정하는 것이다. 압전 마이크는 음압의 파동을 전압의 신호로 변환하는데 이 원리를 적용한 것이다.
- piezoresistive effect(압저항효과) : 물체의 전기저항은 물체에 인가된 응력(stress)에 비례한다. 이 효과는 부분적으로 스트레인 게이지의 응답에 관련된다.
- pinch effect(핀치 효과) : 액상의 전도체의 단면은 전류에 따라 줄어든다.
- pipeline(파이프라인) : 병렬로 명령어 열을 수행하기 위한 다단계 레지스터-논리 하드웨어.
- pixel(picture element, 픽셀) : 화면상에 가로 및 세로로 등 간격으로 위치하며, 화면상에서 도형이나 화상을 구성하는 화점요소를 말함.
- PLA(Programmable Logic Array, 프로그램 가능한 논리배열) : 논리곱과 논리합의 기능을 배열한 장치. 복잡한 논리함수를 실현하기 위해 만든 대규모 집적회로(LSI) 칩이다. 입력변수가 많은 논리회로를 만들 경우 상당히 큰 용량의 읽기용 기억장치(ROM)가 필요하므로 프로그램 가능 논리배열(PLA)은 이런 단점을 개선하여 ROM보다 더 많은 데이터 입력을 다룰 수 있게 하였다.
- plane wave(평면파) : 파면이 평면인 파.
- plasma panel(플라스마 패널) : 2개의 유리판 사이에 샌드위치 형태로 구성된 네온가스의 층을 이용한 화면표시장치를 말함.
- plotter(플로터) : CAD를 이용하여 그린 도형을 출력하기 위한 장치로서, 출력방식에 따라 기계식과 정전식이 있음.
- Poisson effect(푸아송 효과) : 물체는 인가된 응력(stress)에 수직한 방향으로 변형된다. 이 효과는 부분적으로 스트레인 게이지의 응답에 관련된다.
- port(포트) : 컴퓨터와 외부세계 사이의 정보를 교환하는데 사용되는 컴퓨터 내의 전자장치.
- post-processor(포스트프로세서) : CAD 시스템으로 만들어진 부품에 대하여, 설계해석 프로그램의 계산결과에 따라 응력, 온도, 변형도 등을 화면에 표시하기 위한 소프트웨어나 프로그램을 말함.
- positive level(양 레벨) : 양 전압과 신호로 도작하는 집적회로의 계열을 나타냄.
- positive logic(양 논리) : 대부분의 양 전압신호는 논리 1을 나타냄.
- pre-processor(전처리기) : CAD 시스템에 있어서 설계 해석용 패키지의 입력형식에 맞도록 입력정보를 자동으로 재구성하는 소프트웨어나 프로그램을 말함.
- precision(정밀도) : 정밀도를 말하며, 일반적으로 소수점 이하의 유효숫자의 자릿수를 의미함.
- primitive(프리미티브) : 도면이나 형상 모델을 구성하는 가장 기본적인 도형요소를 말하며, 일반적으로. entity 또는 element라고도 함. 3차원 형상 모델링의 CSG(constructive solid geometry)에서 주로 사용함.

- **processor(프로세서)** : 소프트웨어적인 의미로는 사용자가 작성한 프로그램을 기계어로 번역하는 언어 번역기 등을 의미하며, 하드웨어적인 의미로는 CPU(중앙연산처리장치) 등을 의미함.
- **product of sums(합의 곱)** : 0을 출력하도록 모든 DBB 입력을 사용하는 불 방법.
- **program(프로그램)** : 임의의 절차에 따라 어떤 문제를 해결하기 위하여 만들어 놓은 명령어의 집합을 의미함.
- **program counter(프로그램 카운터)** : 메모리에서 현재 수행되고 있는 명령어 주소를 포함하고 있는 CPU 레지스터.
- **PROM(Programmable Read-Only Memory, 프로그램 가능 판독 전용 메모리)** : 사용자에 의해 단지 한번만 프로그램 되는 읽기 전용 메모리.
- **prompt(프롬프트)** : CRT 화면에 표시하는 특수한 심벌, 메시지 등을 의미하며, 작업절차나 명령어상의 에러 등을 지시하기도 함.
- **propagation delay(전파지연)** : 입력이 주어져 게이트 출력에 변화가 나타나는데 필요한 시간.
- **property(성질)** : 특정의 부품 등의 규격, 성능, 색상, 가격, 생산자 등 각종 속성정보를 말함.
- **pseudo-random pulse generator(모조-무작위 펄스 발생기)** : 임의의 비트열을 발생하는데 사용되는 시프트 레지스터 회로.
- **puck(퍽)** : table, digitizer 등의 위에서 위치 정보를 입력하거나 cursor의 위치를 조절하는데 사용되는 입력장치를 말함.
- **pullup resistor(풀업 저항)** : 입력을 1의 논리 레벨로 풀업시키는데 사용되는 저항.
- **pure tone(순음)** : 순시음압이 시간의 정현함수인 음.
- **pyroelectric effect(파이로 전기효과)** : 온도가 변하면 결정에 분극(polarized)이 일어난다.

Q

- **QC(Quality Control, 품질관리)** : 일정 수준 이상의 제품을 생산할 수 있도록 품질을 제어하고 관리하는 활동을 말함.
- **qualifier(한정자)** : 논리분석기가 데이터를 획득하기 시작하는데 필요한 조건. 트리거워드와 AND하여 사용.
- **queue(큐)** : 실행되기를 기다리는 항목들을 말하며, 처리 우선순위는 항목들의 정돈순서에 따라 정해짐.
- **Quine-McCluskey method(퀸-맥클러스키 방법)** : 비교항에 의해 논리함수를 최소화하기 위해 사용하는 방법.

R

- radiation(방사) : 파동 에너지가 파동원으로부터 나오는 현상.
- radiation impedence(방사 임피던스) : 매질에 접해있는 방사면상의 음압의 적분을 방사면의 평균속도로 나눈 것.
- radiation pressure(방사압) : 음장에 설치된 물체에 작용하는 일방향의 압력.
- radix(기수) : 수체계의 기수.
- RAM(Random-Access Memory read/write, 임의-접근 메모리 읽기/쓰기) : 일반적으로 전원이 끊어지면 보관된 내용이 소멸되기 때문에 휘발성 기억소자에 해당하며, 데이터를 써 넣거나 읽어 낼 수 있는 기억소자를 말함.
- Raoult's effect(레이놀즈 효과) : 전도체의 저항은 길이가 변화하면 바뀐다. 이 효과는 부분적으로 스트레인 게이지의 응답에 관련된다.
- Rayleigh criteria(레이리 기준) : 유체의 가속도와 거품 형성이 관계된다.
- read/write(읽기/쓰기) : 데이터를 읽고 쓰는 메모리 동작.
- record(레코드) : 연관성이 있는 데이터들의 집합으로, 이 record들이 모여 하나의 파일(file)을 구성하게 됨.
- reflection(반사) : 음파가 1개의 매질 속을 진행하여 타매질과의 경계면에 달할 때, 진행방향이 바뀌어 원래의 매질 속으로 다시 돌아오는 현상.
- refraction(굴절) : 전파속도가 장소에 따라 변하고 파의 진행방향이 변하는 현상.
- refresh(리프레시) : 작은 용량성 요소로 구성된 동적 메모리는 재충전되거나 리프레시 되어야 함. •리프레시• 명령은 재충전을 트리거함.
- register(레지스터) : CPU의 연산에 사용되는 데이터를 일시적으로 보관하는 특수기능을 가진 일종의 버퍼장치를 말하며, 주기억장치의 일부분임.
- register output(등록된 출력) : 저장요소를 포함하는 출력.
- reliability(신뢰도) : 시스템의 안정성을 표시하는 정도를 의미하며, 신뢰도라도 함.
- reset(리셋) : 리셋 플립플롭은 Q=0을 나타냄.
- response time(응답속도) : 사용자가 어떤 명령이나 데이터를 입력한 후, 그 결과를 받아볼 때까지의 경과시간을 말함.
- resolution(해상도) : 인접 요소와의 간격으로서, CRT에서는 식별이 가능한 두 점사이의 간격을 의미하며, 프린터에서는 도면을 구성하는 1인치당의 dot의 수를 의미함.

- resonance(공명) : 진동계의 강제진동에서 외력의 크기를 일정하게 하고 주파수를 변화시키면, 계의 고유진동수 부근에서 변위, 속도 등이 극대치로 되는 현상.
- resonance frequency(공명진동수, 공명주파수) : 공명(공진)현상을 일으키는 진동수.
- restart(재시작) : 작업도중 중단시켰던 프로그램을 중단된 지점에서 다시 시작하도록 하는 것을 말함.
- ripple counter(리플 카운터) : 각 플립플롭의 출력이 다음 단 플립플롭의 클록으로 사용되는 카운터. 카운터의 출력은 모든 플립플롭의 전파지연시간이 소요될 때까지 유효하지 않음.
- rise time(상승시간) : 펄스 해석에서 high 레벨의 10%에서 90%까지 도달하는데 걸리는 시간.
- ROM(Read Only Memory, 읽기용 기억장치) : 전원이 꺼져도 기억내용이 소멸되지 않으며, 기억된 프로그램을 지우거나 변경할 수 없는 비휘발성의 기억소자를 말함. 제어용이나 특수목적인 프로그램을 보관하기 위해 주로 사용됨.
- routine(루틴) : 임의의 순서로 정렬하여, 기능적으로 연관성이 있는 부호화된 명령들의 집합을 말함.
- RS232C : 직렬 데이터 통신에서 사용되는 표준.

S

- sample interval(표본간격) : 샘플간의 시간(표본비율의 역수).
- sample rate(표본율) : 데이터를 획득하는 비율.
- saturated logic(포화논리) : TR이 과구동되어 동작속도가 저하되는 논리형태.
- scan(스캔) : 전기적 또는 광학적인 방법을 이용하여 기호나 문자 등을 식별하여, 컴퓨터가 처리할 수 있는 데이터로 구성하는 일련의 작업을 말함.
- scattering(산란) : 파가 많은 방향으로 반사 또는 회절하는 현상.
- scroll(스크롤) : 컴퓨터 화면상에 새로운 부분을 추가적으로 표시하기 위하여 기존의 화면을 특정방향으로 이동시키는 것을 말함.
- seebeck effect(시벡 효과) : 상이한 금속이 접합되었을 때 온도에 따라 접합부에 전압차가 발생한다. 열전대의 동작원리를 설명하는 중요한 효과이다.
- security(시큐리티) : 파일이나 데이터베이스에 허가되지 않은 다른 사용자가 접근하지 못하도록 보호하는 기능을 말함.
- selector(선택기) : 여러 신호로부터 하나의 신호를 선택하는 논리요소. 디코더와 같음.
- sequence(수열) : 임의의 규칙에 따라 정보나 데이터를 연속적으로 배열한 것을 의미함.

- serial(직렬) : 하나의 선에서 한 번에 하나의 비트를 표현하는 방법.
- set(세트) : 세트 플립플롭은 Q=1의 출력을 가짐.
- shape memory effect(형상기억효과) : 변형된 금속에 열을 가하면 원래 모양으로 되돌아가는 현상이다.
- shift register(시프트 레지스터) : 긴 2진수를 저장하거나 필요에 따라 왼쪽이나 오른쪽으로 시프트 시키는데 사용되는 플립플롭의 연결.
- sign bit(부호 비트) : 부호화 수를 표현할 때 최상위에 위치한 비트.
- signature analysis(기호분석) : 디지털 회로에서 패턴을 검사하는 전자적 방법.
- signed number(부호화 수) : 양수와 음수를 포함하는 수의 범위.
- SIMM(Single Inline Memory Module, 단일 직렬 메모리 모듈) : PC에서 사용되는 표준 메모리.
- simplex(단방향) : 단지 한 방향으로만 데이터를 전송하는 방법.
- simulation(시뮬레이션) : 어떤 자연현상(기계적인 공정포함)에 대한 모형(model)을 사용하여 컴퓨터로 임의의 현상을 모사하는 과정을 말함. 수식적으로 정형화된 하나의 논리적인 모델이 사용됨.
- snap(스냅) : cursor를 사용하여 위치를 입력하고자 할 경우, 도면이나 형상 모델상의 어떤 위치를 좌표값에 의하지 않고, 실물상의 위치나 grid상의 위치를 찾아가게 하는 기법을 말함.
- Snell's law(스넬의 법칙) : 광학적 접합부에서 광선의 반사와 굴절은 입사각에 관계된다.
- sort(정렬) : 데이터 정렬에 있어서 item이나 record들을 특정한 규칙에 따라 차례로 배열하는 작업을 말함.
- sound(음, 음향) : 탄성파로 정상청력을 갖는 사람이 청각적 감각을 일으키는 주파수범위의 것.
- sound field(음장) : 음파가 존재하는 공간.
- sound intensity(음의 세기) : 음장 중의 한 점에서 음의 진행방향에 수직한 단위면적을 단위시간에 통과하는 음의 에너지.
- sound power of a source(음향출력) : 단위시간에 음원에서 방사되는 음의 전에너지.
- sound pressure(음압) : 음의 존재하면 매질의 압력이 변화하는데 그 평균값으로부터의 변화부분을 말함.
- sound ray(음선) : 음파의 파면과 직교하는 선을 말하며 음파의 진행방향을 나타냄.
- sound source(음원) : 음을 발생시키는 것.
- sound wave(음파) : 음의 파, 초저주파, 음, 초음파를 총칭함.
- source(소스) : FORTRAN, PASCAL, C 등의 컴퓨터 언어로 작성한 프로그램을 의미함.

- space(공백) : 직렬전송에서 low 레벨을 나타낸다.
- specific acoustic resistance(고유 임피던스) : 음이 전파하는 매질의 밀도 ρ와 그 매질 중의 음의 전파속도 c와 곱. 이것은 평면진행파에서 음장 내의 임의의 1점의 음압과 입자속도의 비에 상당함.
- spherical wave(구면파) : 파면이 구면인 파.
- SSI(Small-Scale Integration Circuit, 소규모 집적회로) : 집적회로를 집적도에 따라 분류한 것 중 하나로, 하나의 칩에 100개 이하의 소자를 집적시킨 회로.
- standing wave(정재파) : 동일 주파수 진행파의 간섭에 따라 발생한 공간적인 진폭분포의 파.
- static pressure(정압) : 음파가 존재하지 않을 때의 유체매질 내의 압력.
- start bit(시작 비트) : 새로운 정보의 시작을 알리기 위해 직렬전송에서 사용되는 신호 및 비트.
- stark effect(스타크 효과) : 전자기장 소스의 빛띠선(Spectral line)은 소스가 강력한 전기장에 있을 때 분리된다.
- state diagram(상태 다이어그램) : 상태 기계의 동작을 표현하는 그래프적인 방법.
- state machine(상태 기계) : 동시에 발생하는 상태 변화로 각자 도달할 수 있는 몇 가지 다른 상태를 포함하고 있는 회로.
- state transition table(상태천이표) : 상태 다이어그램으로부터 모든 정보를 포함하는 데이터 표.
- static memory(정적 메모리) : 각 메모리 셀이 플립플롭인 소자.
- status bus(상태 버스) : 컴퓨터에서 현재 동작의 상태를 나타내는 CPU 출력.
- stop bit(정지 비트) : 직렬 통신의 끝을 알리는데 사용되는 비트 또는 신호.
- step size(단계폭) : D/A 변환기의 LSB에 의해 제어되는 전압의 양.
- Stefan-Boltzman law(스테판 볼츠만 법칙) : 흑체로부터 방사되는 열은 흑체 온도의 4승에 비례한다. 고온계(pyrometer) 의 설계는 이 법칙을 응용한 것이다.
- Stoke's law(스토크스 법칙) : 형광물질로부터 방사되는 빛의 파장은 흡수되는 광자의 파장보다 길다.
- successive approximation register(연속근사 레지스터) : 고정된 변환시간을 갖는 특별한 A/D 변환기.
- sub-figure(서브-피규어) : 반복적으로 사용되는 부품이나 기기 등과 같이 이용과 관리가 편리하도록 CAD 시스템의 library에 보관된 형상 모델을 말함.
- sum of products(곱의 합) : 1을 출력하도록 모든 DBB 입력을 사용하는 불 방법.
- switch(교환기) : 지정된 장소로 패킷을 전달하는 네트워크 장비.

- synchronous(동기) : 동작을 일으키기 위해 클록 펄스를 요구하는 방법. 이러한 입력은 자기 스스로 동작할 수 없음.
- synchronous counter(동기식 카운터) : 모든 플립플롭이 하나의 클록에 연결되어 동시에 동작하는 카운터. 출력은 하나의 전파지연시간 후에 유효함.
- synchronous logic(동기회로) : 메모리를 포함하고 다음 상태를 결정하기 위해 현재 상태와 입력을 사용하는 회로. 하나의 클록이 인가될 때 상태가 변화함.
- synchronous transmission(동기전송) : 개별적인 클록 신호를 필요로 하는 데이터의 직렬전송.
- syntax(구문론) : 명령어들을 작성할 때 준수해야 하는 규칙을 말함.

T

- tablet(태블릿) : 도면의 좌표값이나 위치정보를 입력하는 소형 판을 말하며, stylus나 puck과 함께 사용된다.
- tag(태그) : 각각의 설계요소에 부가된 번호나 이름 등의 식별용 꼬리표를 말함.
- tape memory(테입 메모리) : 장기간 프로그램의 저장을 위한 저속 메모리.
- task(태스크) : 처리하고자 하는 하나의 단위 업무를 말함.
- transverse wave(횡파) : 매질 중 각 점의 입자변위의 방향이 전파방향에 대해 수직인 파.
- terminal(터미널) : 네트워크, 컴퓨터 등에서 데이터를 입력하거나 그 처리 결과를 출력시키는 단말장치를 말함.
- text editor(문서 편집기) : text file을 편집하거나 수정하는데 사용되는 작업지원용 소프트웨어를 말함.
- TDM(Time Division Multiplexing, 시분할 다중화) : 다중 데이터 신호가 연속적으로 표본화되고 하나의 선을 통해 직렬로 전송되는 디지털 멀티플렉싱 기술.
- time sharing(시분할) : CPU의 사용시간을 시분할방식으로 나누어 여러 개의 업무를 동시에 수행하는 방식을 말함. 사용자의 입장에선 보면 하나의 CPU가 여러 개의 업무를 동시에 처리하고 있는 것처럼 보임.
- timing diagram(타이밍도) : 다양한 상태로 진행되는 카운터, 시프트 레지스터와 같은 소자에 있는 동시 파형의 그림.
- toggle(토글) : 플립플롭이 세트에서 리셋으로 변화할 때, 이를 토글이라 함.
- tool path(툴패스) : 부품을 NC 공작기계로 가공하기 위해 작성한 공구의 이동궤적을 말함.

- **track ball(트랙볼)** : 볼을 손으로 회전시킴으로써 cursor의 위치를 조정하는 위치정보입력기구를 말함.
- **transceiver(트랜시버)** : 두 방향 중의 하나로 데이터를 이동시키기 위해 고안된 스위치 회로.
- **transformation(변환)** : 선, 원, 삼각형, 사각형 등 임의의 도형을 회전, 이동, 축소 및 확대 등 여러 가지로 변환하는 작업을 말함.
- **tri-state logic(3-상태 논리)** : 선으로부터 전기적으로 분리시킬 수 있는 논리 게이트.
- **tri-state(3-상태)** : 선으로부터 게이트의 출력을 전기적으로 분리시키는 것.
- **trigger word(트리거 워드)** : 데이터 획득을 시작하기 위해 사용되는 패턴.
- **tribo-electric effect(마찰전기 효과)** : 서로 상이한 두 금속의 상대운동과 마찰은 결합 사이에 전압을 유도시킨다.
- **truth table(진리표)** : 집적회로의 논리동작에 대한 주요사항을 포함하는 표. 이는 디지털 회로의 입력과 출력의 조합을 나타내는 구조로 표현됨.
- **TTL(Transistor Transistor Logic, 트랜지스터-트랜지스터 논리)** : 디지털 논리회로의 일종으로서 AND, NAND, OR, XOR gate 등을 트랜지스터를 이용하여 구성한 로직을 말함.
- **turnkey system(턴키 시스템)** : 공급자가 장비설치, 하드웨어, 소프트웨어, 시험 및 사용자 교육 등을 포함한 모든 지원을 제공하는 시스템 공급방식을 말함.
- **TV teletype(TV 텔레타이프)** : 일상의 텔레비전 스크린에 문자 정보를 표시하는 장비.
- **T1 line(T1 라인)** : 1.544 Mbps로 동작하는 24채널 TDM 신호. 채널은 8비트의 폭을 가짐.

U

- **UART(Universal Asynchronous Receiver Transmitter, 범용 비동기 송수신기)** : 컴퓨터의 비동기 직렬 통신을 처리하는 프로그램. 보통 마이크로칩으로 실현되며, RS-232C DTE 인터페이스를 제공하여, 모뎀이나 기타 다른 직렬장치들과 통신하거나 데이터를 주고받을 수 있게 한다.
- **ultrasonic frequency(초저주파)** : 가청주파수보다 낮은 주파수.
- **ultrasonic wave(초음파)** : 탄성파로 정상청력을 갖는 사람이 청감각을 일으키지 않는 매우 큰 주파수.
- **UNIX(유닉스)** : Bell 연구소가 개발한 컴퓨터용의 범용 운영체제(OS)를 말함.
- **unsigned number(부호 없는 수)** : 0에서 시작하여 음이 되지 않는 수의 범위. 단지 양수만 허용됨.
- **utility program(유틸리티프로그램)** : 컴퓨터의 작업을 지원하는 프로그램의 집합으로서 파일을 전송하거나 library를 유지 보수하는 프로그램을 말함.

V

- VAN(Value Added Network, **부가가치통신망**) : 부가가치통신망이라고도 하며, 통신사업자로부터 회선을 빌려, 이 회선에 컴퓨터를 접속하여 통신망을 구축하고, 공중통신사업자가 제공하지 않는 새로운 기능(부가가치, 즉, 코드변환, 속도변환, 메시지 변환 기능 등)을 사용자에게 제공하는 서비스 네트워크를 말함.
- VCO(Voltage-Controlled Oscillator, **전압제어발진기**) : 출력 주파수는 입력 전압에 비례함. VCO는 주파수가 전압의 함수일 경우에 사용됨.
- VHDL(VHSIC Hardware Description Language, **VHSIC 하드웨어 기술언어**) : VHDL은 부품이나 보드 및 시스템 차원에서 전자시스템을 설계하는데 사용되는 HDL이다. VHDL은 매우 고차원적인 추상적 개념에서 모델을 개발할 수 있도록 해준다. 초기에는 단순히 문서화에 사용되는 언어로 인식되었으나, 최근에는 이 언어의 대부분이 모의시험이나 논리합성 등에 사용된다. VHDL은 IEEE 표준이지만, 처음에는 미군의 VHSIC 프로그램을 위해 개발되었다.
- VHSIC(Very-High Speed Integrated Circuits, **초고속 집적회로**) : 매우 빠르게 동작하는 집적회로를 개발하기 위하여 사용한 프로그램.
- VLSI(Very-large scale integration : 초대규모 집적회로) : LSI의 집적도를 더욱 높여 10만-100만개 이상의 소자가 집적된 IC를 말한다. IC의 집적도를 높이기 위해서는 IC를 사용하는 기기의 소형화, 고성능화가 실현된다.
- vibration(**진동**) : 어떤 양의 크기가 시간에 따라 어떤 기준치보다 크거나 적게 변화하는 현상.
- vibration of fundamental mode(**기본 고유진동**) : 고유진동수중에서 최소값을 갖는 진동수.
- vibration of normal mode(**고유진동**) : 표준형의 진동.
- vibration pick-up(**진동픽업**) : 진동량을 측정하기 위한 변환기.
- view(**뷰**) : 컴퓨터 그래픽에서 화면상에 도형이나 모델을 표시하는 창구를 말함.
- virtual memory(**가상기억장치**) : paging이나 segmentation법을 이용하여 메모리 용량을 확장한 가상 기억공간으로서, 기억장치의 물리적인 용량보다 더 큰 용량의 주소를 지정할 수 있음.

W

- wafer(**웨이퍼**) : 원통형의 실리콘 단결정을 잘라 얇은 원판으로 만든 것을 말하며, 이 원판 상에 여러 개의 소자(저항, 콘덴서, 트랜지스터, 다이오드 등)가 적층됨.
- warble tone(**운압**) : 주파수가 어떤 범위 내를 연속적 주기적으로 변화하는 음.
- wave front(**파면**) : 진행파에 있어서 동시각에 일어난 변동이 동위상에 있는 연속면.

- wave length(파장) : 등방성 매질 중을 진행하는 정현파에서 1주기 위상차가 있는 두 파면의 수직 거리.
- wave motion(파동) : 어떤 점에서 변위가 시간의 함수일 때 어느 시각에 변위가 공간좌표의 함수로 전파되는 현상.
- weight(가중치) : 수체계에서 위치에 따른 중요도.
- white noise(백색잡음) : 연속 스펙트라(spectra)를 갖는 잡음으로 어떤 주파수범위에서나 단위주파수대역에 포함되는 성분의 크기가 주파수에 관계없이 일정한 음.
- Wiedemann-Franz law(비데만-프란츠의 법칙) : 어떤 물질의 열전도도와 전기전도도의 비율은 이 물체의 절대온도에 비례한다.
- wien effect(빈 효과) : 전해질의 전기전도도는 전압인가에 따라 증가한다(전기저항이 감소한다).
- Wien's displacement law(빈의 변위법칙) : 백열물질의 온도가 증가함에 따라 방사하는 빛의 스펙트럼이 청색으로 이동한다.
- window(윈도) : 화면상에 직사각형의 특정 영역을 지정하여 그 속의 도형요소만 묶어서 수정 및 삭제 등 각종 작업을 수행할 수 있도록 한 창을 말함.
- wire frame model(와이어 프레임 모델) : 3차원 모델의 가장 기본적인 표현방식으로서 컴퓨터 화면에 표시하고자 하는 대상물을 능선, 윤곽선, 교선 등의 특징 선을 사용하여 입체모델을 표시하는 기법을 말함.
- wired OR(연결 OR) : 많은 게이트가 출력에서 공통적으로 서로 연결되어 입력에 영향을 주거나 결과를 출력하는 기능.
- write protect(쓰기 방지) : 데이터가 수록된 파일이나 데이터베이스를 수정하거나 지우지 못하도록 설치한 보안장치를 말함.
- word(워드) : 2바이트(16비트)의 정보로, 일반적으로 1워드는 32비트 또는 64비트로 구성되며, 연산이나 데이터 전송 등에서 사용되는 정보의 기본단위를 말함.

Z

- zooming(확대·축소) : 화면의 확대 또는 축소 기능을 의미하며, 화면상의 특정부분 또는 화면 전체를 확대하거나 축소하는 행위를 말함.

찾아보기